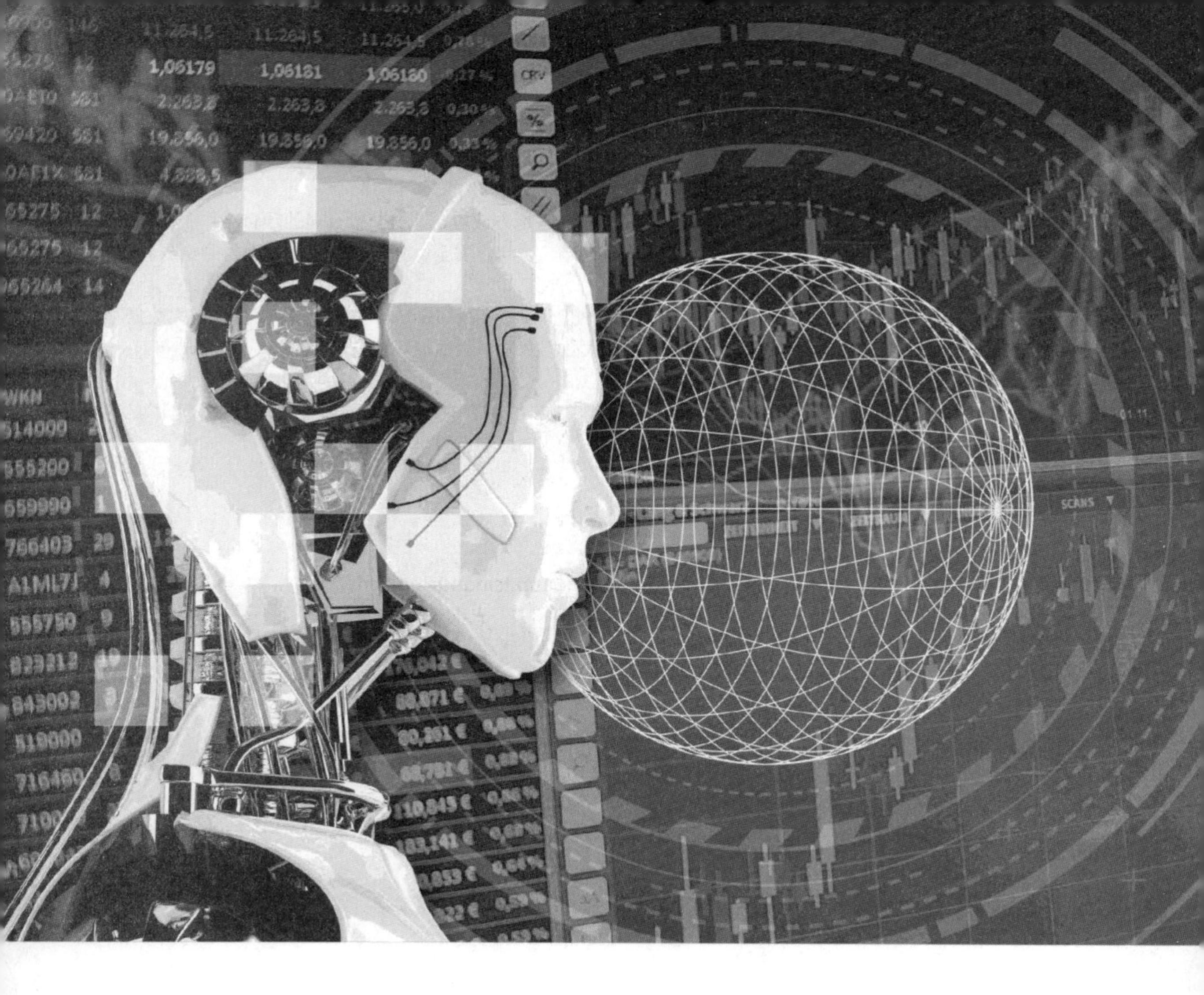

大数据技术入门

杨正洪 著

清华大学出版社
北 京

内容简介

目前国内大数据市场继续保持高速的发展态势，作者在与地方政府、证券金融公司的项目合作中发现，他们对大数据技术很感兴趣，并希望从大数据技术、采集、存储、访问、安全、分析与开发等方面得到指导和帮助。因此编写了这本大数据技术的入门书。

本书共 12 章，以 Hadoop 和 Spark 框架为线索，比较全面地介绍了 Hadoop 技术、Spark 技术、大数据存储、大数据访问、大数据采集、大数据管理、大数据分析、大数据开发、大数据环境自动化部署（Docker 和 K8s）等内容。

本书适合大数据技术初学者，政府、金融机构的大数据应用决策和技术人员、IT 经理、CTO、CIO 等快速学习大数据技术。本书也可以作为高等院校和培训学校相关专业的培训教材。

图书在版编目（CIP）数据

大数据技术入门/杨正洪著. —2. —北京：清华大学出版社，2020. 1（2022. 2重印）
ISBN 978-7-302-54796-9

Ⅰ. ①大… Ⅱ. ①杨… Ⅲ. ①数据处理 Ⅳ. ①TP274

中国版本图书馆 CIP 数据核字（2020）第 001650 号

责任编辑： 夏毓彦
封面设计： 王 翔
责任校对： 闫秀华
责任印制： 杨 艳

出版发行： 清华大学出版社
网　　址： http://www.tup.com.cn，http://www.wqbook.com
地　　址： 北京清华大学学研大厦 A 座　　**邮　　编：** 100084
社 总 机： 010-62770175　　**邮　　购：** 010-62786544
投稿与读者服务： 010-62776969，c-service@tup.tsinghua.edu.cn
质 量 反 馈： 010-62772015，zhiliang@tup.tsinghua.edu.cn

印 装 者： 北京富博印刷有限公司
经　　销： 全国新华书店
开　　本： 190mm×260mm　　**印　　张：** 25　　**字　　数：** 640 千字
版　　次： 2016 年 8 月第 1 版　　2020 年 2 月第 2 版　　**印　　次：** 2022 年 2 月第 3 次印刷
定　　价： 79.00 元

产品编号：084889-01

前　言

随着本书第 1 版的出版之后，Hadoop 生态圈和大数据领域发生了很大的变化。在本书中，我们包含了最新的信息：

（1）公有云和大数据的关系：我们曾经认为，云软件本身需要消耗资源，增加管理的复杂度，而大数据需要大量的机器，所以，大数据的搭建可以直接在物理机上进行，而不是基于云。在最近 3 年的工作中，我深刻认识到，大型公有云的弹性分配的能力，是大数据所需要的。我们往往无法估计所需要的资源数量，而大型公有云的弹性能力给了我们这个自动扩展的能力。这无论对创业企业还是大型企业，都是很有必要的。我们有一个企业客户，从 3 年前每月支付 300 美元来使用我们的大数据平台到现在每月支付 100 万美元来使用，这个客户的数据量每年迅猛增长，即使是神仙，也估计不出来资源的这种需求趋势。大型公有云就解决了这个问题。所以，在本书中，我们以 AWS 为例让读者深刻理解如何在大型公有云上做大数据。对于大数据的开发人员而言，你就不仅仅是一位开发人员那么简单了，而是一个 DevOps 人员，也就是你既要懂公有云，又要在云端运维你自己搭建和开发的大数据平台与大数据分析产品。

（2）YARN 2.92。要想在生产环境中用好 Hadoop，必须构建好 Hadoop 集群。要想构建好 Hadoop 集群，必须完全弄懂 YARN。所以，YARN 非常重要。本书基于实际案例来深入讲解 YARN 的原理、部署和配置，并讲解如何实现多租户模式。越来越多的企业基于云构建大数据系统，而这个大数据系统又要给企业内的多个部门或多个企业客户来使用，怎么使用 YARN 在一个大的 Hadoop 集群上实现多租户是一个很现实很迫切的问题。

（3）Hive 3.0。目前市场上比较流行的 Hive 书籍都是基于 Hive 老版本，查询语言都是 HiveQL。从 3.0 开始，Hive 向其他查询工具靠拢，全面支持 ANSI SQL 的查询；Hive MetaStore 越来越重要，围绕 MetaStore 出来一些新工具新产品，比如 Ranger，它用于解决 Hadoop 生态圈中数据安全性的问题；另外，从 Hive 2.0 开始，就不再推荐使用 MapReduce 计算框架，从前花费大幅章节解释 Hive 如何把查询计划转换为 Map 和 Reduce 任务已经不再适用，从 3.0 开始，MapReduce 框架需要被弃用（deprecated），被 Spark 或 Tez 计算框架所替代。

（4）大数据的开发管理体系。大数据开发往往基于开源软件，这就必须充分理解和使用 GitHub、JIRA、CI/CD 等开源生态圈中频繁使用的工具和思想。每天打开 Eclipse，按照需求文档编写代码的模式已经不适用于大数据开发了。在实际工作中，开发人员往往是从 GitHub 上获取源代码，添加自己的代码，推送到 GitHub 上。产品经理或者开发经理往往使用 JIRA 创建一个个的开发任务，分配各个任务给每个开发人员，每个开发人员在 JIRA 上发布开发的状态，询问问题（团队协作），完成整个开发的操作。在笔者所在的开发团队中，尤其是新加入的同事，对这些工具比较陌生，这极大地影响了工作的效率和团队的协作。在本书新版时，笔者特地加入这些内容，让大数据开发的管理变得容易一些，标准化一些。

（5）大数据安全管控。欧盟通过了《欧盟数据隐私指令》，我国已将大数据视作战略资源并上升为国家战略，大数据安全成为国家安全的新重点。在本书新版中，新增一章来讲解如何从技术上确保整个大数据安全可控。

在这一版中，我们删除了一些内容，比如 Spark 中的 GraphX 图计算框架、Spark MLlib、环保行业和公安行业的大数据案例分析等。删除的原因是 Spark 的 GraphX 和 MLlib 在实际工作中使用不频繁，两个行业的大数据案例与大数据技术的相关性小，而更多在于行业需求的认知上。

本书内容组织

除了阐述大数据的定义和软件框架，除了新增的大数据集群和大数据安全管控的内容之外，同上一个版本类似，本书主要是按照大数据处理的几个步骤来组织内容：

（1）大数据存储：探究 HDFS 和 HBase 作为大数据存储方式的优劣，新加了云存储和云数据库作为大数据存储的选项；

（2）大数据访问：探究 SQL 引擎层中 Hive、Phoenix、Spark SQL 等组件的功能，并阐述了全文搜索的 ElasticSearch，也探究了 Spark 的高速访问能力；

（3）大数据的采集：探究了 Flume、Kafka、Sqoop 等技术，也探究了如何使用 Storm 和 Spark Streaming 来对数据进行流式计算，来满足部分业务的实时和准实时计算需求。新加了 Embulk、Fluentd、AWS Kinesis 等内容；

（4）大数据管理：探究数据模型、安全控制、数据生命周期等数据管理内容；

（5）大数据分析：探究了如何利用分布式计算集群来对存储于其内的海量数据进行统计分析，重点探究了机器学习和算法。

作者与技术支持邮箱

本书作者杨正洪，毕业于美国 State University of New York at Stony Brook，在美国硅谷从事 AI 和大数据相关研发工作 10 多年，华中科技大学和中国地质大学客座教授，湖北省 2013 年海外引进人才，拥有多项国家专利。参与了大数据和人工智能的国家标准的制定，在 2016 年参与了公安部主导的“信息安全技术：大数据平台安全管理产品安全技术要求”的国家标准制定。作者还是中关村海外智库专家顾问和住建部中规院专家顾问，担任了在美上市公司 CTO、北京某国企 CIO 和上海某国企高级副总裁等职。多年从事人工智能与大数据技术的工作，出版了《智慧城市》等多本书籍。由于我们水平有限，书中难免存在纰漏之处，敬请读者批评指正。杨正洪的邮件地址为 yangzhenghong@yahoo.com。

杨正洪
2020 年 1 月于 San Jose

目　　录

第 1 章 大数据时代

从上世纪开始，政府和各行各业（如医疗、互联网、金融、电信）的信息化得到了迅速发展，积累了海量数据。在这些数据当中，87%以上都是非结构化数据。虽然国内的各类数据中心已经有足够的硬件设施来存储这些数据，但是，如何让这些海量数据产生最大的商业价值，是目前面临的挑战之一。还有，由于数据的增长速度越来越快，数据量越来越大，传统的数据库或数据仓库很难存储、管理、查询和分析这些数据，如何在软件层面实现 PB 级乃至 ZB 级的海量数据的分布式存储和分析是目前面临的挑战之二。面对这两大挑战，大数据（Big Data）的概念及其技术就因应而生，并在解决这两大挑战的过程中不断发展和完善。

大数据不是一项单一的技术和孤立的概念，而是一套技术和整体的概念，它更是一个生态圈。大数据技术及其专业术语多达几百个，记录了大数据从炒作到成熟并进入主流应用的整个过程。数据科学家、预测分析、开放政府数据，都属于大数据范畴。大数据技术也逐渐变得越来越复杂。政府和企业希望从自己的数据中获得更多的信息，软件厂商希望将“大数据解决方案”融入到公司的产品之中，云计算平台希望将大数据作为一种服务提供给客户。在大数据软件公司的助推下，政府和企业已经有能力利用廉价的服务器、开源技术和云计算来进行开销不大的大数据部署。

1.1 什么是大数据

对于什么是“大数据”，不同的研究机构从不同的角度给出了不同的定义。Gartner 认为：“大数据是需要新处理模式才能具有更强的决策力、洞察发现力和流程优化能力的海量、高增长率和多样化的信息资产”。麦肯锡认为：“大数据指的是大小超出常规的数据库工具获取、存储、管理和分析能力的数据集”，但麦肯锡同时强调，“并不是说一定要超过特定 TB 的数据集才能算是大数据”。根据维基百科的定义，“大数据是指无法在可承受的时间范围内用常规软件工具进行捕捉、管理和处理的数据集合”。IDG 认为：“大数据一般会涉及两种或两种以上的数据形式，它要收集超过 100TB 的数据，并且是高速实时的数据流；或者是从小数据开始，但数据每年会增长 60%以上”。

从客户的角度来看，大数据技术的战略意义不在于拥有多么庞大的数据信息，而在于对这些含有意义的大数据进行专业化处理，从中获得商业价值。例如，以色列已经把所有政府部门的视频整合到一个大数据平台上，并在这个平台上开发了一套智慧安防系统。在这个系统上，只要把某一个人的人脸或人的主要特征数据输入系统，就能从海量的监控记录中查出同那个人相关的视频片段，并自动变成一个有时间顺序的“视频影片”。

大数据也是一种产业，这种产业实现盈利的关键在于帮助政府和企业客户提高对数据的“加工能力”，通过“加工”实现数据的“增值”，完成“数据变现”。这种加工能力体现在技术上就是大数据分析。简言之，从各种各样类型的数据中，快速获得有价值信息的能力，就是大数据技术。大数据最核心的技术就是在于对于海量数据进行采集、存储、管理和分析。

1.1.1 四大特征

大数据具有 4V 特征，即：Volume（数据体量大）、Variety（数据类型繁多）、Velocity（数据产生的速度快）、Value（数据价值密度低）。

Volume 指的是数据体量巨大。例如，一家三甲医院的影像数据（包括：CT、B 超、X 光片、胃镜、肠镜等）可能就是几百个 TB，全国的医疗影像数据超过 PB 级别，接近 EB 级别。全球数据已进入 ZB 时代，IDC 预计 2020 年全球数据量为 40ZB。如图 1-1 所示是美国某大数据公司的数据量。我们看到，它们大概有 80T 行，8PB 的数据量。图 1-2 是细分到各个客户账号的数据统计信息。账号 1 创建了 8 万多张表，账号 13 具有 19075618845119 行，那就是 19 万亿多行。

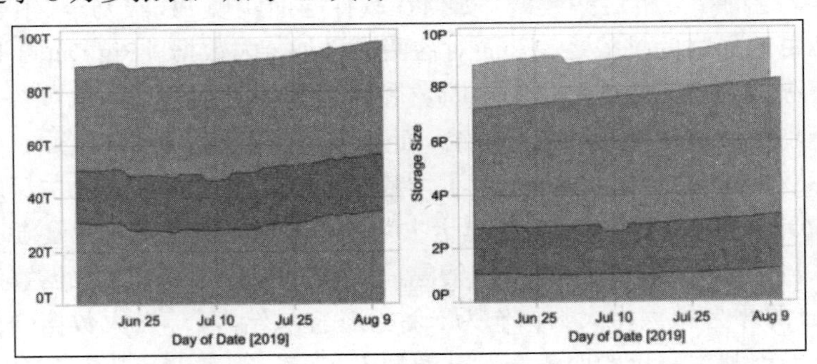

图 1-1 数据行数和数据量

Variety 指的是数据类型繁多。这可分为结构化数据、半结构化数据和非结构化数据。结构化数据是指那些可存储在数据库里，可用二维表结构来表达的数据。例如，企业财务数据库、医疗 HIS 数据库、环境监测数据库、政府行政审批数据库，等等。非结构化数据一般存储在文件系统上，例如视频、音频、图片、图像、文档、文本等形式。典型案例有：医疗影像系统、教育视频点播、公安视频监控、国土 GIS、广电多媒体资源管理系统等应用。半结构化数据是介于完全结构化数据（如：在关系型数据库和面向对象数据库中的数据）和完全无结构的数据（如声音、图像文件等）之间的数据。例如，日志记录、安全审计记录、邮件、HTML、报表等等，典型场景如邮件系统、系统访问日志、档案系统等等。非结构化与半结构化数据的增长速率大于结构化数据，超过 80%的数据是非结构化和半结构化数据。IDC 的报告显示，目前大数据的 1.8 万亿 GB 容量中，非结构化和半结构化数据占到了 80%~90%之间，并且到 2020 年将以 44 倍的发展速度增加。这些数据蕴含着巨大的价值。

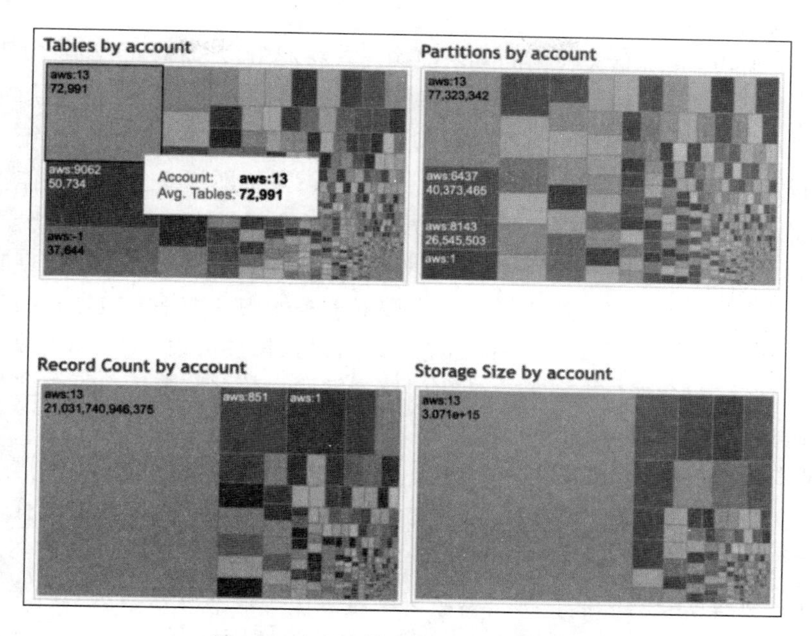

图 1-2　多租户模式下各账号使用情况

Velocity 是指大数据往往以数据流的形式，动态、快速地产生，具有很强的时效性。数据自身的状态与价值也往往随时空变化而发生演变（这些数据往往包括了空间维、时间维等多种数据）。例如，环境监测中的水质和空气质量数据、高速路卡口的视频监测数据等。

Value 是指数据已经成为一类新型资产，蕴藏着大价值。大数据的价值密度低，需要通过专业的技术手段进行挖掘。只有对其进行正确、准确的分析，才会带来很高的价值回报。例如，电视机顶盒的频道切换数据，各大电视台分析其中的数据，从中准确判断观众的喜好，以推出更加符合观众口味的节目。

大数据并非总是说有数百个 TB 才算得上。根据实际使用情况，有时候数百个 GB 的数据也可称为大数据，这主要要看它的其他维度，也就是速度或者时间维度。假如能在 1 秒之内分析处理 300GB 的数据，而通常情况下却需要花费 1 小时的话，那么这种巨大变化所带来的结果就会极大地增加价值。所谓大数据技术，就是至少实现这四个特征中的一些。

1.1.2　数据监管（Data Governance）

Hadoop 的出现，解决了大数据的快速存储和读取，也为我们提供了大数据分析的众多工具，但是，对于大数据商用而言，这并不够！大数据除了数据量的问题外，还会把信息管理的各项需求都推向极致（见图 1-3）。

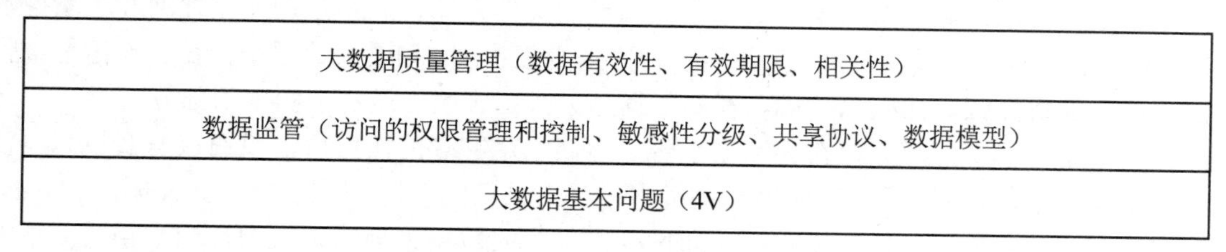

图 1-3　大数据的商用需求

图1-3中最下面的这一层是大数据的基本问题，包括海量、多样性、高速和低价值。Hadoop技术很好地解决了这一层的问题，支撑起大数据商用化的基础平台。目前普遍认为，Hadoop是下一代IT架构的基础，Hadoop系统将逐步替换以关系型数据库为基础的传统系统。中间这一层是数据监管，也叫数据治理，是对数据的可用性、相关性、完整性和安全性的整体管理。目前讨论最多的是数据安全和数据敏感性问题。数据的敏感性是一个很基础的问题，虽然Hadoop生态圈中的Apache Atlas正在解决数据监管问题，但是现有的Hadoop技术还没有对数据脱敏和敏感性分级提供可行的解决方案。国内超过80%的数据在政府的系统内。如果大数据解决方案没有给政府数据提供诸如敏感性分级的权限管理机制，那么，政府是很难往前迈一步的。例如，公安、税务、工商等各部门的数据在一个平台上所产生的访问控制问题。数据监管还包括这些数据来自何处？外部数据是否符合公司政策和规则？

共享协议是指数据将会以什么形式，通过什么样的接口实现数据的交换，这是大数据的重点问题之一。数据交换的所有方式都是以标准的协议来支持，因为在大数据的时代，数据的来源本身是多样性的，数据的格式甚至是无法管理的，很多的数据是来自于企业的外部，来自于互联网的提供商，到底如何通过这些协议和统一数据模型自动化地将数据放到大数据平台上来，这是一个关键的问题。Hadoop本身并没有技术工具来解决这些方面的问题。

总之，国内大数据软件产品和技术目前处于一个刚刚起步的阶段。数据安全和隐私保护等数据管理层面的需求是非常重要的，到现在仍然没有足够的解决方案。这将会是大数据商用解决方案中的一个可能最薄弱的环节了。

1.1.3 数据质量

图1-3所示的最上面一层是有关大数据质量的管理。数据本身是一种资产，资产质量怎么来衡量，我们如何确保数据的质量。这个也是我们在实施大数据商用上需要考虑的一个问题。质量管理是传统的数据管理里非常重要的一个方面，这包括数据的有效性和有效期限。在大数据时代，企业的数据不仅仅有传统的结构化数据，还有各类非结构化数据。结合对数据吞吐量的合理设计，将这些数据采集到大数据平台应该不会是很难的事情。比较难的是数据的转换、协调、确保不同数据源之间的一致性、检查数据的质量，这些是大数据采集中比较难实施的部分，Hadoop本身并没有提供技术工具来解决这些问题，但是我们必须开发或集成其他的大数据工具和技术来解决这些问题。这就是大数据管理平台的作用。除了提供大数据质量的管理，这个管理平台还提供上述的大数据访问的权限管理等功能。

1.1.4 大数据分析

大数据平台可以存储所有类型的数据。从简单的文件存储，到不强调一致性的非关系型数据库存储。得益于自身基础设计理念，大数据平台可以无限扩展。如果大数据平台在云端运行维护，那么它的灵活性将更强。从概念上讲，存储数据是大数据应用中最易于实现的部分。

光有大数据还不够。那么，在大数据平台上存储了足够多的数据后，我们该怎么将其加以利用呢？分析大数据，并将分析结果应用于决策中才是最重要的事情。预测分析（Predictive Analytics）是大数据分析领域中的一个常用模式，它通过分析采集的数据来预测未来的行为或趋势。它是根据事物的过去和现在估计未来，根据已知预测未知，从而减少对未来事物认识的不确定性，以指导我们的决策行动，减少决策的盲目性。在大数据分析领域，预测分析常常与预测模型、机器学习和数据挖掘有关。对于一个政府部门而言，通过预测分析来精准把握政府工作的重点。例如，某市公安局分析来自各个渠道的海量群众诉求，预测下个月的警务工作热点，从而帮助公安局合理安排警力，最终实现民意引领警务。美国的医疗决策支持系统基于预测分析来判断某些人得一些病的风险，并基于当前的健康状态给出最正确的医疗决定。国内的很多金融企业通过预测分析来实现业务的风险控制。例如，某银行分析其客户的消费数据和基本数据，从而预测该客户的信用卡和贷款的偿还能力。环保部门用数据决策，利用环保大数据综合判断，制定环境政策措施，预警环境风险，提供环境综合治理科学化水平。

除了预测分析，还有关联分析。关联分析的目的在于，找出数据之间内在的联系。例如，购物分析，即消费者常常会同时购买哪些产品（例如游泳裤、防晒霜），从而有助于商家的捆绑销售。

1.1.5　大数据平台架构

如图 1-4 所示，从用户使用的角度，从搭建大数据系统的先后顺序来看，我们把大数据架构分为三个平台：基础的云平台、大数据平台和大数据应用（分析）系统。大数据采集（也叫 ETL 或大数据交换和共享平台）、数据湖（Data Lake）、管理平台等都包含在大数据平台之中。

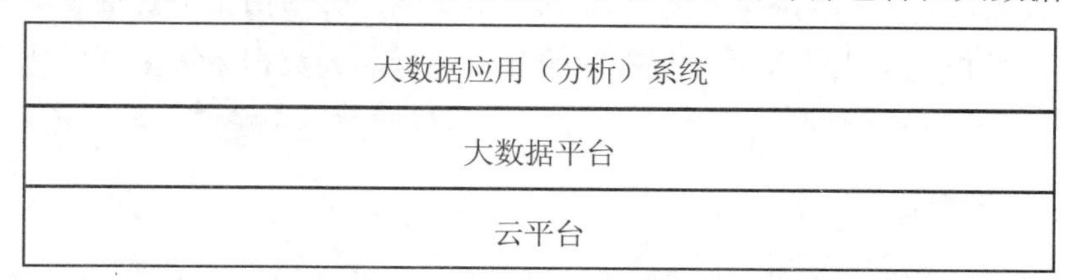

图 1-4　大数据建设总体架构图

云平台是 IT 基础设施层，AWS 和阿里云都很好的提供了各自的公有云平台，它们为大数据平台和应用提供统一基础支撑服务；大数据平台是数据资源层，为大数据应用提供统一数据采集、数据存储、数据管理、数据查询等服务；大数据应用系统是业务应用层，为大数据在各领域的具体应用。

从逻辑结构上看，大数据平台的底层是 Hadoop 集群和集群之上的 Hadoop 生态圈软件，它们共同完成大数据平台的基本功能，即：大数据的快速采取、存储和读取，所以 Hadoop 是大数据平台的基础。虽然 Hadoop 生态圈中的 Apache Ranger、Hive MetaStore 等系统提供数据管理方面的功能，例如，数据统一访问控制、元数据统一管理，但是，数据管理功能离商业化的要求还有一些距离，这就凸显了大数据管理平台的重要性。只有提供了统一的大数据管理平台，数据的集成尤其是跨行业、跨不同的部门、跨各种技术的集成才能成为可能。整个大数据应用的架构必然是构建在一个大数据管理平台之上，这才可能实现大数据应用的大规模的商用和普及，而不应该只是基于裸露的 Hadoop。

1.2 大数据与云计算的关系

所谓云计算，就是通过 Internet/Intranet 云服务平台按需提供计算能力、数据存储和其他 IT 资源，采用按需支付定价模式。云服务平台让企业可以快速访问灵活且成本低廉的 IT 资源。通过云计算，企业无需先期巨资投入硬件，再花大量时间来维护和管理这些硬件。与此相反，企业根据需要访问（几乎是即时访问）云服务平台上的任意数量的资源，而且只需为所用资源付费。所以，借助云计算，你不用将基础设施视为硬件，而是将它视为软件来使用。

大数据 IT 架构的基本的特征，首先必须是横向扩展的，因为单点的技术无法承受大数据的要求。它的高可用性是通过软件设计和架构设计来实现的，而不是通过传统的高性能、高可用性的高端硬件设备来实现的。所以，从技术上看，大数据与云计算的关系就像一枚硬币的正反面一样密不可分。大数据必然无法用单台的计算机进行处理，必须采用分布式架构。而云计算的虚拟化技术和弹性扩展能力可以让大数据平台快速扩展或缩减计算容量。云存储为大数据提供了可扩展、高可用性、高持久性、安全的存储资源，保证了大数据平台的高效运行。

正如图 1-4 所示，未来的趋势是，云平台作为计算资源和存储资源的底层，支撑着上层的大数据平台，而大数据的发展为云计算的落地找到了更多的实际应用。大数据和云的融合是重大的趋势，这两个技术是相辅相成的关系。从美国的部署上看，大数据系统主要部署在公有云上，例如 AWS、Azure 和 GCP（Google 云平台），它们为大数据提供了基础设施服务。

1.2.1 云计算产品概述

因为云计算对于大数据是如此的重要，所以我们以 Amazon（亚马逊公司）的 AWS（Amazon Web Services）为例来看一个云计算平台必须具有的产品和功能，最后讲解云计算平台和大数据结合的一个实例。

AWS 是一个云服务平台，提供一系列基础设施服务。它按照地理位置在全球分成多个区域（Region），在区域下面有多个可用区（Availability Zones，简称 AZ），每个可用区由一个或多个数据中心组成。在本书编写时，它在全球 20 个地理区域内运行着 61 个可用区（http://aws.amazon.com/about-aws/global-infrastructure/）。AWS 云基础设施围绕区域和可用区构建。AWS 区域提供多个在物理上独立且隔离的可用区，这些可用区通过延迟低、吞吐量高且冗余性高的网络连接在一起。AWS 允许在同一区域中使用可用区复制应用程序和数据，以增加冗余并增强容错能力。在 AWS 上创建虚拟机（EC2）时，需要指定区域和可用区（见图 1-8）。

AWS 总体上成熟度最高，Netflix、Pinterest、Airbnb 等企业都在使用 AWS。AWS 提供了大量的基于云和大数据的产品，其中包括计算、存储、数据库、分析、联网、移动产品、开发人员工具、管理工具、物联网、安全性和企业应用程序。Amazon 提供了 AWS 管理控制台（见图 1-8 所示）、AWS 命令行工具（CLI）和 AWS 开发工具包三种方法来使用上述产品。硅谷的很多大型企业和初创公司都是基于 AWS 构建自己的系统。作为全球市场占有率第一的云计算公司，值得我们深入研究它的产品和布局，从而深刻理解云计算和大数据的关系。

如图 1-5 所示，S3（Simple Storage Service）是面向对象的存储，EC2（Elastic Compute Cloud）是基础的虚拟主机，DynamoDB 是 NoSQL 数据库，Glacier 对冷数据做归档处理，Elastic

MapReduce（EMR）提供托管的 Hadoop 框架，使用 EMR 可以按需组建一个由节点组成的集群。这些集群用于 Hadoop 的安装和配置。Amazon 提供了非常类似 Kafka 的服务，称之为 Kinesis。它同时作为使用 EC2 进行分布式流处理的基础。在 AWS 上，用户只需点击几次鼠标和输入一些简单信息（如名称）即可启动这些基础设施。

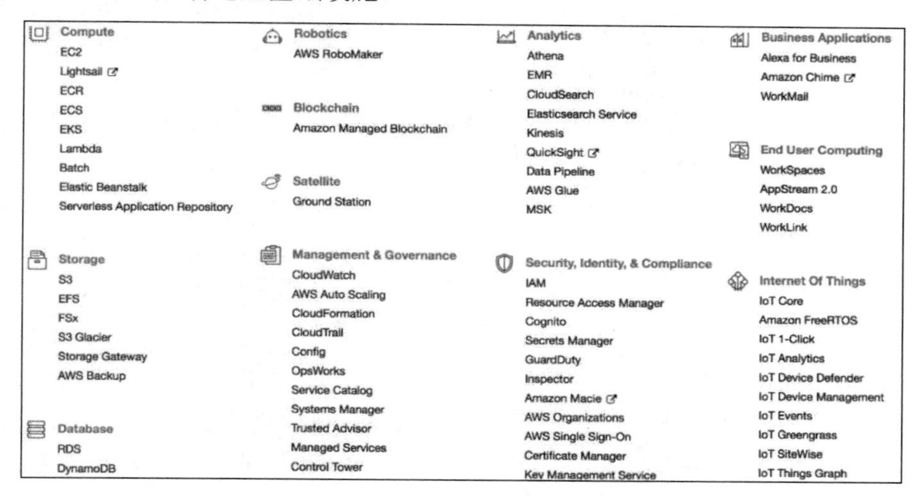

图 1-5　AWS 服务列表

1.2.2　虚拟服务器

图 1-6 展示了 AWS 的所有计算组件。Amazon EC2 提供基于云计算的虚拟服务器，EC2 的一个实例（Instance）就是一个虚拟机，是一个云中的计算机。在物理服务器上执行的任何操作几乎都可在 EC2 实例上执行。在创建每个实例时，你可以选择不同的操作系统（包括 Linux 和 Microsoft Windows Server）和软件包，选取所需的内存和 CPU（实例类型见图 1-7），配置网络、存储、安全组（Security Group）和 Key（用于 SSH 连接）。客户在需要时可添加更多的 EC2 实例（虚拟机），在不需要时终止 EC2 实例，这些都可以在几分钟内完成。在 AWS 上可以同时管理一个、数百个，甚至数千个服务器实例。

Amazon EC2
云中的虚拟服务器

Amazon EC2 Auto Scaling
扩展计算能力以满足需求

Amazon Elastic Container Service
运行和管理 Docker 容器

Amazon Elastic Container Service for Kubernetes
在 AWS 上运行托管的 Kubernetes

Amazon Elastic Container Registry
存储和检索 Docker 镜像

Amazon Lightsail
启动和管理虚拟专有服务器

AWS Batch
运行任意规模的批处理作业

AWS Elastic Beanstalk
运行和管理 Web 应用程序

AWS Fargate
无需管理服务器或群集即可运行容器

AWS Lambda
运行您的代码以响应事件

AWS Serverless Application Repository
发现、部署和发布无服务器应用程序

VMware Cloud on AWS
无需自定义硬件即可构建混合云

AWS Outposts
在本地运行 AWS 服务

图 1-6　云计算组件

EC2 提供了多种实例类型（见图 1-7），实例类型由 CPU、内存、存储和网络容量组成不同的组合，用户可以根据实际的工作负载选择适当的资源组合。关于各个实例的比较，可参考：https://www.ec2instances.info。

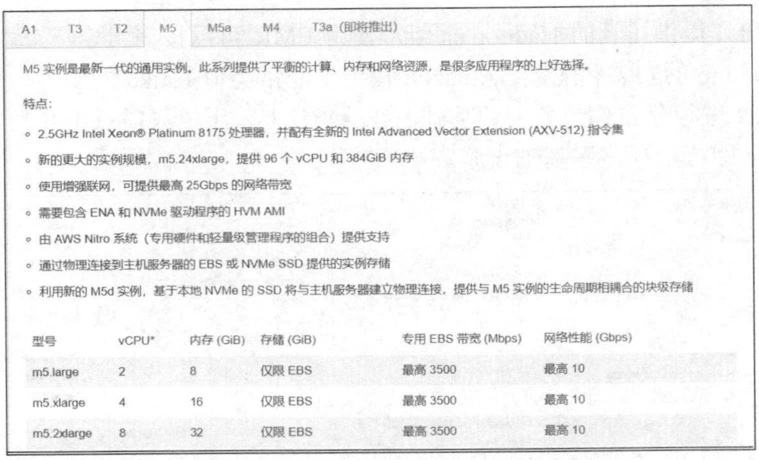

型号	vCPU*	内存 (GiB)	存储 (GiB)	专用 EBS 带宽 (Mbps)	网络性能 (Gbps)
m5.large	2	8	仅限 EBS	最高 3500	最高 10
m5.xlarge	4	16	仅限 EBS	最高 3500	最高 10
m5.2xlarge	8	32	仅限 EBS	最高 3500	最高 10

图 1-7　EC2 实例类型

图 1-8 显示了某知名大数据公司在 AWS 上的 EC2 实例。在该图的下方，显示了某一个实例的具体配置信息。还有，AWS 支持创建服务器镜像，这些镜像被称为 AMI（Amazon 系统镜像），可在未来启动新实例。除了实例 ID、名称等实例元数据之外，你还可以在实例上自定义标签（Tag）。标签可以对资源进行分类，例如按用途、拥有部门等。

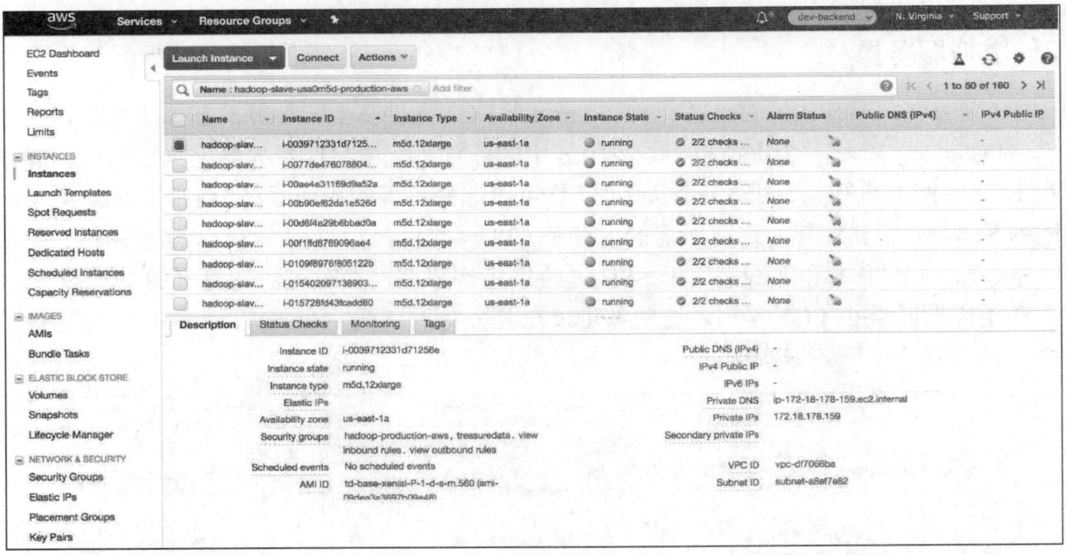

Name	Instance ID	Instance Type	Availability Zone	Instance State	Status Checks	Alarm Status	Public DNS (IPv4)	IPv4 Public IP
hadoop-slav...	i-0039712331d7125...	m5d.12xlarge	us-east-1a	running	2/2 checks ...	None		-
hadoop-slav...	i-0077de476078804...	m5d.12xlarge	us-east-1a	running	2/2 checks ...	None		-
hadoop-slav...	i-00ae4e31169d9a52a	m5d.12xlarge	us-east-1a	running	2/2 checks ...	None		-
hadoop-slav...	i-00b90ef62da1e526d	m5d.12xlarge	us-east-1a	running	2/2 checks ...	None		-
hadoop-slav...	i-00d6f4a29b6bbad0a	m5d.12xlarge	us-east-1a	running	2/2 checks ...	None		-
hadoop-slav...	i-00f1ffd8769096ae4	m5d.12xlarge	us-east-1a	running	2/2 checks ...	None		-
hadoop-slav...	i-0109f8976f805122b	m5d.12xlarge	us-east-1a	running	2/2 checks ...	None		-
hadoop-slav...	i-015402097138903...	m5d.12xlarge	us-east-1a	running	2/2 checks ...	None		-
hadoop-slav...	i-015728fd43fcadd80	m5d.12xlarge	us-east-1a	running	2/2 checks ...	None		-

图 1-8　EC2 实际使用案例

Amazon EC2 提供了一个高度可靠的环境，EC2 服务等级协议的承诺是为每个 Amazon EC2 区域提供 99.99%的可用性。Amazon EC2 Auto Scaling 可根据预先定义的条件（比如内存使用率）自动添加和删除 EC2 实例，以最大限度提高性能和降低成本。使用 Auto Scaling 的动态扩展功能，可以确保所使用的 Amazon EC2 实例数量在需求高峰期实现无缝增长（Scale Up）以保持性能，在需求低谷期自动缩减（Scale Down），以最大程度降低成本。Auto Scaling 特别适合每小时、每天或每周使用率都不同的应用程序。除了上述的“动态扩展功能”之外，Auto Scaling 还提供了计划和预测功能，会根据预测的需求（或预先设置的计划）自动安排正确数量的 EC2 实例。动态扩展和预测/计划扩展可结合使用，以实现更快的扩展。还有，Auto Scaling 能够改进容错能力，它能够检测到运行状况不佳的实例，将该实例终止并替换为新实例。图 1-9 显示了某知名大数据公司在 AWS 上的 Auto Scaling group 的配置情况（仅限 Hadoop 集群部分）。

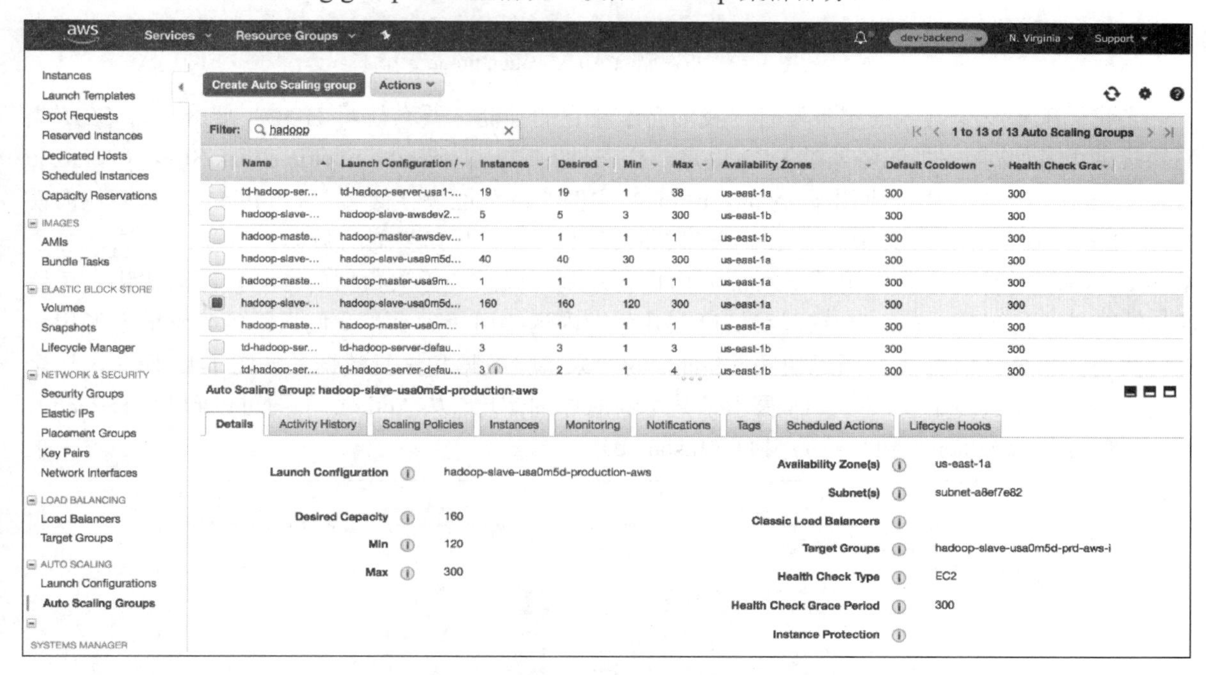

图 1-9　Auto Scaling group 实际使用案例（仅限 Hadoop 集群）

图 1-9 的下面部分显示了所有某一个 Auto Scaling group 的配置情况。图 1-10 显示了这个组下的各个实例（Instance），总共 160 个。

Auto Scaling Group: hadoop-slave-usa0m5d-production-aws

Details | Activity History | Scaling Policies | Instances | Monitoring | Notifications | Tags | Scheduled Actions | Lifecycle Hooks

Actions

Filter: Any Health Status　Any Lifecycle State　Filter instances...　1 to 20 of 160 Instances

Instance ID	Lifecycle	Launch Configuration / Template	Availability Zone	Health Status	Protected from
i-0039712331d71256e	InService	hadoop-slave-usa0m5d-production-aws	us-east-1a	Healthy	
i-0077de476078804ea	InService	hadoop-slave-usa0m5d-production-aws	us-east-1a	Healthy	
i-00ae4e31169d9a52a	InService	hadoop-slave-usa0m5d-production-aws	us-east-1a	Healthy	
i-00b90ef62da1e526d	InService	hadoop-slave-usa0m5d-production-aws	us-east-1a	Healthy	

图 1-10　某个 Auto Scaling group 的实例信息

通过“Create Auto Scaling group”可以创建新的 Auto Scaling group。如果不需要某个 Auto Scaling group，那么，就可以从 Actions 菜单上选择删除功能（见图 1-11），图 1-12 显示了正在删除某一个 Auto Scaling group。

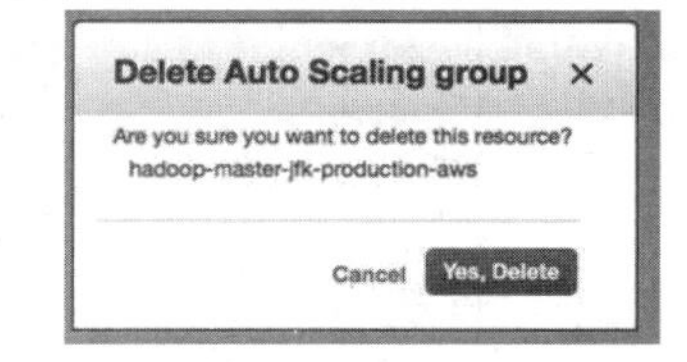

图 1-11　删除 Auto Scaling group

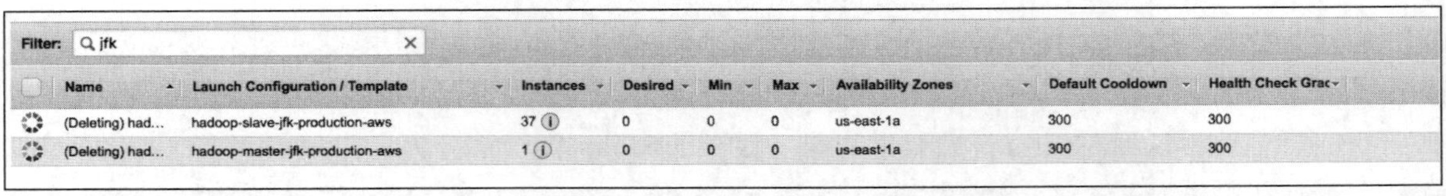

Filter: jfk

Name	Launch Configuration / Template	Instances	Desired	Min	Max	Availability Zones	Default Cooldown	Health Check Grac
(Deleting) had...	hadoop-slave-jfk-production-aws	37	0	0	0	us-east-1a	300	300
(Deleting) had...	hadoop-master-jfk-production-aws	1	0	0	0	us-east-1a	300	300

图 1-12　正在删除 Auto Scaling group

当我们配置一个常规的服务器时，我们会配置它的存储，要么使用 HDD，要么使用 SSD 类型的存储设备。作为虚拟服务器的 EC2 也是一样（见图 1-13）。Amazon Elastic Block Store（Amazon EBS）可在 AWS 云中提供用于 Amazon EC2 实例的持久性块存储卷（Volume）。我们从前使用 RAID 机制来保证当其中一个磁盘出问题时，其他磁盘有其复制的数据。类似的作法，每个 Amazon EBS 卷都会在其可用区（Zone）内自动复制，以减少丢失数据的影响，同时提供高可用性和持久性。通过 Amazon EBS，我们可在几分钟内调整用量大小，我们只需为配置的资源用量支付费用。另外，EBS 支持通过快照（Snapshot）来备份数据和恢复数据。如图 1-13 所示，这个实例（Instance）有多个卷，图 1-14 显示了某个卷的详细信息。从 Actions 下面可以卸载（Detach）卷，然后挂载（Attach）到其他的实例（Instance）。

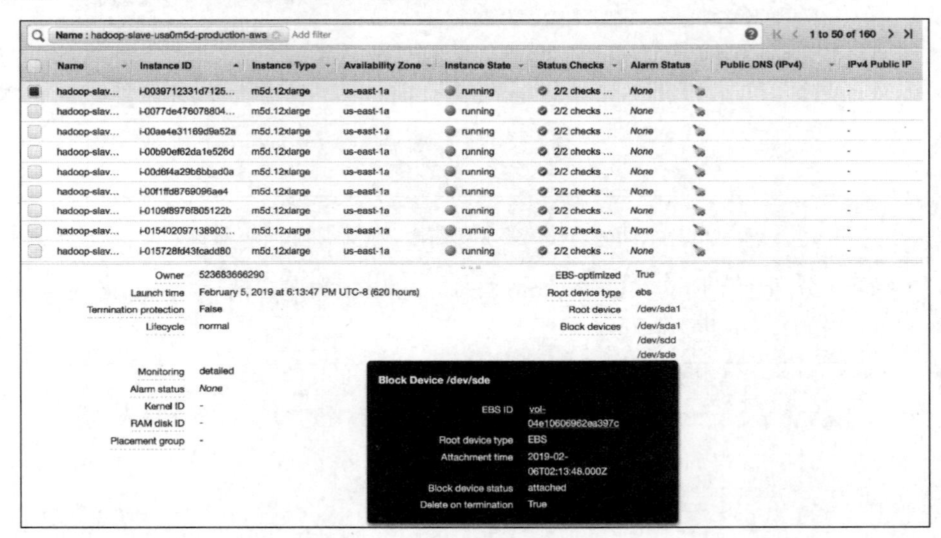

图 1-13　某个实例的 EBS 配置信息

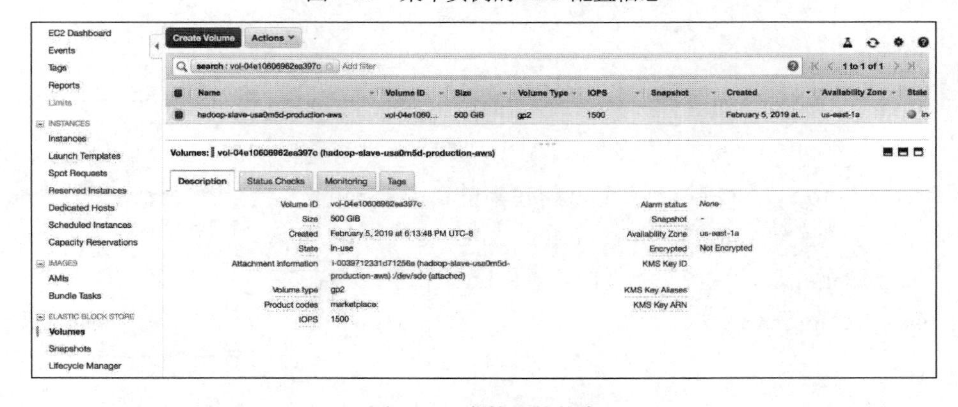

图 1-14　卷的具体信息

Amazon EBS 的典型使用案例包括：大数据分析引擎（如 Hadoop/HDFS 生态系统和 Amazon EMR 集群）、关系和 NoSQL 数据库（如 Microsoft SQL Server 和 MySQL 或 Cassandra 和 MongoDB）、流和日志处理应用程序（如 Kafka 和 Splunk），以及数据仓库应用程序（如 Vertica 和 Teradata）。

1.2.3　云存储

图 1-15 展示了 AWS 的所有存储组件。在大数据时代，我们经常需要能够轻松安全地大规模存储数据。上节讲述了同 EC2 一起使用的 EBS，本节我们讲述云存储，它独立于具体的服务器，操作上类似我们使用的云盘。Amazon S3 是专为云端存储数据而构建的对象存储。通过 S3，我们能够灵活地在云端存储数据，以实现成本优化、访问控制和合规性。根据 Amazon 的官方网站上的信息，S3 提供 99.999999999%的持久性，并已经存储了多个行业的数百万个应用程序的数据。如图 1-16 所示，Amazon S3 将数据作为对象存储在被称为“存储桶（Bucket）”的资源中。我们可以在一个存储桶中存储对象，并读取和删除存储桶中的对象。对象大小最多可为 5TB。在一个桶中的数据会复制到 Region 的其他区域，以防止数据丢失。在桶中的每个对象都有一个 Key，类似文件系统上的路径和名字（media/welcome.mp4）。S3 提供存储管理界面，图 1-17 显示了一个使用 S3 的实例，我们有 377 个桶，分布在 14 个 Region。

图 1-15　云存储组件

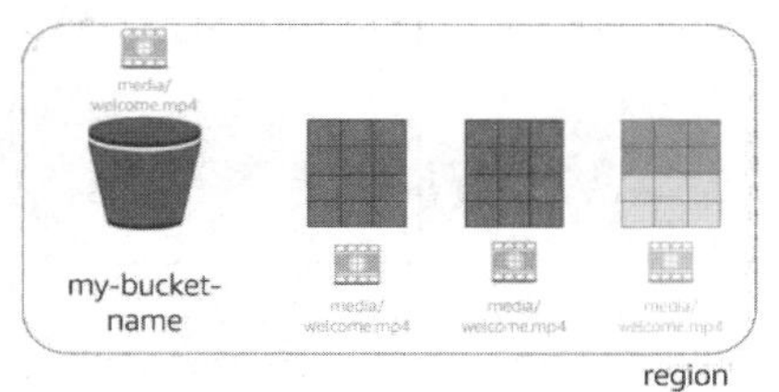

图 1-16　存储桶

aws　Services　Resource Groups　dev-backend　Global　Support

Amazon S3

Buckets

Public access settings for this account

Feature spotlight 3

Search for buckets　All access types

Create bucket　Edit public access settings　Empty　Delete　377 Buckets　14 Regions

Name	Access	Region	Date created
aws-athena-query-results-523683666290-ap-northeast-1	Objects can be public	Asia Pacific (Tokyo)	Dec 24, 2018 6:44:14 PM GMT-0800
aws-athena-query-results-523683666290-us-east-1	Objects can be public	US East (N. Virginia)	Dec 19, 2018 7:56:37 PM GMT-0800
aws-logs-523683666290-us-east-1	Objects can be public	US East (N. Virginia)	Nov 16, 2016 2:03:58 PM GMT-0800
backend-sandbox	Objects can be public	US East (N. Virginia)	Nov 5, 2015 9:03:11 PM GMT-0800
bigdam-backup-dev	Objects can be public	US East (N. Virginia)	Oct 26, 2017 11:10:06 PM GMT-0700
bigdam-backup-stg	Objects can be public	US East (N. Virginia)	Jul 10, 2018 10:39:43 PM GMT-0700
bigdam-dddb-dev	Objects can be public	US East (N. Virginia)	Aug 25, 2017 12:59:34 AM GMT-0700
bigdam-dddb-stg	Objects can be public	US East (N. Virginia)	Jul 10, 2018 10:39:42 PM GMT-0700
billing_related	Objects can be public	US East (N. Virginia)	Oct 22, 2013 3:53:28 PM GMT-0700
cdp-api-admin-dev-aws-1-access	Objects can be public	US East (N. Virginia)	Feb 27, 2019 8:51:14 AM GMT-0800

图 1-17　S3 使用实例

S3 提供了三种方式创建和访问桶上的数据，分别是 AWS 管理控制台、AWS CLI 和 AWS SDK。我们将在第 4 章中详细讲解 S3。

1.3 Hadoop 和云平台的应用实例

除了使用 AWS 管理界面（见图 1-6）操作 EC2、S3 等组件之外，我们可以在个人计算机（例如苹果 Mac）上安装 AWS CLI（命令行接口），然后使用脚本来创建和管理 EC2 实例、S3 存储等。其实，脚本模式是最常见的模式。下面我们以在 AWS 上部署 Hadoop 为例来说明。

在实际工作中，我使用了 Chef 工具和 CodeDeploy 工具（与 Debian Package 结合使用）。Chef 是大数据环境下的自动化运维工具和 IT 自动化平台，可创建、部署、变更和管理基础设施运行时环境和应用。Chef 是平台无关的，可以部署到云端或本地。Chef 也被称为部署自动化工具和 DevOps 使能者。我们把在 AWS 上安装和部署 Hadoop 的配置参数做成了 Chef 脚本（.yml 文件），并把 Chef 脚本放在 GitHub 上进行管理。图 1-18 显示了两类脚本，一类是在云平台上设置好虚拟机等，另一类是在大数据平台（Hadoop）层面上设置好集群。

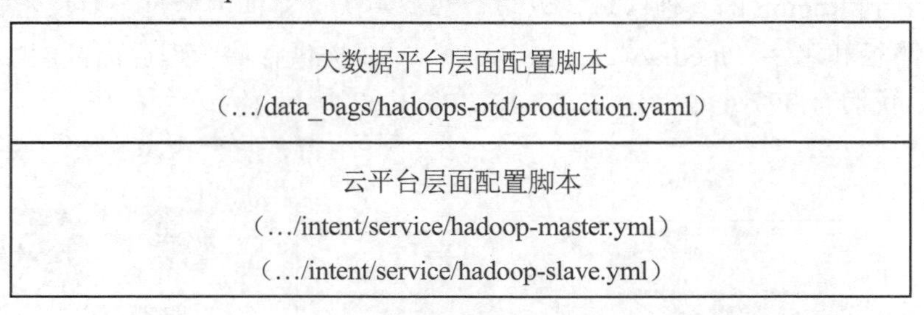

图 1-18　部署层次图

1.3.1 云平台层面配置

下面是一个实际的 Hadoop 上的 Master 节点在云平台层面的配置信息。从中可以看到 EC2 实例类型、EBS 卷、Auto Scaling 和安全组的设置等：

```
#site:cloud:region:service:stage:cluster
'*:aws:*:hadoop-master:production:*':
   component: hadoop
   instance_type: r5d.2xlarge                ← EC2 实例类型
   instance_disk_map:                        ← EBS 的卷
      - name: /dev/sda1
        size: 32
        type: gp2
        delete: true
      - name: /dev/sdb
        virtual: ephemeral0
   instance_disk_ephemeral_type: 'jbod'
   scaling_size_cur: 1                       ← Auto Scaling 的配置
   scaling_size_max: 1
   scaling_size_min: 1
   security_groups: '@default'               ←安全组
```

```
    instance_disk_ephemeral_mark: '@default'
    scaling_suspend: '@default'
    scaling_placement: '@default'
    scaling_policy: '@default'
    scaling_hooks: '@default'
    security_key: '@default'
    security_profile: '@default'
    balancers: '@default'
    balancer_targets: '@default'
    health_check_type: '@default'
    health_check_grace_period: '@default'
    instance_chef_role: '@default'
    ……
```

下面是一个实际的 Hadoop 集群上的 Slave 节点在云平台层面的配置信息：

```
'*:aws:*:hadoop-slave:*:*':
    component: hadoop
    instance_type: m5d.12xlarge      ← EC2 实例类型（注意：比 Master 配置高）
    instance_disk_map:               ← EBS 的卷(见图 1-13)
        - name: /dev/sda1
          size: 32
          type: gp2
          delete: True
        - name: /dev/sdb
          virtual: ephemeral0
        - name: /dev/sdc
          virtual: ephemeral1
        - name: /dev/sdd
          size: 1000
          type: gp2
          delete: True
        - name: /dev/sde
          size: 1000
          type: gp2
          delete: True
    instance_disk_ephemeral_mark:
        - /mnt/dfs_slave_local_disk
        - /mnt2/dfs_slave_local_disk
        - /mnt3/yarn_slave_local_disk
        - /mnt4/yarn_slave_local_disk
    instance_disk_ephemeral_type: 'jbod'
    scaling_size_cur: 37           ← Auto Scaling 的配置（注意与 Master 的大小不同）
    scaling_size_max: 300
    scaling_size_min: 30
    security_groups: '@default'     ← 安全组
    scaling_suspend: '@default'
    scaling_placement: '@default'
```

```
    scaling_policy: '@default'
    scaling_hooks: '@default'
    security_key: '@default'
    security_profile: '@default'
    balancers: '@default'
    balancer_targets: '@default'
    health_check_type: '@default'
    health_check_grace_period: '@default'
    instance_chef_role: '@default'
```

1.3.2 大数据平台层面配置

下面是一个实际的 Hadoop 集群的配置信息。从中可以看到 vcore 个数设置、资源调度等：

```
id: production
clusters:
  hadoop-usa0m5d:                               ←集群名称
    enabled_for_slaves: true
    namenode: hdfs://**:8020                    ←访问集群的 IP/端口信息
    resource_manager: **
api_endpoint: api. ***.com
max_generate: '10000'
preconfigured_cluster_params:
  defaults:
    cpu_vcores: 38
    jvm_container_heap_overhead: 1.1428571428571428
    mapreduce_am_heap: 3584
    mapreduce_map_heap: 3584
    mapreduce_reduce_heap: 3584
    io_sort_mb: 512
    io_sort_factor: 64
    resource_manager_heap_size: 8192
    enable_historydata_s3_offload: true
    s3_connector_type: s3alight
    dfs_datanode_du_reserved: 134217728000
    yarn_nodemanager_disk_health_checker_interval_ms: 60000
    yarn_nodemanager_disk_health_checker_max_disk_utilization_per_disk_
percentage: 60
  ......
  predefined_queues: # queue for fair scheduler (yarn)
  - name: system
   minCores: 29
   maxCores: 29
   maxRunningApps: 3
   maxAMShare: 0.1
   schedulingPolicy: fair
  - name: free
   minCores: 10
```

```
      maxCores: 30
      maxRunningApps: 10
      maxAMShare: 0.3
      schedulingPolicy: fair
    - name: mre_standard
      minCores: 12
      maxCores: 51
      maxRunningApps: 3
      maxAMShare: 0.5
      schedulingPolicy: fair
    - name: probe_query
      minCores: 2
      maxCores: 3
      maxRunningApps: 1
      maxAMShare: 0.5
      schedulingPolicy: fair
  default_cluster: hadoop-m5d
  default_bulkload_cluster: hadoop-m5d
  cluster_assignments: {}
  bulkload_cluster_assignments: {}
  default_packages:
    hadoop_version_default: hadoop-2.7.3
    hadoop_branch: stable
    hive_version_default: hive-2.3.2
    hive_branch: stable
    tez_version_default:
tez-0.8.3-PTD-0.0.2-PTD-0e57bc4f8db0c957b25ccecd8eafb2323ac7e431
    tez_branch: stable
  cluster_specific_packages: {}
  hadoop_cluster_overrides: {}
  hadoop_opts:
  - -Xmx1280m
  - -XX:MaxNewSize=120m
  - -Djava.io.tmpdir=/mnt/hadoop/tmp/
  hadoop_env:
    HADOOP_USER_CLASSPATH_FIRST: true
    HADOOP_CONF_DIR: /etc/hadoop/conf.ptd
    HADOOP_CLIENT_SKIP_UNJAR: true
  hadoop_params:
    mapreduce.job.maps: 63
    mapreduce.job.reduces: 4
    mapreduce.reduce.shuffle.input.buffer.percent: 0.6
    mapreduce.map.speculative: false
    mapreduce.reduce.speculative: false
    mapreduce.job.reduce.slowstart.completedmaps: 1.0
    mapreduce.job.local-fs.single-disk-limit.bytes: 322122547200
    mapreduce.task.kill-job.limit.exceed: true
```

```
hive2_defaults:
  ……
  hive_params:
    hive.auto.convert.join: false
    mapreduce.job.ubertask.enable: true
    mapreduce.job.ubertask.maxmaps: 1
    mapreduce.job.ubertask.maxreduces: 1
    mapreduce.job.ubertask.maxbytes: 536870912
    hive.vectorized.execution.enabled: false
    hive.exec.parallel: true
    mapreduce.map.speculative: false
    hive.mapred.reduce.tasks.speculative.execution: false
    hive.auto.convert.join.noconditionaltask: false
    hive.mapjoin.localtask.max.memory.usage: 0.7
    hive.mapjoin.smalltable.filesize: 25000000
    hive.resultset.use.unique.column.names: false
    hive.optimize.sort.dynamic.partition: false
    hive.optimize.reducededuplication: false
    hive.execution.engine: mr
    hive.fetch.task.conversion: none
  hive_query_hints:
    ……
  history_crawler:
……
  hadoop_probe_query:
  tera_sort_line_number: 1000000000
  tera_gen_params:
    mapreduce.job.queuename: root.probe_query
    mapreduce.job.maps: 100
  tera_sort_params:
    mapreduce.job.queuename: root.probe_query
    mapreduce.job.reduces: 100
  tera_val_params:
    mapreduce.job.queuename: root.probe_query
```

1.4 数据湖（Data Lake）

大数据是个机遇，也是个挑战，它是用传统的技术方法无法解决的数据问题。关于大数据，企业应该先想的问题不是这些数据能为我赚多少钱，而是如果我不去整合内部和外部的数据，存储数据，分析数据，那么未来我会失去多少钱？我会比竞争对手落后多少？有些数据是需要从其他渠道拿到。数据的整合不是一朝一夕的事情，而是需要经过一些时间的累积，最终形成企业自己的数据湖（Data Lake）。整合数据和数据分析本身就不是先有鸡还是先有蛋的问题，而是你不养鸡，肯定就不会有蛋。在未来的竞争格局中，数据往往能发挥先发制人的作用和优势。

简单来说，数据湖是一个集中式存储库，允许企业以任意规模存储所有结构化和非结构化数据。可以按原样存储数据（无需先对数据进行结构化处理），并运行不同类型的分析：大数据处理、实时分析和机器学习，以做出更好的决策，如图 1-19 所示。实施数据湖的企业能够进行新类型的分析，例如通过日志文件、来自点击流的数据、社交媒体以及存储在数据湖中的互联网连接设备等新来源的机器学习。这有助于他们通过吸引和留住客户、提高生产力、主动维护设备以及做出明智的决策来更快地识别和应对业务增长机会。图 1-20 所示的是 Amazon 提供的基于云的数据湖解决方案。

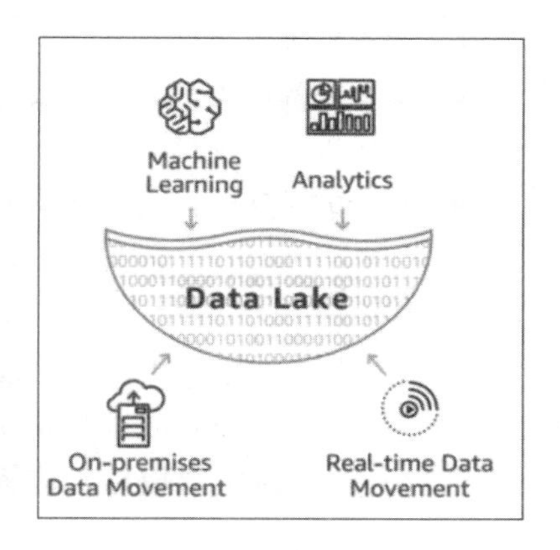

图 1-19　数据湖

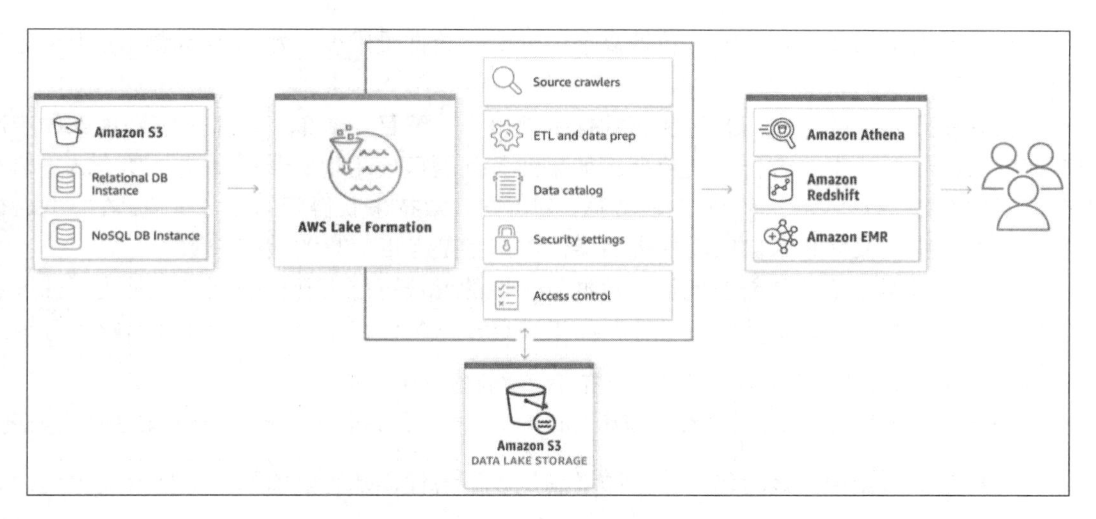

图 1-20　Amazon 数据湖

1.5　企业如何走向大数据

对于企业而言，构建大数据平台，是个系统性的工程。企业可以选择以增量方式实现大数据解决方案。不是每个分析和报告需求都需要大数据解决方案。随着大数据技术的到来，我们会问自己：“大数据是否是我的业务问题的正确解决方案，或者它是否为我提供了新的业务机会？”，“企业 IT 部门需要掌握哪些技能来理解和分析商用的大数据解决方案？”，“现有企业数据和来自外部的数据的复杂性”，“哪些维度可帮助评估大数据解决方案的可行性？”。

为了回答上述这些问题，业内专业人士提出了以下多种维度来评估大数据解决方案的可行性。企业应该依据自身业务的特点，为每个维度分配一个权重和优先级：

- 数据整合和分析所带来的业务价值。
- 数据整合（无论是新来源的数据还是原有数据）后的数据治理考虑。
- 企业是否自己拥有大数据技术人员，厂商是否有足够的技术支持人员。

- 整个数据量。
- 各种各样的数据源、数据类型和数据格式。
- 生成数据的速度，需要对它处理的速度。
- 数据的真实性，或者数据的不确定性和可信赖性。

1.5.1 业务价值维度

许多企业想知道，大数据产品能否帮助他们找到业务机会。所以，业务价值维度是指通过大数据技术可以为企业获取哪些新业务或者解决哪些现有的问题？这需要确定和识别大数据的业务场景，并给出关键绩效指标。这包括研究竞争对手的行动，知晓客户在寻找什么。

1.5.2 数据维度

数据维度包括数据优先级维度、数据复杂性维度、数据量维度、数据种类维度、数据处理速度和数据可信度。

首先要为企业（或政府部门）的现有数据整理出一个编目（清单），用于识别内部的应用系统中存在的数据以及从第三方传入的数据。如果业务问题可使用现有数据解决，那么就不需要使用来自外部的数据。有些客户有一些归档数据，分析归档数据来获得新的业务价值。在有些时候，包括日志文件、错误文件和来自应用程序的操作数据都是宝贵信息的潜在来源。

其次要确定数据复杂性是否在增长？数据复杂性的增长可能表现在数据量、种类、速度和真实性方面。然后要判断数据量是否已增长？如果满足以下条件，企业可考虑大数据解决方案：

- 数据大小达到 PB 和 EB 级，而且未来有可能增长到 ZB 级别。
- 数据量给传统系统（例如关系型数据库）的存储、查询、共享、分析和可视化数据带来挑战。

还有一点是，数据种类是否已增多？如果满足以下条件，那可能需要大数据解决方案：

- 数据内容和结构无法预期或预测。
- 数据格式各不相同，包括结构化、半结构化和非结构化数据。用户和机器能够以任何格式生成数据，例如：Microsoft Word 文件、Microsoft Excel 电子表格、Microsoft PowerPoint 演示文稿、PDF 文件、社交媒体、Web 和软件日志、电子邮件、来自相机的照片和视频、传感设备数据、基因组和医疗记录。
- 不断出现新的数据类型。

最后还要考虑的是，数据的增长和处理的速度。是否需要即时响应，是否需要实时处理传入的数据。对于数据是否值得信赖，如果满足以下条件，那么需要考虑使用大数据解决方案：

- 数据的真实性或准确性未知。
- 数据包含模糊不清的信息。
- 不清楚数据是否完整。

如果数据的量、种类、速度或真实性具有合理的复杂性，那么就采用大数据解决方案。对于更复杂的数据，需要评估与实现大数据解决方案关联的任何风险。对于不太复杂的数据，则应该评估传统的解决方案。

1.5.3　现有 IT 环境和成本维度

对于想要通过大数据分析获取业务价值，我们还要考虑当前的 IT 环境是否可扩展。与企业 IT 部门沟通，询问以下问题，确定能否扩展现有的 IT 平台？

- 当前的数据集是否非常大，是否达到了 TB 或 PB 数量级？
- 现有的数据仓库系统是否包含所有数据？
- 是否有大量冷数据（人们很少接触的数据）未分析，可以通过分析这些数据获得业务价值吗？
- 是否需要丢弃数据，因为无法存储或处理它？
- 是否希望在复杂且大量的数据上执行数据探索？
- 是否希望对非结构化数据进行分析？

对于这些问题的回答，可以帮助企业判断是扩充现有数据仓库系统还是部署一套新的大数据平台软件。还有一点，我们要比较这两个方案的成本。扩展现有 IT 环境与部署大数据系统的成本和可行性取决于：

- 现有工具和技术。
- 现有系统的可伸缩性。
- 现有环境的处理能力。
- 现有平台的存储能力。
- 执行的治理和策略。
- 现有应用系统的异构性。
- 企业 IT 部门的技术能力（包括为此需要新招人员的成本）。
- 从新数据源收集的数据量和成本。
- 新业务的复杂性。

我们要考虑大数据工具和技术需要的基础架构、硬件、软件和维护的成本。大数据解决方案可以采用增量方式实现。明确地定义业务问题的范围，并以可度量的方式设置预期的业务收入提升。企业可仔细列出问题的范围和解决方案带来的预期收益。如果该范围太小，业务收益将无法实现，如果范围太大，获得资金和在恰当的期限内完成项目就会很有挑战性。

对于成本维度，我们还需要考虑是否已有合适的技术人员？大数据解决方案需要特定的技能来理解和分析大数据需求，并维护大数据系统。这些技能包括行业知识、领域专长，以及有关大数据工具和技术的知识。这包括大数据建模、统计、分析等方面的能力。在实施一个新的大数据项目之前，确保已安排了合适的人员，他们熟悉该领域、能分析大量数据、而且能从数据生成有意义且有用的业务机会。

基于笔者的大数据经验，我们推荐企业采用基于公有云的大数据平台。这些平台往往技术相对成熟、成本低廉（按需付费），企业自身不需要扩充大数据技术人员。企业可以把大量的原生数据（往往包含大量的无用信息）源源不断地导入这些大数据平台，然后通过平台上的查询和统计分析工具对数据进行初步处理，把有用的结果数据导出到现有的企业 IT 系统上做最后的分析处理。

1.5.4 数据治理维度

在决定是否实现一个大数据平台时，企业要特别关注那些新数据源和新的数据元素类型，这些数据所有权可能尚未明确定义。国家的一些规章制度可能会禁止企业获取和使用的数据。例如，在医疗行业，直接获取病人数据是否合法？企业的业务流程可能需要修改，以便能够获取、存储和访问外部数据。下面是一些数据治理的问题。

- 安全性和隐私：在不违反法规和隐私等前提下，可以访问哪些数据？可以存储哪些数据？哪些数据应加密？谁可以查看这些数据？
- 数据的标准化：数据是否有标准格式？是否有专用的格式？部分数据是否为非标准格式？
- 数据可用的时段：数据是否只在一个允许的时段才可用？
- 数据的所有权：谁拥有该数据？是否拥有适当的访问权和权限来使用数据？
- 允许的用法：允许如何使用该数据？

总之，不是所有大数据业务情形都需要大数据解决方案。竞争对手在做什么？哪些市场力量在发挥作用？客户想要什么？使用上面的几个维度，可以帮助企业确定大数据解决方案是否适合它的业务情形。

第 2 章

大数据软件框架

这是一个大数据时代，Hadoop 就是为了大数据才应运而生的。Hadoop 是 Apache 的子项目，是一个分布式系统基础架构，它主要是用于大数据的处理。例如，如果你要在一个 50TB 的巨型文件中查找内容，会出现什么情况？在传统的系统上，这将需要很长的时间，但是 Hadoop 在设计时就考虑到这些问题，采用分布式存储和并行执行机制。Hadoop 所提供的分布式文件系统（HDFS）实现了大规模的存储（在所有计算节点上分布式存储 50TB 数据），这为整个集群带来了非常高的带宽，因此能大大提高效率。Hadoop 可以让用户在不了解分布式底层细节的情况下，开发分布式程序，充分利用集群的威力进行高速运算和存储。

2.1 Hadoop 框架

对于大数据而言，Hadoop 就是用大量的廉价机器组成的集群去执行大规模运算，这包括大规模的计算和大规模的存储。近年来，Hadoop 已经逐渐成为大数据分析领域最受欢迎的解决方案，像 eBay 这样大型的电子商务企业，一直在使用 Hadoop 技术从数据中挖掘价值，例如，通过大数据提高用户的搜索体验，识别和优化精准广告投放，以及通过点击流分析以理解用户如何使用它的在线市场平台等。目前，eBay 的 Hadoop 集群总节点数超过 10000 多个，存储容量超过 170PB。

Hadoop 框架是用 Java 编写的，它的核心是 HDFS（Hadoop 分布式文件系统）和 MapReduce。HDFS 为大数据提供了存储，而 MapReduce 为大数据提供了计算。HDFS 可以保存比一个机器的可用存储空间更大的文件，这是因为 HDFS 是一套具备可扩展能力的存储平台，能够将数据分发至成千上万分布式节点的低成本服务器之上，并让这些硬件设备以并行方式共同处理同一任务。Hadoop 框架实现了名为 MapReduce 的编程范式，这个范式实现了大规模的计算：应用程序被分割成许多小部分，而每个部分在集群中的节点上并行执行（每个节点处理自己的数据）。MapReduce 和分布式文件系统的设计，使得应用程序能够在成千上万台独立计算的电脑上运行并存取 PB 级的数据。

Hadoop 框架包括 Hadoop 内核、MapReduce、HDFS 和 Hadoop YARN 等。Hadoop 也是一个生态系统，在这里面有很多的组件。除了 HDFS 和 MapReduce，有 NoSQL 数据库的 HBase，有数据仓库工具 Hive，有 Pig 工作流语言，有在分布式系统中扮演重要角色的 Zookeeper，有内存计算框架的 Spark，有数据采集的 Flume 和 Kafka。总之，用户可以在 Hadoop 平台上开发和部署任何的大数据应用程序。

总之，Hadoop 是一个能够让用户轻松架构和使用的分布式计算平台。用户可以轻松地在 Hadoop 上开发和运行处理海量数据的应用程序。它主要有以下几个优点。

- 高扩展性：Hadoop 可以扩展至数千个节点，对数据持续增长，数据量特别巨大的需求很合适。
- 高效：Hadoop 能够在节点之间动态地移动数据，并保证各个节点的动态平衡，因此处理速度非常快。
- 高容错性：Hadoop 能够自动保存数据的多个副本，并且能够自动将失败的任务重新分配。
- 低成本：Hadoop 是开源项目，不仅从软件上节约成本，而且，Hadoop 对硬件上的要求也不高，因此也从硬件上节约了一大笔成本。

2.1.1 HDFS（分布式文件系统）

HDFS 是 Hadoop Distribute File System（Hadoop 分布式文件系统）的简称。HDFS 是一个可运行在廉价机器上的可容错分布式文件系统。它既有分布式文件系统的共同点，又有自己的一些明显的特征。在海量数据的处理中，我们经常碰到一些大文件（几百 GB 甚至 TB 级别）。在常规的系统上，这些大文件的读和写需要花费大量的时间。HDFS 优化了大文件的流式读取方式，它把一个大文件分割成一个或者多个数据块（默认的大小为 64MB），分发到集群的节点上，从而实现了高吞吐量的数据访问，这个集群可有数百个节点，并支持千万级别的文件。因此，HDFS 非常适合大规模数据集上的应用。

HDFS 设计者认为硬件故障是经常发生的，所以采用了块复制的概念，让数据在集群的节点间进行复制（HDFS 有一个复制因子参数，默认为 3），从而实现了一个高度容错性的系统。当硬件出现故障（如硬盘坏了）的时候，复制的数据就可以保证数据的高可用性。正是因为这个容错的特点，HDFS 适合部署在廉价的机器上。当然，一块数据和它的备份不能放在同一个机器上，否则这台机器挂了，备份也同样没办法找到。HDFS 用一种机架位感知的办法，先把一份复制放入同机架上的机器，然后再复制一份到其他服务器，也许是不同数据中心的，这样如果某个数据点坏了，就从另一个机架上调用。除了机架位感知的办法，现在还有基于 Erasure Code（纠删码）的方法。这本来是用在通信容错领域的办法，可以节约空间又达到容错的目的，感兴趣的读者可以去查询相关材料。

HDFS 是一个主从结构。如图 2-1 所示，一个 HDFS 集群是由一个名字节点（NameNode）和多个数据节点（DataNode）组成，它们通常是在不同的机器上。HDFS 将一个文件分割成一个或多个块，这些块被存储在一组数据节点中。名字节点用来操作文件命名空间的文件或目录操作，如：打开、关闭、重命名，等等。它同时确定块与数据节点的映射。数据节点负责来自文件系统客户的读写请求。数据节点同时还要执行块的创建、删除和来自名字节点的块复制指令。

一个名字节点保存着集群上所有文件的目录树，以及每个文件数据块的位置信息，它是一个管理文件命名空间和客户端访问文件的主服务器，但是它并不真正存储文件数据本身。数据节点通常是一个节点或一个机器，它真正的存放着文件数据（和复制数据）。它管理着从 NameNode

分配过来的数据块，是来管理对应节点的数据存储。HDFS 对外开放文件命名空间并允许用户数据以文件形式存储。图 2-1 显示了一个 HDFS 的架构：

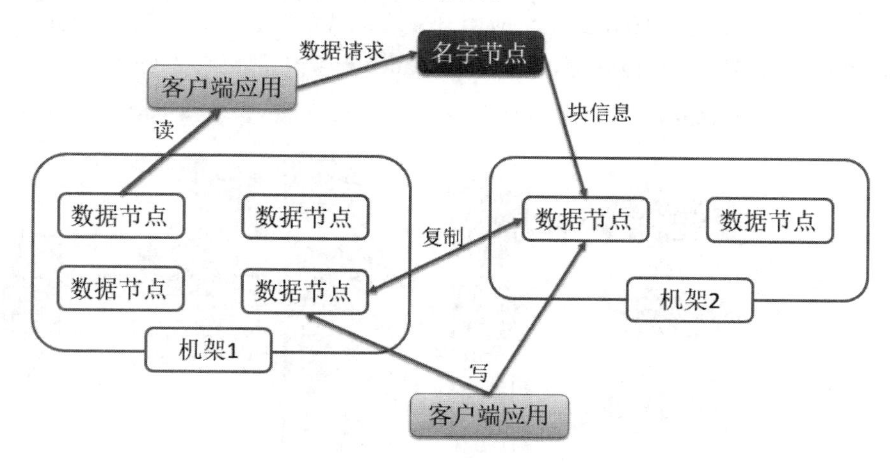

图 2-1　HDFS 架构

- 客户端应用：每当需要定位一个文件或添加/复制/移动/删除一个文件时，与名字节点交互，获取文件位置信息（返回相关的数据节点信息）；与数据节点交互，读取和写入数据。
- 名字节点（NameNode）：HDFS 文件系统的核心节点，保存着集群中所有数据块位置的一个目录。它管理 HDFS 的名称空间和数据块映射信息，配置副本策略，处理客户端请求。
- 数据节点（DataNode）：存储实际的数据，汇报存储信息给 NameNode。启动后，DataNode 连接到 NameNode，响应 NameNode 的文件操作请求。一旦 NameNode 提供了文件数据的位置信息，客户端应用可以直接与 DataNode 联系。DataNode 并不能感知集群中其他 DataNode 的存在。DataNode 之间可以直接通信，数据复制就是在 DataNode 之间完成的。

名字节点和数据节点都是运行在普通的机器之上的软件，一般都用 Linux 操作系统。因为 HDFS 是用 Java 编写的，任何支持 Java 的机器都可以运行名字节点或数据节点，我们很容易将 HDFS 部署到大范围的机器上。典型的部署是由一个专门的机器来运行名字节点软件，集群中的其他每台机器运行一个数据节点实例。体系结构虽然不排斥在一个机器上运行多个数据节点的实例，但是实际的部署不会有这种情况。

集群中只有一个名字节点极大地简单化了系统的体系结构。名字节点是仲裁者和所有 HDFS 元数据的仓库，用户的实际数据不经过名字节点。在集群中，我们一般还会配置 Secondary NameNode。这个 Secondary NameNode 下载 NameNode 的 image 文件和 editlogs，并对它们做本地归并，最后再将归并完的 image 文件发回给 NameNode。Secondary NameNode 并不是 NameNode 的热备份，在 NameNode 出故障时并不能工作。

2.1.2　MapReduce（分布式计算框架）

MapReduce 是一种编程模型（也称为计算模型），用于大数据量的批处理计算。读者需要注意的是，我们现在很少直接使用 MapReduce 来进行编程，但是理解 MapReduce 的思想是理解分布式计算的关键，新的分布式计算框架都是对 MapReduce 的改进和提升。如图 2-2 所示，MapReduce 的思想是将批量处理的任务主要分成两个阶段（Map 和 Reduce 阶段），所谓的 Map 阶段就是把数据生成“键-值”对（Key-Value Pair），按键排序。中间有一步操作叫 Shuffle，把同样的 Key（键）运输到同一个 Reducer 上面去。在 Reducer 上，因为都是同一个 Key，就直接可以做聚合（算出总和）， 最后把结果输出到 HDFS 上。应用开发者只需编写 map()函数和 reduce()函数，中间的排序、Shuffling 网络传输、容错处理，在 MapReduce 框架中都已经做好了。

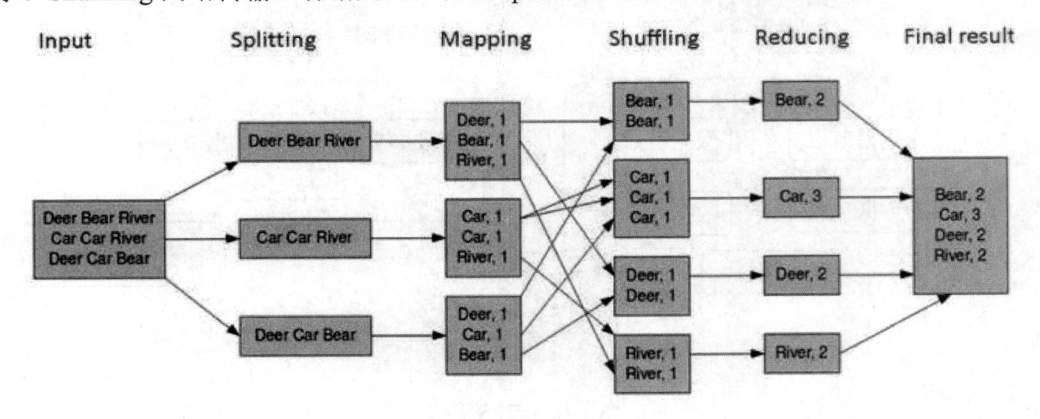

图 2-2　MapReduce 处理示例

图 2-2 所示的例子是计算各个单词出现的次数。MapReduce 通常将输入的数据集分割为一些独立的数据块（Splitting 步骤），然后由一些 Map 任务在服务器集群上以完全并行的方式进行处理，这些 Map 任务的计算结果最后通过 Reduce 任务合并在一起来计算最终的结果。具体来说，Map 对数据进行指定的操作，生成“键-值”对形式的中间结果（Mapping 步骤，“Deer，1”就是一个“键-值”对，这个中间结果一般存放在文件系统上）。MapReduce 框架有 Sort（排序）操作会按照“键”来对 map()函数所产生的“键-值”对进行排序（图 2-2 所示的排序结果），然后 Shuffle（发送）操作将所有具有相同键的“键-值”对发送给同一个 reduce()函数。MapReduce 框架对中间结果按照“键-值”排序（Shuffling 步骤），Reduce 则对中间结果中相同“键”的所有“值”进行规约（Reduing 步骤），以得到最终结果。最终结果一般也存放在文件系统上（如 Final result 步骤）。

MapReduce 非常适合在大量计算机组成的分布式并行环境里进行数据处理。MapReduce 框架负责任务的调度和监控，并重新执行这些失败的任务。图 2-3 显示了一个 MapReduce 的使用场景。

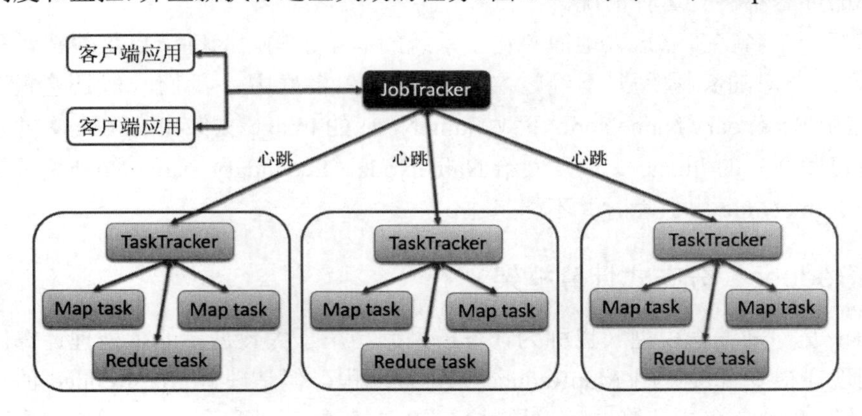

图 2-3　MapReduce 进程示例

- JobTracker：这是主节点，只有一个，它管理所有作业/任务的监控、错误处理等；它将任务分解成一系列子任务（Map 任务、Reduce 任务、Shuffle 操作），并分派给 TaskTracker。
- TaskTracker：这是从节点，可以有多个，它们接收来自 JobTracker 的 Map Task、Reduce Task 和 Shuffle 操作，并执行之；它们与 JobTracker 交互，汇报任务状态。
- Map Task：解析每条数据记录，传递给用户编写的 map()函数并执行，将输出结果写入本地磁盘（如果为 map-only 作业，直接写入 HDFS）。
- Reduce Task：从 Map Task 的执行结果中，对数据进行排序，将数据按照分组传递给用户编写的 reduce()函数执行。

我们以一个实际的案例来说明 MapReduce 处理流程。如果要统计一下过去 70 年人民日报出现最多的几个词（未必是一个，可能有好几个词出现的次数一样多），那怎么使用 MapReduce 处理呢？我们首先想到的是，可以写一个程序，把所有人民日报按顺序遍历一遍，统计每一个遇到的词的出现次数，最后就可以知道哪几个词最热门了。但是，因为人民日报的数量很大，这个方法肯定耗时不少。既然 MapReduce 的本质就是把作业交给多个计算机去完成。那么，我们可以使用上述的程序，部署到 N 台机器上去，然后把 70 年的报纸分成 N 份，一台机器跑一个作业，然后把 N 个运行结果进行整合。MapReduce 本质上就是如此，但是如何拆分 70 年的报纸文件，如何部署程序到 N 台机器上，如何整合结果，这都是 MapReduce 框架定义好的。我们只要定义好这个 Map 和 Reduce 任务，其他都交给 MapReduce。

下面我们使用 MapReduce 伪代码来说明如何实现 map()和 reduce()这两个函数。map()函数和 reduce()函数是需要我们自己实现的，这两个函数定义了 Map 任务和 Reduce 任务。MapReduce 计算框架中输入和输出的基本数据结构是“键-值”对（再次提醒读者的是，现在很少直接使用 MapReduce 框架来编写程序了，而是使用基于 MapReduce 框架的工具来编写，或者直接用 Spark 等工具来编写。下面的 map()函数和 reduce()函数的伪代码是帮助读者来理解整个 MapReduce 框架的思想）。

1. map()函数

接受一个“键-值”对，产生一组中间“键-值”对。

```
class Map extends Mapper<…>
{
    public void map(String input_key, String input_value, Context context)
    {
        // input_key: 报纸文件名称，input_value: 报纸文件内容
        for each word w in input_value:
            context.write(w, "1"); //记录每个词的出现（次数为 1）
    }
}
```

在上面的代码中，map()函数接受的“键”是文件名（假定文件名是日期，如：20160601 则表明是 2016 年 6 月 1 日的人民日报电子版文件），“值”是文件的内容，map()函数逐个遍历词语，每遇到一个词 w，就产生一个“键-值”对<w，"1">，表示这个 w 词出现了一次。

2. reduce()函数

接受一个“键”（一个词），以及相关的一组“值”（这一组值是所有Map对于这个词计算出来的频数的一个集合），整个输入数据也是一个“键-值”对。将这组值进行合并产生一组规模更小的值（通常只有一个或零个值）。在我们这个例子中，是将值集合中的频数进行求和，然后记录每个词及其出现的总频数。

```
class Reduce extends Reducer<…>
{
   public void reduce(String output_key, Iterable intermediate_values)
   {
      // output_key: 一个词
      // intermediate_values: 该词对应的所有出现次数的列表
      int result = 0;
      for each v in intermediate_values:
         result += Integer.parseInt(v); //次数累加
      Emit(Integer.toString(result));//记录最终累加结果
   }
}
```

MapReduce将“键”相同（都是词w）的“键-值”对传给reduce()函数，这样reduce()函数接受的“键”就是单词w，“值”是字符串“1”的列表（“键”为w的“键-值”对的个数），然后将这些“1”累加就得到单词w出现的次数，最后把结果存储在HDFS上。

MapReduce支持C/C++、Java、Ruby、Perl和Python编程语言。开发人员可以使用MapReduce库来创建任务。至于节点之间的通信和协调，输入数据集的切割，在不同机器之间的程序执行调度，处理错误等，这些都由框架来完成，开发人员无需处理。map()和reduce()函数会自动在多个服务器节点上自动并行执行。即使开发人员完全没有并行和分布式系统的经验和知识，也能轻松地利用大型分布式系统的资源。MapReduce革新了海量数据计算的方式，为运行在成百上千台机器上的并行程序提供了简单的编程模型。MapReduce几乎可以做到线性扩展：随着数据量的增加，可以通过增加更多的计算机来保持作业时间不变。MapReduce容错性强，它将工作拆分成多个小任务后，能很好地处理任务失败。上面例子的完整代码如下：

```
import java.io.IOException;
import java.util.*;

import org.apache.hadoop.fs.Path;
import org.apache.hadoop.conf.*;
import org.apache.hadoop.io.*;
import org.apache.hadoop.mapreduce.*;
import org.apache.hadoop.mapreduce.lib.input.FileInputFormat;
import org.apache.hadoop.mapreduce.lib.input.TextInputFormat;
import org.apache.hadoop.mapreduce.lib.output.FileOutputFormat;
import org.apache.hadoop.mapreduce.lib.output.TextOutputFormat;

public class WordCount {
```

```
        public static class Map extends Mapper<LongWritable, Text, Text, IntWritable>
        {
            private final static IntWritable one = new IntWritable(1);
            private Text word = new Text();

            public void map(LongWritable key, Text value, Context context) throws
IOException, InterruptedException {
                String line = value.toString();
                StringTokenizer tokenizer = new StringTokenizer(line);
                while (tokenizer.hasMoreTokens()) {
                    word.set(tokenizer.nextToken());
                    context.write(word, one);
                }
            }
        }

        public static class Reduce extends Reducer<Text, IntWritable, Text,
IntWritable> {

            public void reduce(Text key, Iterable<IntWritable> values, Context
context)
            throws IOException, InterruptedException {
                int sum = 0;
                for (IntWritable val : values) {
                    sum += val.get();
                }
                context.write(key, new IntWritable(sum));
            }
        }

        public static void main(String[] args) throws Exception {
            Configuration conf = new Configuration();

            Job job = new Job(conf, "wordcount");

            job.setOutputKeyClass(Text.class);
            job.setOutputValueClass(IntWritable.class);

            job.setMapperClass(Map.class);
            job.setReducerClass(Reduce.class);

            job.setInputFormatClass(TextInputFormat.class);
            job.setOutputFormatClass(TextOutputFormat.class);

            FileInputFormat.addInputPath(job, new Path(args[0]));
            FileOutputFormat.setOutputPath(job, new Path(args[1]));
```

```
        job.waitForCompletion(true);
    }
}
```

2.1.3 YARN（集群资源管理器）

从 Hadoop 2 开始，MapReduce 被一个改进的版本所替代，这个新版本叫作 MapReduce 2.0（MRv2）或 YARN（Yet Another Resource Negotiator，中文为“另一种资源协调者”）。YARN 是一种新的 Hadoop 资源管理器，它是一个通用资源管理系统，可为上层应用提供统一的资源管理和调度，它的引入为集群在利用率、资源统一管理和数据共享等方面带来了巨大好处。我们先来回顾一下老版本的 MapReduce 的流程和设计思路。从图 2-3 可以看出：

（1）首先客户端应用提交了一个作业（Job），作业的信息会发送到 Job Tracker（作业追踪器）中，Job Tracker 是 MapReduce 框架的中心，它与集群中的机器定时通信（通过心跳机制），确定哪些程序在哪些机器上执行，管理所有作业失败、重启等操作。

（2）TaskTracker（任务追踪器）在 MapReduce 集群中每台机器都有，主要是监视所在机器的资源情况。

（3）TaskTracker 同时监视当前机器上的任务（Task）的运行状况。TaskTracker 把这些信息通过心跳发送给 JobTracker，JobTracker 会搜集这些信息，以便确定新提交的作业运行在哪些机器上。

MapReduce 架构简单明了，在最初推出的几年中就收获了众多的成功案例，得到业界广泛的支持和肯定，但随着分布式系统集群的规模和其工作负荷的增长，原框架的问题逐渐浮出水面，主要的问题集中如下：

（1）JobTracker 是 MapReduce 的集中处理点，存在单点故障。

（2）JobTracker 承担了太多的任务，造成了过多的资源消耗，当作业非常多的时候，会造成很大的内存开销，也增加了 JobTracker 崩溃的风险。业界的共识是老版本的 MapReduce 的上限只能支持 4000 个节点主机。

（3）在 TaskTracker 端，只以 Map/Reduce task 的数目作为资源的表示过于简单，没有考虑到 CPU 和内存的占用情况，如果两个需要消耗大量内存的任务被调度到了一块，就很容易出现 Java 的 OOM（即内存耗尽）。

（4）在 TaskTracker 端，把资源强制划分为 map task slot 和 reduce task slot。当系统中只有 map task 或者只有 reduce task 的时候，这会造成资源的浪费，也就是前面提到的集群资源利用的问题。

YARN 最初是为了修复 MapReduce 实现里的明显不足，并对可伸缩性（支持一万个节点和二十万个内核的集群）、可靠性和集群利用率进行了提升。YARN 把 Job Tracker 的两个主要功能（资源管理和作业调度/监控）分成了两个独立的服务程序 —— 全局的资源管理（Resource Manager，简称为 RM）和针对每个应用的 App Master（AM），这里说的应用要么是传统意义上的 MapReduce 任务，要么是任务的有向无环图（DAG）。Resource Manager 和每一台机器的节点管理服务器（Node Manager）能够管理用户在那台机器上的进程并能对计算进行组织。其架构图如图 2-4 所示。

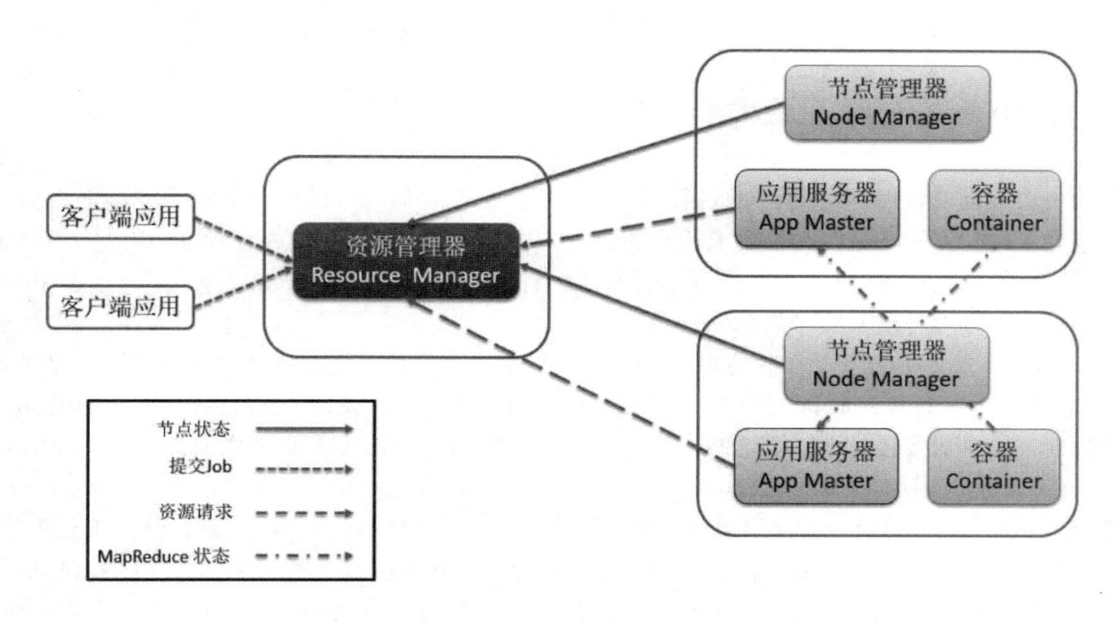

图 2-4　YARN 架构

资源管理器（Resource Manager）支持分层级的应用队列，这些队列享有集群一定比例的资源。它是一个调度器，基于应用程序对资源的需求进行调度的。每一个应用程序需要不同类型的资源，因此就需要不同的容器（Container）。资源包括：内存、CPU、磁盘、网络，等等。可以看出，这同老版本 MapReduce 的固定类型的资源使用模型有显著区别。资源管理器提供一个调度策略的插件，它负责将集群资源分配给多个队列和应用程序。

图 2-4 中节点管理器（Node Manager）是每一台机器的代理，是执行应用程序的容器，它监控应用程序的资源使用情况（CPU、内存、硬盘、网络 ）并且向资源管理器汇报。每一个应用的应用程序主控器（Application Master）是一个框架库，它结合从资源管理器获得的资源和节点管理器协同工作来运行和监控任务。每一个应用的主控器向资源管理器索要适当的资源容器，运行任务，跟踪应用程序的状态和监控它们的进程，处理任务的失败。

资源管理器是一个中心的服务，它是调度和启动每一个作业（Job）所属的应用服务器，另外监控应用程序主控器的存在情况。资源管理器负责作业与资源的调度，接收 Job Submitter 提交的作业，按照作业的上下文（Context）信息，以及从节点管理器收集来的状态信息，启动调度过程，分配一个容器（Container）。节点管理器功能比较专一，就是负责容器状态的维护，并向资源管理器保持心跳。应用程序主控器负责一个作业（Job）生命周期内的所有工作。但注意每一个作业（不是每一种）都有一个应用程序主控器，它可以运行在资源管理器以外的机器上。而资源管理器中有一个模块叫作 ApplicationsMasters（ 注意不是 ApplicationMaster），它用于监测应用程序主控器的运行状况，如果出问题，就会在其他机器上重启。容器（Container）是 YARN 为了将来作资源隔离而提出的一个框架。这一点应该借鉴了 Mesos 的工作，虽然容器目前是一个框架，仅仅提供了 Java 虚拟机内存的隔离 ，但是未来可能会支持更多的资源调度和控制。

总之，YARN 从某种意义上来说应该算是一个云操作系统，它负责集群的资源管理。在操作系统之上可以开发各类的应用程序。这些应用可以同时利用 Hadoop 集群的计算能力和丰富的数据存储模型，共享同一个 Hadoop 集群和驻留在集群上的数据。

2.2 Spark（内存计算框架）

随着大数据的发展，人们对大数据的处理要求也越来越高，原有的批处理框架 MapReduce 适合离线计算，却无法满足实时性要求较高的业务，如实时推荐、用户行为分析等。因此，Hadoop 生态系统又发展出以 Spark 为代表的新计算框架。相比 MapReduce，Spark 速度快，开发简单，并且能够同时兼顾批处理和实时数据分析。

Apache Spark 是加州大学伯克利分校的 AMPLabs 开发的开源分布式轻量级通用计算框架，并于 2014 年 2 月成为 Apache 的顶级项目。由于 Spark 基于内存设计，使得它拥有比 Hadoop 更高的性能，并且对多语言（Scala、Java、Python）提供支持。Spark 有点类似 Hadoop MapReduce 框架。Spark 拥有 Hadoop MapReduce 所具有的优点，但不同于 MapReduce 的是，作业中间输出的结果可以保存在内存中，从而不再需要读写 HDFS（MapReduce 的中间结果要保存在文件系统上），因此，在性能上，Spark 能比 MapReduce 框架快 100 倍左右（见图 2-5），排序 100TB 的数据只需要 20 分钟左右。正是因为 Spark 主要是在内存中执行，所以 Spark 对内存的要求非常高，一个节点通常需要配置 24GB 的内存。在业界，我们有时把 MapReduce 称为批处理计算框架，把 Spark 称为实时计算框架、内存计算框架或流式计算框架。

Hadoop 使用数据复制来实现容错性（I/O 高，即输入/输出高），而 Spark 使用 RDD（Resilient Distributed Datasets，弹性分布式数据集）数据存储模型来实现数据的容错性。RDD 是只读的、分区记录的集合。如果一个 RDD 的一个分区丢失，RDD 含有如何重建这个分区的相关信息。这就避免了使用数据复制来保证容错性的要求，从而减少了对磁盘的访问。通过 RDD，后续步骤如果需要相同数据集时就不必重新计算或从磁盘加载，这个特性使得 Spark 非常适合流水线式的处理。

虽然 Spark 可以独立于 Hadoop 来运行，但是 Spark 还是需要一个集群管理器和一个分布式存储系统。对于集群管理，Spark 支持 Hadoop YARN、Apache Mesos 和 Spark 原生集群。对于分布式存储，Spark 可以使用 HDFS、Cassandra、OpenStack Swift 和 Amazon S3。Spark 支持 Java、Python 和 Scala（Scala 是 Spark 最推荐的编程语言，Spark 和 Scala 能够紧密集成，Scala 程序可以在 Spark 控制台上执行）。应该说，Spark 和 Hadoop 生态系统中的上述工具紧密集成。Spark 可以与 Hadoop 上的常用数据格式（如：Avro 和 Parquet）进行交互，能读写 HBase 等 NoSQL 数据库，它的流处理组件 Spark Streaming 能连续从 Flume 和 Kafka 之类的系统上读取数据，它的 SQL 库 Spark SQL 能和 Hive MetaStore 交互。

Spark 可用来构建大型的、低延迟的数据分析应用程序。如图 2-6 所示，Spark 包含了如下的库：Spark SQL，Spark Streaming， MLlib（用于机器学习）和 GraphX。其中 Spark SQL 和 Spark Streaming 最受欢迎，大概 60%左右的用户在使用这两个中的一个。而且 Spark 还能替代 MapReduce 成为 Hive 的底层执行引擎。

Spark 的内存缓存使它适合于迭代计算。机器学习算法需要多次遍历训练集，可以将训练集缓存在内存里。在对数据集进行探索时，数据科学家可以在运行查询的时候将数据集放在内存，这样就节省了访问磁盘的开销。

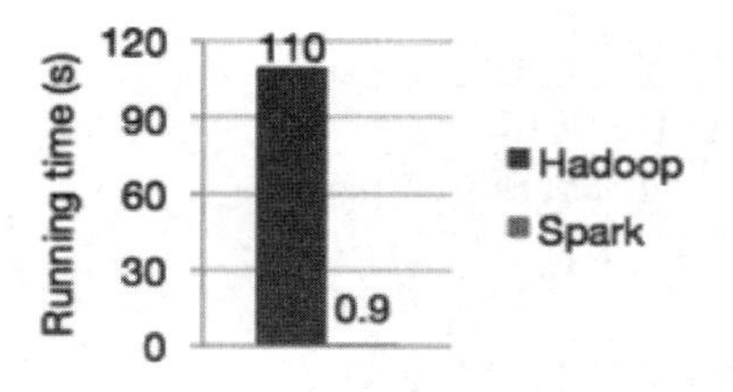

图 2-5　性能比较（数据来源：http://spark.apache.org/）

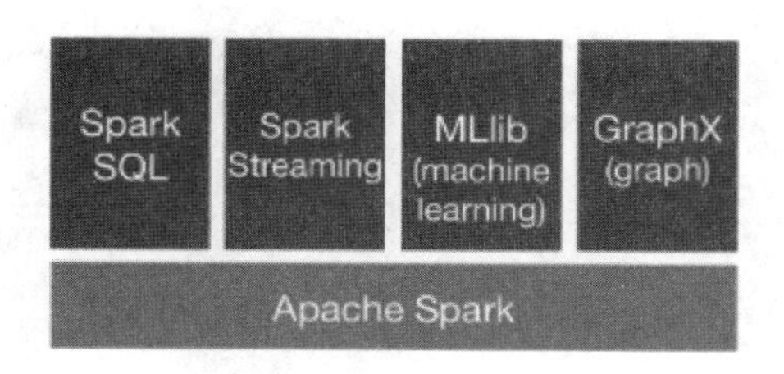

图 2-6　Spark 组件

虽然 Spark 目前被广泛认为是下一代 Hadoop，但是 Spark 本身的复杂性也困扰着开发人员。Spark 的批处理能力仍然比不过 MapReduce，Spark SQL 和 Hive 的 SQL 功能相比还有一定的差距，Spark 的统计功能与 R 语言相比还没有可比性。

2.2.1　Spark SQL

Spark 的存在是为了以快于 MapReduce 的速度进行分布式计算。Spark 的设计者很快就了解到，大家还是想要用 SQL 来访问数据。Spark SQL 就出现了，它是基于 Spark 引擎对 HDFS 上的数据集或已有的 RDD 执行 SQL 查询。有了 Spark SQL 就能在 Spark 程序里用 SQL 语句操作数据了。例如：

```
val sqlContext = new org.apache.spark.sql.SQLContext(sc)
val persons = sqlContext.sql("SELECT name FROM people WHERE age >= 18 AND age
<= 29")
```

上述两行代码是 Scala 的语法。这两行都声明了两个新变量。与 Java 不同的是，Scala 在变量声明时指定变量类型。这个功能在 Scala 编程语言中称为类型推断。Scala 会从上下文中分析出变量类型。只要在 Scala 中定义新变量，必须在变量名称之前加上 val 或 var。带有 val 的变量是不可变变量，一旦给不可变变量赋值，就不能改变。而以 var 开头的变量则可以改变值。

Spark SQL 在 Spark 圈中非常流行。Spark SQL 的前身是 Shark。我们简短回顾一下 Shark 的整个发展历史。对于熟悉 RDBMS 但又不理解 MapReduce 的技术人员来说，Hive 提供快速上手的工具，它是第一个运行在 Hadoop 上的 SQL 工具。Hive 基于 MapReduce，但是 MapReduce 的中间过程消耗了大量的 I/O（输入/输出），影响了运行效率。为了提高在 Hadoop 上的 SQL 的效率，一些工具开始产生，其中表现较为突出的是：MapR 的 Drill、Cloudera 的 Impala、Shark。其中 Shark 是伯克利实验室 Spark 生态环境的组件之一，它修改了内存管理、物理计划、执行三个模块，并使之能运行在 Spark 引擎上，从而使得 SQL 查询的速度得到 10~100 倍的提升。Shark 依赖于 Hive，例如，Shark 采用 Hive 的语法解析器和查询优化器，这制约了 Spark 各个组件的相互集成，所以提出了 Spark SQL 项目。2014 年 6 月 1 日，Shark 项目组宣布停止对 Shark 的开发，将所有资源放在 Spark SQL 项目上。Spark SQL 作为 Spark 生态的一员继续发展，而不再受限于 Hive，只是兼容 Hive，Spark SQL 体系架构如图 2-7 所示。

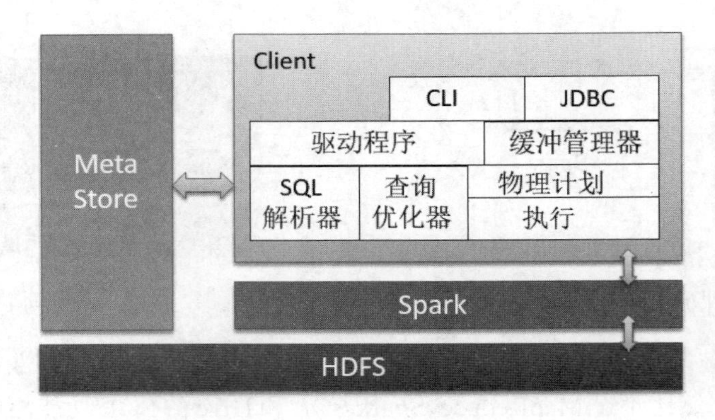

图 2-7 Spark SQL 体系架构

Spark SQL 抛弃原有 Shark 的代码，汲取了 Shark 的一些优点，如内存列存储（In-Memory Columnar Storage）、Hive 兼容性等，重新开发了 Spark SQL 代码。由于摆脱了对 Hive 的依赖性，Spark SQL 无论在数据兼容、性能优化、组件扩展方面都得到了极大的方便。在数据兼容方面，Spark 不但兼容 Hive，还可以从 RDD、parquet 文件、JSON 文件中获取数据，未来版本甚至支持获取 RDBMS 数据以及 Cassandra 等 NOSQL 数据。在性能优化方面，除了采取内存列存储、字节码生成技术（Bytecode Generation）等优化技术外，将会引进 Cost Model 对查询进行动态评估、获取最佳物理计划，等等。在组件扩展方面，无论是 SQL 的语法解析器还是优化器都可以重新定义并进行扩展。

2.2.2 Spark Streaming

Spark Streaming 是基于 Spark 引擎对数据流进行不间断处理。只要有新的数据出现，Spark Streaming 就能对其进行准实时（数百毫秒级别的延时）的转换和处理。Spark Streaming 的工作原理是在小间隔里对数据进行汇集从而形成小批量，然后在小批量数据上运行作业。

使用 Spark Streaming 编写的程序与编写 Spark 程序非常相似，在 Spark 程序中，主要通过操作 RDD 提供的接口，如 Map、Reduce、Filter 等，实现数据的批处理。而在 Spark Streaming 中，则通过操作 DStream（表示数据流的 RDD 序列）提供的接口，这些接口和 RDD 提供的接口类似。下面我们来看一个应用案例。

假定有一个电商网站，它买了几个搜索引擎（如百度）的很多关键词。当用户在各大搜索引擎上搜索数据时，搜索引擎会根据购买的关键字导流到电商网站的相关产品页面上，用户可能会购买这些产品。现在需要分析的是哪些搜索词带来的订单比较多，然后根据分析结果多投放这些转化率比较高的关键词，从而为电商网站带来更多的收益。

原先的做法是每天凌晨分析前一天的日志数据，这种方式实时性不高，而且由于日志量比较大，单台机器处理已经达到了瓶颈。现在选择了使用 Spark Streaming + Kafka+Flume 来处理这些日志，并且运行在 YARN 上以应对遇到的问题。

如图 2-8 所示，业务日志是分布到各台服务器上。由于业务量比较大，所以日志都是按小时切分的，我们采用 Flume 实时收集这些日志（图中步骤 1），然后发送到 Kafka 集群（图中步骤 2）。这里为什么不直接将原始日志直接发送到 Spark Streaming 呢？这是因为，如果 Spark Streaming 挂掉了，也不会影响到日志的实时收集。

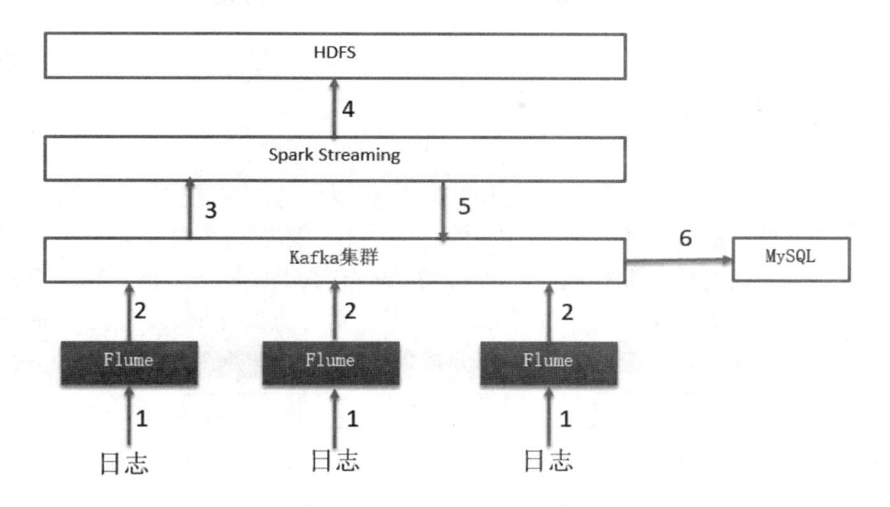

图 2-8　Spark Streaming 应用案例

日志实时到达 Kafka 集群后，我们再通过 Spark Streaming 实时地从 Kafka 拉数据（图中步骤 3），然后解析日志，并根据一定的逻辑过滤数据和分析订单和搜索词的关联性。我们使用 Spark 的 KafkaUtils.createDirectStream API 从 Kafka 中拉数据，代码片段如下：

```
    val sparkConf = new SparkConf().setAppName("OrderSpark")
    val sc = new SparkContext(sparkConf)
    val ssc = new StreamingContext(sc, Seconds(2))
    val kafkaParams = Map[String, String]("metadata.broker.list" ->
brokerAddress,"group.id" -> groupId)
    val messages = KafkaUtils.createDirectStream[String, String,
StringDecoder,StringDecoder](ssc, kafkaParams, Set(topic))
```

在上述代码中返回的 messages 是一个刚刚创建 DStream，它是对 RDD 的封装，其上的很多操作都类似于 RDD。 createDirectStream 函数是 Spark 1.3.0 开始引入的，其内部实现是调用 Kafka 的低层次 API，Spark 本身维护 Kafka 偏移量等信息，所以可以保证数据零丢失。

为了能够在 Spark Streaming 程序挂掉后又能从断点处恢复，我们每隔 2 秒进行一次 Checkpoint，这些 Checkpoint 文件存储在 HDFS 上（图中步骤 4）的 checkpoint 目录中。我们可以在程序里面设置 checkpoint 目录（注意目录名的首字母是小写的）：

```
    ssc.checkpoint(checkpointDirectory)
```

如果需要从 checkpoint 目录中恢复，可以使用 StreamingContext 中的 getOrCreate 函数。为了让分析结果共享给其他系统使用，可以将分析后的数据重新发送到 Kafka（图中步骤 5）。最后，再单独启动了一个程序从 Kafka 中实时地将分析好的数据存放到 MySQL 中用于持久化存储（图中步骤 6）。

Apache Spark 是一个新兴的大数据处理通用引擎，提供了分布式的内存抽象。Spark 最大的特点就是快（Lightning-fast），比 Hadoop MapReduce 的处理速度快 100 倍。此外，Spark 提供了简单易用的 API，几行代码就能实现 WordCount。本章介绍 Spark 的框架，包括 Spark shell、RDD、Spark SQL、Spark Streaming 等的基本使用方法。

2.3 实时流处理框架

在大数据领域，Hadoop 无疑是炙手可热的技术。作为分布式系统架构，Hadoop 具有高可靠性、高扩展性、高效性、高容错性和低成本的优点。然后，随着数据体量越来越大，实时处理能力成为了许多客户需要面对的首要挑战。Hadoop 的 MapReduce 是一个批处理计算框架，在实时计算处理方面显得十分乏力。Hadoop 生态圈终于迎来了实时流处理框架。除了实时性，流处理可以处理更复杂的任务，能够以低延时执行大部分批处理的工作任务。

一个典型的流架构如上图所示，由三个组件组成：

（1）采集模块组件是从各种数据源收集数据流（图 2-8 的步骤 1）。
（2）集成模块组件集成各种数据流，使它们可用于直接消费（图 2-8 的步骤 2）。
（3）分析模块组件用来分析消费这些流数据。

第一步是从各种数据源收集事件，如图 2-8 所示的 Flume 组件。这些事件来自于数据库、日志、传感器等，这些事件需要清理组织化到一个中心。第二步，在一个中心集成各种流，典型工具如图 2-8 所示的 Apache Kafka。Kafka 提供一个 broker 功能，以高可靠性来收集并缓冲数据，以及分发到各种对不同流感兴趣的消费者那里进行分析。第三步，对流进行真正的分析，例如创建计数器实现聚合，Map/Reduce 之类计算，将各种流 Join 一起分析，等等，提供了数据分析所需的一步到位的高级编程。

在 Apache 下有多个流处理系统，例如：Apache Kafka、Apache Storm、Apache Spark Streaming、Apache Flink 等。尽管 Spark 比 Hadoop 要快很多，但是 Spark 还不是一个纯流处理引擎。Spark 只是一个处理小部分输入数据的快速批操作（微批处理模式）。这就是 Flink 与 Spark 流处理的区别。Spark 流处理提供了完整的容错功能，并保证了对流数据仅一次处理（也就是说，如果一个节点失败，它能恢复所有的状态和结果）。这是 Flink 和 Storm 所不能提供的功能。Flink 和 Storm 的应用开发人员需要考虑数据丢失的情况，这也限制了开发人员开发复杂的应用系统。

2.4 云端消息队列

Amazon Simple Queue Service（SQS）是一种完全托管的云端消息队列服务。借助 SQS，则可以在软件组件之间发送、存储和接收任何规模的消息，而不会丢失消息。使用 AWS 控制台、命令行界面或 SDK 和几个简单的命令，在几分钟内即可开始使用 SQS。SQS 提供两种消息队列类型。标准队列提供最高吞吐量、最大努力排序和至少一次传送。SQS FIFO 队列旨在确保按照消息的发送顺序对消息进行严格的一次性处理。

- 消除管理开销：AWS 负责管理所有正在进行的操作和底层基础设施，以提供高度可用并且可扩展的消息队列服务。SQS 无需前期成本，无需购买、安装和配置消息收发软件，无需耗时地构建和维护配套基础设施。SQS 队列会以动态方式自动创建和扩展，从而使您可以快速而高效地构建和扩展应用程序。
- 可靠传送消息：使用 Amazon SQS 可以在任意吞吐量级别传输任何规模的数据，而不会丢失消息，并且无需其他服务即可保持可用。借助 SQS，可以分离应用程序组件，以让其独立运行，在发生故障时不影响其他组件，从而提高系统的总体容错能力。每个消息有多个副本以冗余的方式存储在多个可用区中，以确保它们在需要时随时可用。
- 保证敏感数据安全：借助 Amazon SQS，可以使用服务器端加密（SSE）功能加密每个消息正文，以在应用程序之间交换敏感数据。Amazon SQS SSE 与 AWS Key Management Service (KMS)集成，就能够集中管理保护 SQS 消息的密钥以及保护其他 AWS 资源的密钥。AWS KMS 会将加密密钥的每次使用情况记录到 AWS CloudTrail，以帮助满足监管与合规性需求。
- 弹性扩展：Amazon SQS 利用 AWS 云按需进行动态扩展。SQS 可以根据应用情况进行弹性扩展，因此，无需担心容量规划和预配置。每个队列的消息数量不限，而且标准队列能提供几乎无限的吞吐量。相对于自行管理的消息收发，中间件采用的“不中断”模式，按使用量付费的模式可以节约大量的成本。

Amazon SQS 是 Amazon 公司提供的线上消息队列服务，可以实现应用程序解耦，以及可靠性保证。SQS 提供了两种消息队列，一种是标准消息队列，一种是先进先出队列（FIFO），其区别是 FIFO 是严格有序的，即消息接收的顺序是按照消息发送的顺序来进行的，而标准队列是尽最大可能有序，即不保证一定为有序，此外 FIFO 还保证了消息在一定时间内不能重复发出，即使是重复发了，它也不会把消息发送到队列上。

2.5　框架的选择

大数据系统架构有两个组成部分，实时数据流处理和批量数据处理。我们根据具体的需求选择适当的数据处理框架。一些框架适用于批量数据处理，而另外一些适用于实时数据处理。一些框架使用内存模式，另外一些是基于磁盘 I/O 处理模式。基于内存的框架性能明显优于基于磁盘 I/O 的框架，但是同时成本也高很多。总之，要选择一个能够满足需求的框架。否则就有可能既无法满足功能需求，也无法满足非功能需求（例如性能需求）。

一些框架将数据划分成较小的块。这些小数据块由各个作业独立处理，协调器管理所有这些独立的子作业。对数据进行分块是需要非常谨慎的，因为数据块越小，就会产生越多的作业，就会增加系统初始化作业和清理作业的负担。如果数据块太大，数据传输可能需要很长时间才能完成。这也可能导致资源利用的不均衡，长时间在一台服务器上运行一个大作业，而其他服务器就会等待。不要忘了查看一个任务的作业总数。在必要时调整这个参数。另外，要尽量实时监控数据块的传输。

大数据分析结果应该保存成用户期望看到的格式。如果用户要求按照每周的时间序列汇总输出，那么我们就要将结果以周为单位进行汇总保存。

2.6 Hadoop 发行版

Hadoop 正式诞生于 2006 年 1 月 28 日，是多个开源项目的生态系统，它从根本上改变了企业存储、处理和分析数据的方式。Hadoop 以一种开源的方式创建，开源的强大力量可以创造标准，人人共享，这样才有更多的人参与进来并不断完善。十多年前谁也没有料想到 Hadoop 能取得今天这样的成就。Hadoop 之父 Doug Cutting 认为 Hadoop 正处于蓬勃的发展期，而且这样的蓬勃至少还需要几十年。由于 Hadoop 深受客户欢迎，许多公司都推出了各自版本的 Hadoop，也有一些公司则围绕 Hadoop 开发产品。我们首先介绍那些提供 Hadoop 发行版的主流厂商，读者可以选取其中一个厂商的产品来安装和配置大数据软件。

Hadoop 包含了很多子项目，它们一起构成了 Hadoop 生态圈。在这十年间，新技术（如 Spark）和新版本不断推出，日新月异。这给我们带来 2 个痛点：① 我们很难及时地跟踪所有这些新技术和新版本；② 怎么确保这些新旧版本的不同软件组件之间没有冲突。国外出现了这样的一些公司来解决这些痛点：他们将所有这些版本兼容的技术产品打成一个包，并提供了简单的安装程序和集成管理系统。虽然这些公司采用不同的方式方法，但是都基本解决了上述的痛点。这些公司就是“推出了各自版本的 Hadoop”的公司。

不收费的 Hadoop 版本主要有三个（均是国外厂商），分别是 Apache（最原始的版本，所有发行版均基于这个版本进行改进）、Cloudera 版本（Cloudera’s Distribution Including Apache Hadoop，简称 CDH）、Hortonworks 版本（Hortonworks Data Platform，简称 HDP），下面就简单介绍一下它们。

1. Cloudera

Cloudera 公司于 2008 年在美国硅谷创建，是企业级 Hadoop 技术服务提供商，已经获得了几亿美元的投资。Cloudera 提供了第一个基于开源 Hadoop 的商业发行版，第一个添加 NoSQL（HBase）到 Hadoop 平台，第一个在 HDFS 上提供 SQL 查询能力的平台（Impala），第一个将流数据处理能力（Spark）添加到 Hadoop 发行版的厂商。

用户真正在乎基于 Hadoop 的平台和能达到的业务结果，而不是 Hadoop 本身。Hadoop 之初的定位就是一个经济型的深度存储和数据处理平台，我们陆续看到如今大大小小的企业都在用这个平台进行部署，涉及的创新应用也越发广泛。而 Cloudera 提供的 Cloudera Hadoop 发行版（简称 CDH）就是一个稳定的 Hadoop 版本，它简化了 Hadoop 本身的安装和管理，让 Hadoop 使用者省心省力（当然，如果你的技术能力强，可以用原生 Hadoop，自己定制，这也会更灵活）。

CDH 的下载地址为：http://www.cloudera.com/downloads.html。推荐的安装方法是使用 cloudera-manager-installer.bin 安装。我们只要从官网下载 cloudera-manager-installer.bin，然后执行这个 bin 文件，剩下的就是等待下载和安装。

2. HortonWorks

HortonWorks 公司于 2011 年在美国硅谷创建，已经在 NASDAQ 上市。HortonWorks 提供的 Hadoop 发行版为 Hortonworks Data Platform（HDP）。HDP 包含了 Apache Hadoop 的必要的组件，

这包括：YARN、HDFS、Pig、Hive、HBase、ZooKeeper 和 Ambari。HDP 还包含了 Apache Spark、Solr 和 Storm 等新兴技术。HDFS 为大数据提供可扩展、容错、具有成本效益的存储。YARN 提供资源管理和可插拔架构，以支持广泛的数据访问方法。YARN 为各种处理引擎提供基础，能够同时以多种方式与相同数据交互（从批量到交互式 SQL 或使用 NoSQL 的低延迟访问）。HDP 能够根据策略加载和管理数据、进行身份验证、授权和数据保护。HDP 支持大规模配置、管理、监控和运营 Hadoop 群集。HDP 提供了一整套运营功能，不仅提供群集运行状况的可见性，还提供工具来管理配置。Apache Ambari 提供 API 与现有管理系统集成。HDP 能够与其他的数据分析工具集成。HDP 支持 Windows 系统的安装和配置，并支持多个版本的 Linux。

3. MapR

MapR 也是位于美国硅谷的一家软件公司，开发和销售 Apache Hadoop 的衍生软件，对 Apache Hadoop 主要贡献有：HBase、Pig、Apache Hive 以及 Apache ZooKeeper。MapR 的 Apache Hadoop 发行版提供了完整的数据保护和无单点故障，提高了性能与易用性。MapR 被选择为 Amazon 公司的 Elastic Map Reduce（EMR）的升级版本。

MapR 的 MapR Converged Data Platform 提供了 2 个版本：免费的社区版（Converged Community Edition）和收费的企业版（Converged Enterprise Edition）。

2.7　Mac 上安装 Hadoop

在我和 Hadoop 打交道的十年中，经历了几种安装 Hadoop 的方法。一种常见的方法是使用 Hortonworks 或 Cloudera 的安装包，在多个物理的 Linux 机器（操作系统是 CentOS 6.5）上安装和配置。最近几年我们转向 AWS，在 AWS 上使用脚本安装和部署 Hadoop 和集群（分别为生产环境、staging 环境和开发环境）。还可以在个人 Mac 机器上安装 Hadoop 作为个人练习之用。

2.7.1　在 Mac 上安装 Hadoop

本节我们在 Mac 机器上安装 Hadoop。下面是我在 MacBook Pro 机器上安装的步骤，具体详细信息可参见 Hadoop 官网：https://hadoop.apache.org/docs/r3.1.1/hadoop-project-dist/hadoop-common/SingleCluster.html。注意，我安装的是本书成稿时的最新版本 3.1.1，模拟分布式环境（Pseudo-Distributed）。模拟分布式环境就是模拟 Hadoop 集群，不是单机版。安装 Hadoop 的步骤如下：

步骤 01　确保你的 Mac 机器上安装了 Homebrew 和 Java（推荐 Java 1.8）。

步骤 02　启动 Terminal，配置 ssh 如下：

（1）运行"ssh-keygen –t rsa"以生成 ssh key。

（2）运行"cat ~/.ssh/id_rsa.pub >> ~/.ssh/authorized_keys"。

（3）创建或添加以下内容到~/.ssh/config 文件中。这个配置文件的作用是自动装载 key 到 ssh 代理程序中，并在 keychain 上保存你在（1）步骤上创建 key 时所输入的文本信息（passphrases）。

```
Host *
  AddKeysToAgent yes
  UseKeychain yes
  IdentityFile ~/.ssh/id_rsa
```

（4）运行"ssh-add –K ~/.ssh/id_rsa"把 key 添加到 ssh 代理程序中，并在 keychain 上保存你在创建 key 时所输入的文本信息。

（5）启动远程登录。在"System Preferences"→"Sharing"上，针对"Remote Login"，如图 2-9 所示，在右边选择所有用户"All users"。

（6）运行"ssh localhost"，确保看到"Last login:"等信息，这表明配置 SSH 成功。

步骤 03 开始安装 Hadoop。运行"brew install hadoop"来安装最新版的 Hadoop。安装完成后，就可以在/usr/local/Cellar/hadoop/下找到刚刚安装的 Hadoop 软件。

步骤 04 在~目录下创建.profile，添加以下内容后，运行"source ~/.profile"。

```
export HADOOP_HOME=/usr/local/Cellar/hadoop/3.1.1/libexec
export HADOOP_MAPRED_HOME=$HADOOP_HOME
export HADOOP_HDFS_HOME=$HADOOP_HOME
export HADOOP_YARN_HOME=$HADOOP_HOME
export HADOOP_COMMON_HOME=$HADOOP_HOME
export HIVE_HOME=/usr/local/Cellar/hive/3.1.1/libexec
export PATH=$PATH:$HADOOP_HOME/sbin:$HADOOP_HOME/bin:$HIVE_HOME/bin
```

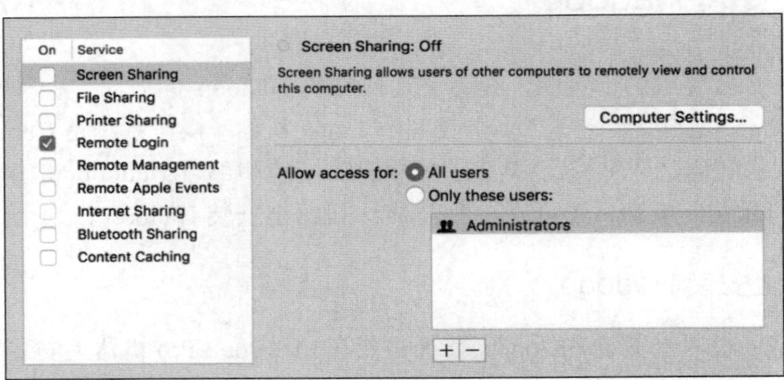

图 2-9　设置远程登录

步骤 05 配置 Hadoop：

（7）配置 hadoop-env.sh:

```
$ cd /usr/local/Cellar/hadoop/3.1.1/libexec/etc/hadoop
$ vi hadoop-env.sh
```

在这个文件中，设置 JAVA_HOME（请根据你的 JAVA 实际路径做调整）和 HADOOP_HOME:

```
export JAVA_HOME=/Library/Java/JavaVirtualMachines/jdk1.8.0_192.jdk/
Contents/Home
export HADOOP_HOME=/usr/local/Cellar/hadoop/3.1.1/libexec
```

（8）运行"vi $HADOOP_HOME/ etc/hadoop/core-site.xml"，配置 core-site.xml：

```
<configuration>
  <property>
      <name>hadoop.tmp.dir</name>
      <value>/usr/local/Cellar/hadoop/hdfs/tmp</value>
      <description>A base for other temporary directories. </description>
  </property>
  <property>
        <name>fs.defaultFS</name>
        <value>hdfs://localhost:9000</value>
  </property>
</configuration>
```

（9）运行“vi $HADOOP_HOME/ etc/hadoop/hdfs-site.xml”，配置 hdfs-site.xml：

```
<configuration>
 <property>
      <name>dfs.replication</name>
      <value>1</value>
 </property>
</configuration>
```

请注意，上面是用于设置数据备份的。在实际的生产系统上千万不要设置为 1。Hadoop 会自动使用备份，如果没有备份，那就麻烦了。

步骤 06 运行“$HADOOP_HOME/bin/hdfs namenode –format”格式化文件系统。

步骤 07 运行“$HADOOP_HOME/sbin/start-dfs.sh”以启动 HDFS。在 Mac 机器上可以忽略如下警告信息：

```
WARN util.NativeCodeLoader: Unable to load native-hadoop library for your
platform... using builtin-java classes where applicable
```

步骤 08 简单测试 Hadoop：

（1）输入“hadoop version”，应该得到如下类似的输出结果：

```
Hadoop 3.1.1
Source code repository https://github.com/apache/hadoop -r 2b9a8c1d3a2caf1e733d57f346af3ff0d5ba529c
Compiled by leftnoteasy on 2018-08-02T04:26Z
Compiled with protoc 2.5.0
From source with checksum f76ac55e5b5ff0382a9f7df36a3ca5a0
This command was run using /usr/local/Cellar/hadoop/3.1.1/libexec/share/hadoop/common/hadoop-common-3.1.1.jar
```

（2）在浏览器中输入 http://localhost:9870/查看名字节点 NameNode（注：老版本的端口号是 50070），如图 2-10 所示。

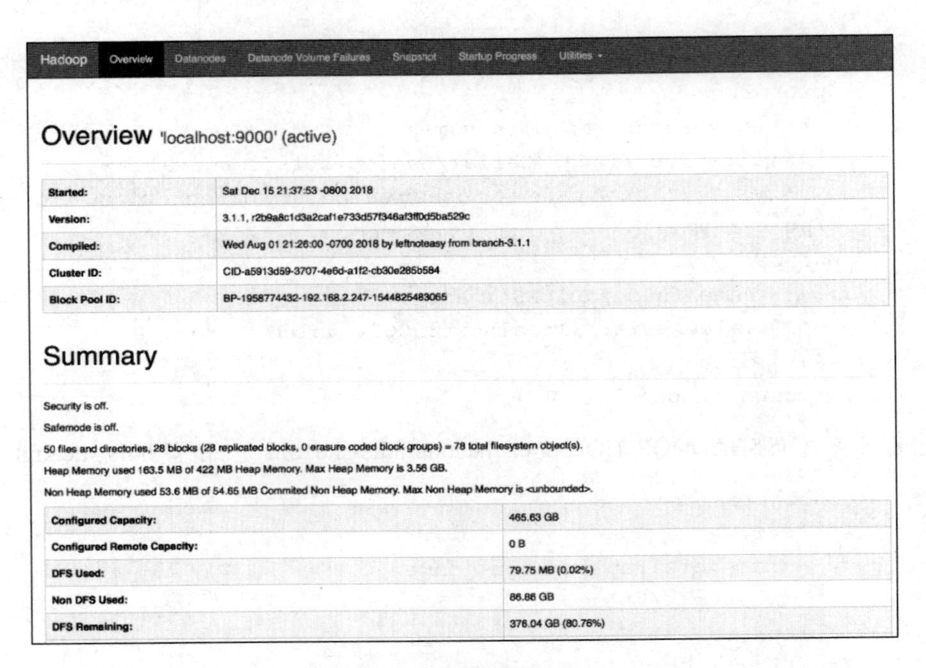

图 2-10 HDFS NameNode

- 检查上图的“Configured Capacity”的大小，如果不是 0，则说明 DataNode 运行基本正常。如果是 0，就要检查 Hadoop 日志文件。
- Hadoop 日志文件在$HADOOP_HOME/logs 下，找到带有 DataNode 名字的最新日志文件。这个文件中会说明不成功的原因。例如：

```
Directory /usr/local/Cellar/hadoop/hdfs/tmp/dfs/data is in an
inconsistent state: Can't format the storage directory because the current
directory is not empty.
```

- DataNode 是建立在/usr/local/Cellar/hadoop/hdfs/tmp/dfs/data 上。根据上面的错误信息，这时可以删除它下面的文件夹和文件来修复。

步骤 09 输入如下命令来测试 HDFS：

```
$ hdfs dfs -mkdir /user
$ hdfs dfs -mkdir /user/zhenghong
$ hdfs dfs -mkdir input
$ hdfs dfs -put $HADOOP_HOME/etc/hadoop/*.xml input
$ hadoop jar
$HADOOP_HOME/share/hadoop/mapreduce/hadoop-mapreduce-examples-3.1.1.jar
grep input output 'dfs[a-z.]+'
$ hdfs dfs -cat output/*
```

上述命令在 HDFS 创建了 input 目录，把本地文件系统上的 xml 文件复制到 HDFS 的 input 目录中，并运行了一些测试程序。在 output 目录上的内容为：

```
1   dfsadmin
2   dfs.replication
```

（1）在 mapred-site.xml 和 yarn-site.xml 中配置 YARN：

① 运行〝vi $HADOOP_HOME/etc/hadoop/mapred-site.xml”，配置如下：

```
<configuration>
    <property>
        <name>mapreduce.framework.name</name>
        <value>yarn</value>
    </property>
    <property>
        <name>mapreduce.application.classpath</name>
         <value>$HADOOP_MAPRED_HOME/share/hadoop/mapreduce/
*:$HADOOP_MAPRED_HOME/share/hadoop/mapreduce/lib/*</value>
    </property>
</configuration>
```

② 运行〝vi $HADOOP_HOME/etc/Hadoop/yarn-site.xml〞，配置如下：

```
<property>
        <name>yarn.nodemanager.aux-services</name>
        <value>mapreduce_shuffle</value>
</property>
<property>
          <name>yarn.nodemanager.env-whitelist</name>
          <value>JAVA_HOME,HADOOP_COMMON_HOME,HADOOP_HDFS_HOME,HADO
   OP_CONF_DIR,CLASSPATH_PREPEND_DISTCACHE,HADOOP_YARN_HOME,HADOOP
   _MAPRED_HOME</value>
</property>
```

（2）运行“start-yarn.sh”以启动 YARN，如图 2-11 所示。

（3）在浏览器中输入 http://localhost:8088/以访问资源管理器。

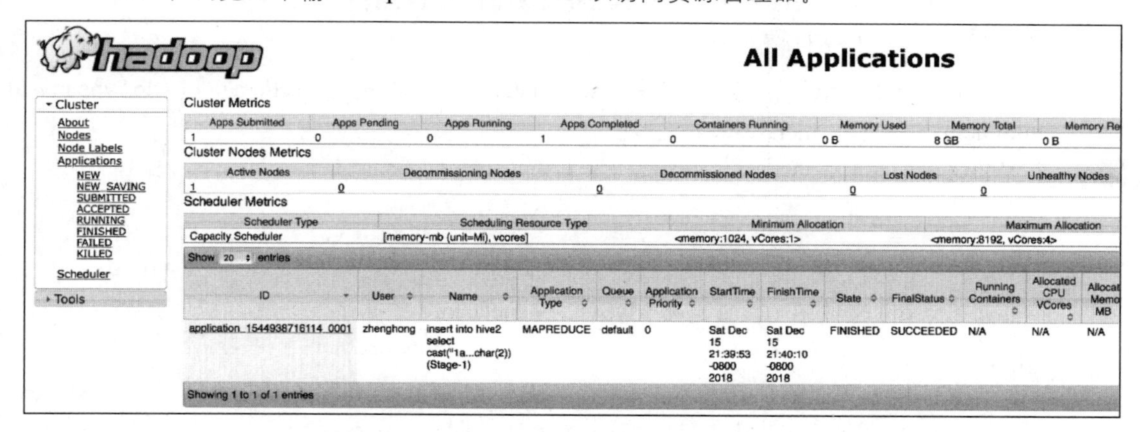

图 2-11　查看集群中的所有应用

2.7.2　安装 MySQL 和 Hive

在 MySQL 的官网 https://dev.mysql.com/doc/refman/8.0/en/osx-installation-pkg.html 上，列出了在 Mac 上安装 MySQL 的详细步骤。首先下载.dmg 文件，然后双击安装文件，按照提示就可以完

成软件安装。在安装过程中，会提示你输入 root 账号的密码。安装后，运行“mysql –u root –p”进入 MySQL，然后执行 SQL 语句（例如 show tables 来查看表）。

下面我们安装和配置 Hive:

步骤 01 运行〝brew install hive〞来安装 Hive。

步骤 02 在〝.profile〞上设置 HIVE_HOME（如果还没设置的话）：

```
export HIVE_HOME=/usr/local/Cellar/hive/3.1.1/libexec
export PATH=$PATH:$HADOOP_HOME/sbin:$HADOOP_HOME/bin:$HIVE_HOME/bin
```

运行〝source .profile〞。

步骤 03 在 Hive 端设置 JDBC 驱动程序如下：

（1）从 MySQL 官网上下载 JDBC 驱动程序（我选择了 Platform Independent 版本）：

```
http://dev.mysql.com/downloads/connector/j/
```

（2）运行以下命令，解压缩驱动程序，复制到 Hive 端：

```
tar xvf mysql-connector-java-8.0.13.tar
cd mysql-connector-java-8.0.13
cp mysql-connector-java-8.0.13.jar /usr/local/Cellar/hive/3.1.1/
libexec/lib/
```

步骤 04 运行〝mysql –u root -p〞，在 MySQL 上配置 metastore 如下：

```
mysql> CREATE DATABASE metastore;
mysql> USE metastore;
mysql> SOURCE
$HIVE_HOME/scripts/metastore/upgrade/mysql/hive-schema-3.1.0.mysql.sql;
mysql> CREATE USER 'zhenghong'@'%' IDENTIFIED BY '*password*';
mysql> GRANT all on *.* to 'zhenghong'@localhost;
mysql> flush privileges;
```

在$HIVE_HOME/bin 下，有一个工具，schematool，也可以执行〝schematool –dbType mysql –initSchema〞来生成 metastore 表结构。

步骤 05 配置 hive-site.xml 文件：

```
$ cd $HIVE_HOME/conf
$ cp hive-default.xml.template hive-site.xml
```

在 hive-site.xml 文件中，设置连接 MySQL 的 metastore 数据库等信息：

```
<property>
     <name>javax.jdo.option.ConnectionURL</name>
     <value>jdbc:mysql://localhost/metastore </value>
     <description>metadata is stored in a MySQL server</description>
</property>
<property>
     <name>javax.jdo.option.ConnectionDriverName</name>
     <value>com.mysql.cj.jdbc.Driver</value>
```

```
        <description>MySQL JDBC driver class</description>
    </property>
    <property>
        <name>javax.jdo.option.ConnectionUserName</name>
        <value>zhenghong</value>
        <description>user name for connecting to mysql server</description>
    </property>
    <property>
        <name>javax.jdo.option.ConnectionPassword</name>
        <value>*password*</value>
        <description>password for connecting to mysql server</description>
    </property>
    <property>
        <name>hive.exec.local.scratchdir</name>
        <value>/tmp/hive</value>
        <description>Local scratch space for Hive jobs</description>
    </property>
```

步骤 06 创建/tmp 和/user/hive/warehouse（即：hive.metastore.warehouse.dir）如下：

```
$ $HADOOP_HOME/bin/hadoop fs -mkdir      /tmp
$ $HADOOP_HOME/bin/hadoop fs -mkdir      /user/hive/warehouse
$ $HADOOP_HOME/bin/hadoop fs -chmod g+w   /tmp
$ $HADOOP_HOME/bin/hadoop fs -chmod g+w   /user/hive/warehouse
```

步骤 07 测试 Hive。使用 create 语句（例如 create table hive2 (char1 char(2));）创建一个表，插入 2 行数据（insert into hive2 select cast("1b" as char(2));），查看数据(select * from hive2;)，如图 2-12 所示。

```
hive (default)> insert into hive2 select cast("1b" as char(2));
Query ID = zhenghong_20181216221022_70d405a4-b9bb-41b1-9a77-dc5b0358e63c
Total jobs = 3
Launching Job 1 out of 3
Number of reduce tasks determined at compile time: 1
In order to change the average load for a reducer (in bytes):
  set hive.exec.reducers.bytes.per.reducer=<number>
In order to limit the maximum number of reducers:
  set hive.exec.reducers.max=<number>
In order to set a constant number of reducers:
  set mapreduce.job.reduces=<number>
Starting Job = job_1545026985023_0001, Tracking URL = http://TD-0518.local:8088/proxy/application_1545026985023_0001/
Kill Command = /usr/local/Cellar/hadoop/3.1.1/libexec/bin/mapred job  -kill job_1545026985023_0001
Hadoop job information for Stage-1: number of mappers: 1; number of reducers: 1
2018-12-16 22:10:32,808 Stage-1 map = 0%,  reduce = 0%
2018-12-16 22:10:37,943 Stage-1 map = 100%,  reduce = 0%
2018-12-16 22:10:43,049 Stage-1 map = 100%,  reduce = 100%
Ended Job = job_1545026985023_0001
Stage-4 is selected by condition resolver.
Stage-3 is filtered out by condition resolver.
Stage-5 is filtered out by condition resolver.
Moving data to directory hdfs://localhost:9000/user/hive/warehouse/hive2/.hive-staging_hive_2018-12-16_22-10-22_527_22
Loading data to table default.hive2
MapReduce Jobs Launched:
Stage-Stage-1: Map: 1  Reduce: 1   HDFS Read: 12603 HDFS Write: 205 SUCCESS
Total MapReduce CPU Time Spent: 0 msec
OK
Time taken: 22.097 seconds
hive (default)> select * from hive2;
OK
1a
1b
Time taken: 0.266 seconds, Fetched: 2 row(s)
hive (default)>
```

图 2-12　查看数据

步骤 08 如果在浏览器中输入 http://localhost:8088/，那么就能看到刚刚运行的应用。

我们看一下上面的配置，这样是不是把连接数据库的信息全泄露了，你可能会说，大家都是同公司的，泄露也无所谓，但我们想一下，在一个大的公司里，大数据平台是几个部门共用的，这样泄露 MySQL 的信息的风险还是挺大的。Hive 的另一个组件 MetaStoreServer 就能解决这个问题。等于说，我们在 Hive CLI 与 MySQL 中间启动一个 MetaStoreServer，Hive CLI 就不需要连接 MySQL，直接连接这个 MetaStoreServer 了。在 hive-site.xml 中只需要简单地配置一下：

```
<property>
    <name>hive.metastore.uris</name>
    <value>thrift://xxxxxx:9083</value>
    <description>…..</description>
</property>
```

这样我们就通过 metastore 数据库取得了元数据的信息。当然如果只是一个 MetaStore，则存在单点问题，不过我们可以配置两个或者多个 MetaStoreServer，这样就实现了负载均衡与容错的功能了，如下面的配置：

```
<property>
    <name>hive.metastore.uris</name>
     <value>thrift://dw1:9083,thrift://dw2:9083</value>
    <description>A comma separated list of metastore uris on which metastore
service  is running</description>
</property>
```

2.8 Linux 上安装 Hadoop

在 Hadoop 集群中，大部分的机器都是作为 DataNode（数据节点）工作的。DataNode 的硬件规格推荐采用以下配置：

硬件类型	最低配置
CPU	2 个 4 核 CPU，主频至少 2~2.5GHz
内存	16~24GB 内存
硬盘	4 个磁盘驱动器（单盘 1~2TB）
网络	千兆以太网

NameNode 提供整个 HDFS 文件系统的目录管理、块管理等所有服务，因此需要更多的内存，与集群中的数据块数量相对应，并且需要优化内存的通道带宽，采用双通道或三通道以上内存配置。硬件规格可以采用以下配置：

硬件类型	最低配置
CPU	2 个 4 核/8 核 CPU
内存	16~72GB 内存
硬盘	8~12 个磁盘驱动器（单盘 1~2TB）
网络	千兆/万兆以太网

读者需要注意的是，HDFS 目前还不是一个 HA（高可用性）系统，这是因为 NameNode 是 HDFS 集群中的单点失败。如果 NameNode 下线了，那么整个 HDFS 文件系统就不可用了。虽然我们可以在另一个单独的机器上部署第二个 NameNode，但是这第二个 NameNode 无法做到实时的冗余性，它只是提供了一个有延时的副本。根据我们的实际经验，DataNode 不需要使用 RAID 存储，这是因为文件数据已经在多服务器之间复制了。我们建议 NameNode 所在的机器应该是：

（1）具有很多内存的、性能良好的服务器；内存越多，文件系统越大，块的大小可以越小。

（2）尽量使用 ECC RAM（即具有 ECC 校验的内存）。

（3）不要在 NameNode 所在的机器上安装 DataNode（数据节点）。

上面是整个硬件的一些考虑。对于软件，特别是操作系统部分，可选的 Linux 很多。下面是我们在本书中的一个选择，供读者参考。

软件类型	推荐配置
OS	64 位 Linux CentOS 6.5
JDK	1.7 版
Python	2.6 版或更高版本

为了方便集群中各个主机之间的通信，需要设置各主机的 IP 地址。下面以两台机器为例来安装和配置 Hadoop。

机器名称	IP 地址	数　量
master	192.168.0.110	1
slave01	192.168.0.89	1

修改完成后，输入命令“ip addr”，查看 IP 是否修改成功。为了方便集群中各个主机使用机器名称进行通信，我们在/etc/hosts 中设置主机名和 IP 地址的映射，并在/etc/sysconfig/ntework 中设置 HOSTNAME 为 master。执行下面命令：

```
cat /etc/sysconfig/network      #打开网络配置文件
```

如果输出结果中有“HOSTNAME=master”，则修改成功。按照上面的方法修改另外一个 Centos 系统的主机名为 slave01。

2.8.1　配置 Java 环境

Hadoop 需要 Java 的支持，下面我们给集群中的各主机配置 Java 环境：

1. 第一步：检查系统

检查系统是否有已安装好 JDK。具体操作如下：

```
rpm -qa|grep jdk      #查看已安装的 JDK
```

如果系统已安装 JDK，则需先卸载对应的 JDK，命令如下：

```
rpm -e --nodeps jdk-1.7.0_25-fcs.x86_64    #卸载对应的 JDK
```

具体如图 2-13 所示。

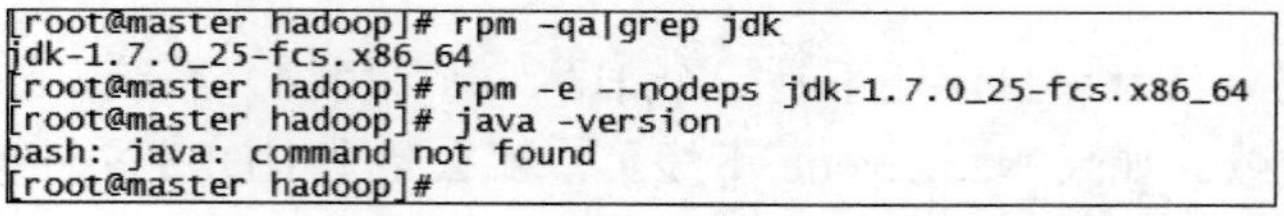

```
[root@master hadoop]# rpm -qa|grep jdk
jdk-1.7.0_25-fcs.x86_64
[root@master hadoop]# rpm -e --nodeps jdk-1.7.0_25-fcs.x86_64
[root@master hadoop]# java -version
bash: java: command not found
[root@master hadoop]#
```

图 2-13　下载系统原有的 JDK

2. 第二步：下载 JDK

访问 Java 官方网站，如图 2-14 所示，找到图中红框的部分，单击下载即可。

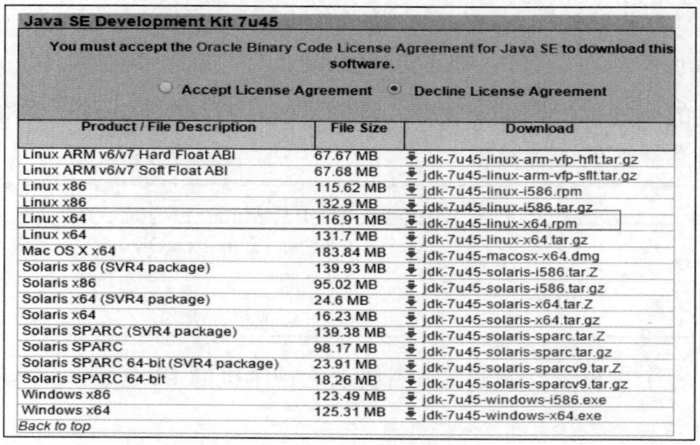

Java SE Development Kit 7u45

You must accept the Oracle Binary Code License Agreement for Java SE to download this software.

○ Accept License Agreement　◉ Decline License Agreement

Product / File Description	File Size	Download
Linux ARM v6/v7 Hard Float ABI	67.67 MB	jdk-7u45-linux-arm-vfp-hflt.tar.gz
Linux ARM v6/v7 Soft Float ABI	67.68 MB	jdk-7u45-linux-arm-vfp-sflt.tar.gz
Linux x86	115.62 MB	jdk-7u45-linux-i586.rpm
Linux x86	132.9 MB	jdk-7u45-linux-i586.tar.gz
Linux x64	116.91 MB	jdk-7u45-linux-x64.rpm
Linux x64	131.7 MB	jdk-7u45-linux-x64.tar.gz
Mac OS X x64	183.84 MB	jdk-7u45-macosx-x64.dmg
Solaris x86 (SVR4 package)	139.93 MB	jdk-7u45-solaris-i586.tar.Z
Solaris x86	95.02 MB	jdk-7u45-solaris-i586.tar.gz
Solaris x64 (SVR4 package)	24.6 MB	jdk-7u45-solaris-x64.tar.Z
Solaris x64	16.23 MB	jdk-7u45-solaris-x64.tar.gz
Solaris SPARC (SVR4 package)	139.38 MB	jdk-7u45-solaris-sparc.tar.Z
Solaris SPARC	98.17 MB	jdk-7u45-solaris-sparc.tar.gz
Solaris SPARC 64-bit (SVR4 package)	23.91 MB	jdk-7u45-solaris-sparcv9.tar.Z
Solaris SPARC 64-bit	18.26 MB	jdk-7u45-solaris-sparcv9.tar.gz
Windows x86	123.49 MB	jdk-7u45-windows-i586.exe
Windows x64	125.31 MB	jdk-7u45-windows-x64.exe

Back to top

图 2-14　下载 JDK

3. 第三步：安装 JDK

进入 JDK 所在目录，输入以下命令安装 JDK：

```
yum install  jdk-7u45-linux-x64.rpm
```

按照提示，按回车键，即可安装完成。

4. 第四步：配置 Java 环境

```
vim /etc/profile
```

在文件末尾加上如下信息：

```
export  JAVA_HOME=/usr/java/jdk1.7.0_45
export  PATH=$JAVA_HOME/bin:$PATH
export  CLASSPATH=.:$JAVA_HOME/lib/dt.jar:$JAVA_HOME/lib/tools.jar
```

5. 第五步：测试 Java 是否安装成功

输入“java –version”，则可以看到如图 2-15 所示的信息。

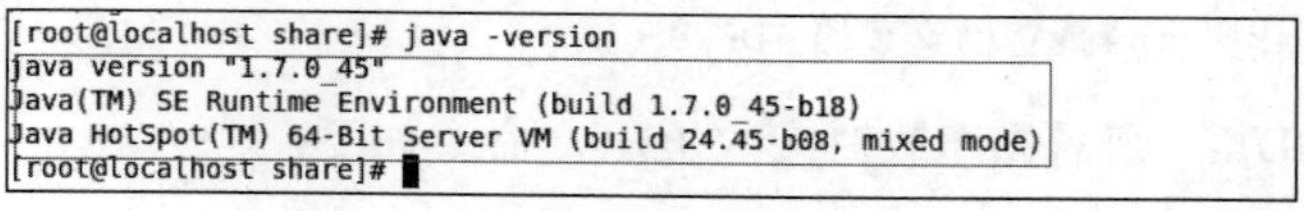

```
[root@localhost share]# java -version
java version "1.7.0_45"
Java(TM) SE Runtime Environment (build 1.7.0_45-b18)
Java HotSpot(TM) 64-Bit Server VM (build 24.45-b08, mixed mode)
[root@localhost share]#
```

图 2-15　查看 Java 是否安装成功

如果看到对应的 Java 版本信息，则表明安装成功。然后按照上面的方法在其他机器上安装 JDK。

2.8.2　安装 ntp 和 Python

（1）给集群中各主机安装 ntp。ntp 是保持时间同步的。

由于集群中的主机时间必须要同步，因此必须安装 ntp 并启动 ntp 服务，输入命令：

```
yum install ntp -y
service ntp start                #开启 ntpd 服务
ntpdate asia.pool.ntp.org
chkconfig ntpd on                #设置 ntpd 服务为默认启动
```

（2）由于 Ambari 是基于 Python 编写的，因此必须给集群中的各个主机安装 Python 2.6 或更新版本：

CentOS 6.5 默认已安装 Python，输入以下命令可以查看版本是否满足要求（Python 2.6 或更新版本）：

```
python --version            #查看 python 版本（Python 2.6.6 或更新版本）
```

如图 2-16 所示。

```
[root@centos1 ~]# python --version
Python 2.6.6
[root@centos1 ~]#
```

图 2-16　Python 版本信息

2.8.3　安装和配置 openssl

由于 master（主）与 slave（从）之间是通过 SSH 通信的，而 SSH 是依赖于 SSL 的，所以，下面我们给集群中各主机安装或升级 openssl 版本：

1. 第一步：检查 openssl 版本

输入：rpm -qa | grep openssl

结果：openssl-1.0.1e-15.el6.x86_64

2. 第二步：升级 openssl

如果输出的是：openssl-1.0.1e-15.x86_64（1.0.1 build 15），则我们需要通过下面的命令行来升级 openssl：

```
yum upgrade openssl
```

3. 第三步：检查 openssl 是否为最新版本（1.0.1 build 16）

```
rpm -qa | grep openssl
```

结果应是：openssl-1.0.1e-16.el6.x86_64。

2.8.4　配置 SSH 无密码访问

以下操作只需在 master 上进行。运行附录上的 auth-ssh.sh 脚本即可：

```
./auth-ssh.sh
```

然后测试是否互通。在 master 上，输入“ssh slave01”。如果出现如图 2-17 所示的结果，就表示 master 可以免密码登录 slave01。

```
[hadoop@master Desktop]$ ssh slave01
Last login: Tue Feb 18 19:35:56 2014 from master
[hadoop@slave01 ~]$
```

图 2-17　免密码登录 slave01

同样，在 slave01 上，输入“ssh master”，如果出现如图 2-18 所示的结果，就表示 slave01 可以免密码登录 master 成功。

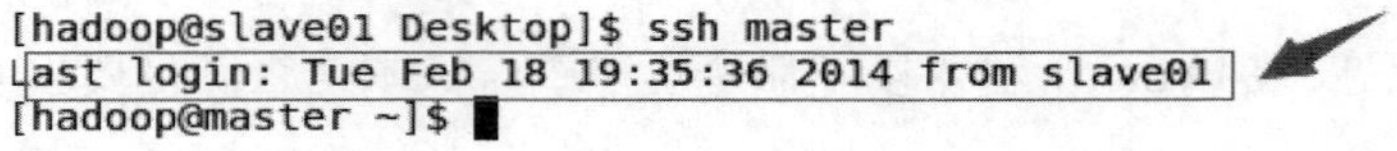

```
[hadoop@slave01 Desktop]$ ssh master
Last login: Tue Feb 18 19:35:36 2014 from slave01
[hadoop@master ~]$
```

图 2-18　免密码登录 master

2.8.5　安装 Ambari 和 HDP

HDP 是 HortonWorks 提供的 Hadoop 发行版。Apache Ambari 是一种基于 Web 的 Hadoop 管理工具，可以快捷地监控、部署、管理 Hadoop 集群。这是因为 Hadoop 组件间有依赖关系，包括配置、版本、启动顺序、权限配置等。Ambari 目前已支持大多数 Hadoop 组件，包括 HDFS、MapReduce、Hive、Pig、HBase、ZooKeeper、Sqoop 和 HCatalog 等。Ambari 可以帮助 Hadoop 系统管理员完成如下工作：

- 通过一步一步的安装向导简化了集群的安装和配置。
- 集中管理（包括启动、停止和重新配置）集群上的 Hadoop 服务。
- 预先配置好关键的运维指标，可以直接查看 Hadoop Core（HDFS 和 MapReduce）及相关项目（如 HBase、Hive 和 HCatalog）是否健康。
- 支持作业与任务执行的可视化与分析，能够更好地查看依赖和性能。
- 通过一个完整的 RESTful API 把监控和管理功能嵌入到自己的应用系统中。
- 用户界面非常直观，用户可以轻松有效地查看信息并控制集群。

Ambari 使用 Ganglia 收集度量指标，用 Nagios 支持系统报警，当需要引起管理员的关注时（例如节点停机或磁盘剩余空间不足等问题），系统将向其发送邮件。此外，Ambari 能够安装安全的（基于 Kerberos）Hadoop 集群，以此实现了对 Hadoop 安全的支持，提供了基于角色的用户认证、授权和审计功能，并为用户管理集成了 LDAP（Lightweight Directory Access Protocol，轻量目录访问协议）和 Active Directory（活动目录）。

1. 安装前准备工作

虽然 Ambari 和 HDP 提供了在线安装，但是因为安装文件很大，所以，我们建议先下载安装文件，然后离线安装。当安装文件下载后，我们将这些压缩包的文件解压到/var/www/html 中。为了方便管理，我们建议在该目录下创建一个 hdp 目录，将这些安装包都放在这个目录中。我们使用 tar 命令解压缩：

```
mkdir -p /var/www/html/hdp
tar -xvf ./HDP-2.3.0.0-centos6-rpm.tar.gz -C /var/www/html/hdp/
tar -xvf ./HDP-UTILS-1.1.0.20-centos6.tar.gz -C /var/www/html/hdp/
tar -xvf ./ambari-2.1.0-centos6.tar.gz -C /var/www/html/hdp/
```

之后，在/etc/yum.repos.d 创建三个 repo 文件。

注意　请复制以下 baseurl 的链接地址到浏览器中，查看是否能打开。如果不能打开，则需要找到对应的文件地址，对 repo 文件的 baseurl 进行修改。

```
ambari.repo
[ambari-2.1.0]
name= ambari-2.1.0
baseurl=http://192.168.0.110/hdp/ambari-2.1.0/centos6/
enabled=1
priority=1
```

```
hdp.repo
[HDP-2.3.0.0]
name=Hortonworks Data Platform Version - HDP-2.3.0.0
baseurl= http://192.168.0.110/hdp/hdp/centos6/2.x/GA/2.3.0.0
enabled=1
priority=1
```

```
hdp-util.repo
[HDP-UTILS-1.1.0.20]
name=Hortonworks Data Platform Version - HDP-UTILS-1.1.0.20
baseurl= http://192.168.0.110/hdp/hdp-util/repos/centos6
enabled=1
priority=1
```

之后，将写好的文件，发送至其他节点上：

```
scp ambari.repo slave01:/etc/yum.repo.d/
scp hdp.repo slave01:/etc/yum.repo.d/
scp hdp-util.repo slave01:/etc/yum.repo.d/
```

2. 安装 Ambari

（1）将 repo 文件发送至各节点后，在各节点需要执行“yum clean all”命令以清空缓存文件，为了检验文件是否配置正确，可以执行 yum search ambari-agent，yum search Oozie，yum search gangli 命令。如果配置有问题，就会出现找不到文件包的问题。

（2）在主节点执行：

```
yum install ambari-server
```

在所有节点上执行：

```
yum install ambari-agent
```

“yum”是一个在 Shell 上使用的软件包管理器。

（3）在主节点上，执行以下命令来启动 Ambari 服务器：

```
ambari-server start
```

在所有节点上，执行命令来启动 Ambari 代理程序：

```
ambari-agent start
```

在所有节点上，修改 /etc/ambari-agent/conf/ambari-agent.ini 文件：

```
vi /etc/ambari-agent/conf/ambari-agent.ini
```

```
[server]
hostname=master    #注意：hostname 为主节点的主机名
```

（4）打开浏览器，输入地址：http://master:8080，出现 Ambari 的登录界面，登录的用户名和密码为：

用户名：admin
密码：admin

3. 安装和配置 HDP

登录 Ambari 后，使用配置向导，这时就可以按照自己的需要进行 HDP 的安装和配置了。具体步骤如下：

步骤 01 选择版本，如图 2-19 所示。

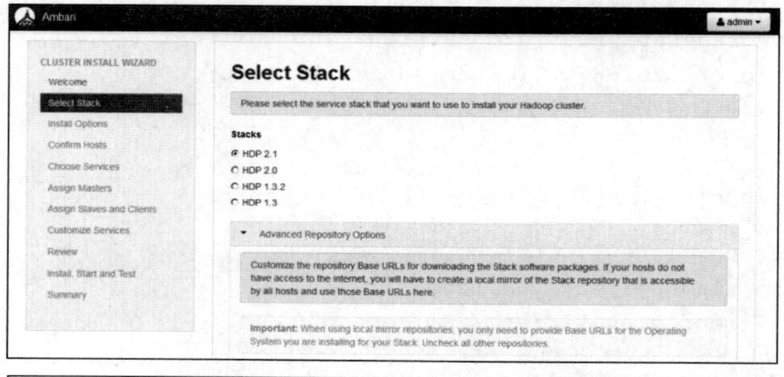

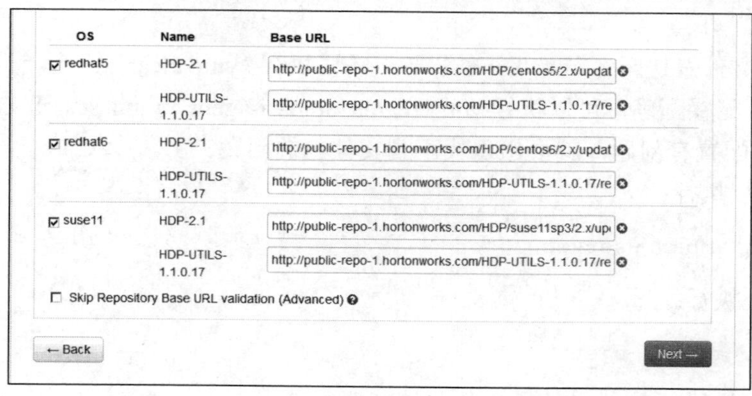

图 2-19 选择安装版本

对于 OS 选项，只选择 redhat6 这一栏。我们推荐使用本地安装，因此在这里需要修改对应的 yum 源地址。我们将后面的 Base URL 改为如下地址：

```
Hdp-2.3.0: http://192.168.0.110/hdp/hdp/centos6/2.x/GA/2.3.0.0
Hdp-util: http://192.168.0.110/hdp/hdp-util/repos/centos6
```

注 意　请直接把地址复制到浏览器中，检查一下是否可以访问。

步骤 02　单击 Next 按钮，在 Install Options 窗口中设置 SSH 密钥，如图 2-20 所示。

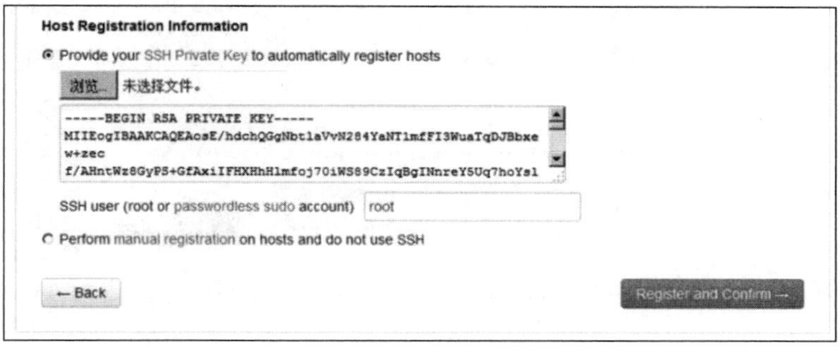

图 2-20　设置 SSH 密钥

我们可以通过下面的方法获得 SSH private key（私有密钥）：

```
cd ~/.ssh              #进入 ssh 目录
cat id_rsa             #获取 SSH private key 内容
```

然后把上述命令的输出复制结果到 Install Options 窗口中。

步骤 03　在"Confirm Hosts"中确认主机节点，然后单击 Next 按钮。

步骤 04　在"Choose Services"窗口确认安装的服务，选择默认值即可，如图 2-21 所示。

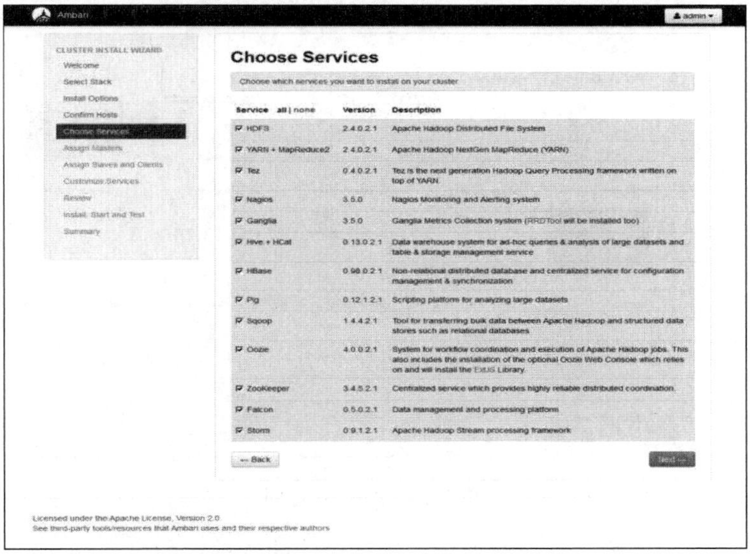

图 2-21　选择安装组件

步骤 05 在 "Assign Masters" 窗口确认安装的 Master 的服务，选择默认值即可。

步骤 06 在 "Assign Slaves and Clients" 窗口确认安装的 Slave 的服务，选择默认值即可。

步骤 07 最后确认安装的服务版本，就可以开始实际的安装过程。

步骤 08 安装结束后，安装程序会给出汇总信息。

步骤 09 安装成功后的界面如图 2-22 所示。

图 2-22　启动 HDP

在 Hadoop 安装好之后，就可以启动 Hadoop 相关服务，然后尝试使用这些服务。

2.8.6　启动和停止服务

（1）进入 Ambari 后，可以看到如图 2-23 所示的界面。左侧是 HDP 包含的所有组件，如果组件左侧显示为绿色"√"号，就表示成功启动。

图 2-23　Ambari 界面

（2）以 HDFS 服务为例，单击右上角，选择对应的选项，即可启动或停止服务，如图 2-24 所示。

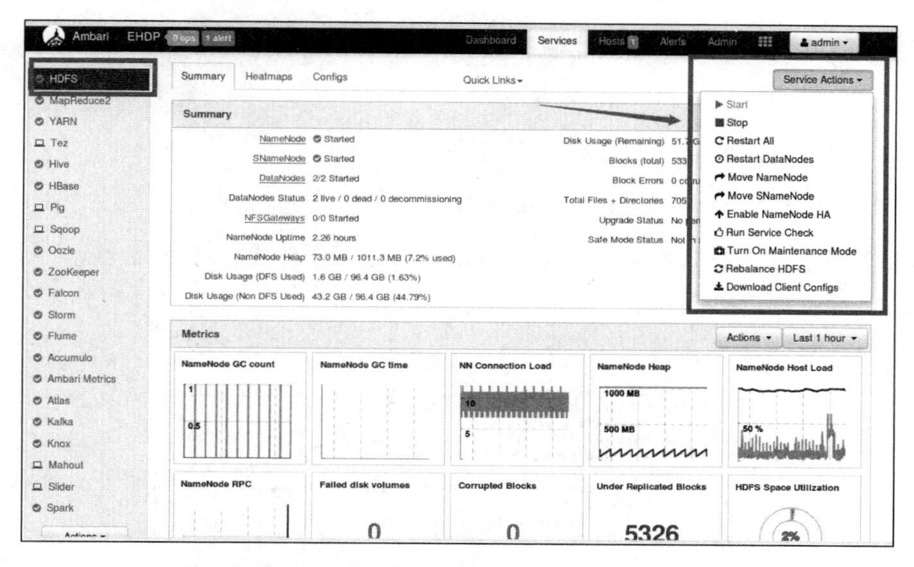

图 2-24　HDFS 管理

输入 http://localhost:9870 查看 HDFS 情况。我们对 HDFS 做一些简单的测试操作：首先查看 HDFS 状态，查看有哪些 DataNode，以及各个 DataNode 的情况。输入以下命令：

```
sudo -u hdfs hdfs dfsadmin -report
```

上面的“sudo -u hdfs “命令用于切换到 hdfs 用户，其中的 dfsadmin 表示运行一个 HDFS 的 dfsadmin 客户端，它的参数–report 用来报告文件系统的基本信息和统计信息，如图 2-25 所示。

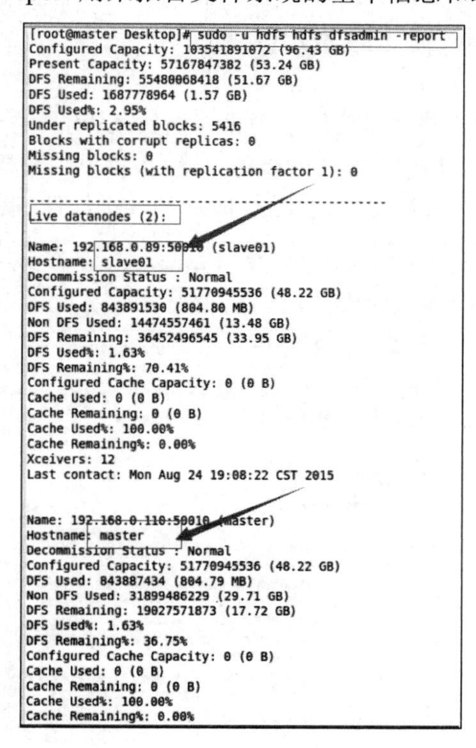

图 2-25　显示 HDFS 状态

下面在 HDFS 上创建一个文件夹，输入命令：

```
hadoop fs -mkdir /tmp/input
```

并将本地文件 input1.txt 传到 hdfs 的/tmp/input 目录下：

```
hadoop fs -put '/root/Desktop/input1.txt' /tmp/input
```

然后查看 hdfs 上的文件，验证各节点的 input1.txt 是否上传成功：

```
hadoop fs -ls /tmp/input
```

结果如图 2-26 所示。

```
[root@master Desktop]# hadoop fs -mkdir /tmp/input
nkdir: `/tmp/input': File exists
[root@master Desktop]# hadoop fs -put '/root/Desktop/input1.txt' /tmp/input
[root@master Desktop]# hadoop fs -ls /tmp/input
Found 1 items
-rw-r--r--   3 root hdfs          0 2015-08-24 19:18 /tmp/input/input1.txt
[root@master Desktop]# ssh slave01
Last login: Mon Aug 24 17:39:15 2015 from master
[root@slave01 ~]# hadoop fs -ls /tmp/input
Found 1 items
-rw-r--r--   3 root hdfs          0 2015-08-24 19:18 /tmp/input/input1.txt
[root@slave01 ~]#
```

图 2-26　文件操作

读者可以在 HDFS 上执行如下更多的命令：

```
hadoop fs -get  input1.txt /tmp/input/input1.txt  #把 HDFS 文件拉到本地
hadoop fs -cat /tmp/input/input1.txt  #查看 HDFS 上的文件
```

2.9　AWS 云平台上安装 Hadoop

安装 Hadoop 的最简单的方法就是使用云平台（例如 AWS）的 Hadoop 服务。EMR 是 AWS 的 Hadoop 服务。下面阐述安装和配置 EMR 的步骤。从服务菜单中选择 EMR，点击“create cluster”，如图 2-27 所示，填入集群名字，选择要安装的 Hadoop 的各个组件。我们选择了 Hadoop 和 Spark。

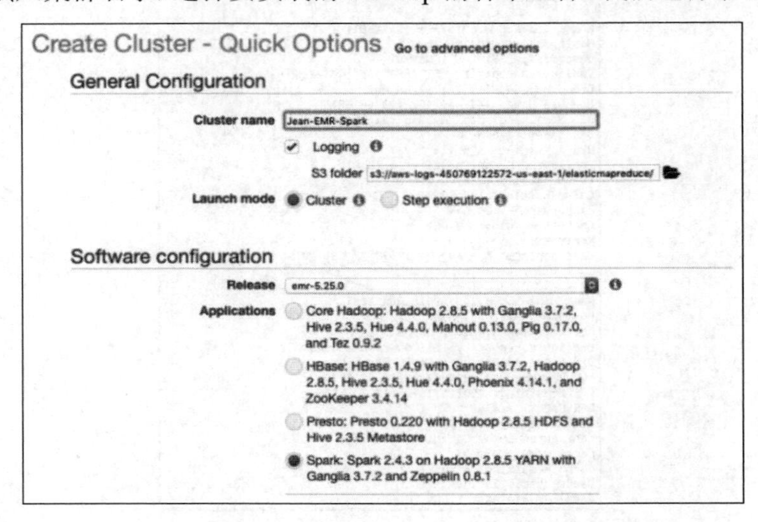

图 2-27　创建 Hadoop 集群

如图 2-28 所示，指定 Hadoop 集群的硬件设置。

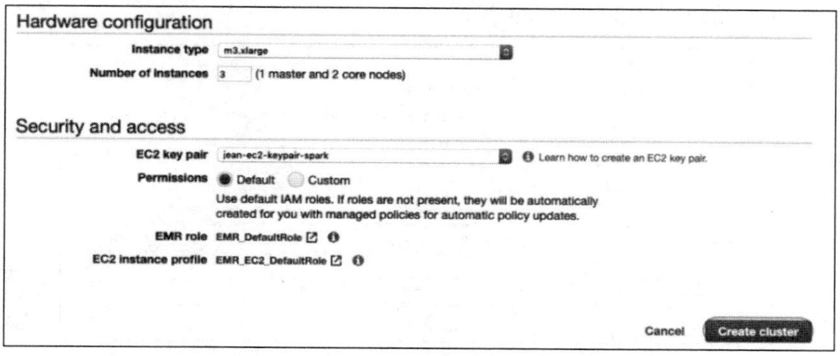

Hardware configuration
Instance type m3.xlarge
Number of instances 3 (1 master and 2 core nodes)
Security and access
EC2 key pair jean-ec2-keypair-spark
Learn how to create an EC2 key pair.
Permissions Default Custom
Use default IAM roles. If roles are not present, they will be automatically created for you with managed policies for automatic policy updates.
EMR role EMR_DefaultRole
EC2 instance profile EMR_EC2_DefaultRole
Cancel
Create cluster

图 2-28　硬件配置

设置 Hadoop 集群的网络和安全设置。单击如图 2-29 所示的安全组的配置，就出现如图 2-30 所示的设置。然后，使用 SSH 登录到 AWS 的 Master 节点，就会出现如图 2-31 所示的界面，而后就可以输入 Spark 命令。

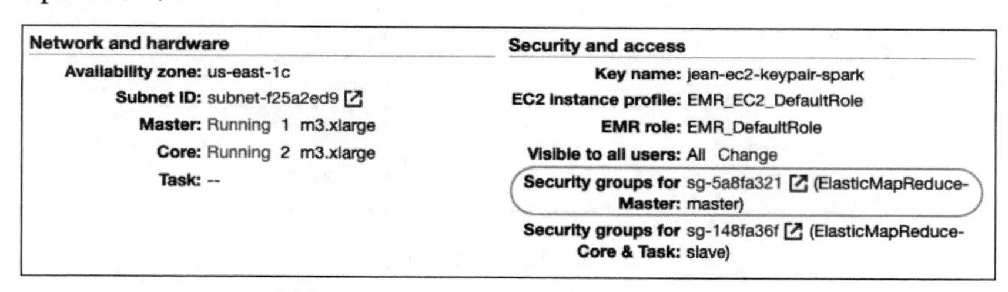

图 2-29　网络和安全设置

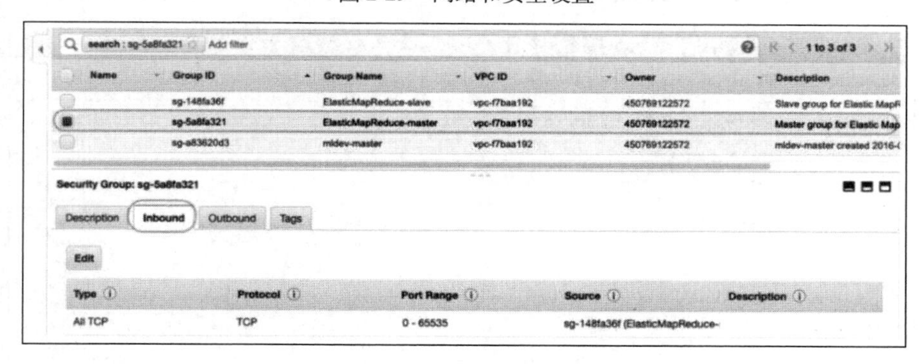

图 2-30　安全组设置

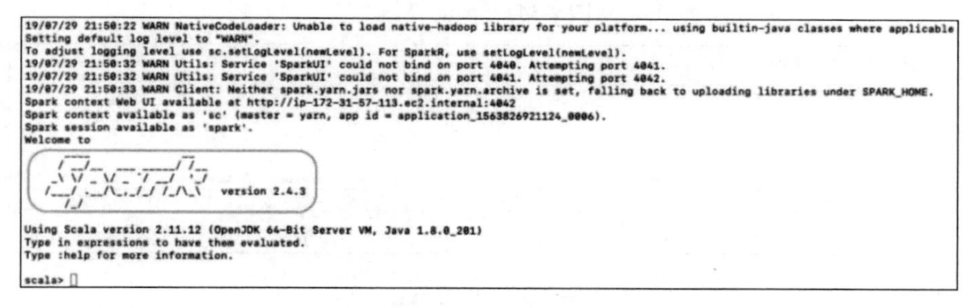

图 2-31　Spark 界面

除了使用 SSH 来操作 Hadoop 集群和 Spark 之外，还可以在如图 2-32 所示的界面中启动 Zeppelin，随后就会出现如图 2-33 所示的界面。

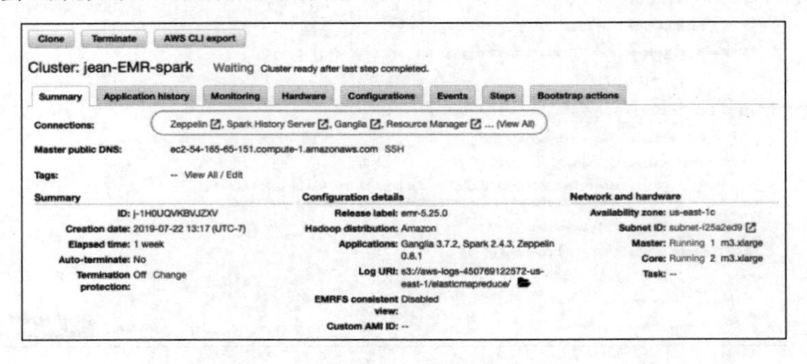

图 2-32　集群

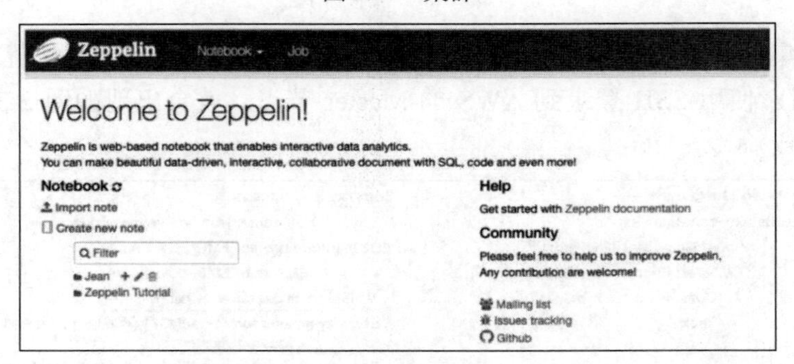

图 2-33　Zeppelin

之后，就可以输入 Spark 语句来操作集群上的数据（见图 2-34，），查看日志信息（见图 2-35）。

Zeppelin　Notebook　Job　Search

/Jean/notebook1

```
val data=td.df("sample_datasets.nasdaq", from="2014-01-01", to="2014-02-01")
z.show(data)
```

SPARK JOB FINISHED

settings

symbol	open	volume	high	low	close	time
GEOS	94.07	112102	94.82	93.06	93.67	1388678400
FUEL	61.21	323571	61.25	56.801	59.45	1388678400
FISH	16.969	29302	17.39	16.81	17.01	1388678400
FSBK	7.8498	22316	7.8499	7.72	7.72	1388678400
FBNK	16.19	24272	16.19	15.95	16.12	1388678400
GABC	28.29	21635	28.29	27.4	27.8	1388678400
GYRO	11.45	1625276	12.75	11.4	11.89	1388678400
GALT	8.01	57649	8.08	7.94	8.05	1388678400

图 2-34　Spark 操作

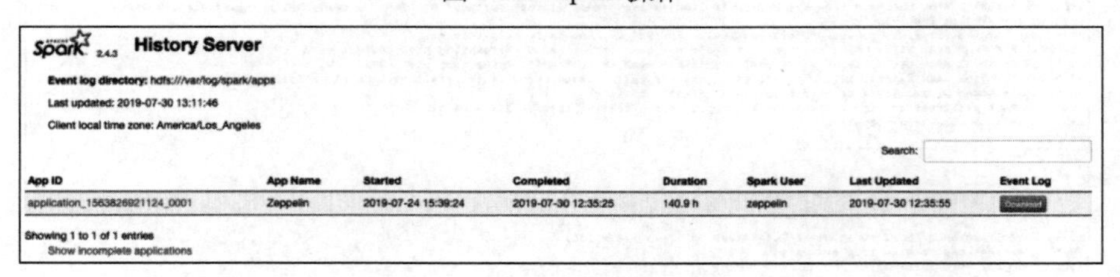

图 2-35　查看日志

第 3 章 大数据集群

在我的实际工作中，有多个 Hadoop YARN 集群（Cluster），其中一个集群有 100~200 个节点，有上百个队列来接收任务。这是因为在多租户的环境中，我们经常使用队列来实现不同的价格计划（Price Plan）。本章我们从一个实际的案例出发，阐述 Hadoop YARN 集群中的关键技术。

3.1 集群实例分析

本章先从一个实例开始。如图 3-1 所示，我们在 AWS 上构建了多个 Hadoop YARN 集群。其中最大的一个有 160 多个节点。

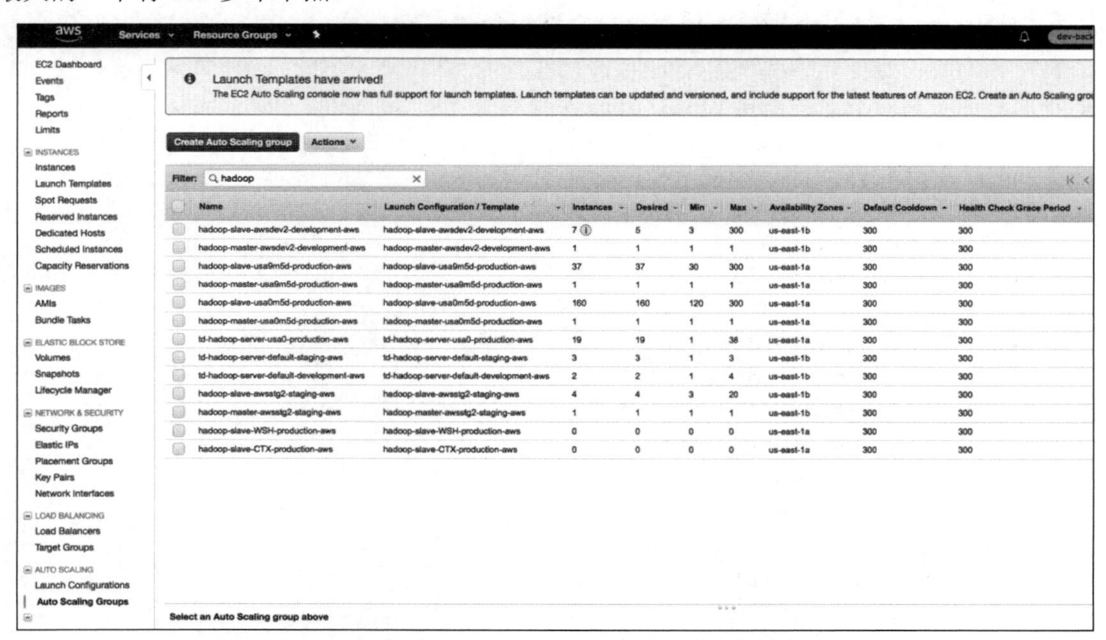

图 3-1　Hadoop 集群配置

在上面的 Hadoop 集群中，usa0m5d 是给 premium 账号（即 VIP 账号）用的，而 usa9m5d 是给非 premium 账号（即普通账号）用的。我们使用 chef（正迁移至 CodeDeploy）在 aws ec2 上部署 Hadoop 集群，对于 Master 和 Slave 都分别有一个 yml 配置文件，用于配置集群所需的 EC2（虚拟服务器）的类型和个数等。chef-repo/intent/service/hadoop-slave.yml 设置 Slave 节点的配置参数，例如 aws ec2 实例类型（m5d），最大节点数（300）等。部分配置如下：

```
# site:cloud:region:service:stage:cluster
'*:aws:*:hadoop-slave:*:*':          ← 给所有集群的默认配置
   component: hadoop
   instance_type: m5d.12xlarge
   instance_disk_map:
      - name: /dev/sda1
        size: 32
        type: gp2
        delete: True
      - name: /dev/sdb
        virtual: ephemeral0
      - name: /dev/sdc
        virtual: ephemeral1
      - name: /dev/sdd
        size: 1000
        type: gp2
        delete: True
      - name: /dev/sde
        size: 1000
        type: gp2
        delete: True
   instance_disk_ephemeral_mark:
      - /mnt/dfs_slave_local_disk
      - /mnt2/dfs_slave_local_disk
      - /mnt3/yarn_slave_local_disk
      - /mnt4/yarn_slave_local_disk
   instance_disk_ephemeral_type: 'jbod'
   scaling_size_cur: 3
   scaling_size_max: 300
   scaling_size_min: 3
   security_groups: '@default'
   scaling_suspend: '@default'
   scaling_placement: '@default'
   scaling_policy: '@default'
   scaling_hooks: '@default'
   security_key: '@default'
   security_profile: '@default'
   balancers: '@default'
   balancer_targets: '@default'
   health_check_type: '@default'
```

```
    health_check_grace_period: '@default'
    instance_chef_role: '@default'
#default config in us-east-1 (aws) used for premium m5d clusters
'aws:aws:*:hadoop-slave:production:*':      ← 给生产系统的配置
    instance_type: m5d.12xlarge
    instance_disk_map:
        - name: /dev/sda1
          size: 32
          type: gp2
          delete: True
        - name: /dev/sdb
          virtual: ephemeral0
        - name: /dev/sdc
          virtual: ephemeral1
        - name: /dev/sdd
          size: 500
          type: gp2
          delete: True
        - name: /dev/sde
          size: 500
          type: gp2
          delete: True
    instance_disk_ephemeral_mark:
        - /mnt/dfs_slave_local_disk
        - /mnt2/dfs_slave_local_disk
        - /mnt3/yarn_slave_local_disk
        - /mnt4/yarn_slave_local_disk
    security_groups:
        - '@template hadoop-{{stage}}-{{site}}'
        - treasuredata
    security_profile: ec2-production
    component: '@default'
    instance_disk_ephemeral_type: '@default'
    scaling_size_min: 30
    scaling_size_max: 300
    scaling_size_cur: 37
    scaling_suspend: '@default'
    scaling_placement: '@default'
    scaling_policy: '@default'
    scaling_hooks: '@default'
    security_key: '@default'
    balancers:
        - balancer_name: '@default'
          balancer_scheme: '@default'
          balancer_type: '@default'
          balancer_groups:
```

```
        - ****
        balancer_listeners: '@default'
        balancer_dns_name: '@default'
        balancer_dns_zone_id: '@default'
  balancer_targets: '@default'
  health_check_type: '@default'
  health_check_grace_period: '@default'
  instance_chef_role: '@default'
```

chef-repo/intent/service/hadoop-master.yml 记录 Master 节点配置参数，例如实例类型为 r5d，节点数为 1：

```
'*:aws:*:hadoop-master:*:*':
   component: hadoop
   instance_type: r5d.2xlarge
   instance_disk_map:
      - name: /dev/sda1
        size: 32
        type: gp2
        delete: true
      - name: /dev/sdb
        virtual: ephemeral0
   instance_disk_ephemeral_type: 'jbod'
   scaling_size_cur: 1
   scaling_size_max: 1
   scaling_size_min: 1
   security_groups: '@default'
   instance_disk_ephemeral_mark: '@default'
   scaling_suspend: '@default'
   scaling_placement: '@default'
   scaling_policy: '@default'
   scaling_hooks: '@default'
   security_key: '@default'
   security_profile: '@default'
   balancers: '@default'
   balancer_targets: '@default'
   health_check_type: '@default'
   health_check_grace_period: '@default'
   instance_chef_role: '@default'
'aws:aws:*:hadoop-master:production:*':
   instance_type: '@default'
   instance_disk_map: '@default'
   security_groups:
      - '@template hadoop-{{stage}}-{{site}}'
      - ***data
   security_profile: ec2-production
   component: '@default'
   instance_disk_ephemeral_type: '@default'
```

```
    instance_disk_ephemeral_mark: '@default'
    scaling_size_min: '@default'
    scaling_size_max: '@default'
......
```

创建和部署 Hadoop 集群是通过如下的脚本完成。执行后，就获得如图 3-1 所示的一个集群设置。

```
xyz-tools git:(master) ✗ ./bin/cluster create usa0m5d --master
2019-02-06 10:52:30,047 - INFO - Trying to create hadoop master in cluster usa0m5d
2019-02-06 10:52:35,103 - INFO - Creating hadoop master of cluster usa0m5d.
2019-02-06 10:53:09,342 - INFO - The new created hadoop master ip address :
172.18.186.13
xyz-tools git:(master) ✗ ./bin/cluster create  usa0m5d --slave
2019-02-06 11:12:39,934 - INFO - Trying to create hadoop slave in cluster usa0m5d
2019-02-06 11:12:43,854 - INFO - Creating hadoop slave of cluster usa0m5d.
```

在如图 3-1 所示的 AWS 上，单击其中的 Master，就可以看到如图 3-2 所示的配置参数。这些配置参数来自上述的配置文件。

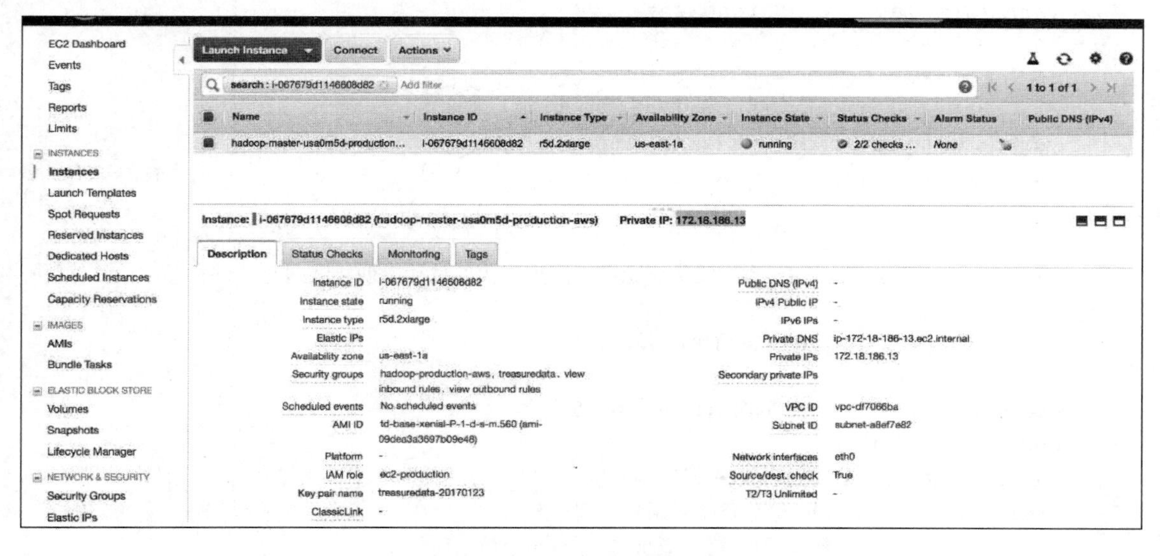

图 3-2　AWS 上 Master 的配置信息

上面只是创建了集群的硬件资源。获取 AWS 给予分配的 IP 地址（见图 3-2），在下面的 chef-repo/data_bags/hadoops/production.yaml 中配置，然后就可让自动的 chef 脚本部署和配置 Hadoop 集群，最后客户账号就能访问新的集群。

```
id: production
clusters:
......
  hadoop-usa0m5d:
    enabled_for_slaves: true
    namenode: hdfs://172.18.186.13:8020      ← 集群的 IP 地址
    resource_manager: 172.18.186.13
```

```
      hadoop-usf9m5d:
        enabled_for_slaves: true
        namenode: hdfs://172.18.127.47:8020
        resource_manager: 172.18.127.47
    ......
    preconfigured_cluster_params:
      defaults:                          ← 集群的默认配置，vcore 个数等
        cpu_vcores: 46
        jvm_container_heap_overhead: 1.1428571428571428
        mapreduce_am_heap: 3584
        mapreduce_map_heap: 3584
        mapreduce_reduce_heap: 3584
        io_sort_mb: 512
        io_sort_factor: 64
        resource_manager_heap_size: 8192
        yarn_resourcemanager_scheduler_client_thread_count: 100
        yarn_resourcemanager_resource_tracker_client_thread_count: 100
        yarn_resourcemanager_client_thread_count: 100
        yarn_rm_amlauncher_thread_cnt: 100
        enable_historydata_s3_offload: true
        s3_connector_type: s3alight
        dfs_datanode_du_reserved: 134217728000
        yarn_nodemanager_disk_health_checker_interval_ms: 60000
        yarn_nodemanager_disk_health_checker_max_disk_utilization_per_disk_
percentage: 60
    ......
    predefined_queues:     ← 预定义的资源调度队列（我们也动态创建队列）
    - name: system
      minCores: 487        ← 在我们的系统上，只调度 CPU
      maxCores: 487
      maxRunningApps: 8    ← 同时运行的应用个数
      maxAMShare: 0.1
      schedulingPolicy: fair   ← 资源调度器
    - name: free           ← 给免费账号用的队列设置，
      minCores: 10         ← 队列设置，最小的 vcore 个数
      maxCores: 60
      maxRunningApps: 20
      maxAMShare: 0.3
      schedulingPolicy: fair
    - name: mre_standard
      minCores: 24
      maxCores: 102
      maxRunningApps: 6
      maxAMShare: 0.5
      schedulingPolicy: fair
    - name: probe_query
      minCores: 25
```

```
  maxCores: 30
  maxRunningApps: 1
  maxAMShare: 0.5
  schedulingPolicy: fair
default_cluster: hadoop-jfk
default_bulkload_cluster: hadoop-jfk
cluster_assignments:    ← 不同的账号指定不同的集群（高低配置不同）
  system[merge]: hadoop-jfk
  price_plan[0]: hadoop-jfk
  account_id[1]: hadoop-usf0m5d
  account_id[13]: hadoop-usf0m5d
  account_id[851]: hadoop-usf0m5d
  account_id[3947]: hadoop-usf0m5d
  account_id[4148]: hadoop-usf0m5d
  account_id[4519]: hadoop-usf0m5d
  account_id[6093]: hadoop-usf0m5d
  account_id[6236]: hadoop-usf0m5d
  account_id[7281]: hadoop-usf0m5d
  account_id[8318]: hadoop-usf0m5d
  account_id[8487]: hadoop-usf0m5d
  account_id[9157]: hadoop-usf0m5d
  account_id[9416]: hadoop-usa0m5d
bulkload_cluster_assignments: {}
default_packages:
  hadoop_version_default: hadoop-2.7.3-PTD-0.0.11
  hadoop_branch: stable
  hive_version_default: hive-2.3.2-PTD-0.0.4
  hive_branch: stable
……
hadoop_cluster_overrides: {}
hadoop_env:
  HADOOP_USER_CLASSPATH_FIRST: true
  HADOOP_CONF_DIR: /etc/hadoop/conf.ptd
  HADOOP_CLIENT_SKIP_UNJAR: true
hadoop_opts:
- -Xmx1536m
- -XX:MaxNewSize=120m
- -Djava.io.tmpdir=/mnt/hadoop/tmp/
……
```

我们有一个下面的脚本来上载这个配置文件（等于是 commit 这个配置）：

```
    chef-repo git:(master) ✗ ./scripts/upload-data-bag-items.sh
data_bags/hadoops-ptd/production.yaml
    ==> Description

    It looks like you have some uncommitted changes in local repository.
    It's heavily recommended to commit & push the changes before proceeding.
```

```
    + docker run --env=CHEF_API_KEY --env=CHEF_VALIDATION_KEY --env=SSH_SECRET_KEY
--env-file=/tmp/chef-repo.IicBhCqz/environ --rm --user=501:20
--volume=/Users/johan/git/chef-repo:/srv/chef-repo:rw
--volume=/Users/johan:/home/u501:rw --volume=/Users/johan:/Users/johan:rw
--volume=/tmp/data_bags.ULjEzteK:/tmp/data_bags.ULjEzteK:rw
450769122572.dkr.ecr.ap-northeast-1.amazonaws.com/chef-repo:latest bundle exec
knife data bag show -F json hadoops-ptd production
    WARNING: Unencrypted data bag detected, ignoring any provided secret options.
    + on_exit
    + '[' -n '' ']'
    + rm -fr /tmp/chef-repo.IicBhCqz
    --- /dev/fd/63  2019-02-06 11:17:28.000000000 +0900
    +++ /dev/fd/62  2019-02-06 11:17:28.000000000 +0900
    @@ -13,8 +13,8 @@
         },
         "hadoop-usa0m5d": {
           "enabled_for_slaves": true,
    -      "namenode": "hdfs://172.18.189.146:8020",
    -      "resource_manager": "172.18.189.146"
    +      "namenode": "hdfs://172.18.186.13:8020",
    +      "resource_manager": "172.18.186.13"
         },
         "hadoop-usf9m5d": {
           "enabled_for_slaves": true,
    > knife data bag from file hadoops-ptd
/tmp/data_bags.ULjEzteK/hadoops-ptd-production.XXXXXXXX.json
    do you want to upload the data bag item? (Yes/no) yes
    + docker run --env=data_bag=hadoops-ptd --env=data_bag_item=production
--env=data_bag_diff=/tmp/data_bags.ULjEzteK/production.tHeJMG3v
--env=CHEF_API_KEY --env=CHEF_VALIDATION_KEY --env=SSH_SECRET_KEY
--env-file=/tmp/chef-repo.XintsjQa/environ --rm --user=501:20
--volume=/Users/johan/git/chef-repo:/srv/chef-repo:rw
--volume=/Users/johan:/home/u501:rw --volume=/Users/johan:/Users/johan:rw
--volume=/tmp/data_bags.ULjEzteK:/tmp/data_bags.ULjEzteK:rw
450769122572.dkr.ecr.ap-northeast-1.amazonaws.com/chef-repo:latest ./hooks.d/upl
oad-data-bag-item-notify.rb
    + on_exit
    + '[' -n '' ']'
    + rm -fr /tmp/chef-repo.XintsjQa
    + docker run --env=CHEF_API_KEY --env=CHEF_VALIDATION_KEY --env=SSH_SECRET_KEY
--env-file=/tmp/chef-repo.mG3JsS6U/environ --rm --user=501:20
--volume=/Users/johan/git/chef-repo:/srv/chef-repo:rw
--volume=/Users/johan:/home/u501:rw --volume=/Users/johan:/Users/johan:rw
--volume=/tmp/data_bags.ULjEzteK:/tmp/data_bags.ULjEzteK:rw
450769122572.dkr.ecr.ap-northeast-1.amazonaws.com/chef-repo:latest bundle exec
knife data bag from file hadoops-ptd
```

```
/tmp/data_bags.ULjEzteK/hadoops-ptd-production.XXXXXXXX.json
    Updated data_bag_item[hadoops-ptd::production]
    + on_exit
    + '[' -n '' ']'
    + rm -fr /tmp/chef-repo.mG3JsS6U
```

之后我们的 chef 脚本在各个节点上自动执行，它创建用户和组，安装 Hadoop 软件，修改 Hadoop 的配置文件(hdfs-site.xml、yarn-site.xml、core-site.xml 等)，创建 instance 上的目录(/mnt...)，初始化 HDFS（只在第一次时执行），启动服务（resourcemanager、namenode...），安装一些我们自己的脚本（health_check、snapshot），安装 history crawler 并配置 cronjob 让它每多少分钟执行一次等等。这个 chef 脚本默认是 30 分钟执行一下，我们有时直接通过下面的脚本命令来让它立即执行：

```
    ip-10-10-0-57:chef-repo sam$ hotdog pssh chef_environment:production and
td-hadoop-server -- "sudo chef-client"
    172.18.132.252:ssh_exchange_identification: read: Connection reset by peer
    172.18.132.252:ssh_exchange_identification: Connection closed by remote host
    172.18.129.64:Warning: Permanently added '54.83.55.51' (ECDSA) to the list of
known hosts.
```

注 意

pssh 是一个 Python 编写的可以在多台服务器上执行命令的工具。我们也可以通过 ssh 到每台机器上单独执行。

部署完毕后，在浏览器中输入“http://172.18.186.13:8088/cluster”来查看集群上的应用状态（见图 3-3）。如果有应用在这个集群上执行，这个集群部署就基本没问题了。用鼠标在左边菜单上单击“Nodes”，就可以看到所有节点的信息。单击“Scheduler”来查看集群资源调度配置（见图 3-4），可以看出这些配置信息同上面的配置文件一致。在浏览器中输入“http://172.18.186.13:50070”来访问 Hadoop 控制台，如图 3-5 和图 3-6 所示。

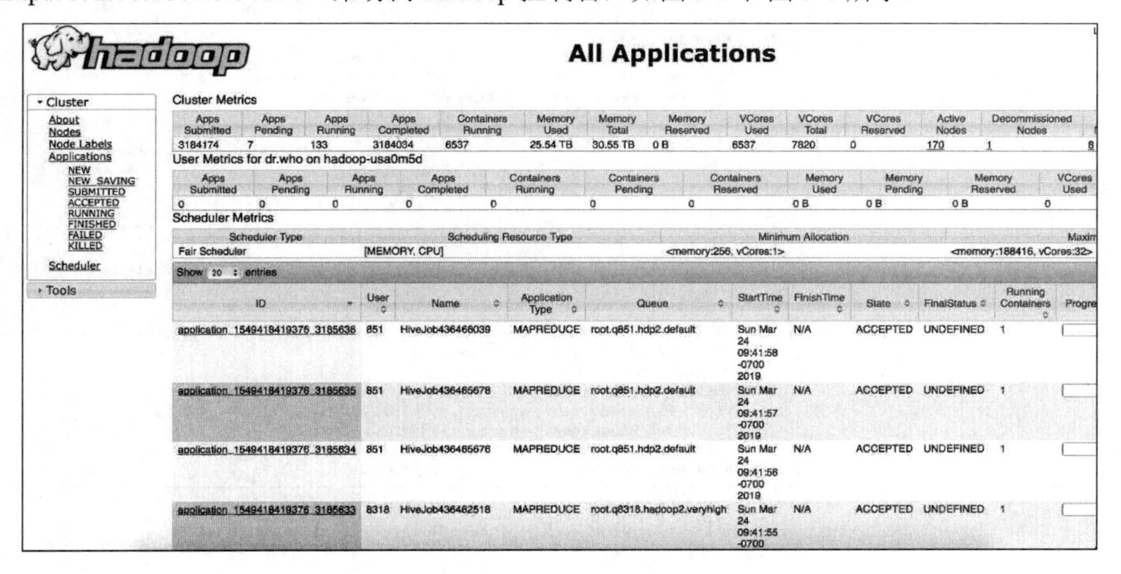

图 3-3　Resource Manager 上的所有应用状态

Cluster Metrics

Apps Submitted	Apps Pending	Apps Running	Apps Completed	Containers Running	Memory Used	Memory Total	Memory Reserved	VCores Used	VCores Total	VCores Reserved	Active Nodes	Decommissioned Nodes	Lost Nodes	Unhealthy Nodes	Rebooted Nodes
483399	11	206	483182	6840	26.72 TB	28.75 TB	0 B	6840	7360	0	160	1	1	0	0

User Metrics for dr.who on hadoop-usa1m5d

Apps Submitted	Apps Pending	Apps Running	Apps Completed	Containers Running	Containers Pending	Containers Reserved	Memory Used	Memory Pending	Memory Reserved	VCores Used	VCores Pending	VCores Reserved
0	0	0	0	0	0	0	0 B	0 B	0 B	0	0	0

Scheduler Metrics

Scheduler Type	Scheduling Resource Type	Minimum Allocation	Maximum Allocation
Fair Scheduler	[MEMORY, CPU]	<memory:256, vCores:1>	<memory:188416, vCores:32>

Show 20 entries Search:

Node Labels	Rack	Node State	Node Address	Node HTTP Address	Last health-update	Health-report	Containers	Mem Used	Mem Avail	VCores Used	VCores Avail	Version
	/default-rack	RUNNING	ip-172-18-179-168.ec2.internal:45454	ip-172-18-179-168.ec2.internal:8042	Mon Apr 01 20:07:31 +0000 2019		44	176 GB	8 GB	44	2	2.7.3-PTD-0.0.11
	/default-rack	RUNNING	ip-172-18-181-202.ec2.internal:45454	ip-172-18-181-202.ec2.internal:8042	Mon Apr 01 20:07:32 +0000 2019		46	184 GB	0 B	46	0	2.7.3-PTD-0.0.11
	/default-rack	RUNNING	ip-172-18-184-235.ec2.internal:45454	ip-172-18-184-235.ec2.internal:8042	Mon Apr 01 20:07:56 +0000 2019		35	140 GB	44 GB	35	11	2.7.3-PTD-0.0.11
	/default-rack	RUNNING	ip-172-18-184-117.ec2.internal:45454	ip-172-18-184-117.ec2.internal:8042	Mon Apr 01 20:07:50 +0000 2019		46	184 GB	0 B	46	0	2.7.3-PTD-0.0.11
	/default-rack	RUNNING	ip-172-18-189-41.ec2.internal:45454	ip-172-18-189-41.ec2.internal:8042	Mon Apr 01 20:08:03 +0000 2019		44	176 GB	8 GB	44	2	2.7.3-PTD-0.0.11
	/default-rack	RUNNING	ip-172-18-182-148.ec2.internal:45454	ip-172-18-182-148.ec2.internal:8042	Mon Apr 01 20:07:29 +0000 2019		44	176 GB	8 GB	44	2	2.7.3-PTD-0.0.11
	/default-rack	RUNNING	ip-172-18-184-194.ec2.internal:45454	ip-172-18-184-194.ec2.internal:8042	Mon Apr 01 20:07:46 +0000 2019		45	180 GB	4 GB	45	1	2.7.3-PTD-0.0.11
	/default-rack	RUNNING	ip-172-18-185-205.ec2.internal:45454	ip-172-18-185-205.ec2.internal:8042	Mon Apr 01 20:08:08 +0000 2019		44	176 GB	8 GB	44	2	2.7.3-PTD-0.0.11
	/default-rack	RUNNING	ip-172-18-189-105.ec2.internal:45454	ip-172-18-189-105.ec2.internal:8042	Mon Apr 01 20:07:52 +0000 2019		37	148 GB	36 GB	37	9	2.7.3-PTD-0.0.11
	/default-rack	RUNNING	ip-172-18-181-85.ec2.internal:45454	ip-172-18-181-85.ec2.internal:8042	Mon Apr 01 20:08:18 +0000 2019		45	180 GB	4 GB	45	1	2.7.3-PTD-0.0.11
	/default-rack	RUNNING	ip-172-18-190-65.ec2.internal:45454	ip-172-18-190-65.ec2.internal:8042	Mon Apr 01 20:08:02 +0000 2019		45	180 GB	4 GB	45	1	2.7.3-PTD-0.0.11
	/default-rack	RUNNING	ip-172-18-191-0.ec2.internal:45454	ip-172-18-191-0.ec2.internal:8042	Mon Apr 01 20:08:03 +0000 2019		45	180 GB	4 GB	45	1	2.7.3-PTD-0.0.11
	/default-rack	RUNNING	ip-172-18-183-144.ec2.internal:45454	ip-172-18-183-144.ec2.internal:8042	Mon Apr 01 20:07:49 +0000 2019		44	176 GB	8 GB	44	2	2.7.3-PTD-0.0.11
	/default-rack	RUNNING	ip-172-18-191-177.ec2.internal:45454	ip-172-18-191-177.ec2.internal:8042	Mon Apr 01 20:08:10 +0000 2019		46	184 GB	0 B	46	0	2.7.3-PTD-0.0.11
	/default-rack	RUNNING	ip-172-18-189-142.ec2.internal:45454	ip-172-18-189-142.ec2.internal:8042	Mon Apr 01 20:08:11 +0000 2019		46	184 GB	0 B	46	0	2.7.3-PTD-0.0.11
	/default-rack	RUNNING	ip-172-18-191-78.ec2.internal:45454	ip-172-18-191-78.ec2.internal:8042	Mon Apr 01 20:07:50 +0000 2019		40	160 GB	24 GB	40	6	2.7.3-PTD-0.0.11
	/default-rack	RUNNING	ip-172-18-178-213.ec2.internal:45454	ip-172-18-178-213.ec2.internal:8042	Mon Apr 01 20:08:11 +0000 2019		46	184 GB	0 B	46	0	2.7.3-PTD-0.0.11
	/default-rack	RUNNING	ip-172-18-190-219.ec2.internal:45454	ip-172-18-190-219.ec2.internal:8042	Mon Apr 01 20:07:49 +0000 2019		41	164 GB	20 GB	41	5	2.7.3-PTD-0.0.11
	/default-rack	RUNNING	ip-172-18-180-77.ec2.internal:45454	ip-172-18-180-77.ec2.internal:8042	Mon Apr 01 20:08:01 +0000 2019		43	172 GB	12 GB	43	3	2.7.3-PTD-0.0.11
	/default-rack	RUNNING	ip-172-18-178-97.ec2.internal:45454	ip-172-18-178-97.ec2.internal:8042	Mon Apr 01 20:07:59 +0000 2019		46	184 GB	0 B	46	0	2.7.3-PTD-0.0.11

Showing 1 to 20 of 160 entries First Previous 1 2 3 4 5 Next Last

图 3-4 集群上的节点信息

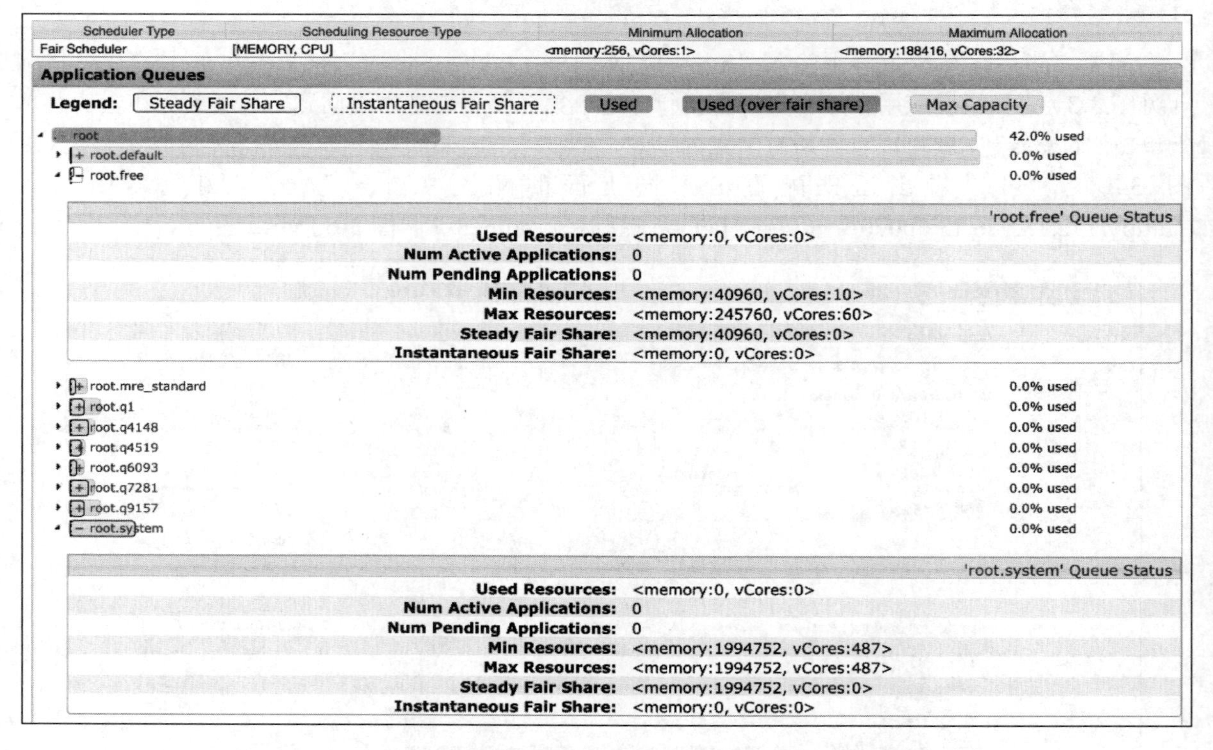

图 3-5 集群调度（队列）配置

Hadoop Overview Datanodes Datanode Volume Failures Snapshot Startup Progress Utilities

Overview 'ip-172-18-186-13.ec2.internal:8020' (active)

Started:	Wed Feb 06 01:59:22 UTC 2019
Version:	2.7.3-PTD-0.0.11, r8e1559a06a933b99dcc0dc9e1b0399172363380f
Compiled:	2018-11-16T09:23Z by root from (HEAD detached at 2.7.3-PTD-0.0.11)
Cluster ID:	CID-acc9c6a9-ec36-4c43-a3bb-c9d45ae69d99
Block Pool ID:	BP-2014513227-172.18.186.13-1549418360648

Summary

Security is off.

Safemode is off.

110314 files and directories, 13490 blocks = 123804 total filesystem object(s).

Heap Memory used 1.11 GB of 1.3 GB Heap Memory. Max Heap Memory is 9.94 GB.

Non Heap Memory used 90.33 MB of 92 MB Commited Non Heap Memory. Max Non Heap Memory is -1 B.

Configured Capacity:	124.43 TB
DFS Used:	1.98 TB (1.59%)
DataNodes usages% (Min/Median/Max/stdDev):	1.02% / 1.53% / 3.84% / 0.36%
Live Nodes	170 (Decommissioned: 0)
Dead Nodes	9 (Decommissioned: 1)
Decommissioning Nodes	0
Total Datanode Volume Failures	0 (0 B)
Number of Under-Replicated Blocks	0
Number of Blocks Pending Deletion	295
Block Deletion Start Time	2/5/2019, 5:59:22 PM

NameNode Journal Status

Current transaction ID: 1051457818

Journal Manager	State
FileJournalManager(root=/mnt/hadoop/hdfs/name)	EditLogFileOutputStream(/mnt/hadoop/hdfs/name/current/edits_inprogress_0000000001049725323)

NameNode Storage

Storage Directory	Type	State
/mnt/hadoop/hdfs/name	IMAGE_AND_EDITS	Active

图 3-6 Hadoop 控制台

3.2 YARN

YARN 是 Hadoop 集群的资源管理系统。从 2.0 版本开始，Hadoop 对 MapReduce 框架做了彻底的设计重构，而被称为 YARN。在旧的 Hadoop 架构中，JobTracker（作业追踪器）负责整个集群的资源管理和作业调度监控。YARN 架构打破了这种模型，将这两部分功能分开，让资源管理器（Resource Manager）负责整个集群的资源管理和调度，让应用程序主控器（Application Master）负责一个作业的执行，例如作业调度、作业监控和容错等。这一更改消除了 JobTracker 的瓶颈，从而使得 Hadoop 集群可以扩展到更大的配置。

需要注意的是，在 YARN 中我们把作业（Job）的概念换成了应用程序（Application），这是因为从 Hadoop2 开始，运行的应用程序不只是 MapReduce 了，还有可能是其他应用程序。

3.2.1 架构组成

如图 3-7 所示，YARN 主要由以下几个组件组成。

- Resource Manager（资源管理器，简称 RM）：全局（Global）的进程。
- Node Manager（节点管理器，简称 NM）：运行在每个节点（Node）上的进程。
- Application Master（应用程序主控器，简称 AM）：特定应用（Application-specific）的进程。
- Scheduler（调度器）：ResourceManager 的一个组件，用于给应用调度资源。
- Container（容器）：节点上一组 CPU 和内存资源。

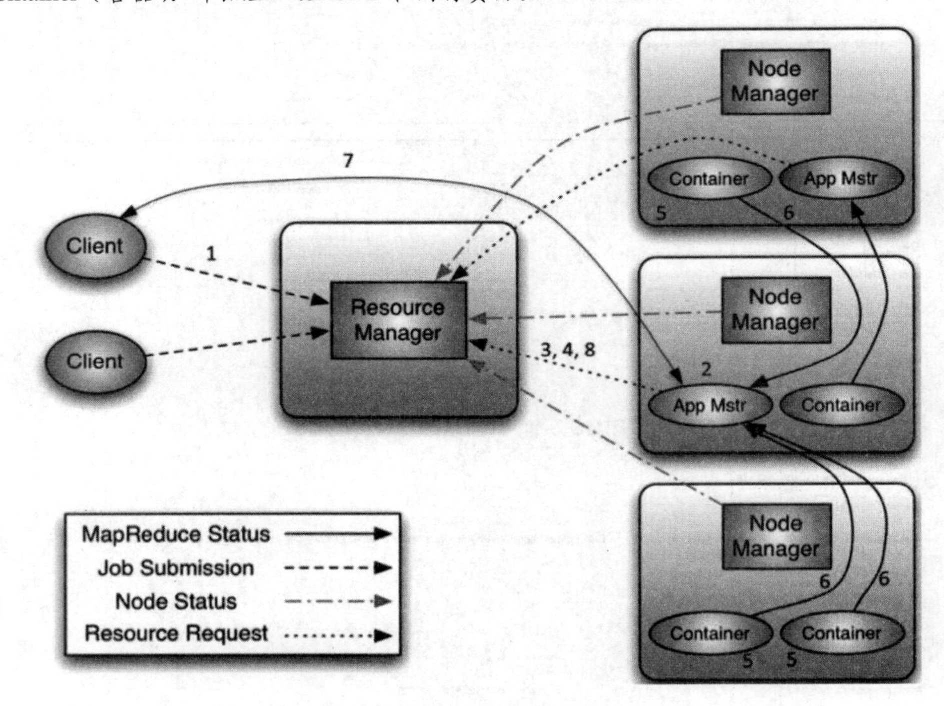

图 3-7 YARN 架构

Container 是 YARN 对计算机计算资源的抽象，它主要就是一组 CPU 和内存资源（如图 3-3 上 Containers 的状态信息），所有的应用都会运行在 Container 中。Application Master 是对运行在 YARN 中某个应用的抽象，它其实就是某个类型应用的实例，Application Master 是针对特定应用的，它的主要功能就是向 Resource Manager（全局的）申请计算资源（即 Containers），并且和 Node Manager 交互来执行和监控具体的任务。Resource Manager 和 Node Manager 两个进程主要负责系统管理方面的任务。Scheduler 是 Resource Manager 专门进行资源调度的一个组件，负责各个集群中应用的资源分配，即负责分配 Node Manager 上的 Container 资源，Node Manager 也会不断地把自己 Container 的使用情况发送给 Resource Manager。YARN 的架构图（见图 3-7）展示了 Resource Manager、Node Manager、Application Master 和 Container 等几个组件的关系。下面我们详细介绍各个组件。

1. Container（容器）

Container 是 YARN 框架的计算单元，是具体执行应用任务（如 map task、reduce task）的基本单位。Container 和集群节点的关系是：一个节点会运行多个 Container，但一个 Container 不会跨节点。一个 Container 就是一组分配的系统资源，主要包含以下两种系统资源（还有磁盘、网络等资源）：

- CPU 内核
- 内存资源

既然一个 Container 指的是具体节点上的计算资源，这就意味着 Container 中必定含有计算资源的位置信息：计算资源位于哪个机架的哪台机器上。所以我们在请求某个 Container 时，其实是向某台机器发起请求，请求的是这台机器上的 CPU 和内存资源。任何一个应用必须运行在一个或多个 Container 中。在 YARN 框架中，Resource Manager 只负责告诉 Application Master 哪些 Containers 可以用，Application Master 还需要去找 Node Manager 请求分配具体的 Container。

正如上面提到的，Container 是 YARN 中资源的抽象，它封装了某个节点上的多类资源。当 AM 向 RM 申请资源时，RM 为 AM 返回的资源便是用 Container 表示的。YARN 会为每个任务分配一个或多个 Container，且该任务只能使用该 Container 中描述的资源。总的来说，Container 对任务运行环境进行抽象，封装 CPU、内存等多类资源以及环境变量等任务运行相关的信息。对于资源的表示以内存和 CPU 为单位，比之前以剩余多少插槽的内存或者 CPU 数（即 slot 数）更为合理。因为资源表示成内存和 CPU，所以就没有了之前的 map slot/reduce slot 分开表示而造成集群资源闲置的尴尬情况。另外，Container 是 YARN 为了将来进行资源隔离而提出的一个框架。

既然 Container 是 YARN 中资源分配的基本单位，即具有一定的内存以及 CPU 资源，那么具体对应资源的多少在哪里设置呢？在 yarn-site.xml 文件中设置，我们将在 3.6 节详细说明这个 XML 文件。

2. Node Manager（节点管理器）

Node Manager 进程运行在集群中的节点上，管理单个节点上的资源，每个节点都会有自己的 Node Manager。Node Manager 是一个 Slave 服务：它负责接收 Resource Manager 的资源分配请求，分配具体的 Container 给应用。同时，它还负责监控并报告 Container 使用信息给 Resource Manager。通过和 Resource Manager 配合，Node Manager 负责整个 Hadoop 集群中的资源分配工作。Resource Manager 是一个全局的进程，而 Node Manager 只是每个节点上的进程，管理这个节点上的资源分配和监控运行节点的健康状态。下面是 Node Manager 的具体任务列表：

- 接收 Resource Manager 的请求，分配 Container 给应用的某个任务。
- 和 Resource Manager 交换信息以确保整个集群平稳运行。Resource Manager 就是通过收集每个 Node Manager 的报告信息来追踪整个集群健康状态的（如图 3-3 上关于 Node 的状态信息），而 Node Manager 负责监控自身的健康状态。
- 管理每个 Container 的生命周期。
- 管理每个节点上的日志。
- 处理来自 Application Master 的命令。

- 执行 YARN 上面应用的一些额外的服务，例如 MapReduce 的 Shuffle 过程。

当一个节点启动时，它会向 Resource Manager 进行注册并告知 Resource Manager 自己有多少资源可用（如图 3-3 上的关于 vcores 和 Memory 的状态信息）。在运行期间，通过 Node Manager 和 Resource Manager 协同工作，这些信息会不断地被更新并保障整个集群发挥出最佳状态。Node Manager 只负责管理自身的 Container，它并不知道运行在它上面应用的信息。负责管理应用信息的组件是 Application Master。

MapReduce 通过 slot 管理 Map 和 Reduce 任务执行所需要的资源，而 Node Manager 管理抽象容器，这些容器代表着可供特定应用程序使用的针对每个节点的资源。YARN 继续使用 HDFS 层。它的 NameNode 用于元数据服务，而 DataNode 用于分散在一个集群中的复制存储服务。

3. Resource Manager（资源管理器）

在 YARN 中，资源管理由 Resource Manager（简称 RM）和 Node Manager 共同完成，其中，Resource Manager 中的调度器负责资源的分配，而 Node Manager 则负责资源的供给和隔离。Resource Manager 将某个 Node Manager 上的资源分配给任务（这就是所谓的“资源调度”）后，Node Manager 需按照要求为任务提供相应的资源，甚至保证这些资源应具有独占性，为任务运行提供基础的保证（这就是所谓的“资源隔离”）。

RM 控制整个集群并管理应用程序向基础计算资源的分配。RM 有以下作用：

（1）处理客户端的请求。
（2）启动或监控 Application Master。
（3）监控 Node Manager。
（4）资源的分配与调度。

Resource Manager 主要有两个组件：Scheduler 和 Application Manager。Scheduler 是一个资源调度器，它主要负责协调集群中各个应用的资源分配，保障整个集群资源的高效率使用。它按照一定的约束条件（例如队列、容量限制等）将集群中的资源分配给各个应用程序（如图 3-4 中的各个队列）。Scheduler 的角色是一个纯调度器，它只负责调度 Containers，不会关心应用程序监控及其运行状态等信息。同样，它也不能重启因应用失败或者硬件错误而运行失败的任务。YARN 提供了 Fair Scheduler 和 Capacity Scheduler 等多租户调度器。关于这两个调度器后面会详细介绍。

另一个组件 Application Manager 主要负责接收作业的提交请求，为应用分配第一个 Container 来运行 Application Master，还有就是负责监控 Application Master，在遇到失败时重启 Application Master 运行的 Container。

4. Application Master（应用程序主控器）

Application Master 的主要作用是向 Resource Manager 申请资源并和 Node Manager 协同工作来运行应用的各个任务，然后跟踪它们状态及监控各个任务的执行，遇到失败的任务还负责重启它。在 YARN 中，资源的调度分配由 Resource Manager 专门进行管理，而每个作业（Job）或应用的管理、监控交由相应的分布在集群中的 Application Master，如果某个 Application Master 失败，Resource Manager 还可以重启它，这大大提高了集群的拓展性。这个设计让监测每一个作业子任务（Task）状态的程序分布式化了，更安全了。

图 3-3 上显示了有多少个应用提交了，多少个应用正在运行，多少个应用已经完成。另外，在这个界面上还可以查到失败的应用和被“杀掉”的应用。应用在 YARN 中的执行过程可以总结为三步：

（1）应用程序提交。

（2）启动应用的 Application Master 实例。

（3）Application Master 实例管理应用程序的执行。

在一个 YARN 集群中，首先由应用程序将作业提交（Job Submission），随后 Resource Manager 分配必要的资源，启动一个 Application Master 来表示已提交的应用程序。通过使用资源请求协议，Application Master 协商处理节点上供应用程序使用的资源容器。在执行应用程序时，Application Master 监视容器直到完成。当应用程序完成时，Application Master 从 Resource Manager 注销其容器，应用程序的执行周期就完成了。

在 YARN 中，Application Master 是一个可变更的部分，用户可以对不同的编程模型编写自己的 Application Master，让更多类型的编程模型能够运行于 Hadoop 集群中。在老的框架中，JobTracker（作业追踪器）很大的一个负担就是监控作业下的任务的运行状况，现在，这个部分就扔给 Application Master 做了，而 Resource Manager 中的 Applications Manager 模块，它负责监测 Application Master 的运行状况，如果出了问题，它会将 Application Master 在其他机器上重启。

老版本的 Hadoop 架构只支持 MapReduce 类型的作业，所以它不是一个通用的框架，因为 Hadoop 的 JobTracker 和 TaskTracker（任务追踪器）组件都是专门针对 MapReduce 开发的，它们之间是深度耦合的。YARN 解决了这个问题，关于作业或应用的管理都是由 Application Master 进程负责的，YARN 允许我们可以为自己的应用开发自己的 Application Master。这样每一个类型的应用都会对应一个 Application Master。一个 Application Master 其实就是一个类库。所以，YARN 不再是一个单纯的计算框架，而是一个框架管理器，用户可以将各种各样的计算框架移植到 YARN 之上，由 YARN 进行统一管理和资源分配。目前可以支持多种计算框架运行在 YARN 之上，例如 MapReduce、Storm、Spark、Flink 等。在 YARN 中，各种计算框架不再是作为一个服务部署到集群的各个节点上，而是被封装成一个 lib 存放在客户端，当需要对计算框架进行升级时，只需升级 lib 库即可。

一个 Application Master 是一个类库。这里要区分 Application Master 类库和 Application Master 实例，一个 Application Master 类库对应多个实例，就像 Java 语言中的类和类的实例关系一样。每种类型的应用都会对应着一个 Application Master，每个类型的应用都可以启动多个 Application Master 实例。所以，在 YARN 中是每个作业都会对应一个 Application Master。

3.2.2 YARN 执行流程

图 3-8 展示了应用程序的整个执行流程：

（1）客户端程序向 Resource Manager 提交应用并请求一个 Application Master 实例。

（2）Resource Manager 找到可以运行一个 Container 的 Node Manager，并在这个 Container 中启动 Application Master 实例。

（3）Application Master 向 Resource Manager 进行注册，注册之后客户端就可以查询 Resource

Manager 获得自己 Application Master 的详细信息，以后就可以和自己的 Application Master 直接交互了，并且重复 4~7 步。

（4）在平常的操作过程中，Application Master 根据 resource-request 协议向 Resource Manager 发送 resource-request 请求。

（5）当 Container 被成功分配之后，Application Master 通过向 Node Manager 发送 container-launch-specification 信息来启动 Container，Node Manager 为任务设置好运行环境（包括环境变量、JAR 包、二进制程序等）。

（6）应用程序的代码在启动的 Container 中运行，并把运行的进度、状态等信息通过 application-specific 协议发送给 Application Master。

（7）在应用程序运行期间，提交应用的客户端主动和 Application Master 交流获得应用的运行状态、进度更新等信息，交流的协议也是 application-specific 协议。

（8）一旦应用程序执行完成并且所有相关工作也已经完成，Application Master 向 Resource Manager 注消然后关闭，用到的 Container 也都归还给系统。

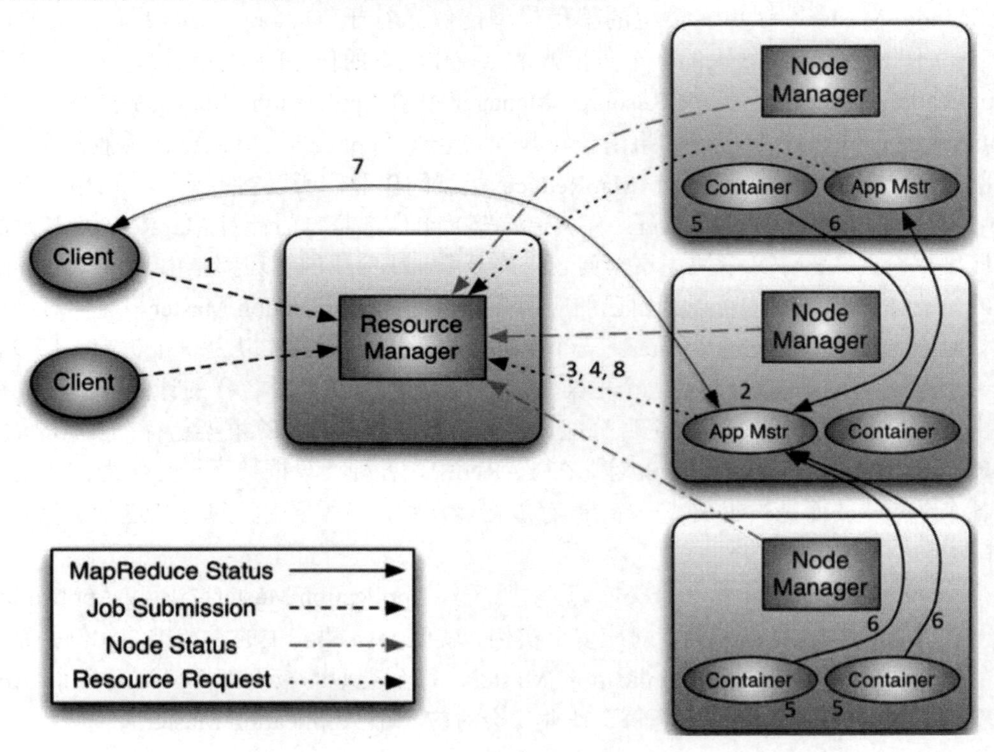

图 3-8 执行过程

YARN 的设计目标就是允许我们的各种应用以共享、安全、多租户的形式使用整个集群。并且，为了保证集群资源调度和数据访问的高效性，YARN 还必须能够感知整个集群的拓扑结构。为了实现这些目标，Resource Manager 的调度器（Scheduler）为应用程序的资源请求定义了一些灵活的协议，通过它就可以对运行在集群中的各个应用做更好的调度，因此，这就诞生了 Resource Request 和 Container。

具体来讲，一个应用先向 Application Master 发送一个资源请求，然后 ApplicationMaster 把这个资源请求以 resource-request 的形式发送给 Resource Manager 的 Scheduler，Scheduler 再在这个 resource-request 中返回分配到的资源描述 Container。每个 Resource Request 可看成是一个可序列化的 Java 对象，即：

```
<resource-name, priority, resource-requirement, number-of-containers>
```

各个字段的含义如下：

- resource-name：资源名称，指的是资源所在的主机（Host）和机架（Rack），还可能是虚拟机。
- priority：资源的优先级。
- resource-requirement：资源的具体需求，指内存和 CPU 需求的数量。
- number-of-containers：满足需求的 Container 的集合。

number-of-containers 中的 Container 就是 Resource Manager 给 Application Master 分配资源的结果。Container 就是授权给应用程序可以使用某个节点机器上 CPU 和内存的数量。Application Master 在得到这些 Container 后，还需要与 Container 所在机器的 Node Manager 交互来启动 Container 并运行相关任务。当然 Container 的分配是需要认证的，以防止 Application Master 自己去请求集群资源。

下面我们以一个 Map/Reduce 作业运行为例来深入了解整个运行过程。如图 3-9 所示，YARN 的作业运行主要由以下几个步骤组成。

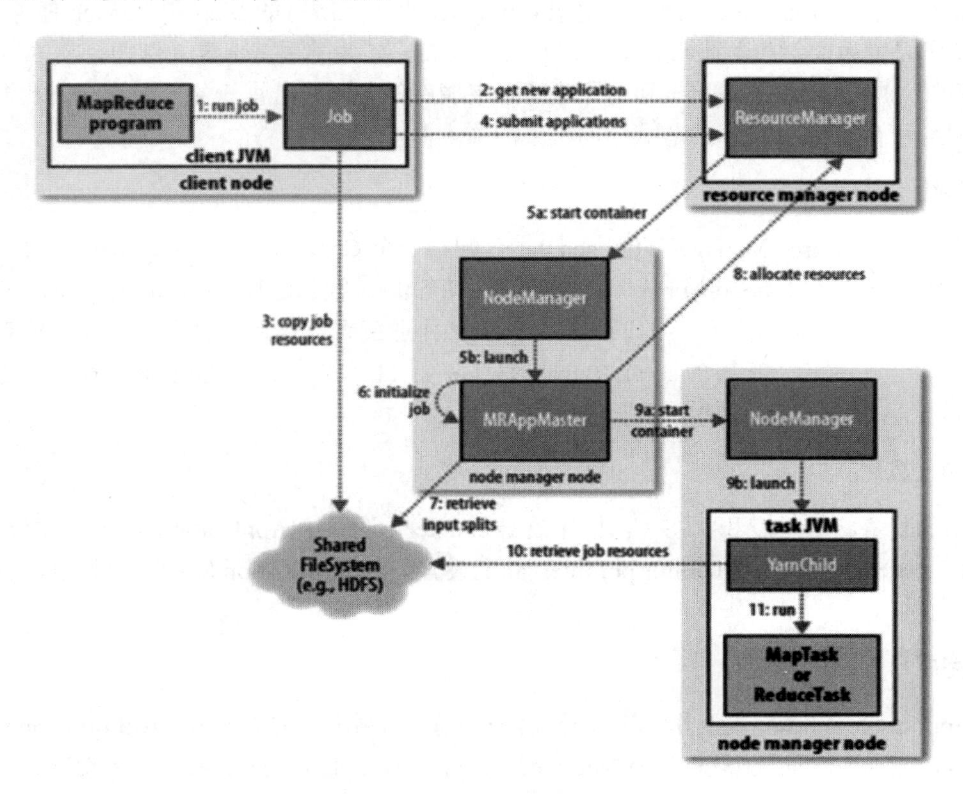

图 3-9　YARN 作业执行实例

1. 作业提交

客户端调用 job.waitForCompletion 方法，向整个集群提交 MapReduce 作业（第 1 步）。资源管理器（Resource Manager）分配作业 ID（应用 ID）（第 2 步）。作业的客户端计算输入的 split，将作业的资源（包括 Jar 包、配置文件、split 信息）复制给 HDFS（第 3 步）。最后，通过调用资源管理器的 submitApplication()函数来提交作业（第 4 步）。

2. 作业初始化

当资源管理器收到 submitApplication()的请求时，就将该请求发给 Scheduler（调度器），Scheduler 分配 Container，然后资源管理器在该 Container 内启动 Application Master 进程，由 Node Manager 监控（第 5 步）。

MapReduce 作业的 Application Master 是一个主类为 MRAppMaster 的 Java 应用，它监控作业的进度，得到任务的进度和完成报告（第 6 步），它通过分布式文件系统得到由客户端计算好的输入 split（第 7 步）。然后为每个输入 split 创建一个 Map 任务，根据 mapreduce.job.reduces 创建 Reduce 任务对象。

3. 任务分配

如果作业很小，Application Master 会选择在其自己的 JVM 中运行任务。如果不是小作业，那么 Application Master 向 Resource Manager 请求 Container 来运行所有的 Map 和 Reduce 任务（第 8 步）。这些请求是通过心跳机制来传输的，包括每个 Map 任务的数据位置，例如存放输入 split 的主机名和机架（Rack）。Scheduler 利用这些信息来调度任务，尽量将任务分配给存储数据的节点，或者分配给和存放输入 split 的节点相同机架的节点。

4. 任务运行

当一个任务由 Resource Manager 的 Scheduler 分配给一个 Container 后，Application Master 通过联系 Node Manager 来启动 Container（第 9 步）。任务由一个主类为 YarnChild 的 Java 应用执行。在运行任务之前首先本地化任务需要的资源，例如作业配置、JAR 文件以及分布式缓存的所有文件（第 10 步）。最后，运行 Map 或 Reduce 任务（第 11 步）。YarnChild 运行在一个专用的 JVM 中，但是 YARN 不支持 JVM 重用。

5. 进度和状态更新

YARN 中的任务将其进度和状态（包括计数器 counter）返回给 Application Master，客户端每秒（在 mapreduce.client.progressmonitor.pollinterval 上设置）向 Application Master 查询进度并展示给用户。

6. 作业完成

除了向 application Master 查询作业进度外，客户端每 5 分钟都会通过调用 waitForCompletion()来检查作业是否完成。时间间隔可以通过 mapreduce.client.completion.pollinterval 来设置。在作业完成之后，application Master 和 Container 会清理工作状态，OutputCommiter 的作业清理方法也会被调用。作业的信息会被作业历史服务器存储以备用户核查。

3.3　资源的调度器

一个公司内部的 Hadoop YARN 集群，肯定会被多个业务、多个用户同时使用，这些业务和用户共享 YARN 的资源。如果不进行资源的管理与规划，那么整个 YARN 的资源很容易被某一个用户提交的应用占满，而其他任务只能等待，这种当然很不合理。我们希望每个业务和每个用户都能分配到资源来运行各自的任务。在理想情况下，应用对 YARN 资源的请求应该立刻得到满足，但在现实情况中资源往往是有限的，特别是在一个很繁忙的集群，一个应用的资源请求经常需要等待一段时间才能得到相应的资源。在 YARN 中，负责给应用程序分配资源的就是调度器（Scheduler）。其实调度本身就是一个难题，很难找到一个完美的策略可以解决所有的应用场景。为此，YARN 提供了多种调度器和可配置的策略供我们选择。YARN 自带了三种常用的调度器，分别是 FIFO Scheduler（先进先出调度器）、Capacity Scheduler（容量调度器）和 Fair Scheduler（公平调度器）。第一个是默认的调度器，它属于批处理调度器，而后两个属于多租户调度器，它采用树形多队列的形式组织资源，更适合上述应用场景。值得指出的是，YARN 的调度器是插拔式的。图 3-10 显示了我们公司在某一个集群上的调度队列。

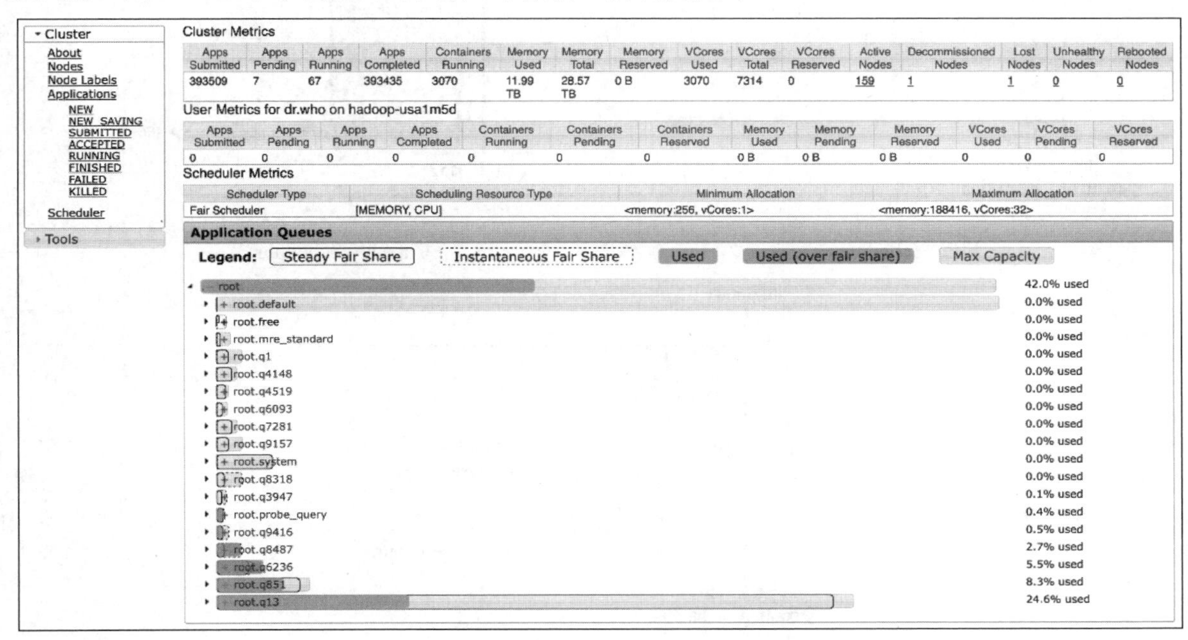

图 3-10　资源调度队列

FIFO Scheduler 把应用按提交的顺序排成一个队列，这是一个先进先出队列，在进行资源分配的时候，先给队列中最前面的应用分配资源，等到最前面的应用需求满足后再给下一个应用分配资源，以此类推。FIFO Scheduler 是最简单也是最容易理解的调度器，它不需要任何配置，但它并不适用于共享集群。大的应用可能会占用所有集群资源，这就导致其他应用被阻塞。在共享集群中，更适合采用 Capacity Scheduler 或 Fair Scheduler，这两个调度器都允许大任务和小任务在提交的同时获得一定的系统资源。

图3-11是YARN调度器的对比图，它展示了这三类调度器的区别。从图中可以看出，在FIFO Scheduler中，小任务会被大任务阻塞。而对于Capacity Scheduler，有一个专门的队列用来运行小任务，但是为小任务专门设置一个队列会预先占用一定的集群资源，这就导致大任务的执行时间会落后于使用FIFO Scheduler的时间。

在Fair Scheduler中，资源队列不需要预先占用一定的系统资源，Fair Scheduler会为所有运行的作业动态地调整系统资源。如图3-11所示，当第一个大作业提交时，只有这一个作业在运行，此时它获得了所有集群资源；当第二个小任务提交后，Fair Scheduler会分配一半资源给这个小任务，让这两个任务公平的共享集群资源。需要注意的是，在Fair Scheduler中，从第二个任务提交到获得资源会有一定的延迟，因为它需要等待第一个任务释放占用的Container。小任务执行完成之后也会释放自己占用的资源，大任务又获得了全部的系统资源。最终的效果就是Fair Scheduler在得到了高的资源利用率的同时又能保证小任务及时完成。

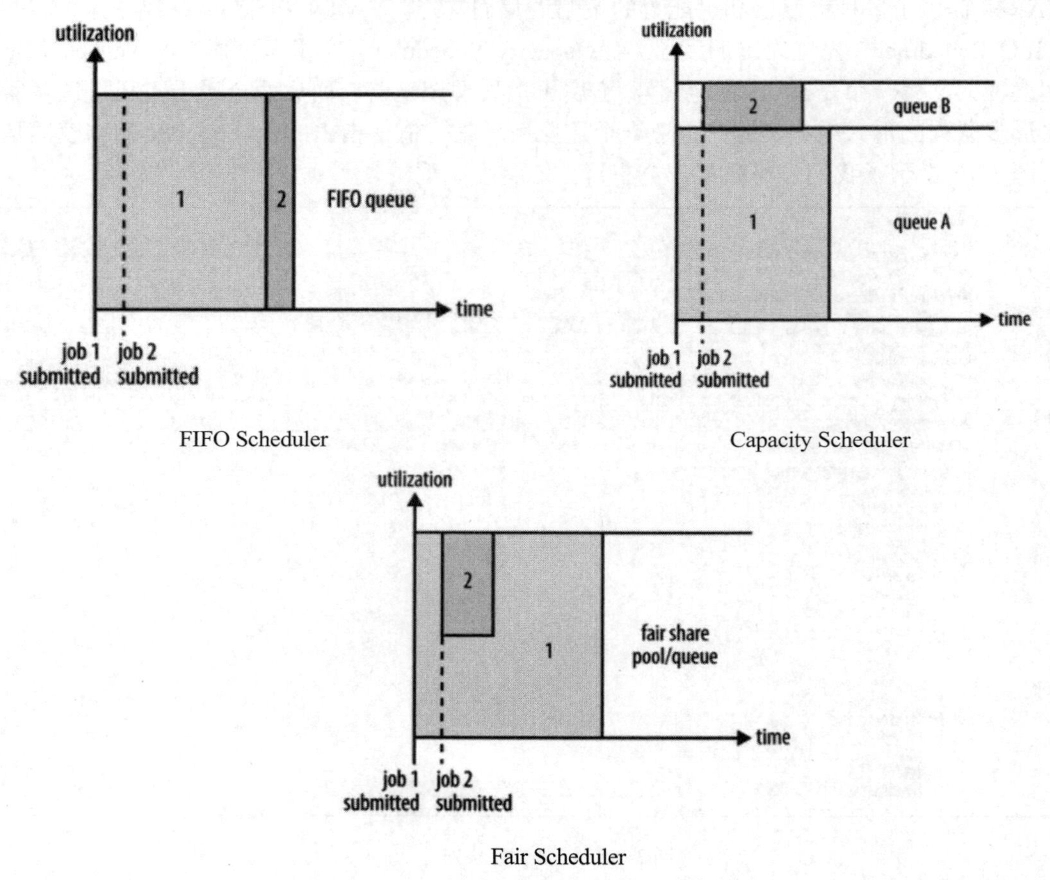

图3-11 三类调度器

如图3-10所示，正在使用的是Fair Scheduler。Fair Scheduler看上去很公平，但是我们在实际工作中碰到了一些Livelock锁的问题，所以，我们正在转往Capacity Scheduler。

3.3.1 Capacity Scheduler

Capacity Scheduler（容量调度器）允许多个组织或部门共享整个集群，每个组织或部门可以获得集群的一部分计算能力。通过为每个组织或部门分配专门的队列，然后再为每个队列分配一定的集群资源，这样整个集群就可以通过设置多个队列的方式给多个组织或部门提供服务了。在一个队列内部，资源的调度往往是采用先进先出（FIFO）的策略，这样一个组织内部的多个成员就可以共享这个队列资源了。

一个作业（Job）可能使用不了一个队列上的资源。如果这个队列中要运行多个作业，而且这个队列的资源够用，那么资源就分配给这些作业，一切正常。如果这个队列的资源不够用了呢？其实 Capacity Scheduler 仍可能分配额外的资源给这个队列，这就是“弹性队列（Queue Elasticity）”的概念。在正常的操作中，Capacity Scheduler 不会强制释放 Container，当一个队列资源不够用时，这个队列只能获得其他队列释放后的 Container 资源。当然，我们可以为队列设置一个最大资源使用量，以免这个队列过多的占用空闲资源，导致其他队列无法使用这些空闲资源，这就是弹性队列需要权衡的地方。下面来看一个例子，假设我们有一个如下层次的队列：

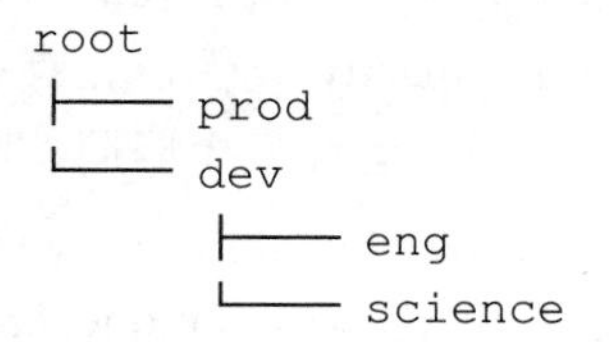

下面是一个 Capacity Scheduler 的配置文件（capacity-scheduler.xml）。在这个配置文件中，在 root 队列下面定义了两个子队列 prod 和 dev，分别占 40%和 60%的容量。需要注意，一个队列的配置是通过属性 yarn.sheduler.capacity.<queue-path>.<sub-property>来指定的，<queue-path>代表的是队列的继承树，如 root.prod 队列，<sub-property>一般指 capacity 和 maximum-capacity（最大容量，即最大资源使用量）。

```
<configuration>
  <property>
    <name>yarn.scheduler.capacity.root.queues</name>
    <value>prod,dev</value>
  </property>
  <property>
    <name>yarn.scheduler.capacity.root.dev.queues</name>
    <value>eng,science</value>
  </property>
  <property>
    <name>yarn.scheduler.capacity.root.prod.capacity</name>
    <value>40</value>
  </property>
  <property>
    <name>yarn.scheduler.capacity.root.dev.capacity</name>
    <value>60</value>
  </property>
  <property>
    <name>yarn.scheduler.capacity.root.dev.maximum-capacity</name>
    <value>75</value>
  </property>
```

```
    <property>
      <name>yarn.scheduler.capacity.root.dev.eng.capacity</name>
      <value>50</value>
    </property>
    <property>
      <name>yarn.scheduler.capacity.root.dev.science.capacity</name>
      <value>50</value>
    </property>
  </configuration>
```

在上面的配置文件中，dev 队列又被分成了 eng 和 science 两个相同容量的子队列。dev 的 maximum-capacity 属性被设置成了 75%，所以，即使 prod 队列完全空闲 dev 也不会占用全部集群资源，也就是说，prod 队列仍有 25%的可用资源用来应急。eng 和 science 两个队列没有设置 maximum-capacity 属性，也就是说 eng 或 science 队列中的作业可能会用到整个 dev 队列的所有资源（最多为集群的 75%）。而类似的，由于没有为 prod 设置 maximum-capacity 属性，它有可能会占用集群全部资源。除了可以设置队列及其容量外，还可以设置允许同时运行多少应用、队列的 ACL 认证等。

队列的使用取决于具体的应用。例如，在 MapReduce 中，可以通过 mapreduce.job.queuename 属性指定要用的队列。如果队列不存在，在提交任务时就会收到错误信息。如果没有定义任何队列，所有的应用将会放在一个默认队列中。注意：对于 Capacity Scheduler，队列名是队列树中的最后一部分。

以 Hive 为例，如果使用 MR 作为执行引擎，那么指定队列如下：

```
beeline !connect jdbc:hive2://your.host:your.port/data_base?mapred.job.queue
.name=your_queue_name
```

如果使用 TEZ 作为执行引擎，那么指定队列如下：

```
beeline !connect jdbc:hive2://your.host:your.port/data_base?tez.queue.name
=<queue-name>
```

3.3.2 Fair Scheduler

Fair Scheduler（公平调度器）的设计目标是为所有的应用分配公平的资源（对公平的定义可以通过参数来设置）。图 3-12 的“Fair Scheduler 实例对比图”展示了一个队列中两个应用的 Fair Scheduler。当然，Fair Scheduler 也可以在多个队列间工作。举个例子，假设有两个用户 A 和 B，他们分别拥有一个队列。当用户 A 启动一个作业（图中的 job1）而 B 没有任务时，A 会获得全部集群资源。当 B 启动一个作业（图中的 job2）后，A 的作业 job1 会继续运行，只是过一会儿之后两个任务会各自获得一半的集群资源。如果此时 B 再启动第二个作业（图中的 job3）并且其他作业还在运行，则它将会和 B 的第一个作业 job2 共享 B 这个队列的资源，也就是说，B 的两个作业（job2 和 job3）各自使用四分之一的集群资源，而 A 的作业 job1 仍然使用一半的集群资源，结果就是资源最终在两个用户之间平等的共享。

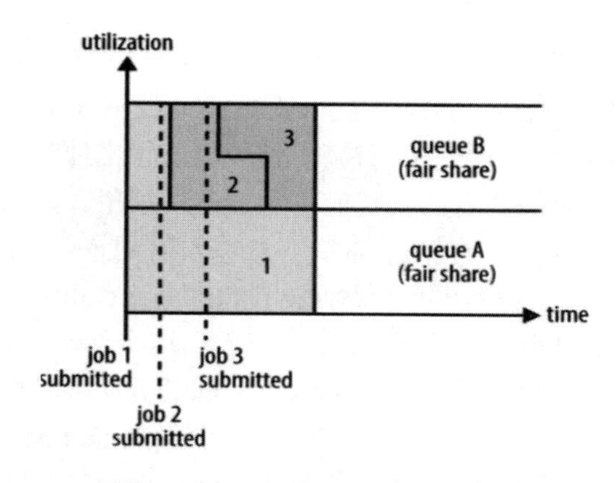

图 3-12　Fair Scheduler 实例对比图

要启用 Fair Scheduler（公平调度器），可以通过 yarn-site.xml 配置文件中的 yarn.resourcemanager.scheduler.class 参数进行设置，而默认是采用 Capacity Scheduler（容器调度器）。如果我们要使用 Fair Scheduler，需要在这个参数上设置 FairScheduler 类的全名：

```
org.apache.hadoop.yarn.server.resourcemanager.scheduler.fair.FairScheduler
```

Fair Scheduler 的配置文件是 fair-scheduler.xml，具体位置是由 yarn-site.xml 中的 yarn.scheduler.fair.allocation.file 属性指定。若系统找不到这个配置文件，那么 Fair Scheduler 采用的分配策略和前面介绍的类似：Scheduler 会在用户提交第一个应用时为其自动创建一个队列，队列的名字就是用户名，所有的应用都会被分配到相应的用户队列中。

可以在配置文件中设置每一个队列，并且可以像 Capacity Scheduler 一样分层次设置队列。例如，参考 capacity-scheduler.xml 来设置 fair-scheduler，如下所示：

```
<allocations>
  <defaultQueueSchedulingPolicy>fair</defaultQueueSchedulingPolicy>
  <queue name="prod">
    <weight>40</weight>
    <schedulingPolicy>fifo</schedulingPolicy>
  </queue>
  <queue name="dev">
    <weight>60</weight>
    <queue name="eng"/>
    <queue name="science"/>
  </queue>
  <queuePlacementPolicy>
    <rule name="specified" create="false"/>
    <rule name="primaryGroup" create="false"/>
    <rule name="default" queue="dev.eng"/>
  </queuePlacementPolicy>
</allocations>
```

队列的层次是通过嵌套<queue>元素实现的，即使没有设置到<root>元素里，所有的队列也都是 root 队列的孩子。在上面的设置中，我们把 dev 队列分成了 eng 和 science 两个队列。Fair Scheduler 中的队列有一个权重属性（这个权重就是对公平的定义），并把这个属性作为 Fair Scheduler 的依据。在这个例子中，当调度器将集群的资源以 40:60 的比例分配给 prod 和 dev 时便视作公平，而 eng 和 science 队列没有定义权重，则会被平均分配。这里的权重并不是百分比，所以把上面的 40 和 60 分别替换成 2 和 3，效果也是一样的。注意，在没有配置文件时，用户自动创建的队列仍有权重并且权重值为 1，而每个队列内部仍可以有不同的调度策略。队列的默认调度策略可以通过顶级元素<defaultQueueSchedulingPolicy>进行配置，如果没有配置，则默认采用 Fair Scheduler。

尽管是 Fair Scheduler，其仍支持在队列级别采用 FIFO Scheduler 的调度。每个队列的调度策略可以被其内部的<schedulingPolicy>元素所覆盖，在上面这个例子中，prod 队列就被指定采用 FIFO Scheduler 进行调度，所以，对于提交到 prod 队列的任务就可以按照 FIFO Scheduler 调度规则顺序地执行了。需要注意的是，prod 和 dev 之间的调度仍然是 Fair Scheduler，同样 eng 和 science 也是采用 Fair Scheduler。尽管在上面的设置中没有列出来，但是每个队列仍可设置最大、最小资源占用数和最大可运行应用的数量。

Fair Scheduler 采用了一套基于规则的系统来确定应用应该放到哪个队列中。在上面的例子中，<queuePlacementPolicy>元素定义了一个规则列表，其中的每个规则会被逐个尝试直到匹配成功。例如，上面例子的第一个规则是 specified，则会把应用放到它指定的队列中，若这个应用没有指定队列名或队列名不存在，则说明不匹配这个规则，然后尝试下一个规则。primaryGroup 规则会尝试把应用放在以用户所在的 Unix 组名命名的队列中，如果没有这个队列，就转而尝试下一个规则。当前面所有规则都不满足时，则触发默认规则，把应用放在 dev.eng 队列中。当然，我们可以不配置 queuePlacementPolicy 规则，调度器则会默认采用如下规则：

```
<queuePlacementPolicy>
  <rule name="specified" />
  <rule name="user" />
</queuePlacementPolicy>
```

上面规则可以归结成一句话，除非队列被准确地定义，否则会以用户名为队列名来创建队列。还有一个简单的配置策略就是让所有的应用放入同一个队列中（默认方式），这样就可以让所有应用之间平等共享集群。这个配置的定义如下：

```
<queuePlacementPolicy>
  <rule name="default" />
</queuePlacementPolicy>
```

对于上面的功能，还可以不使用配置文件，而直接设置 yarn.scheduler.fair.user-as-default-queue=false，这样应用便会被放入默认队列中，而不是各个用户队列。另外，我们还可以设置 yarn.scheduler.fair.allow-undeclared-pools=false，这样用户就无法创建队列了。

最后来讲一下抢占（Preemption）。当一个新的作业提交到一个繁忙集群中的空队列时，作业并不会马上执行，而是阻塞直到正在运行的作业释放系统资源。为了使提交作业的执行时间更具预测性（可以设置等待的超时时间），Fair Scheduler 支持抢占。抢占就是允许调度器“杀掉”占用超过其应占份额资源队列的 Container（容器），这些资源便可被分配到应该享有这些份额资源的队列中。需要注意的是，抢占会降低集群的执行效率，因为需要重新执行被终止的任务。通过设置一个全局的参数 yarn.scheduler.fair.preemption=true 来启用抢占功能。此外，还有两个参数用来控制抢占的过期时间（这两个参数默认没有设置，需要至少设置一个以启用抢占功能）：

“minimum share preemption timeout”（最小共享抢占超时）和“fair share preemption timeout”（公平共享抢占超时）。如果队列在“minimum share preemption timeout”指定的时间内未获得最小的资源保障，调度器就会抢占 Container。我们可以通过配置文件中的顶级元素<defaultMinSharePreemptionTimeout>为所有队列设置这个超时时间，还可以在<queue>元素内设置<minSharePreemptionTimeout>元素来为某个队列指定超时时间。与此类似，如果队列在“fair share preemption timeout”指定时间内未获得平等的资源（例如获得一半的资源，这个比例是可以配置的），调度器则会抢占 Container。这个超时时间可以通过顶级元素<defaultFairSharePreemptionTimeout>和元素级元素<fairSharePreemptionTimeout>分别设置所有队列和某个队列的超时时间。上面提到的比例可以通过<defaultFairSharePreemptionThreshold>（设置所有队列）和<fairSharePreemptionThreshold>（设置某个队列）进行设置，默认的比例是 0.5。

3.3.3 资源调度实例分析

在 YARN 中，用户以队列（Queue）的形式组织，每个用户可属于一个或多个队列，且只能向这些队列提交应用程序。每个队列被划分了一定比例的资源。图 3-13 所示的是一个集群的队列配置，其中为每个客户账号创建一个队列（一个队列下可有多个子队列，以此类推）。

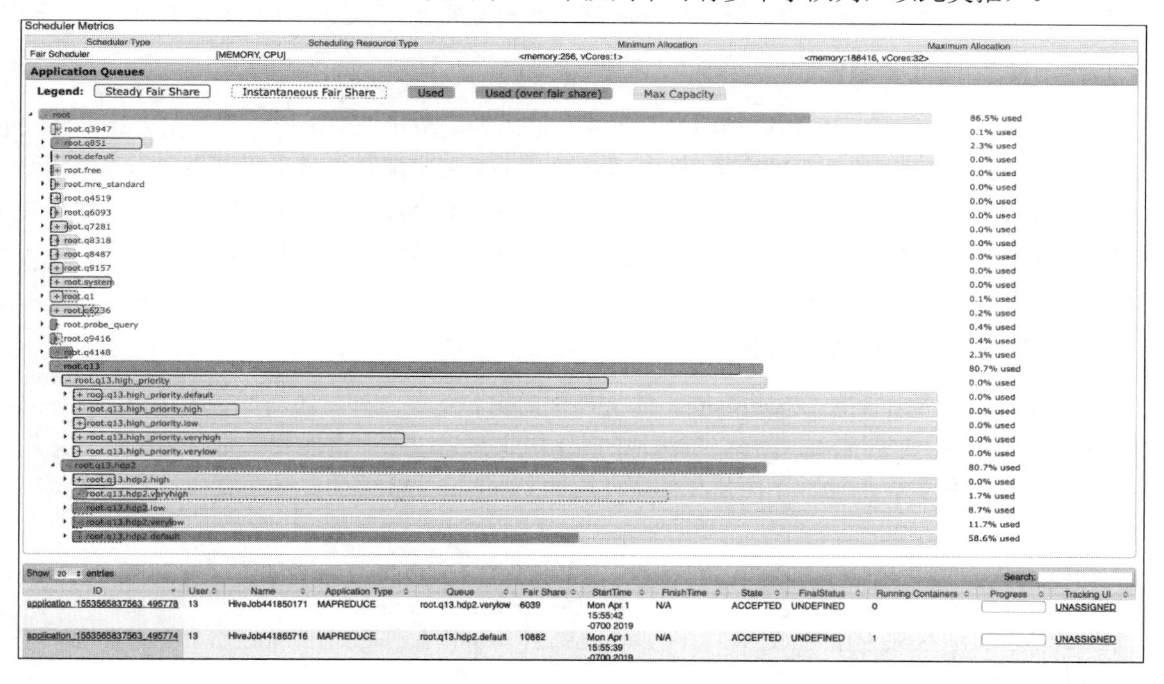

图 3-13　资源队列实例

YARN 的资源分配过程是异步的，也就是说，资源调度器将资源分配给一个应用程序后，不会立刻推送给对应的 Application Master（应用程序主控器），而是暂时放到一个缓冲区中，等待 Application Master 通过周期性的 RPC 函数主动来取，也就是说，采用了拉动式（Pull-based）模型，而不是推送式（Push-based）模型。在上面例子中，资源调度是使用 Fair Scheduler。在每个队列中可以设置或配置最小和最大的可用资源（内存和 CPU）、最大可同时运行应用程序的数量、权重、以及可以提交和管理应用程序的用户等。

我们再举个例子。假设整个 YARN 集群的可用资源为 100 vcore 和 100GB 内存，现在为 3 个业务部门各自规划一个队列，另外，规划一个默认队列，用于运行其他用户和业务部门提交的任务。如果没有在任务中指定队列（通过参数 mapreduce.job.queuename），那么可以设置使用用户名作为队列名来提交任务，即用户 businessA 提交的任务被分配到 businessA 队列中，用户 businessC 提交的任务被分配到 businessC 队列中。除了设置的固定用户，其他用户提交的任务将会被分配到默认队列中。这里的用户名，就是提交应用程序所使用的 Linux/Unix 用户名。另外，每个队列可以设置允许提交任务的用户名，例如，在 businessA 队列中设置了允许用户 businessA 和用户 sam 提交任务，如果由用户 sam 提交任务，并且在任务中指定了队列为 businessA，那么也可以正常提交到资源池 businessA 中。下面来看几个应用场景。

应用场景 1：根据权重（Weight）获得额外的空闲资源

在每个队列的配置项（或称为设置项）中，有个 Weight 属性（默认为 1），标记了队列的权重。当队列中有任务等待，并且集群中有空闲资源的时候，每个队列可以根据权重获得不同比例的集群空闲资源。例如，队列 businessA 和 businessB 的权重分别为 2 和 1，这两个队列中的资源都已经被占满了，并且还有任务在排队，此时集群中有 30 个 Container 的空闲资源，那么 businessA 将会额外获得 20 个 Container 的资源，businessB 会额外获得 10 个 Container 的资源。

应用场景 2：最小资源保证

在每个队列中，允许配置该队列的最小资源，这是为了防止把空闲资源共享出去还未回收的时候，该队列恰有任务需要运行的窘境。例如，队列 businessA 中配置了最小资源为（5 vcore，5GB），那么即使没有任务运行，YARN 也会为 businessA 预留出最小资源。一旦有任务需要运行，而集群中已经没有其他空闲资源的时候，这个最小资源也可以保证 businessA 中的任务可以先运行起来，随后再从集群中获取更多资源。

应用场景 3：动态更新资源配额

Fair Scheduler 除了需要在 yarn-site.xml 文件中启用和配置之外，还需要一个 XML 文件来配置资源池以及配额，而该 XML 中每个资源池的配额可以动态更新，调度器会重新装载这个文件，不用重启 YARN 集群。例如，下面是我们所使用的 yarn-site.xml 中的部分配置或设置的实例：

```
<!- scheduler start ->
<property>
  <name> yarn.resourcemanager.scheduler.class </name>
  <value>org.apache.hadoop.yarn.server.resourcemanager.scheduler.fair.
FairScheduler</value>
</property>
<property>
  <name> yarn.scheduler.fair.allocation.file </name>
  <value>/etc/hadoop/conf/fair-scheduler.xml</value>
</property>
<property>
  <name> yarn.scheduler.fair.preemption </name>
  <value>true</value>
```

```
</property>
<property>
  <name> yarn.scheduler.fair.user-as-default-queue </name>
  <value>true</value>
  <description>default is True</description>
</property>
<property>
  <name> yarn.scheduler.fair.allow-undeclared-pools </name>
  <value>true</value>
  <description>default is True</description>
</property>
<!- scheduler end ->
```

以上各个属性的说明如下。

- yarn.resourcemanager.scheduler.class：设置 YARN 使用的调度器插件类名。Fair Scheduler 对应的是：org.apache.hadoop.yarn.server. resourcemanager.scheduler.fair.FairScheduler。
- yarn.scheduler.fair.allocation.file：用于设置队列的 XML 文件路径。
- yarn.scheduler.fair.preemption：是否启用资源抢占。
- yarn.scheduler.fair.user-as-default-queue：设置成 true，当任务中未指定队列的时候，将以用户名作为队列名。这个设置就实现了根据用户名自动分配队列。
- yarn.scheduler.fair.allow-undeclared-pools：是否允许创建未定义的队列。如果设置成 true，YARN 将会自动创建任务中指定的未定义过的队列。设置成 false 之后，任务中指定的未定义的队列将无效，该任务会被分配到默认队列中。

最后看一下图 3-12 中 q13 队列所对应的 fair-scheduler.xml 中的部分配置或设置的实例：

```
<queue name="q13">
  <minResources>5334200 mb,2980vcores</minResources>
  <maxResources>5693990 mb,3181vcores</maxResources>
  <schedulingPolicy>fair</schedulingPolicy>
  <fairSharePreemptionTimeout>300</fairSharePreemptionTimeout>
  <defaultMinSharePreemptionTimeout>180</defaultMinSharePreemptionTimeout>

  <queue name="hdp2">
    <minResources>1065050 mb,595vcores</minResources>
    <maxResources>5693990 mb,3181vcores</maxResources>
    <maxRunningApps>148</maxRunningApps>
    <queue name="veryhigh"><minSharePreemptionTimeout>10
</minSharePreemptionTimeout><weight>60</weight></queue>
    <queue name="high"><minSharePreemptionTimeout>10
</minSharePreemptionTimeout><weight>30</weight></queue>
    <queue name="default"><weight>5</weight></queue>
    <queue name="low"><weight>2</weight></queue>
    <queue name="verylow"><weight>1</weight></queue>
  </queue>

  <queue name="high_priority">
```

```
    <minResources>4265570 mb,2383vcores</minResources>
    <maxResources>5693990 mb,3181vcores</maxResources>
    <maxRunningApps>595</maxRunningApps>
    <queue name="veryhigh"><minSharePreemptionTimeout>10
</minSharePreemptionTimeout><weight>60</weight></queue>
    <queue name="high"><minSharePreemptionTimeout>10
</minSharePreemptionTimeout><weight>30</weight></queue>
    <queue name="default"><weight>5</weight></queue>
    <queue name="low"><weight>2</weight></queue>
    <queue name="verylow"><weight>1</weight></queue>
  </queue>

  <queuePlacementPolicy><rule name="specified" /><rule name="default" />
</queuePlacementPolicy>
 </queue>
```

在上面的配置中，q13 队列下面有 2 个子队列，分别是 hdp2 和 high_priority。在这两个子队列下面，各自有 5 个子队列，分别是 veryhigh、high、default、low 和 verylow。以上各个属性的说明如下：

- minResources：最小资源数量（内存和 vcores）。
  hdp2 和 high_priority 分别设置了 q13 的最小资源数量的 20%和 80%。
- maxResources：最大资源数量（内存和 vcores）。
  hdp2 和 high_priority 和 q13 的最大资源数量是一样的。
- maxRunningApps：最大同时可运行应用程序的数量。
  根据我们的经验，把它的值设置为最小 vcore 数量的 25%。
- weight：资源池权重。

顾名思义，这 5 个子队列的主要区别是权重和抢占设置。

如图 3-13 所示，Fair Scheduler 各资源池配置及使用情况，在 Resource Manager 的 Web 监控页面上都可以看到。

3.3.4 内存和 CPU 资源调度

当前 YARN 支持内存和 CPU 两种资源类型的管理和分配。当 Node Manager 启动时，会向 Resource Manager 注册，而注册信息中会包含该节点可分配的 CPU 和内存总量，这两个值均可通过配置选项进行设置。

1. 内存资源的调度

关于内存的几个重要参数如下：

（1）yarn.nodemanager.resource.memory-mb

表示该节点上 YARN 可使用的物理内存总量，默认是 8192MB，注意，如果节点内存资源不够 8GB，则需要调减小这个值，而 YARN 不会智能地探测节点的物理内存总量。

（2）yarn.nodemanager.vmem-pmem-ratio

每单位的物理内存总量对应的虚拟内存量，默认是 2.1，表示每使用 1MB 的物理内存，最多可以使用 2.1MB 的虚拟内存总量。

YARN 允许我们配置每个节点上可用的物理内存资源，注意，这里说的是“可用的”，因为一个节点上的内存会被若干个服务共享，例如一部分给 YARN，一部分给 HDFS，一部分给 HBase 等，YARN 配置的只是自己可以使用的内存部分。

（3）yarn.nodemanager.pmem-check-enabled

是否启动一个线程检查每个任务正使用的物理内存量，如果任务超出分配值，则直接将其“杀掉”，默认是 true。

（4）yarn.nodemanager.vmem-check-enabled

是否启动一个线程检查每个任务正使用的虚拟内存量，如果任务超出分配值，则直接将其“杀掉”（即终止给任务的运行），默认是 true。

（5）yarn.scheduler.minimum-allocation-mb

单个任务可申请的最少物理内存量，默认是 1024MB，如果一个任务申请的物理内存量少于该值，则该对应的值改为这个数。

（6）yarn.scheduler.maximum-allocation-mb

单个任务可申请的最多物理内存量，默认是 8192MB。在默认情况下，YARN 采用了线程监控的方法判断任务是否超量使用内存，一旦发现超量，则直接将其“杀死”。

2. CPU 资源的调度

由于 CPU 资源的独特性，目前这种 CPU 分配方式仍然是粗粒度的。举个例子，很多任务可能是 I/O 密集型的，消耗的 CPU 资源非常少，如果此时为它分配一个 CPU，则是一种严重浪费，完全可以让它与其他几个任务共用一个 CPU。目前的 CPU 被划分成虚拟 CPU（CPU Virtual Core），这里的虚拟 CPU 是 YARN 自己引入的概念，初衷是，考虑到不同节点的 CPU 性能可能不同，每个 CPU 具有的计算能力也是不一样的，例如某个物理 CPU 的计算能力可能是另外一个物理 CPU 的 2 倍，这时候，我们可以通过为第一个物理 CPU 多配置几个虚拟 CPU 来弥补这种差异。用户提交作业时，可以指定每个任务需要的虚拟 CPU 个数。YARN 引入了概念 vcore（表示虚拟内核的意思）以区别不同性能的物理内核（core），如图 3-14 所示。

当用户提交应用程序时，可以指定每个任务需要的虚拟 CPU 个数。例如，在 MRAppMaster 中，每个 Map Task 和 Reduce Task 默认情况下需要的虚拟 CPU 个数为 1，用户可分别通过 mapreduce.map.cpu.vcores 和 mapreduce.reduce.cpu.vcores 进行修改（对于内存资源，Map Task 和 Reduce Task，用户可分别通过 mapreduce.map.memory.mb 和 mapreduce.reduce.memory.mb 进行修改）。

在 YARN 中，CPU 相关配置参数如下：

（1）yarn.nodemanager.resource.cpu-vcores

表示该节点上 YARN 可使用的虚拟 CPU 个数，默认是 8。注意， YARN 不会智能地探测节点的物理 CPU 总数。

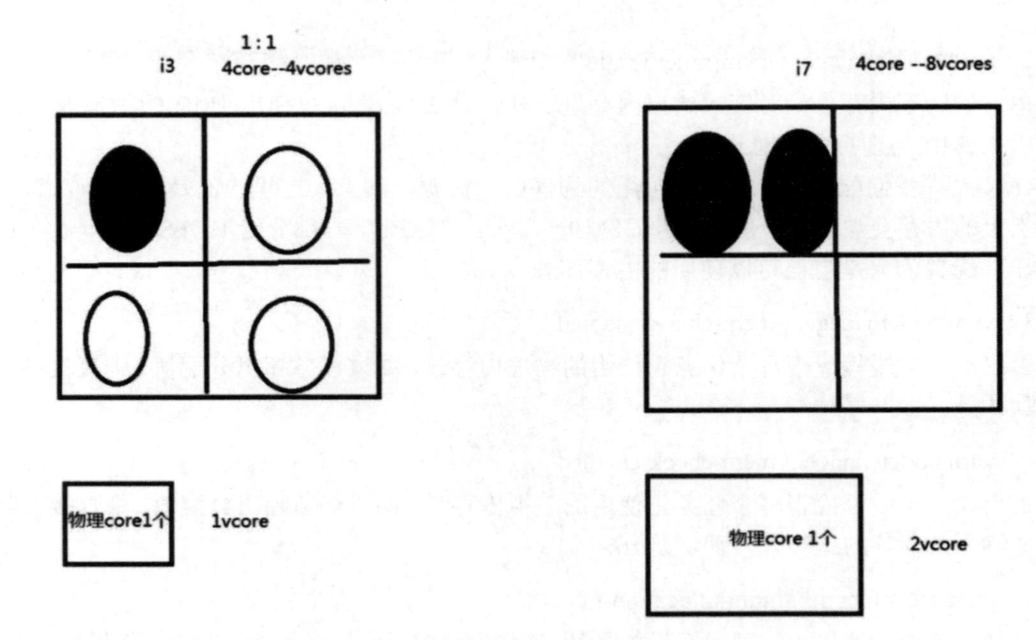

图 3-14　CPU 资源调度

（2） yarn.scheduler.minimum-allocation-vcores

单个任务可申请的最小虚拟 CPU 个数，默认是 1，如果一个任务申请的 CPU 个数少于该数，则该对应的值改为这个数。

（3）yarn.scheduler.maximum-allocation-vcores

单个任务可申请的最多虚拟 CPU 个数，默认是 32。在默认情况下，YARN 是不会对 CPU 资源进行调度的，我们需要配置相应的资源调度器，具体可参考 Fair Scheduler 相关参数和 Capacity Scheduler 相关参数。

在 YARN 的框架管理中，无论是 Application Master 从 Resource Manager 申请资源，还是 Node Manager 管理自己所在节点的资源，都是通过 Container 进行的。Container 是 YARN 的资源抽象，此处的资源包括上述的内存和 CPU。

从图 3-15 中可以看到，首先 Application Master 通过请求包 ResourceRequest 从 Resource Manager 申请资源，当获取到资源后，Application Master 对其进行封装，封装成 ContainerLaunchContext 对象，通过这个对象，Application Master 与 Node Manager 进行通信，以便启动该任务。ResourceRequest 结构如下：

```
message ResourceRequestProto {
  optional PriorityProto priority = 1; // 资源优先级
  optional string resource_name = 2;  // 期望资源所在的host
  optional ResourceProto capability = 3; // 资源量（mem、cpu）
  optional int32 num_containers = 4;   // 满足条件container个数
  optional bool relax_locality = 5 ;   //default = true;
}
```

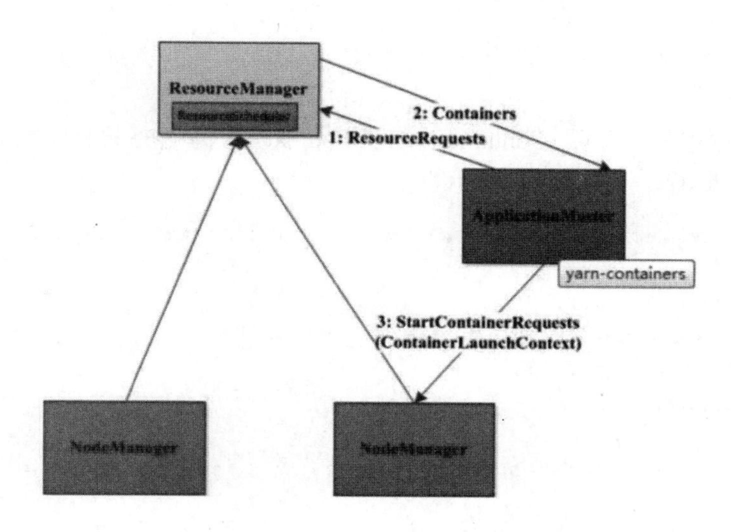

图 3-15　资源申请流程

在提交申请时，我们可以期望从哪台主机上获得，但最终还是 Application Master 与 Resource Manager 协商决定。在上面这个例子中，如果没有限制资源的申请量，则应用程序在资源申请上是无限的。YARN 采用覆盖式资源申请方式，即 Application Master 每次发出的资源请求会覆盖掉之前在同一节点且优先级相同的资源请求，也就是说同一节点中具有相同优先级的资源请求只能有一个。

Container 结构如下：

```
message ContainerProto {
  optional ContainerIdProto id = 1;    //container id
  optional NodeIdProto nodeId = 2;     //container（资源）所在节点
  optional string node_http_address = 3;
  optional ResourceProto resource = 4; //分配的 container 数量
  optional PriorityProto priority = 5; //container 的优先级
  optional hadoop.common.TokenProto container_token = 6; //用于安全认证
}
```

Container 是 YARN 的资源抽象，封装了节点上的一些资源（CPU 与内存）。Container 是 Application Master 向 Resource Manager 申请的，其运行是由 Application Master 向资源所在 Node Manager 发起的。每个 Container 一般可以运行一个任务，当 Application Master 收到多个 Container 时，将进一步分给某个任务。如 MapReduce。ContainerLaunchContext 结构如下：

```
message ContainerLaunchContextProto {
  //该 Container 运行的程序所需的资源，例如 JAR 包
  repeated StringLocalResourceMapProto localResources = 1;
  optional bytes tokens = 2;   //Security 模式下的 SecurityTokens
  repeated StringBytesMapProto service_data = 3;
  repeated StringStringMapProto environment = 4; //Container 启动所需的环境变量
  // 该 Container 所运行程序的命令,例如运行 Java 程序,
  // 即$JAVA_HOME/bin/java org.ourclassrepeated ApplicationACLMapProto
application_ACLs = 6;该 Container 所属的应用程序的访问控制列表
```

```
  repeated string command = 5;
}
```

下面结合一段代码，仅以 ContainerLaunchContext 为例进行描述。这是申请一个新的 ContainerLaunchContext：

```
ContainerLaunchContext ctx =Records.newRecord(ContainerLaunchContext.class);
//填写必要的信息
ctx.setEnvironment(...);
childRsrc.setResource(...);
ctx.setLocalResources(...);
ctx.setCommands(...);
//启动任务
startReq.setContainerLaunchContext(ctx);
```

3.4 深入研究 Resource Manager

YARN 采用了 Maser-Slave 结构（即主-从结构），其中 Master 实现为 Resource Manager（资源管理器），负责整个集群的资源管理与调度。Slave 实现为 Node Manager（节点管理器），负责单个节点的资源管理与任务启动。Resource Manager 接收来自各个节点（Node Manager）的资源汇报信息（见图 3-16），并把这些信息按照一定的策略分配给各个应用程序（实际上是 Application Manager）。

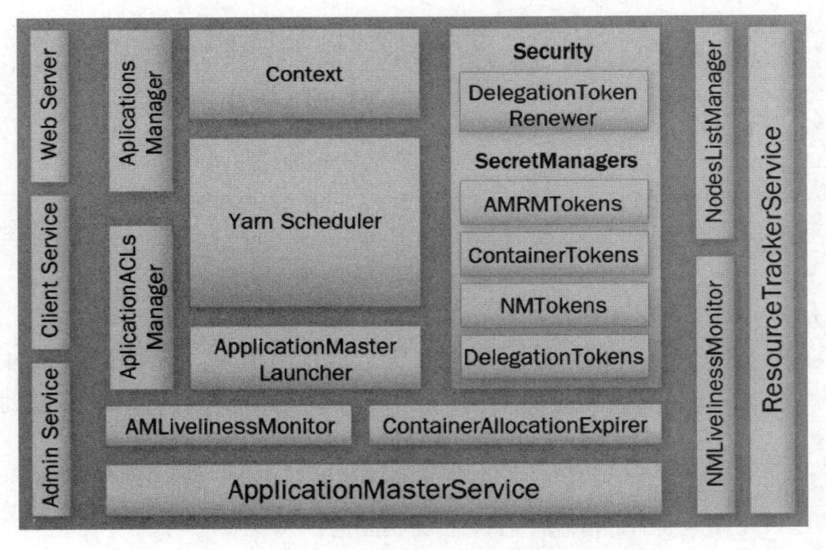

图 3-16 Resource Manager 架构

Resource Manager 是整个 YARN 集群中最重要的组件之一，它的设计直接决定了系统的可扩展性、可用性和容错性等特点，它主要由以下几个部分组成：

1. 用户交互（最左边部分）

YARN 分别针对普通用户，管理员和 Web 提供了三种对外服务，分别对应 Client Service、

Admin Service 和 Web Server。Client Service 是为普通用户提供的服务，它会处理来自客户端的各种请求，例如提交应用程序、终止应用程序，获取应用程序运行状态等。Admin Service 为管理员提供了一套独立的服务接口，以防止大量的普通用户请求使管理员发送的管理命令"饿死"，管理员可通过这些接口管理集群，例如动态更新节点列表，更新 ACL 列表，更新队列信息等。Web Server 是为了更加友好地展示集群资源使用情况和应用程序运行状态等信息而对外提供的一个 Web 界面。

2. Node Manager 管理（最右边部分）

NMLivelinessMonitor 监控 Node Manager 是否活着，如果一个 Node Manager 在一定时间（默认为 10 分钟）内未汇报心跳信息，则认为它"死掉"了，会将其从集群中移除。NodesListManager 维护正常节点和异常节点列表，管理 exclude（类似于黑名单）和 include（类似于白名单）节点列表，这两个列表均是在配置文件中设置的，可以动态加载。ResourceTrackerService 处理来自 Node Manager 的请求，主要包括两种请求：注册和心跳，其中，注册是 Node Manager 启动时发生的行为，请求包中包含节点 ID，可用的资源上限等信息；而心跳是周期性行为，包含各个 Container（容器）运行状态，运行的应用程序列表、节点健康状况，而 ResourceTrackerService 则为 Node Manager 返回待释放的 Container 列表、应用程序列表等。

3. Application Master 管理（当中部分）

AMLivelinessMonitor 监控 Application Master 是否活着，如果一个 Application Master（应用程序主控器）在一定时间（默认为 10 分钟）内未汇报心跳信息，则认为它"死掉"了，它上面所有正在运行的 Container 将被认为死亡了，Application Master 本身会被重新分配到另外一个节点上（用户可指定每个 Application Master 的尝试次数，默认是 1 次）执行。

ApplicationMasterLauncher 与 Node Manager 通信，要求它为某个应用程序启动 Application Master。ApplicationMasterService 处理来自 Application Master 的请求，主要包括两种请求：注册和心跳，其中，注册是 Application Master 启动时发生的行为，请求包中包含所在节点，RPC 端口号和 tracking URL 等信息，而心跳是周期性行为，包含请求资源的类型描述、待释放的 Container 列表等，而 ApplicationMasterService 则为之返回新分配的 Container、失败的 Container 等信息。

4. 应用程序管理（当中部分）

ApplicationACLsManager 管理应用程序访问权限，包含两部分权限：查看和修改。查看权限主要指查看应用程序的基本信息，而修改权限则主要是修改应用程序优先级、杀死应用程序等。RMAppManager 管理应用程序的启动和关闭。ClientRMService 收到来自客户端的提交应用程序的请求后，将调用函数 RMAppManager#submitAppication 创建一个 RMApp 对象，它将维护整个应用程序生命周期，从开始运行到最终结束。

YARN 不允许 Application Master 获得 Container 后长时间不对其使用，因为这会降低整个集群的利用率。当 Application Master 收到 Resource Manager 新分配的一个 Container 后，必须在一定的时间（默认为 10 分钟）内在对应的 Node Manager 上启动该 Container，否则 Resource Manager 会回收该 Container。而一个已经分配的 Container 是否被回收，则是由 ContainerAllocationExpirer 决定和执行的。

5. 安全管理（当中部分）

Resource Manager 自带了非常全面的权限管理机制，主要由 NMTokens、ContainerTokens、DelegationToken 等模块完成。

6. 资源分配

在 YARN 中，资源调度器（ResourceScheduler）是一个非常核心的部件，它负责将各个节点上的资源（主要是内存和 CPU 资源）封装成 Container，并按照一定的约束条件（按队列分配，每个队列有一定的资源分配上限等）分配给各个应用程序。ResourceScheduler 是一个插拔式模块，YARN 自带了一个批处理资源管理器——FIFO，和两个多用户调度器——Fair Scheduler 和 Capacity Scheduler。

YARN 的资源管理器实际上是一个事件处理器，它需要处理来自外部的 6 种 SchedulerEvent 类型的事件，并根据事件的具体含义进行相应的处理。这 6 种事件含义如下：

（1）NODE_REMOVED

事件 NODE_REMOVED 表示集群中被移除一个计算节点（可能是节点故障或者管理员主动移除），资源调度器收到该事件时需要从可分配资源总量中移除相应的资源量。

（2）NODE_ADDED

事件 NODE_ADDED 表示集群中增加了一个计算节点，资源调度器收到该事件时需要将新增的资源量添加到可分配资源总量中。

（3）APPLICATION_ADDED

事件 APPLICATION_ADDED 表示 Resource Manager 收到一个新的应用程序。通常而言，Resource Manager 需要为每个应用程序维护一个独立的数据结构，以便于统一管理和资源分配。

（4）APPLICATION_REMOVED

事件 APPLICATION_REMOVED 表示一个应用程序运行结束（可能成功或者失败），资源管理器需将该应用程序从相应的数据结构中清除。

（5）CONTAINER_EXPIRED

当资源调度器将一个 Container 分配给某个 Application Master 后，如果该 Application Master 在一定时间间隔内没有使用该 Container，则资源调度器会对该 Container 进行再分配。

（6）NODE_UPDATE

Node Manager 通过心跳机制向 Resource Manager 汇报各个 Container 的运行情况，会触发一个 NODE_UDDATE 事件，由于此时可能有新的 Container 被释放，因此该事件会触发资源分配，也就是说，该事件是 6 个事件中最重要的事件，它会触发资源调度器最核心的资源分配机制。

7. 状态管理

Resource Manager 维护一个节点生命周期，记录了节点可能存在的各个状态。例如，当一个应用程序执行完成时候，会触发一个 CLEANUP_APP 事件，以清理应用程序占用的资源。当一个 Container 执行完成时候，会触发一个 CLEANUP_CONTAINER 事件，以清理 Container 占用的资源。

Resource Manager 维护了一个 Container 的运行周期，包括从创建到运行的整个过程。Resource Manager 将资源封装成 Container 发送给应用程序的 Application Master，而 Application Master 则会在 Container 描述的环境中启动任务，因此，从这个层面上讲，Container 和任务的生命周期是一致的。目前 YARN 不支持 Container 的重用，一个 Container 用完后会立刻释放。

Application Master 通过 RPC 函数 ApplicationMasterProtocol#allocate 拉取分配给它的 Container 后，将与对应的 Node Manager 通信以启动这些 Container，接着 Node Manager 通过心跳机制将这些 Container 状态汇报给 Resource Manager，最终 Resource Manager 将这些 Container 状态置为 RUNNING。当出现以下几种情况时，将导致 Container 置为 KILLED 状态。

- 资源调度器为了保持公平性或者更高优先级的应用程序的服务质量，不得不杀死一些应用占用的 Container 以满足另外一些应用程序的请求。
- 某个 Node Manager 在一定时间内未向 Resource Manager 汇报心跳信息，则 Resource Manager 认为它死掉了，会将它上面所有正在运行的 Container 状态设置为 KILLED。
- 用户（使用 API 或者 Shell 命令）强制杀死一个应用程序时，会导致它所用的 Container 状态设置为 KILLED。

3.5 集群配置文件总览

在本章的最后，我们把一些常用参数按照配置文件来逐个列出，供读者快速查阅和使用。

3.5.1 yarn-site.xml

常用参数如下：

```
yarn.resourcemanager.webapp.address
```

说明：Resource Manager 对外的 Web UI 地址。用户可通过这个地址在浏览器中查看集群各类信息。

默认值：${yarn.resourcemanager.hostname}:8088

实例：

```
<property>
    <name>yarn.resourcemanager.webapp.address</name>
    <value>${yarn.resourcemanager.hostname}:8088</value>
</property>
```

```
yarn.resourcemanager.hostname
```

说明：Resource Manager 的主机名（hostname）。

实例：

```
<property>
    <name>yarn.resourcemanager.hostname</name>
    <value>172.18.177.210</value>
</property>
```

```
yarn.resourcemanager.scheduler.class
```

说明：启用的资源调度器主类。目前可用的有 FIFO、Capacity Scheduler 和 Fair Scheduler。

默认值：

```
Org.apache.hadoop.yarn.server.resourcemanager.scheduler.capacity.CapacitySch
eduler
```

实例：

```
<property>
    <name>yarn.resourcemanager.scheduler.class</name>
    <value>org.apache.hadoop.yarn.server.resourcemanager.scheduler.fair.
FairScheduler</value>
</property>
```

```
yarn.scheduler.minimum-allocation-mb
yarn.scheduler.maximum-allocation-mb
```

说明：单个容器可申请的最小与最大内存，应用在申请内存时不能超过最大值，小于最小值则分配最小值，从这个角度看，最小值有点像操作系统中的页。最小值还有另外一种用途，计算一个节点的最大 Container 数目。这两个值一经设定不能动态改变（此处所说的动态改变是指应用运行时）。

默认值：1024/8192

实例：

```
<property>
    <name>yarn.scheduler.maximum-allocation-mb</name>
    <value>188416</value>
</property>
<property>
    <name>yarn.scheduler.minimum-allocation-mb</name>
    <value>256</value>
</property>
```

```
yarn.scheduler.minimum-allocation-vcores
yarn.scheduler.maximum-allocation-vcores
```

说明：单个任务可申请的最小/最大虚拟 CPU 个数。例如设置为 1 和 4，则运行一个作业时，每个任务最少可申请 1 个虚拟 CPU，最多可申请 4 个虚拟 CPU。

默认值：1/32

```
yarn.resourcemanager.nodes.exclude-path
```

说明：Node Manager 黑名单。如果发现若干个 Node Manager 存在问题，例如故障率很高，任务运行失败率高，则可以将之加入黑名单中。注意，这个配置参数可以动态生效（调用一个 refresh 命令即可）。

默认值：""

实例：

```
<property>
    <name>yarn.resourcemanager.nodes.exclude-path</name>
    <value>/etc/hadoop/conf/yarn.exclude</value>
</property>
```

```
yarn.nodemanager.resource.memory-mb
yarn.nodemanager.vmem-pmem-ratio
```

说明：每个节点可用的最大内存，Resource Manager 中的两个值不应该超过此值。此数值可以用于计算 Container 最大数目，也即是用此值除以 Resource Manager 中的最小容器内存。虚拟内存率，是指每使用 1MB 物理内存，最多可用的虚拟内存数，默认值为 2.1 倍。注意：第一个参数是不可修改的，一旦设置，整个运行过程中不可动态修改，且该值的默认大小是 8GB，即使计算机内存不足 8GB 也会按着 8GB 内存来使用。

默认值：8GB/2.1

实例：

```
<property>
    <name>yarn.nodemanager.resource.memory-mb</name>
    <value>188416</value>
</property>

<property>
    <name>yarn.nodemanager.vmem-pmem-ratio</name>
    <value>2.1</value>
</property>
```

```
yarn.nodemanager.resource.cpu-vcores
```

说明：Node Manager 可用虚拟 CPU 总的个数。

默认值：8

实例：

```
<property>
    <name>yarn.nodemanager.resource.cpu-vcores</name>
    <value>46</value>
</property>
```

```
yarn.nodemanager.log-dirs
```

说明：日志存放地址（可配置多个目录）。

默认值：${yarn.log.dir}/userlogs

实例：

```
<property>
    <name>yarn.nodemanager.log-dirs</name>
```

```
    <value>/mnt/hadoop/yarn/cache/${user.name}/nm-log-dir</value>
</property>
```

```
yarn.nodemanager.aux-services
```

说明：Node Manager 上运行的附属服务。需配置成 mapreduce_shuffle，才可运行 MapReduce 程序。

实例：

```
<property>
    <name>yarn.nodemanager.aux-services</name>
    <value>mapreduce_shuffle</value>
</property>
```

3.5.2 mapred-site.xml

```
mapreduce.job.name
```

说明：作业名称

```
mapreduce.job.priority
```

说明：作业优先级

默认：NORMAL

```
yarn.app.mapreduce.am.resource.mb
```

说明：MapReduce 应用程序主控器（Application Master）占用的内存量

默认：1536

```
yarn.app.mapreduce.am.resource.cpu-vcores
```

说明：MapReduce 应用程序主控器（Application Master）占用的虚拟 CPU 个数

默认：1

```
mapreduce.am.max-attempts
```

说明：MapReduce 应用程序主控器（Application Master）失败尝试的足最大次数

默认：2

```
mapreduce.map.memory.mb
```

说明：每个 Map Task 需要的内存量

默认：1024

```
mapreduce.map.cpu.vcores
```

说明：每个 Map Task 需要的虚拟 CPU 个数

默认：1

```
mapreduce.map.maxattempts
```

说明：Map Task 失败尝试的最大次数

默认：4

```
mapreduce.reduce.memory.mb
```

说明：每个 Reduce Task 需要的内存量
默认：1024

```
mapreduce.reduce.cpu.vcores
```

说明：每个 Reduce Task 需要的虚拟 CPU 个数
默认：1

```
mapreduce.reduce.maxattempts
```

说明：Reduce Task 失败尝试的最大次数
默认：4

```
mapreduce.map.speculative
```

说明：是否对 Map Task 启用推测执行机制
默认：false

```
mapreduce.reduce.speculative
```

说明：是否对 Reduce Task 启用推测执行机制
默认：false

```
mapreduce.job.queuename
```

说明：作业提交到的队列
默认：default

```
mapreduce.task.io.sort.mb
```

说明：任务内部排序缓冲区的大小
默认：100

```
mapreduce.map.sort.spill.percent
```

说明：Map 阶段溢写文件的阈值（排序缓冲区大小的百分比）
默认：0.8

```
mapreduce.reduce.shuffle.parallelcopies
```

说明：Reduce Task 启动的并发复制数据的线程数目
默认：5

以 MapReduce 为例，我们来看一下 Application Master 内存配置的相关参数。这两个值是 Application Master 特性，在 mapred-site.xml 中配置如下：

```
mapreduce.map.memory.mb
mapreduce.reduce.memory.mb
```

这两个参数指定用于MapReduce的两个任务（Map Task、Reduce task）的内存大小，其值应该在Resource Master中的最大最小Container之间。如果没有配置则通过如下简单公式获得：

```
max(MIN_CONTAINER_SIZE, (Total Available RAM) / containers))
```

一般情况下，Reduce数量应该是Map数量的2倍。上述这两个值可以在应用程序启动时通过参数来改变。另外，可以运行如下的每个Slave：

```
map 的数量<=
yarn.nodemanager.resource.memory-mb /mapreduce.map.memory.mb
reduce 的数量<=
yarn.nodemanager.resource.memory-mb /mapreduce.reduce.memory.mb
```

Application Master中其他与内存相关的参数还有JVM相关的参数，这些参数可以通过如下选项进行配置：

```
mapreduce.map.java.opts
mapreduce.reduce.java.opts
```

这两个参数主要是为运行JVM程序（Java、Scala等）准备的，通过这两个设置可以向JVM中传递与内存有关的参数是-Xmx和-Xms等选项。此数值的大小应该在Application Master中的map.mb和reduce.mb之间。

总之，当配置YARN内存的时候，我们主要是配置有三个方面：每个Map和Reduce可用物理内存的限制；对于每个任务的JVM大小的限制；虚拟内存的限制。下面通过一个具体错误实例来进行说明，错误如下：

```
    Container[pid=41884,containerID=container_1405950053048_0016_01_000284] is
running beyond virtual memory limits. Current usage: 314.6 MB of 2.9 GB physical memory
used; 8.7 GB of 6.2 GB virtual memory used. Killing container.
```

配置如下：

```
<property>
    <name>yarn.nodemanager.resource.memory-mb</name>
    <value>100000</value>
</property>
<property>
    <name>yarn.scheduler.maximum-allocation-mb</name>
    <value>10000</value>
</property>
<property>
    <name>yarn.scheduler.minimum-allocation-mb</name>
    <value>3000</value>
</property>
<property>
    <name>mapreduce.reduce.memory.mb</name>
    <value>2000</value>
</property>
```

上述配置指定了容器的最小内存和最大内存分别为：3GB 和 10GB，而 Reduce 设置的默认值 2GB，Map 没有设置，所以两个值均为 3GB，也就是 log 中的“2.9 GB physical memory used”。而由于使用了默认虚拟内存率（也就是 2.1 倍），因此 Map Task 和 Reduce Task 总的虚拟内存都为 3000*2.1=6.2GB。而应用程序的虚拟内存超过了这个数值，故报错。解决办法是在启动 YARN 时调节虚拟内存率或者在应用程序运行时调节内存大小。

3.6 自动伸缩（Auto Scaling）集群

对于一个集群的负载而言，并不总是在峰值，有时候大部分资源可能处于闲置状态。这就需要自动伸缩（Auto Scaling）功能。这个功能一般都是由云平台来提供。对于一个 YARN 集群，在云平台上我们往往创建一个 Auto Scaling 组，把 YARN 集群的服务器（例如 EC2 实例）放在这个组内。云平台的 Auto Scaling 就可以根据资源的使用情况自动增加或减少组内的服务器个数。我们不猜测集群上的资源需求，而是通过自动伸缩功能构建一个灵活的系统，从而动态响应集群上的资源需求和控制成本支出。

以 AWS（Amazon Web Services）为例，Auto Scaling 组定义了当前所需容量（服务器个数）、最小容量和最大容量。我们不需要启动超出实际需求的实例个数，之后可以根据需要自动扩展。合理的最大容量选择取决于应用系统最大负载和预算。要注意的是，启动一个新实例需要几分钟的时间，在新实例上还需要一些额外配置（例如安装和配置 Hadoop 软件组件），这个也需要考虑在内。另外，减少实例是指由于使用率低而降低计算容量。如果你的系统的工作负载不可预测，则有可能你刚刚减少了实例就出现工作负载高峰。所以，应该缓慢而不是激进的方式减少实例，避免 Auto Scaling 抖动。简单来说，就是“提早增加，缓慢减少”。

AWS 的 CloudWatch 可以设置要监控的指标（例如 CPU 使用率），如果在某一段时间内指标的值超过了定义的阈值，就可以向 Auto Scaling 发送警报。在 Auto Scaling 上定义了策略，指示如何响应警报，例如增加或减少当前组内的服务器个数。在 Auto Scaling 上还可以设置扩展或伸缩计划。例如，我们知道每周末系统负载就会急剧上升，所以，我们创建扩展计划，让每周 5 晚上在 Auto Scaling 组上设置新的最小、最大和当前大小，以便在该时间内更新组，从而自动增加集群上的服务器。简单来说，如果负载峰值不可预测，就可以使用 CloudWatch 警报和 Auto Scaling 策略，从而避免因服务器数量不足而引起的系统性能问题或系统崩溃。例如，如果 CPU 使用率超过了 85%，则增加 1 个 EC2 实例。如果可以预测系统的负载（如每个月底处理大数据量的汇总报告），那么，就可以选择定义计划扩展。例如每周四开始负载增加，并在周五保持高负载，然后在周六开始下降。

3.7 迁移 Hadoop 集群

对于基于公有云的 Hadoop 集群，如果这个集群出现了一些问题（例如某些节点出了故障），最快最稳的方法就是创建一个新集群，然后把所有的新的访问指向到新集群上，等到旧的集群上的任务全部完成，我们就可以删除老的集群。

在我们公司，集群的配置信息都保存在 yaml 文件中。找到 Master 的 IP 地址，然后打开 YARN（例如 10.22.191.173:8088），观察现有集群上的任务状态。然后使用类似下面的脚本来创建新的集群：

```
elephant-tools git:(master) ✗ ./bin/cluster create  usa0m5d --master
2019-02-06 10:52:30,047 - INFO - Trying to create hadoop master in cluster usa0m5d
2019-02-06 10:52:35,103 - INFO - Creating hadoop master of cluster usa0m5d.
2019-02-06 10:53:09,342 - INFO - The new created hadoop master ip address :
172.18.186.131

elephant-tools git:(master) ✗ ./bin/cluster create  usa0m5d --slave
2019-02-06 11:12:39,934 - INFO - Trying to create hadoop slave in cluster usa0m5d
2019-02-06 11:12:43,854 - INFO - Creating hadoop slave of cluster usa0m5d.
```

修改 yaml 上的配置信息，把所有新访问指向到这个新集群。然后执行如下脚本让修改生效：

```
chef-repo git:(master) ✗ ./scripts/upload-data-bag-items.sh
data_bags/hadoops-ptd/production.yaml
==> Description
It looks like you have some uncommitted changes in local repository.
It's heavily recommended to commit & push the changes before proceeding.

+ docker run --env=CHEF_API_KEY --env=CHEF_VALIDATION_KEY --env=SSH_SECRET_KEY
--env-file=/tmp/chef-repo.IicBhCqz/environ --rm --user=501:20
--volume=/Users/johan/git/chef-repo:/srv/chef-repo:rw
--volume=/Users/johan:/home/u501:rw --volume=/Users/johan:/Users/johan:rw
--volume=/tmp/data_bags.ULjEzteK:/tmp/data_bags.ULjEzteK:rw
450769122572.dkr.ecr.ap-northeast-1.amazonaws.com/chef-repo:latest bundle exec
knife data bag show -F json hadoops-ptd production
WARNING: Unencrypted data bag detected, ignoring any provided secret options.
+ on_exit
+ '[' -n '' ']'
+ rm -fr /tmp/chef-repo.IicBhCqz
--- /dev/fd/63  2019-02-06 11:17:28.000000000 +0900
+++ /dev/fd/62  2019-02-06 11:17:28.000000000 +0900
@@ -13,8 +13,8 @@
     },
     "hadoop-usa0m5d": {
       "enabled_for_slaves": true,
-      "namenode": "hdfs://172.18.189.146:8020",
-      "resource_manager": "172.18.189.146"
+      "namenode": "hdfs://172.18.186.13:8020",
+      "resource_manager": "172.18.186.13"
     },
     "hadoop-usf9m5d": {
       "enabled_for_slaves": true,
> knife data bag from file hadoops-ptd
/tmp/data_bags.ULjEzteK/hadoops-ptd-production.XXXXXXXX.json
```

```
    do you want to upload the data bag item? (Yes/no) yes
    + docker run --env=data_bag=hadoops-ptd --env=data_bag_item=production
--env=data_bag_diff=/tmp/data_bags.ULjEzteK/production.tHeJMG3v
--env=CHEF_API_KEY --env=CHEF_VALIDATION_KEY --env=SSH_SECRET_KEY
--env-file=/tmp/chef-repo.XintsjQa/environ --rm --user=501:20
--volume=/Users/johan/git/chef-repo:/srv/chef-repo:rw
--volume=/Users/johan:/home/u501:rw --volume=/Users/johan:/Users/johan:rw
--volume=/tmp/data_bags.ULjEzteK:/tmp/data_bags.ULjEzteK:rw
450769122572.dkr.ecr.ap-northeast-1.amazonaws.com/chef-repo:latest ./hooks.d/upl
oad-data-bag-item-notify.rb
    + on_exit
    + '[' -n '' ']'
    + rm -fr /tmp/chef-repo.XintsjQa
    + docker run --env=CHEF_API_KEY --env=CHEF_VALIDATION_KEY --env=SSH_SECRET_KEY
--env-file=/tmp/chef-repo.mG3JsS6U/environ --rm --user=501:20
--volume=/Users/johan/git/chef-repo:/srv/chef-repo:rw
--volume=/Users/johan:/home/u501:rw --volume=/Users/johan:/Users/johan:rw
--volume=/tmp/data_bags.ULjEzteK:/tmp/data_bags.ULjEzteK:rw
450769122572.dkr.ecr.ap-northeast-1.amazonaws.com/chef-repo:latest bundle exec
knife data bag from file hadoops-ptd
/tmp/data_bags.ULjEzteK/hadoops-ptd-production.XXXXXXXX.json
    Updated data_bag_item[hadoops-ptd::production]
    + on_exit
    + '[' -n '' ']'
    + rm -fr /tmp/chef-repo.mG3JsS6U```
```

等到旧集群上没有运行的任务后，就可以删除老的集群。通过如下类似的脚本来完成：

```
./scripts/service delete -S aws-eu01  -s production -c default hadoop-master
./scripts/service delete -S aws-eu01  -s production -c default hadoop-slave
```

3.8　增加 Instance

我们的 Hadoop 集群基于 AWS Auto Scaling Group，所以增加节点就是找到这个集群所在的 Auto Scaling Group，然后把 Desired 加大到所需要的数字。我们也提供了如下的脚本来增加节点：

```
$ ./scripts/service -a update-capacity -n 5 -S aws-tokyo -s production -c jpa0
td-hadoop-server
```

第 4 章

大数据存储：文件系统和云存储

一旦数据进入大数据系统，清洗并转化为所需格式时，都需要将数据存储到一个合适的持久层中。一个最常见的大数据存储的地方就是文件系统。HDFS 是 Hadoop 分布式文件系统的简称，是被设计成适合运行在通用硬件上的分布式文件系统。它和现有的分布式文件系统有很多共同点：

- 它对存储空间进行统一管理。在用户创建新文件时为其分配空闲空间，在用户删除或修改某个文件时，回收和调整存储空间。
- 它实现了按名存取和透明存取。所谓透明存取是指不必了解文件存放的物理结构和查找方法等与存取介质有关的部分。
- 提供文件和文件夹创建、更新和删除的功能。

HDFS 是支撑大文件的系统，典型的 HDFS 文件大小是 GB 到 TB 的级别。所以， HDFS 采用了流式数据访问技术。大数据分析经常读取一个海量数据集的大部分数据甚至全部数据，因此读取整个数据集的时间延迟比读取第一条记录的时间延迟更重要。而流式读取最小化了硬盘的寻址开销，只需要寻址一次，然后就一直读（与流式数据访问对应的是随机数据访问，它要求定位、查询或修改数据的延迟较小，比较适合于创建数据后再多次读写的情况，传统关系型数据库很符合这一点）。

正如其他的文件系统，我们可以通过多种方式访问和管理 HDFS 上的文件和目录：HDFS 为开发人员提供 Java API；可以在一个 HTTP 浏览器中浏览 HDFS 中的文件；可以使用 Hadoop shell 命令来访问文件系统。

4.1 HDFS shell 命令

HDFS 提供了众多的 shell 命令来访问和管理 HDFS 上的文件。Hadoop 自带的 shell 脚本为 hadoop，对于 HDFS 的 shell 命令，就是使用“hadoop fs -命令”的格式来执行，如图 4-1 所示。

除了使用“hadoop fs”命令，在 HDFS 上还可以使用“hdfs dfs”命令。后面的命令参数是一样的，类似 UNIX 的命令。下面是获取 cp shell 命令的帮助信息，如图 4-2 所示。

```
[root@master01 ~]# hadoop fs
Usage: hadoop fs [generic options]
        [-appendToFile <localsrc> ... <dst>]
        [-cat [-ignoreCrc] <src> ...]
        [-checksum <src> ...]
        [-chgrp [-R] GROUP PATH...]
        [-chmod [-R] <MODE[,MODE]... | OCTALMODE> PATH...]
        [-chown [-R] [OWNER][:[GROUP]] PATH...]
        [-copyFromLocal [-f] [-p] [-l] <localsrc> ... <dst>]
        [-copyToLocal [-p] [-ignoreCrc] [-crc] <src> ... <localdst>]
        [-count [-q] [-h] [-v] [-t [<storage type>]] <path> ...]
        [-cp [-f] [-p | -p[topax]] <src> ... <dst>]
```

图 4-1　hadoop fs 命令

```
[root@master01 ~]# hadoop fs -help cp
-cp [-f] [-p | -p[topax]] <src> ... <dst> :
  Copy files that match the file pattern <src> to a destination.  When copying
  multiple files, the destination must be a directory. Passing -p preserves status
  [topax] (timestamps, ownership, permission, ACLs, XAttr). If -p is specified
  with no <arg>, then preserves timestamps, ownership, permission. If -pa is
  specified, then preserves permission also because ACL is a super-set of
  permission. Passing -f overwrites the destination if it already exists. raw
  namespace extended attributes are preserved if (1) they are supported (HDFS
  only) and, (2) all of the source and target pathnames are in the /.reserved/raw
  hierarchy. raw namespace xattr preservation is determined solely by the presence
  (or absence) of the /.reserved/raw prefix and not by the -p option.
[root@master01 ~]#
```

图 4-2　cp 命令

下面在 HDFS 上创建一个新目录/yunsheng，如图 4-3 所示。

```
[root@master01 ~]# su hdfs
[hdfs@master01 root]$ ls
ls: cannot open directory .: Permission denied
[hdfs@master01 root]$ pwd
/root
[hdfs@master01 root]$ hadoop fs -mkdir /yunsheng
[hdfs@master01 root]$
```

图 4-3　创建一个 HDFS 目录的命令

然后查看一下这个目录，如图 4-4 所示。

```
[hdfs@master01 root]$ hadoop fs -ls /
Found 13 items
drwxrwxrwx   - yarn   hadoop          0 2015-10-10 09:18 /app-logs
drwxr-xr-x   - hdfs   hdfs            0 2015-09-11 15:59 /apps
drwxr-xr-x   - hdfs   hdfs            0 2015-09-18 11:50 /data
drwxrwxrwx   - hdfs   hdfs            0 2015-10-01 00:17 /flume2
drwxrwxrwx   - hdfs   hdfs            0 2015-09-25 14:33 /flume3
drwxrwxrwx   - hdfs   hdfs            0 2015-10-30 09:50 /flumem10
drwxr-xr-x   - hdfs   hdfs            0 2015-09-08 14:19 /hdp
drwxr-xr-x   - mapred hdfs            0 2015-09-08 14:19 /mapred
drwxrwxrwx   - mapred hadoop          0 2015-09-08 14:19 /mr-history
drwxrwxrwx   - hdfs   hdfs            0 2015-11-04 15:13 /product
drwxrwxrwx   - hdfs   hdfs            0 2015-09-08 14:23 /tmp
drwxrwxrwx   - hdfs   hdfs            0 2015-09-22 15:47 /user
drwxr-xr-x   - hdfs   hdfs            0 2015-11-05 17:50 /yunsheng
[hdfs@master01 root]$
```

图 4-4　查看 HDFS 目录命令

使用 copyFromLocal 命令把一个本地文件复制到 HDFS 目录下（也可以用 put 命令），并列出 HDFS 目录下的内容，命令范例如图 4-5 所示。

```
[hdfs@master01 ~]$ ls
1.txt  6.txt  7.txt  8.txt  9.txt  product11-2
[hdfs@master01 ~]$ hadoop fs -copyFromLocal 9.txt /yunsheng
[hdfs@master01 ~]$ hadllp fs -ls /yunsheng
bash: hadllp: command not found
[hdfs@master01 ~]$ hadoop fs -ls /yunsheng
Found 1 items
-rw-r--r--   3 hdfs hdfs     440055 2015-11-05 18:08 /yunsheng/9.txt
[hdfs@master01 ~]$
```

图 4-5 copyFromLocal 命令

使用 copyToLocal 命令把 HDFS 文件复制到本地文件夹，也可以使用 get 命令，命令范例如图 4-6 所示。

```
[hdfs@master01 ~]$ hadoop fs -copyToLocal /yunsheng/9.txt /home/hdfs/fromHDFS.txt
15/11/05 18:28:39 WARN hdfs.DFSClient: DFSInputStream has been closed already
[hdfs@master01 ~]$ ls -l /home/hdfs/
total 54808
-rw-r--r-- 1 root root    1457012 Sep 28 19:34 1.txt
-rw-r--r-- 1 root root    2772294 Oct 10 10:45 6.txt
-rw-r--r-- 1 root root    5406510 Oct 10 10:45 7.txt
-rw-r--r-- 1 root root    9433368 Oct 10 10:45 8.txt
-rw-r--r-- 1 root root     440055 Oct 10 10:45 9.txt
-rw-r--r-- 1 hdfs hadoop   440055 Nov  5 18:28 fromHDFS.txt
-rw-r--r-- 1 root root   36162400 Nov  2 18:14 product11-2
[hdfs@master01 ~]$
```

图 4-6 copyToLocal 命令

查看 HDFS 文件内容，命令范例如图 4-7 所示。

```
PSG1208-K1;A1;901002226;8CAB8E17FBB2;1Hop8;2015-10-09;
PSG1208-K1;A1;901002226;8CAB8E17FBB3;1Hop8;2015-10-09;
PSG1208-K1;A1;901002226;8CAB8E17FBB4;1Hop8;2015-10-09;
PSG1208-K1;A1;901002226;8CAB8E17FBB5;1Hop8;2015-10-09;
PSG1208-K1;A1;901002226;8CAB8E17FBB6;1Hop8;2015-10-09;
PSG1208-K1;A1;901002226;8CAB8E17FBB7;1Hop8;2015-10-09;
[hdfs@master01 ~]$ hadoop fs -cat /yunsheng/9.txt
```

图 4-7 查看 HDFS 文件内容的命令

要注意的是，HDFS 中的文件总容量可能多达几个 TB 的。当把 HDFS 文件复制到本地文件系统时，要保证本地文件系统有足够的可用空间和较高的网络速度。如果要在两个集群之间进行数据复制，则可以使用 distcp 命令。

4.2 配置 HDFS

HDFS 是存储和管理大数据文件的文件系统，它将一个大文件切割成一个一个的数据块，再将这些数据块分发到集群上。

4.2.1 配置文件

我们可以在 Hadoop 安装目录的 conf 文件夹下找到 hdfs-site.xml。它是 HDFS 配置文件。下面是这个文件中的部分配置信息：

```
<property>
   <name>dfs.blocksize</name>
```

```
    <value>134217728</value>
</property>
<property>
    <name>dfs.replication</name>
    <value>3</value>
</property>
```

修改其中的 dfs.blocksize 属性值就改变了 HDFS 的块大小，默认值为 64MB（这么大的数据块可以在硬盘上连续进行存储，这样就保证了以最少的磁盘寻址次数来进行写入和读取，从而最大化提高读写性能）。新的块大小不会对 HDFS 上已有的文件产生影响，新的块大小只会影响新传文件的块大小。

HDFS 通过将数据块复制多份来实现容错性。复制因子由 HDFS 配置文件中的 dfs.replication 属性来设置。如上例所示，复制因子默认为 3（1 个原始数据块，2 个副本数据块）。直接修改上述属性值将会改变所有上传到 HDFS 文件的默认复制份数。我们也可以使用 shell 命令来设置复制因子。通过 shell 命令可改变一个文件或某一个文件夹下所有文件的复制因子，如图 4-8 所示。

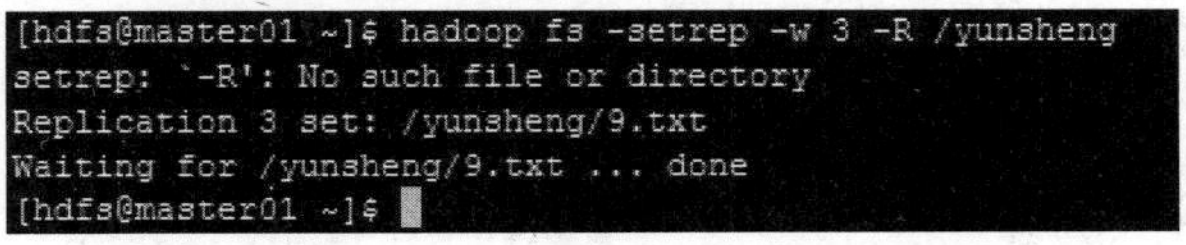

```
[hdfs@master01 ~]$ hadoop fs -setrep -w 3 -R /yunsheng
setrep: `-R': No such file or directory
Replication 3 set: /yunsheng/9.txt
Waiting for /yunsheng/9.txt ... done
[hdfs@master01 ~]$
```

图 4-8　改变复制因子

4.2.2　多节点配置

HDFS 是一个主-从架构，由 1 个 NameNode（名字节点）和多个 DataNode（数据节点）组成的集群。HDFS 的一个文件就分布式地存储在多个数据节点上。本节我们以一个实际例子来看一下 HDFS 的多节点配置。

输入“http://<name node 的 IP 地址>：端口号”（Hadoop 版本 3 的端口号是 9870，版本 2 的端口号是 50070），以访问如图 4-9 所示的 NameNode 信息页面。我们可以看到，这个 HDFS 集群有 173 个节点。单击“DataNodes”链接，即可看到了如图 4-10 所示的所有 DataNode（数据节点）的信息。

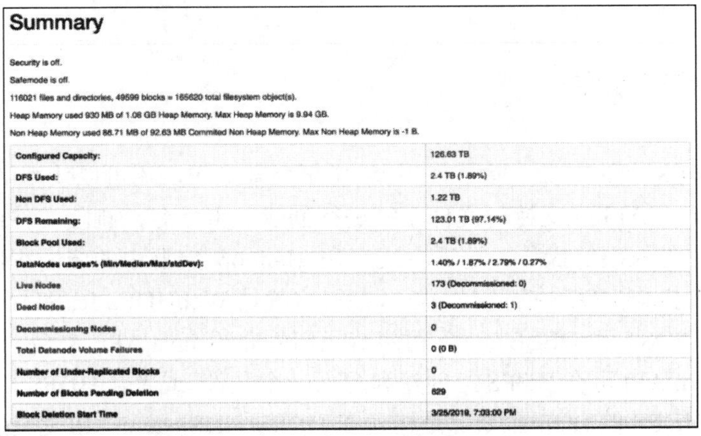

Summary

Security is off.

Safemode is off.

116021 files and directories, 49599 blocks = 165620 total filesystem object(s).

Heap Memory used 930 MB of 1.08 GB Heap Memory. Max Heap Memory is 9.94 GB.

Non Heap Memory used 88.71 MB of 92.63 MB Commited Non Heap Memory. Max Non Heap Memory is -1 B.

Configured Capacity:	126.63 TB
DFS Used:	2.4 TB (1.89%)
Non DFS Used:	1.22 TB
DFS Remaining:	123.01 TB (97.14%)
Block Pool Used:	2.4 TB (1.89%)
DataNodes usages% (Min/Median/Max/stdDev):	1.40% / 1.87% / 2.79% / 0.27%
Live Nodes	173 (Decommissioned: 0)
Dead Nodes	3 (Decommissioned: 1)
Decommissioning Nodes	0
Total Datanode Volume Failures	0 (0 B)
Number of Under-Replicated Blocks	0
Number of Blocks Pending Deletion	629
Block Deletion Start Time	3/25/2019, 7:03:00 PM

图 4-9　NameNode 的汇总信息

Hadoop　Overview　Datanodes　Datanode Volume Failures　Snapshot　Startup Progress　Utilities

Datanode Information

In operation

Node	Last contact	Admin State	Capacity	Used	Non DFS Used	Remaining	Blocks	Block pool used	Failed Volumes	Version
ip-172-18-185-54.ec2.internal:50010 (172.18.165.54:50010)	1	In Service	749.51 GB	13.74 GB	7.53 GB	728.24 GB	894	13.74 GB (1.83%)	0	2.7.3-PTD-0.0.11
ip-172-18-184-235.ec2.internal:50010 (172.18.184.235:50010)	1	In Service	749.51 GB	16.3 GB	7.13 GB	726.08 GB	842	16.3 GB (2.17%)	0	2.7.3-PTD-0.0.11
ip-172-18-184-73.ec2.internal:50010 (172.18.184.73:50010)	0	In Service	749.51 GB	15.32 GB	7.44 GB	726.75 GB	832	15.32 GB (2.04%)	0	2.7.3-PTD-0.0.11
ip-172-18-191-226.ec2.internal:50010 (172.18.191.226:50010)	1	In Service	749.51 GB	12.1 GB	7.52 GB	729.89 GB	741	12.1 GB (1.61%)	0	2.7.3-PTD-0.0.11
ip-172-18-188-194.ec2.internal:50010 (172.18.188.194:50010)	0	In Service	749.51 GB	17.8 GB	7.15 GB	724.56 GB	854	17.8 GB (2.37%)	0	2.7.3-PTD-0.0.11
ip-172-18-181-136.ec2.internal:50010 (172.18.181.136:50010)	0	In Service	749.51 GB	13.39 GB	7.14 GB	728.98 GB	815	13.39 GB (1.79%)	0	2.7.3-PTD-0.0.11

图 4-10　DataNode（数据节点）的信息

在图 4-10 所示的 DataNode 列表中，我们随机抽取一个，例如第一个节点，然后通过 ssh 访问这个 DataNode，查看 core-site.xml 文件，如图 4-11 所示。其中的“fs.defaultFS”指定了 NameNode（名字节点）的 IP 信息，DataNode 就是通过这个属性同 NameNode 连接起来的。一旦连上，它们之间就会建立联系，该 DataNode 就成为了 NameNode 的数据节点了。

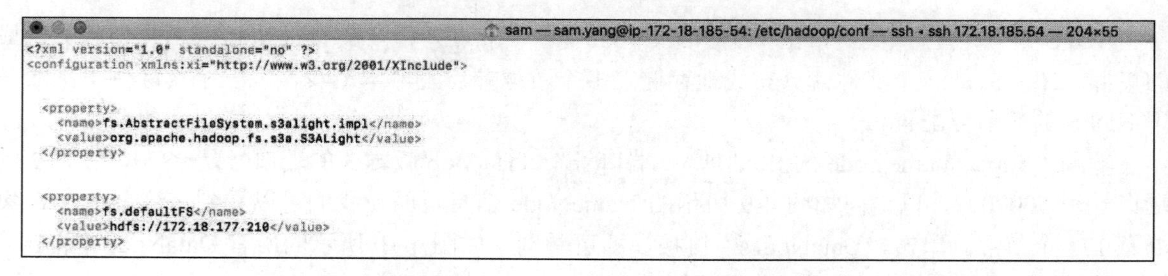

sam — sam.yang@ip-172-18-185-54: /etc/hadoop/conf — ssh • ssh 172.18.185.54 — 204×55

```
<?xml version="1.0" standalone="no" ?>
<configuration xmlns:xi="http://www.w3.org/2001/XInclude">

  <property>
    <name>fs.AbstractFileSystem.s3alight.impl</name>
    <value>org.apache.hadoop.fs.s3a.S3ALight</value>
  </property>


  <property>
    <name>fs.defaultFS</name>
    <value>hdfs://172.18.177.210</value>
  </property>
```

图 4-11　DataNode（数据节点）的配置属性

4.3　HDFS API 编程

对于存储在 HDFS 上的文件，除了使用 shell 命令来操作，还可以使用 API 来操作。Hadoop 提供了一个 Java native API 来支持对文件系统进行创建，重命名，删除文件或者目录，打开读取或者写文件，设置文件权限等操作。这适合运行在 Hadoop 集群中的应用程序，但是，也有许多外部的应用程序需要操作 HDFS 的情况，怎么办？这就是 WebHDFS REST API。它基于 HTTP 操作，例如 GET、PUT、POST 和 DELETE。下面两节我们先介绍 Java API，最后一节介绍 WebHDFS。

HDFS FileSystem API 可在 HDFS 上创建和写入一个文件，或者从 HDFS 文件上读取文件内容。前面章节中介绍的 HDFS 的 shell 命令都是构建在 HDFS FileSystem API 之上的。表 4-1 列出了常用的 HDFS 相关类。

表 4-1　常用的 HDFS 相关类

Hadoop 类	功　　能
org.apache.hadoop.fs.FileSystem	一个通用文件系统的抽象基类，可以被分布式文件系统继承。所有使用 Hadoop 文件系统的代码都要使用到这个类
org.apache.hadoop.fs.FileStatus	客户端可见的文件状态信息
org.apache.hadoop.fs.FSDataInputStream	文件输入流，用于读取 Hadoop 文件
org.apache.hadoop.fs.FSDataOutputStream	文件输出流，用于写入 Hadoop 文件
org.apache.hadoop.fs.permission.FsPermission	文件或者目录的权限
org.apache.hadoop.conf.Configuration	访问配置项。所有的配置项的值，如果没有专门配置，以 core-default.xml 为准；否则，以 core-site.xml 中的配置为准

4.3.1　读取 HDFS 文件内容

读取 HDFS 文件内容的代码可以分为四个大步骤：获取文件系统对象、通过该对象实例打开文件、将文件内容输出，以及关闭对象实例。

1. 获取文件系统对象

HDFS 本身就是一个文件系统，所以要从 HDFS 上读取文件，必须先得到一个 org.apache.hadoop.fs.FileSystem 对象。FileSystem 是一个抽象类，大多数文件系统访问和操作都可以通过这个类的对象来完成。我们通过 FileSystem.get()来得到一个 HDFS 文件系统对象之后就可以对 HDFS 进行相关操作。

在获取文件系统之前需要读取配置文件，然后才能获取文件系统。读取配置文件是通过 Configuration 类完成的。这个类有三个构造器，无参数的构造器表示直接加载默认资源，也可以指定一个布尔（Boolean）参数来关闭加载默认值，或直接使用另外一个 Configuration 对象来初始化。Open()方法中指定所要读取的文件路径信息（URI 格式），以“hdfs://”开头。例子如下：

```
package youngPackage.hdfs;
import java.io.BufferedInputStream;
import java.io.ByteArrayInputStream;
import java.io.FileInputStream;
import java.io.FileNotFoundException;
import java.io.FileOutputStream;
import java.io.IOException;
import java.io.InputStream;
import java.io.OutputStream;
import java.net.URI;
import java.util.Arrays;

import org.apache.hadoop.conf.Configuration;
import org.apache.hadoop.fs.BlockLocation;
import org.apache.hadoop.fs.FSDataInputStream;
import org.apache.hadoop.fs.FSDataOutputStream;
import org.apache.hadoop.fs.FileStatus;
import org.apache.hadoop.fs.FileSystem;
```

```
import org.apache.hadoop.fs.Path;
import org.apache.hadoop.io.IOUtils;
import org.apache.hadoop.util.Progressable;

public class HDFSUtil {
public static void downloadFromHdfs(String location, String hdfsPath) {
      FileSystem fs = null;
      FSDataInputStream fsin = null;
      OutputStream out = null;
      try {
          Configuration conf = new Configuration();//读取配置文件
          fs = FileSystem.get(URI.create(hdfsPath), conf); //获取文件系统
```

2. 通过文件系统对象打开文件

打开文件其实就是创建一个文件输入流，之后就可以使用输入流对象读取文件中的内容了。

```
fsin = fs.open(new Path(hdfsPath));//打开文件
```

如果跟踪 open 方法的代码，就会发现，这个方法会调用一个名为 openInfo()方法，openInfo()方法是一个线程安全的方法，作用是从 NameNode 获取已打开的文件信息。有兴趣的读者可以读一下如下的 openInfo()源代码。

```
/**
  * Grab the open-file info from namenode
  */
synchronized void openInfo() throws IOException, UnresolvedLinkException {
    lastBlockBeingWrittenLength =fetchLocatedBlocksAndGetLastBlockLength();
    int retriesForLastBlockLength = dfsClient.getConf().retryTimesForGet
LastBlockLength;
    while (retriesForLastBlockLength > 0) {
        // Getting last block length as -1 is a special case. When cluster
        // restarts, DNs may not report immediately. At this time partial block
        // locations will not be available with NN for getting the length. Lets
        // retry for 3 times to get the length.
        if (lastBlockBeingWrittenLength == -1) {
            DFSClient.LOG.warn("Last block locations not available. "
            + "Datanodes might not have reported blocks completely."
            + " Will retry for " + retriesForLastBlockLength + " times");
            waitFor(dfsClient.getConf().retryIntervalForGetLastBlockLength);
            lastBlockBeingWrittenLength =
fetchLocatedBlocksAndGetLastBlockLength();
        } else {
            break;
        }
        retriesForLastBlockLength--;
    }
```

```
        if (retriesForLastBlockLength == 0) {
            throw new IOException("Could not obtain the last block locations.");
        }
    }
```

上面的方法调用 fetchLocatedBlocksAndGetLastBlockLength()方法获取块的位置信息。

3. 将文件内容输出

因为之前已经获得了一个 FSDataInputStream 对象，所以可以调用方法 read()将 FSDataInputStream 对象上的数据读到缓冲区中，并做进一步处理。在下面的代码中，先从输入流中读取 1024 字节大小的数据到缓冲区中，然后将缓冲区中的数据写入到输出流 out 中。一直循环，直到从输入流中读到缓冲区中的字节长度为 0，表示输入流中的数据已经读取完毕。代码如下：

```
        out = new FileOutputStream(location);
        byte[] ioBuffer = new byte[1024];
        int readLen = fsin.read(ioBuffer);
        while (-1 != readLen) {
            out.write(ioBuffer, 0, readLen);
            readLen = fsin.read(ioBuffer);
        }
    } catch (Exception e) {
        e.printStackTrace();
    }
```

4. 关闭对象实例

```
    finally {
        try {
            if (out != null) {
                out.close();
                out = null;
            }
            if (fsin != null) {
                fsin.close();
                fsin = null;
            }
            if (fs != null) {
                fs.close();
                fs = null;
            }
        } catch (IOException e) {
            e.printStackTrace();
        }
    }
}
```

上面的第 3 步和第 4 步，也可以只使用下面一个 API 即可完成相同的功能：

```
IOUtils.copyBytes(fsin, out, 1024, true);
```

上述的 true 参数是让系统自动关闭输入输出流对象。

4.3.2 写 HDFS 文件内容

下面这个代码是读取一个本地文件，然后将其内容写到 HDFS 上。在创建了一个 org.apache.hadoop.fs.FileSystem 对象之后，就可以调用 create()方法在 HDFS 上创建一个文件（如果该文件存在，则系统覆盖）。Create()方法返回一个 FSDataOutputStream 对象，然后就可以调用 IOUtils.copyBytes()方法写数据了。代码如下：

```
public static FileSystem uploadToHdfs(String location, String hdfsPath) {
    InputStream in = null;
    FileSystem fs = null;
    FSDataOutputStream out = null;
    try {
        if (hdfsPath.indexOf("hdfs") > -1) {
            hdfsPath = hdfsPath.substring(hdfsPath.lastIndexOf("hdfs"));
        }
        in = new BufferedInputStream(new FileInputStream(location));
        fs = FileSystem.get(URI.create(hdfsPath), (new Configuration()));
        out = fs.create(new Path(hdfsPath), new Progressable() {
                public void progress() {
                    System.out.print(".");
                }
            });
        IOUtils.copyBytes(in, out, 4096, true);
    } catch (Exception e) {
        e.printStackTrace();
    } finally {
        try {
            if (out != null) {
                out.close();
                out = null;
            }
            if (in != null) {
                in.close();
                in = null;
            }
        } catch (IOException e) {
            e.printStackTrace();
        }
    }
    return fs;
}
```

4.3.3 WebHDFS

WebHDFS 是基于 HTTP 操作的 API，即 GET、PUT、POST 和 DELETE 操作。对应着 Java API，像 HDFS 文件的打开（open）、获取状态信息（getFileStatus）等操作是使用 HTTP GET 类型，其

他的像 HDFS 文件的创建（create）、创建目录（mkdirs）等操作是使用 HTTP PUT 类型。HDFS 的写入数据的 append API 对应的是 HTTP POST 类型，删除数据的 delete API 是使用 HTTP DELETE 类型。标准的 WebHDF REST API 的 URL 格式如下：

```
http://host:port/webhdfs/v1/<PATH>?op=operation
```

在使用 WebHDF 之前，首先要在 hdfs-site.xml 配置文件上启用它：

```
<property>
    <name>dfs.webhdfs.enabled</name>
     <value>true</value>
</property>
```

在重启 NameNode 之后，就可以执行一些命令。

（1）查询 HDFS 上的/tmp 的状态：

```
$ curl -i "http://localhost:50070/webhdfs/v1/tmp?user.name=sam&op=
GETFILESTATUS"
```

上述命令类似于如下的 shell 命令：

```
$ bin/hadoop fs -ls /

Found 1 items
drwxr-xr-x - sam supergroup 0 2019-06-02 13:00 /tmp
```

（2）在 HDFS 上创建一个目录/tmp/webhdfs：

```
$ curl -i -X PUT "http://localhost:50070/webhdfs/v1/tmp/webhdfs?user.name=
sam&op=MKDIRS"
```

（3）在 HDFS 上创建文件。

创建一个文件需要 2 步。第 1 步是针对 NameNode 执行命令，第 2 步是针对重定向的 DataNode 执行 WebHDFS 命令：

```
curl -i -X PUT
http://localhost:50070/webhdfs/v1/tmp/webhdfs/webhdfs-test.txt?user.name=sam&op=
CREATE
```

返回类似结果：

```
HTTP/1.1 307 TEMPORARY_REDIRECT
Content-Type: application/octet-stream
Expires: Thu, 01-Jan-1970 00:00:00 GMT
Set-Cookie: hadoop.auth="u=sam&p=sam&t=simple&e=1370210936666&s=
BLAIjTpNwurdsgvFxNL3Zf4bzpg=";Pathn: http://sam-pc:50075/webhdfs/v1/tmp/webhdfs/
webhdfs-test.txt?op=CREATE&user.name=sam&overwrite=false
Content-Length: 0
......
```

上面的返回结果中包含重定向的信息。然后针对 DataNode 创建文件：

```
$ curl -i -T webhdfs-test.txt "http://sam-pc:50075/webhdfs/v1/tmp/webhdfs/
webhdfs-test.txt?op=CREATE&user.name=sam&overwrite=false"
```

上面-T 后面的文件是本地源文件。执行下面的命令可验证上面所创建的文件：

```
$ bin/hadoop fs -ls /tmp/webhdfs
```

（4）读取 HDFS 文件。

```
$ curl -i -L "http://localhost:50070/webhdfs/v1/tmp/webhdfs/
webhdfs-test.txt?op=OPEN&user.name=sam"
```

上述命令将显示 HDFS 文件内容。等同于如下命令：

```
$ bin/hadoop fs -cat /tmp/webhdfs/webhdfs-test.txt
```

（5）删除一个 HDFS 目录。

```
$ curl -i -X DELETE http://localhost:50070/webhdfs/v1/tmp/
webhdfs?op=DELETE&user.name=sam
```

因为上述目录下还有文件，所以上述删除操作会收到一个异常操作。在删除所有文件后，可以再执行上述操作。

WebHDFS 是 Hortonworks 公司开源给 Apache 的。关于 WebHDFS 的更多内容，可参阅 https://hadoop.apache.org/docs/current/hadoop-project-dist/hadoop-hdfs/WebHDFS.html。

除了 WebHDF，还有一个基于 REST 的 HDFS API，那是 HttpFS，这是 Cloudera 公司开源给 Apache 的。它们两者的主要区别是当客户端请求某文件时，WebHDFS 会将其重定向到该资源所在的 DataNode，而 HttpFS 等同于一个“网关”，所有的数据先传输到该 httpfs server，再由该 httpfs server 传输到客户端。关于 HttpFS 的更多内容，可参考 https://hadoop.apache.org/docs/current/hadoop-hdfs-httpfs/index.html。

4.4 HDFS API 总结

HDFS 的 API 主要在 org.apache.hadoop.fs 包中。本节介绍的类除标明外，默认都在该包下。要提醒读者的是，在 Hadoop 生态圈，我们经常使用诸如 Hive、Spark 等工具来编写代码，从而操作 HDFS 上的文件，而直接使用 HDFS API 的情况比较少。但是，了解这些 API 有助于深入理解 HDFS。

4.4.1 Configuration 类

org.apache.hadoop.conf.Configuration 类封装了一个客户端或服务器的配置，用于存取配置参数。系统资源决定了配置的内容。一个资源以 xml 形式的数据表示，由一系列的“键-值”对组成。资源可以用 String 或 path 命名，String 参数指示 Hadoop 在 classpath 中查找该资源；Path 参数指示 Hadoop 在本地文件系统中查找该资源。在默认情况下，Hadoop 依次从 classpath 中加载 core-default.xml（对于 Hadoop 只读）和 core-site.xml（Hadoop 自己的配置文件，在安装目录的 conf 中），完成初始化配置。

4.4.2 FileSystem 抽象类

这是与 Hadoop 的文件系统交互的接口。可以被实现为一个分布式文件系统，或者一个本地件系统。使用 HDFS 都要获得 FileSystem 对象，可以像操作磁盘一样来操作 HDFS。方法如下：

（1）获得 FileSystem 实例

- static FileSystem get(Configuration)：从默认位置 classpath 下读取配置。
- static FileSystem get(URI, Configuration)：根据 URI 查找适合的配置文件，若找不到则从默认位置读取。URI 的格式大致为 hdfs://localhost/user/sam/test，这个 test 文件应该为 xml 格式。

（2）读取数据

- FSDataInputStream open(Path)：打开指定路径的文件，返回输入流。默认 4KB 的缓冲。
- abstract FSDataInputStream open(path, int buffersize)：buffersize 为读取时的缓冲大小。

（3）写入数据

- FSDataOutputStream create(Path)：打开指定文件，默认是重写文件。会自动生成所有父目录。有 11 个 create 重载方法，可以指定是否强制覆盖已有文件、文件副本数量、写入文件时的缓冲区大小、文件块大小以及文件许可。
- public FSDataOutputStream append(Path)：打开已有的文件，在其末尾写入数据。

（4）其他方法

- boolean exists(path)：判断源文件是否存在。
- boolean mkdirs(Path)：创建目录。
- abstract FileStatus getFileStatus(Path)：获取一文件或目录的状态对象。
- abstract boolean delete(Path f, boolean recursive)：删除文件，当 recursive 为 true 时，一个非空目录及其内容都会被删除。如果是一个文件，则 recursive 没用。
- boolean deleteOnExit(Path)：标记一个文件，在文件系统关闭时删除。

4.4.3 Path 类

用于指定文件系统中的一个文件或目录。Path String 用“/”隔开目录，如果以“/”开头，则表示为一个绝对路径。一般路径的格式为“hdfs://ip:port/directory/file”。

4.4.4 FSDataInputStream 类

InputStream 的派生类，这是文件输入流，用于读取 hdfs 文件。支持随机访问，可以从流的任意位置读取数据。完全可以当成 InputStream 来进行操作和封装使用。方法如下：

```
int read(long position, byte[] buffer, int offset, int length)
```

从 position 处读取 length 字节放入缓冲区 buffer 的指定偏离量 offset 之处。返回值是实际读到的字节数。

```
void readFully(long position,byte[] buffer)
void readFully (long position, byte[] buffer, int offset, int length)
```

readFully()方法会读出指定位置（也可由 length 指定长度）的数据到缓冲区 buffer 中，或在只接受 buffer 字节数组的方法中读取“buffer.length”个字节。若已经到文件末，将会抛出 EOFException。

- long getPos(): 返回当前位置，即距文件开始处的偏移量。
- void seek(long desired): 定位到 desired 偏移处，是一个高开销的操作。

4.4.5 FSDataOutputStream 类

OutputStream 的派生类，这是文件输出流，用于写入 HDFS 文件。不允许定位，只允许对一个打开的文件顺序写入。除 getPos 特有的方法外，继承了 DataOutputStream 的 write 系列方法。

4.4.6 IOUtils 类

org.apache.hadoop.io.IOUtils 类是与 I/O 相关的实用工具类，里面的方法都是静态的：

```
 static void copyBytes(InputStream in,OutputStream out,Configuration conf)
 static void copyBytes(InputStream in, OutputStream out,Configuration
conf,boolean close)
 static void copyBytes(InputStream,OutputStream,int buffsize,boolean close)
 static void copyBytes(InputStream in,OutputStream out,int buffSize)
```

copyBytes 方法是把一个流的内容复制到另外一个流。close 参数指定了在复制结束后是否关闭流，默认为关闭。

- static void readFully(InputStream in,byte[] buf, int off,int len): 读数据到 buf 中。

4.4.7 FileStatus 类

用于向客户端显示文件信息，封装了文件系统中文件和目录的元数据，包括文件长度、块大小、副本、修改时间、所有者以及许可信息。

4.4.8 FsShell 类

提供了访问 FileSystem 的命令行，这是带有主函数 main 的类，可以直接运行，如：

```
java FsShell [-ls] [rmr]
```

4.4.9 ChecksumFileSystem 抽象类

我们都希望系统在存储和处理数据时，数据不会有任何丢失或损坏。但是，受网络不稳定、硬件损坏等因素，I/O 操作过程中难免会出现数据丢失或脏数据，数据传输的量越大，出现错误的概率就越高。检测数据是否损坏的常见措施是，在数据第一次进入系统时计算校验和（Checksum）并存储，在数据进行传输后再次计算校验和并进行对比，如果计算所得的新校验和同原来的校验和不匹配，就认为数据已损坏（要注意的是，校验和技术并不能修复数据，它只能检测出数据错误）。

HDFS 会对写入的所有数据计算校验和，并在读取数据时验证校验和。常用的错误检测码是 CRC-32（循环冗余校验）。在写入文件时，HDFS 为每个数据块都生成一个 crc 文件，这个文件记录了数据块的校验和。客户端读取数据时生成一个 crc 与数据节点存储的 crc 做比对，如果不匹配则说明数据已经损坏了。在 Hadoop 中，org.apache.hadoop.fs.ChecksumFileSystem 类是用于校验和，当需要校验和机制时，可以很方便地调用它来服务。

Hadoop 数据的完整性检测，都是通过校验和的比较来完成。一般来说，HDFS 会在三种情况下检验校验和：

- DataNode 接收数据后，存储数据前。
- 客户端读取 DataNode 上的数据时。
- DataNode 后台守护进程的定期检查。

在创建新文件时（也就是在上传数据到 HDFS 上时）将校验和的值和数据一起保存起来。NameNode 会收到来自客户端、DataNode 的检验和信息，根据这两个信息来维护文件的块存储及向客户端提供块读取服务。DataNode 在后台运行一个程序（DataBlockScanner）定期（默认为 21 天）检测数据，防止物理存储介质中位衰减而造成的数据损坏。

Hadoop 处理损坏数据的机制为：

（1）DataNode 在读取数据块（Data Block）的时候会先进行数据块校验和的比对。如果客户端发现本次计算的校验和跟创建时的校验和不一致，则认为该数据块已损坏。

（2）客户端在抛出 ChecksumException 异常之前把该数据块的信息上报给 NameNode 进行标记（已损坏），这样 NameNode 就不会把客户端指向这个数据块，也不会把这个数据块到复制其他的 DataNode。

（3）客户端重新读取另一个 DataNode 上的数据块。

（4）在心跳返回时 NameNode 将数据块的复制任务交给 DataNode，从完好的数据块副本进行复制以达到默认的备份数 3。

（5）NameNode 删除掉坏的数据块。

（6）DataNode 在一个数据块被创建之日起三周后开始进行校验。

4.4.10 其他的 HDFS API 实例

下面给出 HDFS API 的更多使用例子，主要说明一下在 Java 程序中如何对 HDFS 中的文件进行创建、删除、查询等操作。

1. 创建文件

```
Configuration conf = new Configuration();
FileSystem fs = FileSystem.get(conf);
fs.create(new Path(hdfsPath));
```

create 方法有多种重载，详细情况可参阅 API 文档。

2. 创建目录

```
Configuration conf = new Configuration();
FileSystem fs = FileSystem.get(conf);
fs.mkdirs(new Path(hdfsPath));
```

mkdirs 方法有多种重载，详细情况可参阅 API 文档。和上面的 create 方法一样，都会根据 path 创建相应的文件或目录，如果父级目录不存在，则自动创建。如果这并非你所期望的，需要先对路径中的各级目录进行判断。

3. 检查目录或文件是否存在

```
Configuration conf = new Configuration();
FileSystem fs = FileSystem.get(conf);
fs.exists(new Path(hdfsPath));
```

4. 查看文件系统中文件元数据

```
public class getStatus {
    public static void main(String[] args) throws Exception {
        Configuration conf = new Configuration();
        FileSystem fs = FileSystem.get(conf);
        FileStatus stat = fs.getFileStatus(new Path(args[0]));
        System.out.print(stat.getAccessTime()+" "+stat.getBlockSize()+" "+
stat.getGroup()+" "+stat.getLen()+" "+stat.getModificationTime()+" "+
stat.getOwner()+" "+stat.getReplication()+" "+stat.getPermission());
    }
}
```

这个元数据包括：文件长度、块大小、备份、修改时间、所有者以及权限信息。FileStatus 有一个 isDir()方法，能够判断是否为目录或是否存在，如果判断是否存在使用 exists 方法比较方便。

5. 查看目录列表

```
import org.apache.hadoop.conf.Configuration;
import org.apache.hadoop.fs.FileStatus;
import org.apache.hadoop.fs.FileSystem;
import org.apache.hadoop.fs.FileUtil;
import org.apache.hadoop.fs.Path;

public class getPaths {
    public static void main(String[] args) throws Exception {
        Configuration conf = new Configuration();
        FileSystem fs = FileSystem.get(conf);
        FileStatus[] statu = fs.listStatus(new Path(args[0]));
        Path [] listPaths=FileUtil.stat2Paths(statu);
        for(Path p:listPaths){
            System.out.println(p);
        }
    }
}
```

上面的是 FileSystem 对象的 listStatus()方法，有多个重载，可以传入一个 Path 数组，同时查询多个给定的路径。如果需要查询子目录的路径，需要另写一个函数做递归调用。

6. 删除文件和目录

使用 FileSystem 对象的 delete(Path f, boolean recursive)方法，布尔值设置为 true 时，才会删除一个目录。

7. 通配符操作

以上的一些程序是不适用*、[]等通配符参数的。FileSystem 对象提供有 globStatus()方法可以接受含有通配符的参数。

```
import org.apache.hadoop.fs.Path;
import org.apache.hadoop.fs.PathFilter;
public class pathFilter implements PathFilter{
    private final String regex;
    public pathFilter (String regex){
          this.regex=regex;
    }
    public boolean accept(Path path) {
       return !path.toString().matches(regex);
    }
}
public class regxList{
    public static void main(String[] args) throws Exception {
       Configuration conf = new Configuration();
       FileSystem fs = FileSystem.get(conf);
       FileStatus[] statu = fs.globStatus(new Path(args[0]), new pathFilter
("^2020"));
       Path [] listPaths=FileUtil.stat2Paths(statu);
       for(Path p:listPaths){
          System.out.println(p);
       }
    }
}
```

上面的 PathFilter 是用来过滤通配符不需要匹配的内容。

8. 验证是否是文件

```
boolean isFile = fs.isFile(inputPath);
```

9. 重命名

```
boolean renamed=fs.rename(inputPath,new Path("新名字"));
```

4.4.11　综合实例

下面我们编写一个稍微复杂的程序：在指定文件目录下的所有文件中，检索某一特定字符串所出现的行，将这些行的内容输出到本地文件系统的输出文件夹中。这个程序假定只有第一层目录下的文件才有效，而且，假定文件都是文本文件。为了防止单个的输出文件过大，这里还加了一个文件最大行数限制，当文件行数达到最大值时，便关闭此文件，创建另外的文件继续保存。保存的结果文件名为 1，2，3，4，…，以此类推。因为这个程序可以用来分析 MapReduce 的结果，所以称为 ResultFilter。程序 ResultFilter 接收 4 个命令行输入参数，参数含义如下：

- <dfs path>：HDFS 上的路径。
- <local path>：本地路径。
- <match str>：待查找的字符串。
- <single file lines>：结果的每个文件的行数。

程序 ResultFilter 如下：

```
import java.util.Scanner;
import java.io.IOException;
import java.io.File;
import org.apache.hadoop.conf.Configuration;
import org.apache.hadoop.fs.FSDataInputStream;
import org.apache.hadoop.fs.FSDataOutputStream;
import org.apache.hadoop.fs.FileStatus;
import org.apache.hadoop.fs.FileSystem;
import org.apache.hadoop.fs.Path;
public class resultFilter
{
    public static void main(String[] args) throws IOException {
        Configuration conf = new Configuration();
        // hdfs 和 local 分别对应 HDFS 实例和本地文件系统实例
        FileSystem hdfs = FileSystem.get(conf);
        FileSystem local = FileSystem.getLocal(conf);
        Path inputDir, localFile;
        FileStatus[] inputFiles;
        FSDataOutputStream out = null;
        FSDataInputStream in = null;
        Scanner scan;
        String str;
        byte[] buf;
        int singleFileLines;
        int numLines, numFiles, i;
        if(args.length!=4)
        {
            // 输入参数数量不够，提示参数格式后终止程序执行
            System.err.println("usage resultFilter <dfs path><local path>" +
            " <match str><single file lines>");
            return;
        }
        inputDir = new Path(args[0]);
        singleFileLines = Integer.parseInt(args[3]);
```

```
        try {
            inputFiles = hdfs.listStatus(inputDir); // 获得目录信息
            numLines = 0;
            numFiles = 1;    // 输出文件从 1 开始编号
            localFile = new Path(args[1]);
            if(local.exists(localFile))  // 若目标路径存在,则删除之
                local.delete(localFile, true);
            for (i = 0; i<inputFiles.length; i++) {
                if(inputFiles[i].isDir() == true) // 忽略子目录
                    continue;
                System.out.println(inputFiles[i].getPath().getName());
                in = hdfs.open(inputFiles[i].getPath());
                scan = new Scanner(in);
                while (scan.hasNext()) {
                    str = scan.nextLine();
                    if(str.indexOf(args[2])==-1)
                        continue;   // 如果该行没有 match 字符串,则忽略之
                    numLines++;
                    if(numLines == 1)   // 如果是 1,说明需要新建文件了
                    {
                        localFile = new Path(args[1] + File.separator + numFiles);
                        out = local.create(localFile); // 创建文件
                        numFiles++;
                    }
                    buf = (str+"\n").getBytes();
                    out.write(buf, 0, buf.length);  // 将字符串写入输出流
                    if(numLines == singleFileLines) // 如果已满足相应行数,关闭文件
                    {
                        out.close();
                        numLines = 0;   // 行数变为 0,重新统计
                    }
                }// end of while
                scan.close();
                in.close();
            }// end of for
            if(out != null)
                out.close();
        } // end of try
        catch (IOException e) {
            e.printStackTrace();
        }
    }// end of main
}// end of resultFilter
```

上述程序的逻辑很简单，获取该目录下所有文件的信息，对每一个文件，打开文件、循环读取数据、写入目标位置，然后关闭文件，最后关闭输出文件。运行命令如下：

```
hadoop jar resultFilter.jar resultFilter <dfs path> <local path> <match str>
<single file lines>
```

4.5 HDFS 文件格式

本节介绍 Hadoop 目前已有的几种文件格式，分析其特点、开销及使用场景。希望加深读者对 Hadoop 文件格式及其影响性能的因素的理解。

4.5.1 SequenceFile

SequenceFile 是 Hadoop API 提供的一种二进制文件，它将数据以<key，value>的形式序列化到文件中，如图 4-12 所示。这种二进制文件在内部使用 Hadoop 的标准的 Writable 接口实现序列化和反序列化。它与 Hadoop API 中的 MapFile 是互相兼容的。

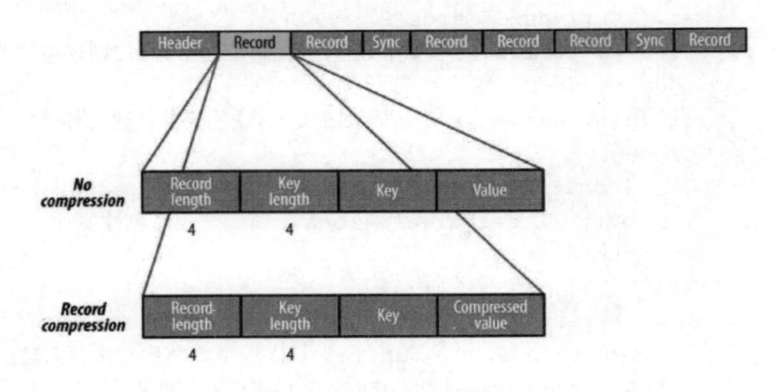

图 4-12　SequenceFile 文件结构

4.5.2 TextFile（文本格式）

上面提到的 SequenceFile 是二进制格式。文本格式的数据也是 Hadoop 中经常碰到的。如文本文件、XML 和 JSON。文本格式除了会占用更多磁盘资源外，对它的解析开销一般会比二进制格式高几十倍以上，尤其是 XML 和 JSON，它们的解析开销比文本文件还要大，因此不建议在生产系统中使用这些格式进行存储。如果需要输出这些格式，可在客户端做相应的转换操作。文本格式经常会用于日志收集，数据库导入等。另外文本格式的一个缺点是它不具备类型和模式，例如销售额这类数值数据或者日期时间类型的数据，如果使用文本格式保存，由于它们本身的字符串类型的长短不一，或者含有负数，有时需要将它们预处理成含有模式的二进制格式，这又导致了不必要的预处理步骤的开销和存储资源的浪费。

4.5.3 RCFile

TextFile 和 SequenceFile 的存储格式都是基于行存储的，RCFile（Record Columnar File）是基于行列混合的思想。如图 4-13 所示，先按行把数据划分成 N 个 Row Group（行组），在 Row Group 中对每个列分别进行存储。当查询过程中，针对它并不关心的列时，它会在 I/O 时跳过这些列。该结构强调的是：

- RCFile 存储的表是水平划分的，分为多个行组，每个行组再被垂直划分，以便每列单独存储。
- RCFile 在每个行组中利用一个列维度的数据压缩，并提供一种 Lazy 解压（Decompression）技术。这在查询操作时可避免不必要的列解压。
- RCFile 支持弹性的行组大小，行组大小需要权衡数据压缩性能和查询性能两方面。

RCFile 存储结构遵循的是“先水平划分，再垂直划分”的设计理念，这个想法来源于 PAX。它结合了行存储和列存储的优点：首先，RCFile 保证同一行的数据位于同一节点，因此元组重构的开销很低；其次，像列存储一样，RCFile 能够利用列维度的数据压缩，并且能跳过不必要的列读取。

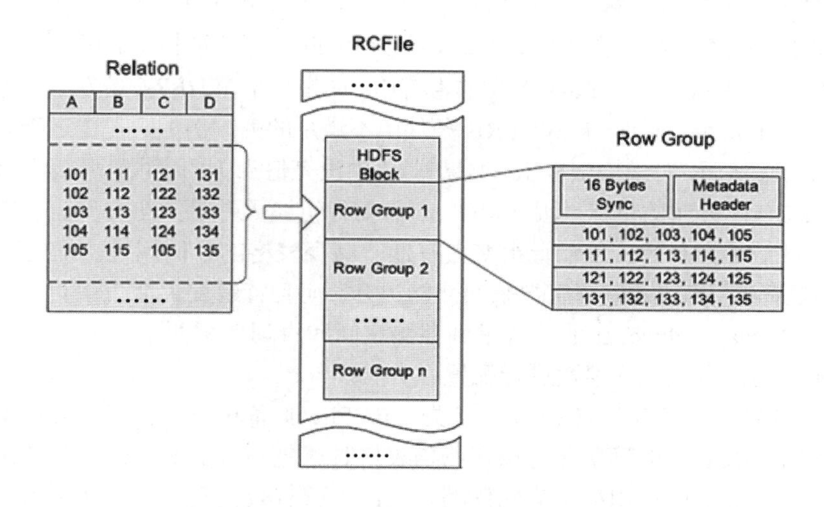

图 4-13 RCFile 文件结构

在图 4-13 中，RCFile 基于 HDFS 架构，表格占用多个 HDFS 块。每个 HDFS 块中，RCFile 以行组为基本单位来组织记录。也就是说，存储在一个 HDFS 块中的所有记录被划分为多个行组。对于一张表，所有行组大小都相同。一个 HDFS 块会有一个或多个行组。一个行组包括三个部分：

- 第一部分是行组头部的同步标识，主要用于分隔 HDFS 块中的两个连续行组。
- 第二部分是行组的元数据头部，用于存储行组单元的信息，包括行组中的记录数、每个列的字节数、列中每个字段的字节数。
- 第三部分是表格数据段，即实际的列存储数据。在该部分中，同一列的所有字段顺序存储。从图上可以看出，首先存储了列 A 的所有字段，然后存储列 B 的所有字段等。

在 RCFile 的每个行组中，元数据头部和表格数据段分别进行压缩。对于所有元数据头部，RCFile 使用 RLE（Run Length Encoding）算法来压缩数据。由于同一列中所有字段的长度值都顺序存储在该部分，RLE 算法能够找到重复值的长序列，尤其对于固定的字段长度。表格数据段不会作为整个单元来压缩；相反每个列被独立压缩，使用 Gzip 压缩算法。RCFile 使用 Gzip 压缩算法是为了获得较好的压缩比，而不使用 RLE 算法的原因在于此时列数据非排序。此外，由于 Lazy 压缩策略，当处理一个行组时，RCFile 不需要解压所有列。因此，相对较高的 Gzip 解压开销可以减少。

RCFile 不支持任意方式的数据写操作，仅提供一种追加接口，这是因为底层的 HDFS 当前仅仅支持数据追加写文件尾部。RCFile 提供两个参数来控制在写到磁盘之前，内存中缓存多少个记录。一个参数是记录数的限制，另一个是内存缓存的大小限制。

在 MapReduce 框架中，mapper 将顺序处理 HDFS 块中的每个行组。当处理一个行组时，RCFile 无需把全部行组的全部内容读取到内存。它仅仅读元数据头部和给定查询需要的列。因此，它可以跳过不必要的列以获得列存储的 I/O 优势。例如，表 tbl（c1, c2, c3, c4）有 4 个列，做一次查询"SELECT c1 FROM tbl WHERE c4=1"，对每个行组，RCFile 仅仅读取 c1 和 c4 列的内容。在元数据头部和需要的列数据加载到内存中后，它们需要解压。元数据头部总会解压并在内存中存放，直到 RCFile 处理下一个行组。然而，RCFile 不会解压所有加载的列，相反，它使用一种 Lazy 解压技术。Lazy 解压意味着列将不会在内存解压，直到 RCFile 决定列中数据真正对查询执行有用。由于查询使用各种 WHERE 条件，Lazy 解压非常有用。如果一个 WHERE 条件不能被行组中的所有记录满足，那么 RCFile 将不会解压 WHERE 条件中不满足的列。例如，在上述查询中，所有行组中的列 c4 都解压了。然而，对于一个行组，如果列 c4 中没有值为 1 的字段，那么就无需解压列 c1。

I/O 性能是 RCFile 关注的重点，因此 RCFile 需要行组够大并且大小可变。行组大的话，数据压缩效率会比行组小时更有效。尽管行组变大有助于减少表格的存储规模，但是可能会损害数据的读性能，因为这样减少了 Lazy 解压带来的性能提升。而且行组变大会占用更多的内存，这会影响并发执行的其他 MapReduce 作业。考虑到存储空间和查询效率两个方面，默认的行组大小为 4MB，当然也允许用户自行选择参数进行配置。

RCFile 存储结构广泛应用于 Hive 中。首先，RCFile 具备相当于行存储的数据加载速度和负载适应能力；其次，RCFile 的读优化可以在扫描表格时避免不必要的列读取，它比其他结构拥有更好的性能；再次，RCFile 使用列维度的压缩，因此能够有效提升存储空间利用率。为了提高存储空间利用率，Facebook 各产品线应用产生的数据从 2010 年起均采用 RCFile 结构存储，按行存储（SequenceFile/TextFile）结构保存的数据集也转存为 RCFile 格式。此外，在 Pig 数据分析系统中也集成了 RCFile。

4.5.4 Avro

Avro 是一种用于支持数据密集型的二进制文件格式。它的文件格式更为紧凑，若要读取大量数据时，Avro 能够提供更好的序列化和反序列化性能。并且 Avro 数据文件天生是带 Schema 定义的，所以它不需要开发者在 API 级别实现自己的 Writable 对象。多个 Hadoop 子项目都支持 Avro 数据格式，如 Pig、Hive、Flume、Sqoop 和 HCatalog。

4.6 云存储 S3

在实际的使用案例中，除了把数据存储在诸如 HDFS 的分布式文件系统之外，越来越多的用户把数据存储在云存储上。Amazon Simple Storage Service（Amazon S3） 就是 Amazon 公司提供的一个安全、耐久且扩展性高的云存储。Amazon S3 提供对象级存储，具有简单的 Web 服务接口，可用于在 Web 上的任何位置存储和检索任意数量的对象数据。使用 Amazon S3，只需按实际使用的存储量付费。

4.6.1　S3 基本概念

如图 4-14 所示，Amazon S3 将数据作为对象存储在被称为“存储桶”（Bucket）的资源中。我们可以在一个存储桶中存储对象，并读取和删除存储桶中的对象。单个对象大小最多可为 5TB。在一个桶中的数据会复制到 region 的其他位置（数据冗余），以防止数据丢失。在桶中的每个对象都有一个键（Key），类似文件系统上的路径和名字（media/wecome.mp4）。

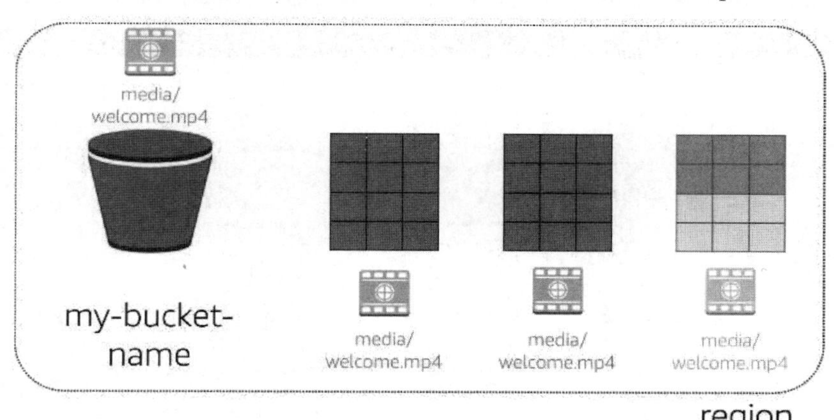

图 4-14　桶存储

下面来介绍一下 S3 的几个基本概念：

- 存储桶：是 Amazon S3 中用于存储对象的容器。每个对象都存储在一个存储桶中。S3 包含“事件通知”，当对象上传到存储桶或从存储桶中删除对象时设置自动通知，这些通知还可以触发其他流程和脚本。还可以查看存储桶及其对象的访问日志。
- 对象：是 Amazon S3 中存储的基本实体，如：日志文件。对象由文件数据和描述该文件的所有元数据组成。
- 键：是指存储桶中对象的唯一标识符。存储桶内的每个对象都只能有一个键。由于将存储桶、键和版本 ID 组合在一起可唯一地标识每个对象，可将 Amazon S3 视为一种“存储桶 + 键 + 版本”与对象本身间的基本数据映射。将 Web 服务终端节点、存储桶名、键和版本（可选）组合在一起，可唯一地寻址 Amazon S3 中的每个对象。例如，在 URL https://s3.amazonaws.com/backend-sandbox/10mfile 中，“backend-sanbox”是存储桶的名称，而“10mfile”是键（对象名称）。存储桶的名称要保持唯一。在一些实例中，我们为每类数据创建一个存储桶，使用 UUID 作为键名（文件名）。
- 区域（Region）：mazon S3 服务器分布在多个区域，例如：美国东部（弗吉尼亚北部）地区、美国东部（俄亥俄）区域、美国西部（加利福利亚北部）区域、美国西部（俄勒冈）区域、加拿大(中部) 区域、亚太地区（孟买）区域、亚太区域（首尔）、亚太区域（新加坡）、亚太区域（悉尼）、亚太区域（东京）、欧洲（法兰克福）区域、欧洲（爱尔兰）区域、欧洲 (伦敦) 区域、南美洲（圣保罗）区域等等。在国内有 AWS 中国（宁夏）区域、AWS 中国（北京）区域。AWS 在区域下面有多个可用区（Availability Zones，简称 AZ）。

S3 提供了三种方式来创建、删除和访问桶上的数据，分别是 AWS 管理控制台、AWS CLI 和 AWS SDK。

4.6.2 S3 管理控制台

AWS 提供 S3 存储管理界面。登录 AWS 管理控制台，从 Services 菜单中选择 S3，如图 4-15 所示。图 4-16 显示了我们的 S3 管理控制台，共有 377 个桶，分布在 14 个 region。

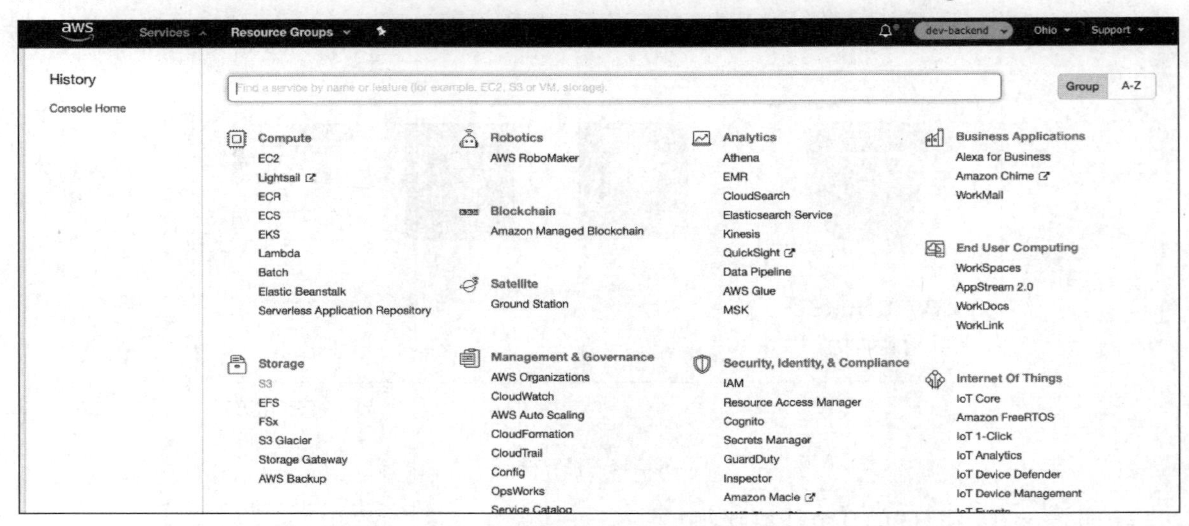

图 4-15　AWS 服务列表

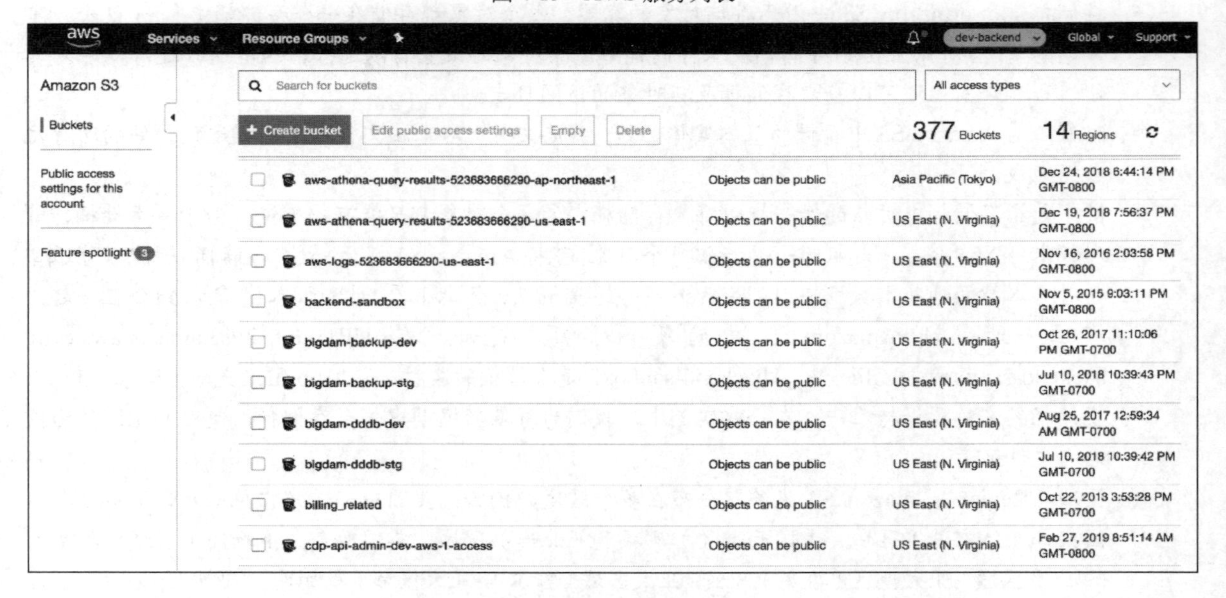

图 4-16　S3 使用实例

要上传数据（如日志文件、图片、视频等）到 S3，首先在一个区域中创建一个存储桶，然后就可以将任意数量的对象上传到存储桶中。在管理控制台上，单击“Create bucket”按钮，出现了如图 4-17 所示的创建存储桶的界面。

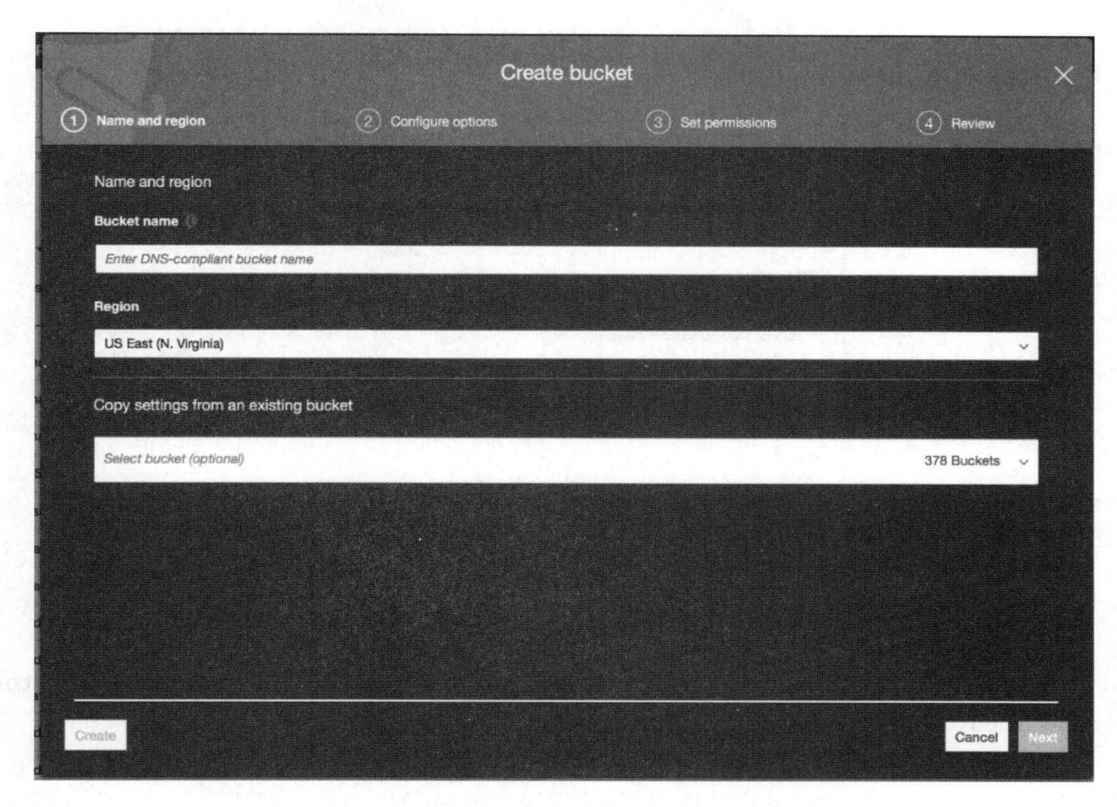

图 4-17　创建存储桶

单击图 4-16 中的任何一个存储桶，就出现了如图 4-18 所示的存储桶的管理界面。

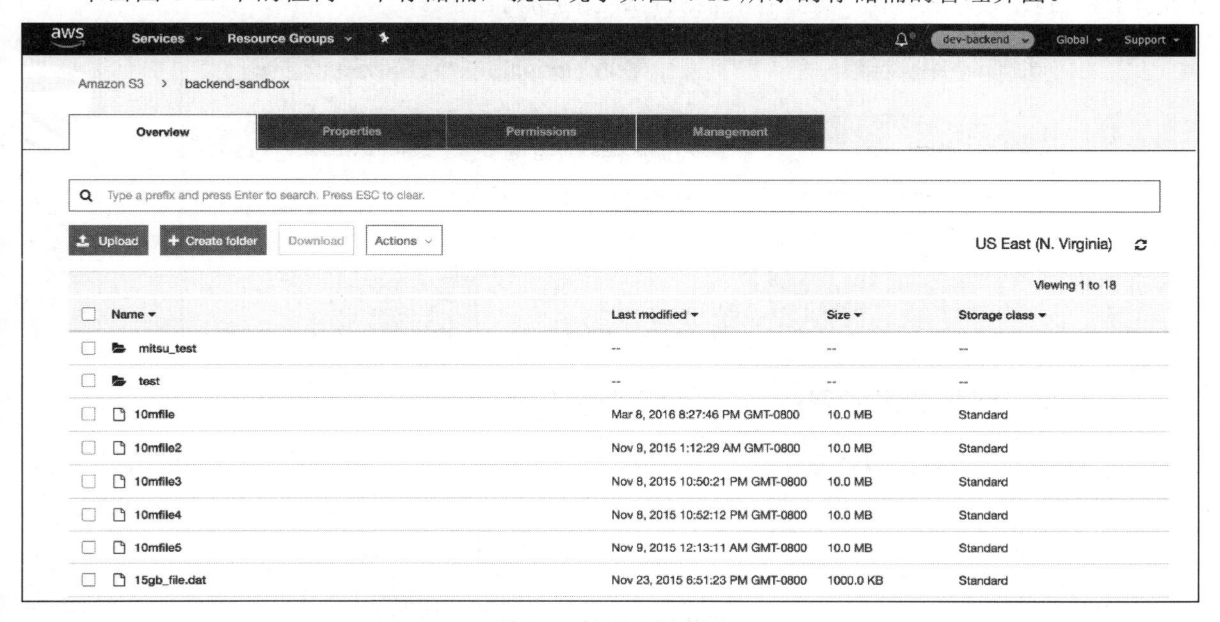

图 4-18　管理一个存储桶

在图 4-18 中，可以看到该存储桶内的所有对象。单击其中一个对象，例如 10mfile，如图 4-19 所示。

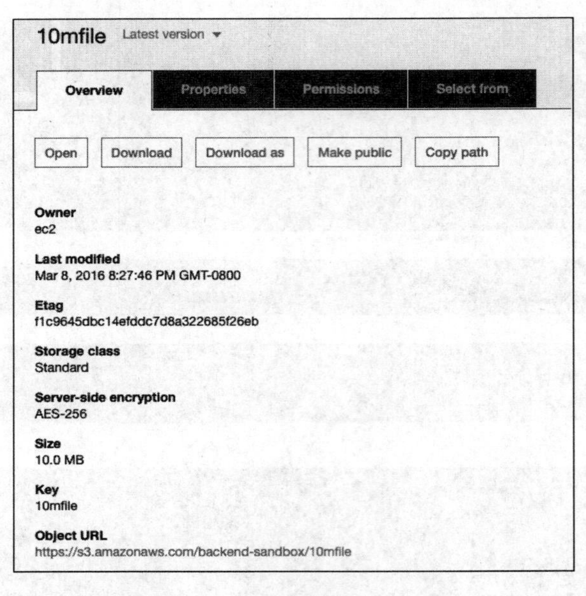

图 4-19　一个对象

从图 4-19 中看出，键就是文件名，10mfile，访问该对象的 URL 是 https://s3.amazonaws.com/backend-sandbox/10mfile。

对于 Amazon S3 存储桶中存储的每个对象，可以使用版本控制功能来保存、检索和还原它们的各个版本。这样，我们就能从意外操作和应用程序故障中恢复数据。默认情况下，查询请求将会返回最新写入的版本。通过在请求中指定版本，可以检索对象的较旧版本。图 4-20 显示了存储桶的属性，包括设置版本化，设置存储桶及其对象的访问日志。

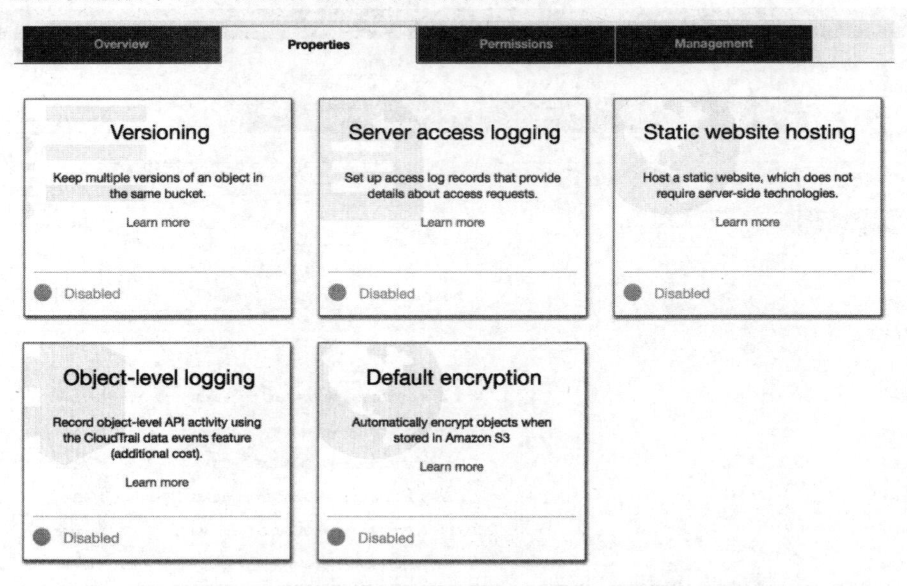

图 4-20　存储桶的属性

S3 提供了全面的安全性，它支持三种不同形式的加密。如图 4-21 所示，我们可以控制对存储桶和对象的访问权限（例如，控制谁能在存储桶中创建、删除和检索对象）。Amazon S3 提供了四种不同的访问控制机制：AWS Identity and Access Management（IAM）策略、访问控制列表（ACL）、存储桶策略以及查询字符串身份验证。IAM 能在一个 AWS 账户下创建和管理多个用户。通过 IAM 策略，可以细化 IAM 用户对 S3 桶或对象的控制权。使用 ACL 选择性地添加（授予）对个别对象的特定权限。S3 存储桶策略可用来添加或拒绝对单一桶内的部分或所有对象的权限。使用查询字符串身份验证，能够通过仅在规定时间段内有效的 URL 共享 S3 对象。S3 还提供了阻止公共访问（Public Access）的安全控制功能。

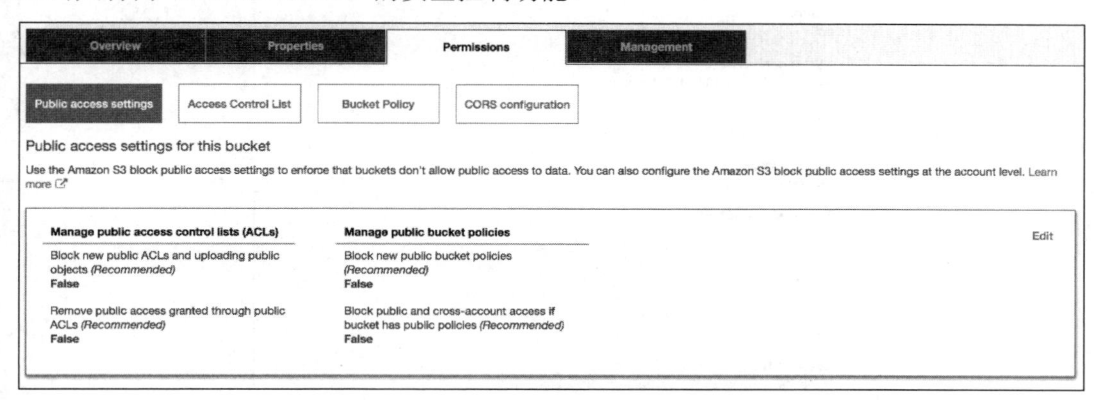

图 4-21　权限管理

S3 可以使用 HTTPS 协议通过 SSL 加密终端节点将数据安全地上传到 S3 或从中下载数据。S3 可自动加密静态数据，并可从多种密钥管理方式中进行选择。如果传入的存储请求没有加密信息，则可以将 S3 存储桶配置为在 S3 中存储它们之前自动加密的对象。或者，可以使用类似 S3 加密客户端这样的客户端加密库来对上传到 Amazon S3 的数据进行加密。

如图 4-22 所示，用户还可以配置 S3 生命周期规则，以自动控制存储多个版本的生命周期和成本。选取存储桶中的一个数据，就会出现如图 4-23 所示的界面，可对特定数据对象进行处理和设置权限。

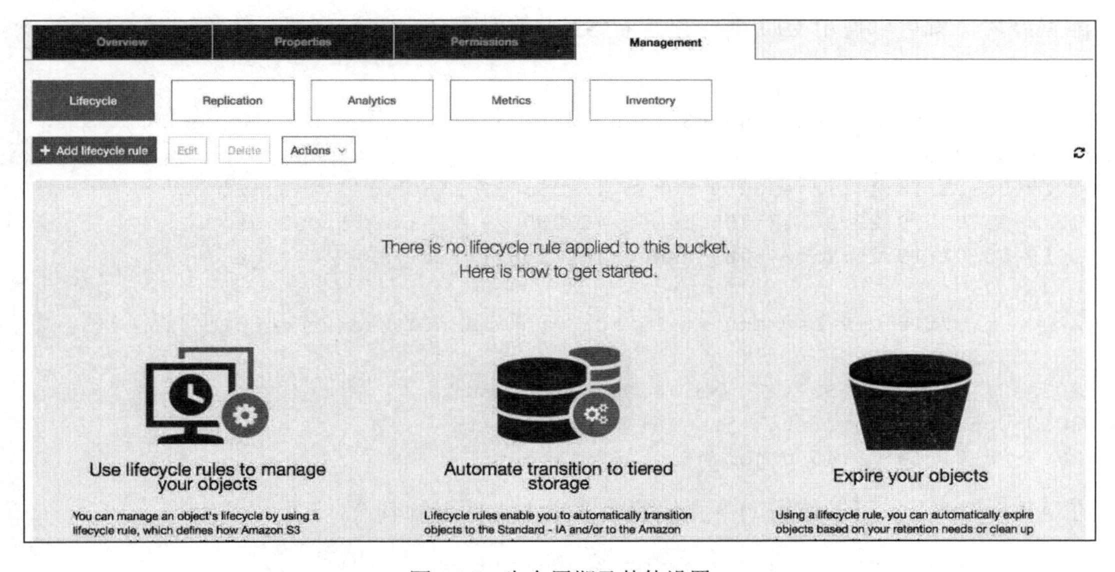

图 4-22　生命周期及其他设置

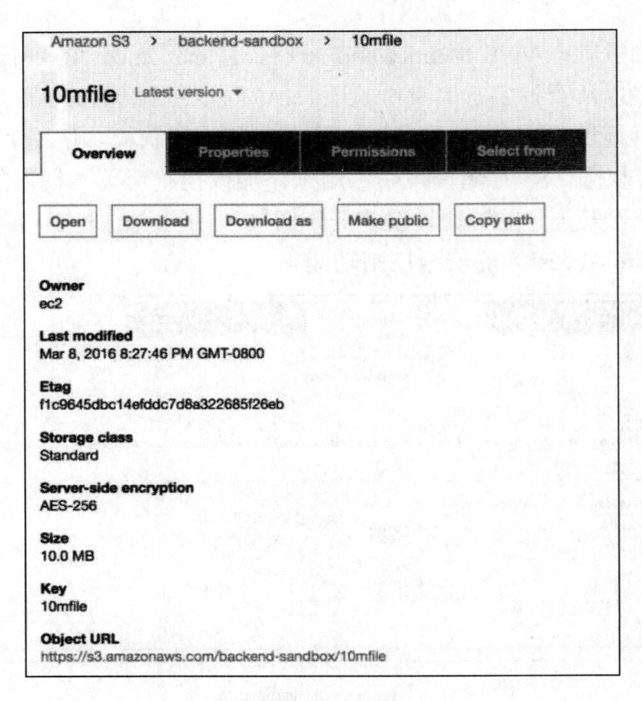

图 4-23　对象级设置

4.6.3　S3 CLI

在使用 AWS CLI 之前，首先需要按照 AWS 的官方文档（https://docs.aws.amazon.com/cli/latest/userguide/cli-install-macos.html）来安装 AWS CLI。简单来说，首先需要安装 Python 和 pip3，然后使用 pip3 安装 awscli。安装后，就可以执行“aws configure”来输入 AWS Access Key ID 和 AWS Secret Access Key、默认区域（Region）等信息。这些信息存放在~/.aws/credentials 中。在这个文件中，默认的配置（Profile）是“default”。还可以创建其他的配置，例如 dev-backend。

配置好后，就可以使用 CLI 命令来查看 S3 上的对象（文件）、把文件复制到 S3 上等操作。例如：

```
aws --profile=dev-backend s3 ls s3://td-job-debuglog-production/
debug_461055629_
2019-05-01 18:44:22 498939 debug_461055629_1556761461446.gz
2019-05-01 19:22:36 487705 debug_461055629_1556763755052.gz
2019-05-01 19:25:25 245069 debug_461055629_1556763924644.gz

aws --profile=dev-backend s3 ls s3://trd-marriott-east-result-production/
job_461055629
2019-05-01 19:25:32 422 job_461055629_cmdout
2019-05-01 19:25:21 947 job_461055629_stderr
2019-05-01 19:23:48 0 job_461055629_stdout
```

在 AWS CLI 上，可以使用如下类似的命令来把文件复制到 S3 上：

```
aws s3 cp sourcefile.zip s3://backend-sandbox/sourcefile.zip
```

4.6.4 S3 SDK

S3 提供了多类 SDK 来操作存储的对象，其中之一就是 Java SDK。我们以下面的一个例子来描述 S3 SDK。关于更多内容，读者可参阅 AWS 文档。

```
import java.io.File;
import java.io.FileNotFoundException;
import java.io.FileOutputStream;
import java.io.IOException;
import java.util.List;

import com.amazonaws.AmazonServiceException;
import com.amazonaws.ClientConfiguration;
import com.amazonaws.Protocol;
import com.amazonaws.auth.AWSStaticCredentialsProvider;
import com.amazonaws.auth.BasicAWSCredentials;
import com.amazonaws.client.builder.AwsClientBuilder;
import com.amazonaws.services.s3.AmazonS3;
import com.amazonaws.services.s3.AmazonS3ClientBuilder;
import com.amazonaws.services.s3.model.Bucket;
import com.amazonaws.services.s3.model.ObjectListing;
import com.amazonaws.services.s3.model.S3Object;
import com.amazonaws.services.s3.model.S3ObjectInputStream;
import com.amazonaws.services.s3.model.S3ObjectSummary;

public class S3Sample {
    public static void main(String[] args) throws IOException {
        //创建 Amazon S3 对象使用明确凭证
        BasicAWSCredentials credentials = new BasicAWSCredentials("your
accesskey", "your secretkey");
        ClientConfiguration clientConfig = new ClientConfiguration();
        clientConfig.setSignerOverride("S3SignerType");//凭证验证方式
        clientConfig.setProtocol(Protocol.HTTP);//访问协议
        AmazonS3 s3Client = AmazonS3ClientBuilder.standard()
           .withCredentials(new AWSStaticCredentialsProvider(credentials))
                .withClientConfiguration(clientConfig)
                    .withEndpointConfiguration(
                        new AwsClientBuilder.EndpointConfiguration(
                           //设置要用于请求的端点配置（服务端点和签名区域）
                           "s3.xxx",//我的 s3 服务器
                           "cn-north-1")).withPathStyleAccessEnabled(true)
                               //是否使用路径方式，是的话 s3.xxx/bucketname
                .build();

        System.out.println("Uploading a new object to S3 from a file\n");

        //枚举存储桶 bucket
```

```
        List<Bucket> buckets = s3Client.listBuckets();
        for (Bucket bucket : buckets) {
            System.out.println("Bucket: " + bucket.getName());
        }
        //枚举存储 bucket 中的对象
        ObjectListing objects = s3Client.listObjects("sinosoft-ocr-bucket");
        do {
            for (S3ObjectSummary objectSummary : objects.getObjectSummaries())
            {
                System.out.println("Object: " + objectSummary.getKey());
            }
            objects = s3Client.listNextBatchOfObjects(objects);
        } while (objects.isTruncated());

        //文件上传
        try {
            s3Client.putObject("bucketname", "keyname", new File("your file
path"));
        } catch (AmazonServiceException e) {
            System.err.println(e.getErrorMessage());
            System.exit(1);
        }
        //文件下载
        try {
            S3Object o = s3Client.getObject("bucketname", "your file's keyname");
            S3ObjectInputStream s3is = o.getObjectContent();
            FileOutputStream fos = new FileOutputStream(new File("your save file
path"));
            byte[] read_buf = new byte[1024];
            int read_len = 0;
            while ((read_len = s3is.read(read_buf)) > 0) {
                fos.write(read_buf, 0, read_len);
            }
            s3is.close();
            fos.close();
        } catch (AmazonServiceException e) {
            System.err.println(e.getErrorMessage());
            System.exit(1);
        } catch (FileNotFoundException e) {
            System.err.println(e.getMessage());
            System.exit(1);
        } catch (IOException e) {
            System.err.println(e.getMessage());
            System.exit(1);
        }
    }
}
```

在上面的例子中，我们首先在账户管理员处获得了使用凭证，即 s3 服务器，accesskey，secretkey。然后是使用 Java JDK 连接 s3 服务器，并使用 Amazons3 Java SDK 操作存储对象。

4.6.5 分区

Amazon S3 根据文件前缀对存储桶自动进行分区，如图 4-24 所示，如果某个进程请求 folder1 中的文件，则所有请求都会转到相同的分区，这种命名方式可能就会影响性能了。一个解决方案是在 folder1 和 folder2 等文件夹之前加一级目录，新目录的名字就是一个十六进制哈希前缀，例如“/3a79/folder1/file1”和“/2e4f/folder1/file2”，这样就能减少了一个请求同时从相同分区多次读取的情况。这时就需要维护一个二级索引来记录对应关系。

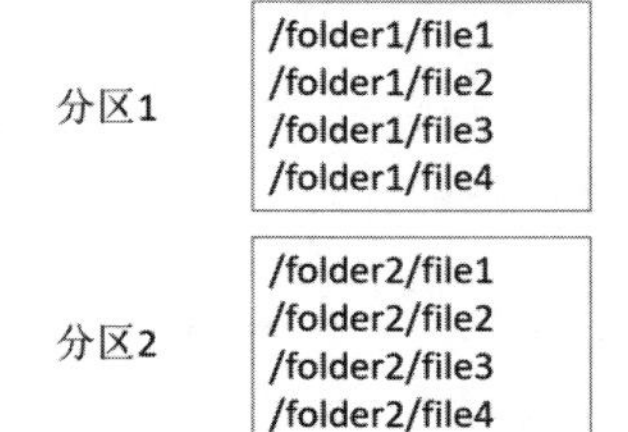

图 4-24 存储桶分区

4.6.6 与 EBS 的比较

S3 和 EBS（Elastic Block Store）都是 AWS 的存储选项，那么它们的区别是什么呢？假设我们现在想要更改一个 2GB 文件中的某个字符，因为 S3 是对象级存储，如果想更改文件的某一部分，就必须先进行更改，然后重新上传整个修改后的文件。EBS 是提供“数据块级”存储，所以，它只更改包含该字符的一个数据块。显然，EBS 速度更快，使用的带宽更少，但其成本比对象级存储高。

那么，EBS 的使用场景是什么呢？通过 EBS，我们可以创建个人存储卷并将其直接挂载到 EC2 实例上。说白了，EBS 就类似虚拟机 EC2 上的外挂硬盘，分为 SSD（固态驱动器）和 HDD（硬盘驱动器）两种卷类型。同 S3 相比，EBS 提供更低的延迟。针对 EC2 实例的启动卷，数据库文件，启动应用程序，本地文件系统等，都适合使用 EBS。系统启动卷规定用 SSD。这些存储卷自动在可用区（AZ）中进行复制。另外，我们可以备份 EC2 实例（Amazon 系统映像），并将它存储到 S3 中，以便以后创建新的 EC2 实例。另外，EBS 支持的卷在默认情况下会保留数据，即使实例停止或重启。

4.6.7 与 Glacier 的比较

S3 Glacier 是一种数据存档服务，用于提供安全性、持久性和更低的成本（与标准的 S3 相比）。它的缺点是无法立即检索数据。标准检索模式通常需要几个小时的时间进行检索，因此适合存档。

我们可以自动化 S3 中存储的数据的生命周期。通过使用生命周期策略，可以让数据在不同的 S3 存储类型之间切换。随着查询要求的降低，可以减少总体成本。除了设置对象的生命周期之外，我们还可以按照存储桶设置生命周期。

第 5 章

大数据存储：数据库

从历史上看，数据处理主要是通过数据库技术来实现的。大多数数据都有定义良好的结构，数据集规模可控，可以通过关系数据库进行存储和查询。然而，在大数据的世界里，基于数据表（简称表）的传统关系型数据库（RDBMS，如 MySQL、Oracle、DB2 UDB、SQL Server 等）并不适合，这是因为单个表在数据量变得巨大时就慢的无法忍受了。HBase 是 Apache Hadoop 的数据库，是一个非关系型的 NoSQL 数据库。它能够对大型数据提供随机、实时的读写访问，所以 HBase 就是一个能很好地存储并处理海量数据的数据库。Facebook 的 Messaging 平台就是基于 HBase 的。需要强调的是，HBase 对于少量数据并不会很快，只是当数据量很大时它变慢得的速度不明显。另外，HBase 等 NoSQL 数据库基本都不支持表关联，当我们想实现 group by 或者 order by 的时候，就需要使用下一章介绍的 SQL 引擎层。在本章，我们首先解释一下什么是 NoSQL，然后重点介绍 HBase 数据库，最后介绍云数据库。

5.1 NoSQL

NoSQL 是 Not only SQL 的缩写，泛指非关系型数据库。与 RDBMS 相比，NoSQL 不使用 SQL 作为查询语言，其表没有固定的结构，具有水平扩展的特性，非常容易支撑 TB 乃至 PB 的数据量。下面列出了 NoSQL 的几个优点：

- 易扩展：NoSQL 数据库种类繁多，但是一个共同的特点都是去掉关系数据库的关系型特性。数据之间无关系，这样就非常容易扩展。也无形之间，在架构的层面上带来了可扩展的能力。
- 大数据量，高性能：NoSQL 数据库都具有非常高的读写性能，尤其在大数据量下表现优秀。这得益于它的无关系性，数据库的结构简单。
- 灵活的数据模型：NoSQL 无需事先为要存储的数据建立字段（列），随时可以存储自定义的数据格式。而在关系数据库里，增删字段是一件非常麻烦的事情。
- 高可用：NoSQL 在不太影响性能的情况下，就可以方便地实现高可用的架构。例如 HBase 模型就是通过复制模型也能实现高可用。

对于数据库产品而言，底层存储结构直接决定了数据库的特性和使用场景。RDBMS 使用 B 树和 B+树作为存储结构，而 NoSQL 之一的 HBase 的底层存储结构使用 LSM 树作为存储结构。B+树的特点是能够保持数据稳定有序，通过最大化每个内部节点中的子节点的数量来减少树的高度，从而增加效率。LSM 树通过使用某种算法对索引变更进行延迟及批量处理，并通过一种类似归并排序的方式，联合使用一个基于内存的组件和一个或多个磁盘组件。在处理过程中，所有的索引值对于所有的查询来说，都可以通过内存组件或者某个磁盘组件进行访问。与 B+树相比，这就大大减少了磁盘、磁臂的移动次数，提高了读写性能。对于磁盘而言，LSM 树属于传输型，而 RDBMS 是属于寻道型。在大数据的情况下，计算瓶颈主要在磁盘的数据传输上，这也是为什么 LSM 被用于大数据场景。

NoSQL 数据库有多种，分为行存储和列存储。不同的 NoSQL 数据库适用不同的场景，一部分在查询数据（select）时性能更好，有些是在插入或者更新上性能更好。具体的数据库选型依赖于我们的具体需求（例如，应用程序的数据库读写比）。压缩率、缓冲池、超时的大小和缓存，对于不同的 NoSQL 数据库来说配置都是不同的，同时对数据库性能的影响也是不一样的。并非所有的 NoSQL 数据库都内置了支持连接、排序、汇总、过滤器、索引等特性。如果有需要，还是建议使用具有这些内置功能的数据库。NoSQL 数据库内置了压缩、编解码器和数据移植工具。

5.2 HBase 概述

HBase 是一个开源、分布式的、高性能的、可扩展的、面向列的 NoSQL 数据库。它是 Apache Hadoop 生态系统中的重要一员，主要用于海量结构化数据存储。当需要对大数据进行实时的、随机的存储和访问，就可以使用 HBase。

HBase 源于 Google（谷歌）公司的一篇论文《Bigtable：一个结构化数据的分布式存储系统》，HBase 是 Google Bigtable 的开源实现，它利用 Hadoop HDFS 作为其文件存储系统，利用 Hadoop MapReduce 来处理 HBase 中的海量数据，利用 ZooKeeper 作为协同服务。HBase 使用“键-值”（Key-Value）对的方式存储，HDFS 为 HBase 提供了高可靠的底层存储支持，而 MapReduce 为 HBase 提供了高性能的计算能力。HBase 弥补了早期 Hadoop 只能离线批处理的不足，为 Hadoop 提供了实时处理数据的能力。HBase 的整个项目使用 Java 语言实现。

HBase 是一个在 HDFS 上开发的面向列的分布式数据库。从逻辑上讲，HBase 将数据按照表、行和列进行存储。与 HDFS 一样，HBase 主要依靠横向扩展，通过不断增加廉价的商用服务器，来增加计算和存储能力。HBase 表的特点如下：

- 容量大：一个表可以有数百亿行，数千列。当关系型数据库（如 Oracle）的单个表的记录在亿级时，则查询和写入的性能都会呈现指数级下降，而 HBase 对于单表存储百亿或更多的数据都没有性能大幅递减问题。
- 无固定模式（表结构不固定）：每行都有一个可排序的主键和任意多的列，列可以根据需要动态的增加，同一张表中不同的行可以有截然不同的列。
- 面向列：面向列（簇）的存储和权限控制，支持列（簇）独立检索。RDBMS 是按行存储的，在数据量大的时候，RDBMS 依赖索引来提高查询速度，而建立索引和更新索引需要大量的时间和空间。对于 HBase 而言，因为数据是按照列存储，每一列都单独存放，所以数据即索引，在查询时可以只访问所涉及的列的数据，大大降低了系统的 I/O。

- 稀疏性：空（null）列并不占用存储空间，表可以设计的非常稀疏。
- 数据多版本：每个单元中的数据可以有多个版本，默认情况下版本号自动分配，它是插入时的时间戳。
- 数据类型单一：HBase 中的数据都是字符串，没有类型。
- 高性能：针对 Rowkey 的查询能够达到毫秒级别。

5.2.1 HBase 表结构

类似 RDBMS，HBase 也以表的形式存储数据，如图 5-1 所示。表也由行和列组成。但是，与 RDBMS 不同的是，HBase 的表的每一行都有唯一的行键（Row Key），原来 RDBMS 的列被划分为若干个列簇（Column Family），每一行有相同的列簇，列簇将一列或多列组合在一起，HBase 的列必须属于某一个列簇。相同列簇可以有不同的列，每个列可以有多个版本的数据，指定版本获取数据。HBase 允许用户存储大量的信息到一个表中，而 RDBMS 的大量信息则可能被分到多个表上存储。

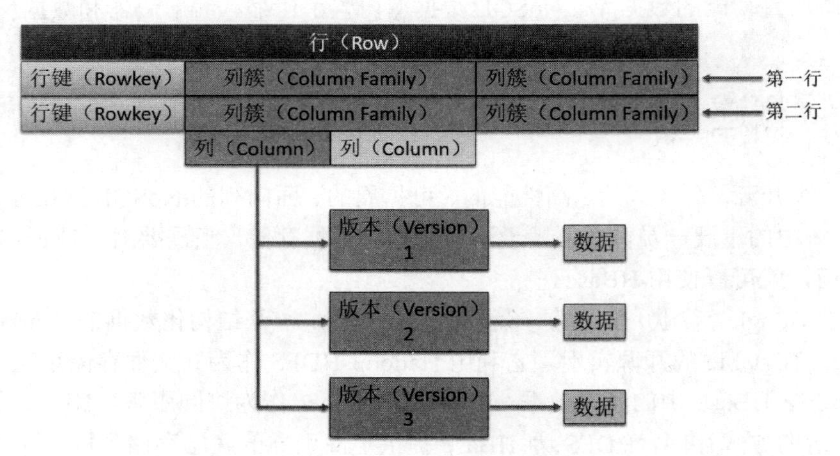

图 5-1　HBase 表结构

在表 5-1 中，key1 和 key2 是两条记录的唯一的行键（Row Key）值。列簇 1、列簇 2 和列簇 3 是三个列簇，每个列簇下又包括几列。例如列簇 1 包括两列，名字是列 1 和列 2，“t1:abc”和“t2:gdxdf”是由 key1 和“列簇 1-列 1”唯一确定的一个单元格（Cell）。这个单元格中有两个数据：abc 和 gdxdf。两个值的时间戳不一样，分别是 t1 和 t2，而 HBase 会返回最新时间的值给请求者。

表 5-1　HBase 表结构示例

行键（Row Key）	列簇 1		列簇 2		列簇 3	
	列 1	列 2	列 1	列 2	列 3	列 1
key1	t1:abc t2:gdxdf					
key2						

HBase 中的几个术语的具体含义如下：

1. 行键（Row Key）

row key 是用来唯一确定一行的标识，不同的行键代表不同的行，它是检索记录的主键，必须在设计上保证其唯一性。在底层访问 HBase 数据表中的行，只有三种方式（第 6 章会讲述 SQL 引擎层，用 SQL 语句来访问）：

- 通过单个行键访问
- 通过行键的 range
- 全表扫描

行键可以是任意字符串，最大长度是 64KB，实际应用中长度一般为 10~100 字节。在 HBase 内部，行键被保存为字节数组。存储时，数据按照行键字典顺序（Byte Order）排序存储。设计键时，要充分考虑排序存储这个特性，将经常一起读取的行存放到一起（位置相关性）。例如字典顺序对整数排序的结果是：1，10，100，11，12，13，14，15，16，17，18，19，2，20，21，…，9，91。如果要保持整数的自然顺序，行键必须用 0 进行左填充。另外，行的一次读写是原子操作，不论一次读写多少列。

为了高效检索数据，我们应该仔细设计行键以获得最高的查询性能。行键应该尽量均匀分布。因为 HBase 的行键是有序排列的，所以我们应该避免单调递增行键。否则，写入数据时，就会集中对某一个 Region 进行写入操作，这时候所有的负载都在同一台机器上。对全表扫描的读也是如此。对于行键的长度，既要满足语义，又要尽量缩短以减少存储空间。

2. 列簇（Column Family）

HBase 表中的每个列，都归属于某个列簇。列簇是表的 schema 的一部分（而列不是），必须在使用表之前定义。每个表必须至少要有一个列簇。列名都以列簇作为前缀，并用冒号分隔开。例如 courses:history，courses:math 都属于 courses 这个列簇。访问控制、磁盘和内存的使用统计都是在列簇上进行的，所以应该将经常一起查询的列放在一个列簇中，以提高查询的效率。例如，我们有一个会员表，这个表上包含了两部分信息：一部分是会员的基本信息（地址，年龄，名字，电话，住址等），这些信息基本不改动；另外一部分是会员的行为信息（这个数据的读写频率高）。这样的话，我们可以把这两部分信息通过两个列簇分开。

新的列簇可以随后按需动态加入（修改列簇前要先停用数据表）。但是，我们不推荐有太多的列簇，因为跨列簇的访问是非常低效的。还有，列簇的名字尽量短小，这样可以节省存储空间，提高查询的速度。在实际应用中，列簇上的控制权限能帮助我们管理不同类型的应用：我们允许一些应用可以添加新的基本数据，一些应用则只允许浏览数据（甚至可能因为隐私的原因不能浏览所有数据）。

与 RDBMS 不同的是，HBase 的表没有列定义，没有数据类型，这也是 HBase 被称为无模式数据库的原因。

3. 单元格（Cell）

HBase 中通过行和列所确定的一个存储单元，称为单元格（Cell），就是传统关系型数据库上的列值。它是版本化的，它是由{row key，column（ =<family> + <label>），version} 唯一确定的单元。HBase 没有数据类型，单元格中的数据全部是字节数组，以二进制形式存储。在默认情况下，HBase 的每个单元格只维护三个时间版本。如果需要不同的版本数，可以在创建表时指定。单元格还有生存时间（Time To Live，TTL），如果过期，则系统会将其删除，也可以在建表时设置 TTL。

4. 时间戳（Timestamp）

每个单元格都保存着同一份数据的多个版本。版本通过时间戳来索引。时间戳的类型是 64 位整数类型。时间戳可以由 HBase 在数据写入时自动赋值，此时时间戳是精确到毫秒的当前系统时间。时间戳也可以由客户显式赋值。如果应用程序要避免数据版本冲突，就必须自己生成具有唯一性的时间戳。每个单元格中，不同版本的数据按照时间倒序排序，最新的数据排在最前面。为了避免数据存在过多版本造成的管理负担，包括存储和索引，HBase 提供了两种数据版本回收方式。一是保存数据的最后 n 个版本，二是保存最近一段时间内的版本（例如最近 7 天）。用户可以针对每个列簇进行设置。

5. 区域（Region）

简单来说，一个区域（Region）就是多个行的集合。如图 5-2 所示，随着一个表的记录增多而不断变大，会自动分裂成多份，成为 Regions（关于 Region 的更多信息，请参见下一节内容）。一个 region 由[startkey，endkey]来表示，不同 region 会被 Master 分配给相应的 RegionServer 进行管理。

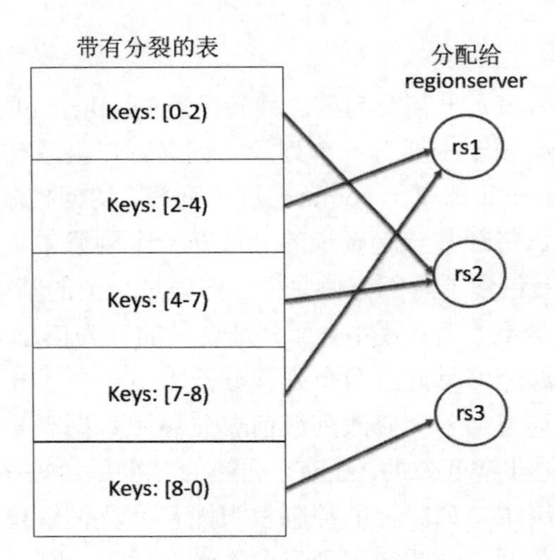

图 5-2　数据表分裂

最后，我们在表 5-2 中总结了 HBase 与 RDBMS 的区别。

表 5-2　HBase 与 RDBMS 的区别

属性	HBase	RDBMS
数据类型	只有字符串	丰富的数据类型
数据操作	简单的增删改查，本身不支持连接	各种各样的操作

（续表）

属性	HBase	RDBMS
存储模式	基于列式存储	基于表格结构和行式存储
数据保护	更新后仍然可以保留旧版本	替换
可伸缩性	容易增加新节点	复杂
数据访问	API 模式，本身没有提供 SQL	SQL

5.2.2 HBase 系统架构

从 HBase 的部署结构上来看，一个 HBase 集群有一个 Master 服务器和几个 RegionServer 服务器。Master 服务器负责维护表结构信息，实际的数据都存储在 RegionServer 服务器上。RegionServer 保存的表数据直接存储在 HDFS 上。在 HBase 上，客户端是直接连接 RegionServer 来获取数据的。如图 5-3 所示，HBase 包含了客户端应用、主节点 HMaster 和 Region 节点 HRegionServer。

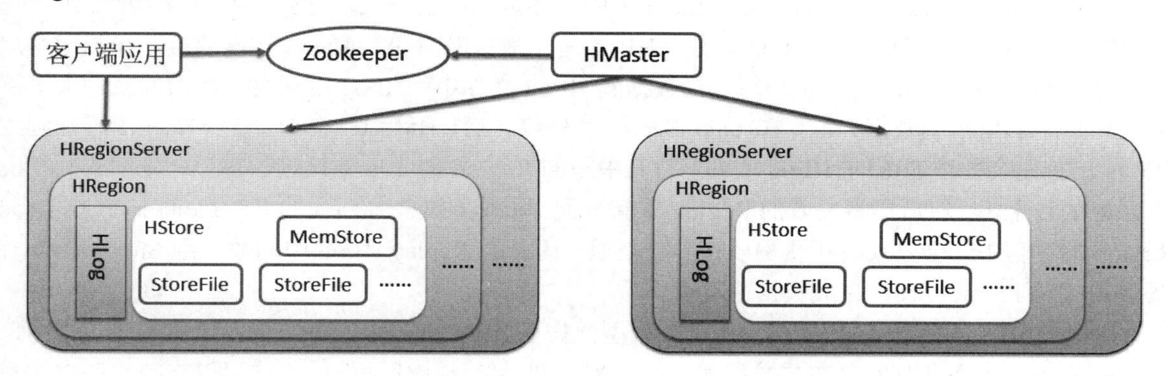

图 5-3 HBase 架构

HBase Client 使用 HBase 的 RPC 机制与 HMaster 和 HRegionServer 进行通信，对于管理类操作，Client 与 HMaster 进行 RPC；对于数据读写类操作，Client 与 HRegionServer 进行 RPC。HMaster 在功能上主要负责 Table 和 Region 的管理工作：

- 管理用户对 Table 的增、删、改、查操作。
- 管理 HRegionServer 的负载均衡，调整 Region 分布。
- 在 Region Split 后，负责新 Region 的分配。
- 在 HRegionServer 停机后，负责失效 HRegionServer 上的 Regions 迁移。

HMaster 没有单点问题，HBase 中可以启动多个 HMaster，通过 Zookeeper 的 Master Election 机制保证总有一个 Master 运行。HRegionServer 主要负责响应用户 I/O 请求，向 HDFS 文件系统中读写数据，它是 HBase 中最核心的模块。在 HDFS 中可以看到每个表的表名作为独立的目录结构。如图 5-3 所示，HRegionServer 内部管理了一系列 HRegion 对象，每个 HRegion 对应了 Table 中的一个 Region，HRegion 由多个 HStore 组成。每个 HStore 对应了 Table 中的一个列簇（Column Family）的存储，可以看出每个列簇其实就是一个集中的存储单元，因此最好将具备共同 I/O 特性的列放在一个列簇中，这样最高效。HRegionServer 也会把自己注册到 ZooKeeper 中，使得 HMaster 可以随时感知到各个 HRegionServer 的健康状态。

HStore存储是HBase存储的核心，由两部分组成：一部分是MemStore，一部分是StoreFiles。MemStore是Sorted Memory Buffer，用户写入的数据首先会放入MemStore，当MemStore满了以后会Flush成一个StoreFile（底层实现是HFile），当StoreFile文件数量增长到一定阈值，会触发Compact合并操作，将多个StoreFiles合并成一个StoreFile，合并过程中会进行版本合并和数据删除。从中可以看出，HBase其实只有增加数据，所有的更新和删除操作都是在后续的Compact过程中进行的，这使得用户的写操作只要进入内存中就可以立即返回，保证了HBase I/O的高性能。当StoreFiles Compact后，会逐步形成越来越大的StoreFile。当单个StoreFile大小超过一定阈值后，会触发Split（分裂）操作，同时把当前Region分裂成两个Region，父Region会下线，新分裂出的两个孩子Region会被HMaster分配到相应的HRegionServer上，使得原先一个Region的压力得以分流到两个Region上。

在理解了上述HStore的基本原理后，还必须了解一下HLog的功能，因为上述的HStore在系统正常工作的前提下是没有问题的，但是在分布式系统环境中，无法避免系统出错或者宕机，因此一旦HRegionServer意外退出，MemStore中的内存数据将会丢失，这就需要引入HLog了。每个HRegionServer中都有一个HLog对象，HLog是一个实现Write Ahead Log的类，在每次用户操作写入MemStore的同时，也会写一份数据到HLog文件中，HLog定期会删除旧的文件（已持久化到StoreFile中的数据）。当HRegionServer意外终止后，HMaster会通过ZooKeeper感知到，HMaster首先会处理遗留的HLog文件，将其中不同Region的Log数据进行拆分，分别放到相应Region的目录下，然后再将失效的Region重新分配。领取到这些region的HRegionServer在Load Region的过程中，会发现有历史HLog需要处理，因此会Replay HLog中的数据到MemStore中，然后Flush到StoreFiles，完成数据恢复。

上面的系统架构也再次说明了，传统关系型数据库（RDBMS）是一行一行存储结构化数据的，而HBase是一个面向列的分布式数据库，是一列一列存储结构化数据的，这可以支持高并发读写数据请求，从而实现数据库的横向扩展。

HBase在HDFS上有一个可配置的根目录，默认设置为/hbase。通过配置文件hbase-site.xml可以设置路径。在创建表并导入部分数据之后，可以在HDFS上的HBase根目录下看到HBase的文件。其中一类是位于表目录下面的文件。每个表都有它自己的目录。每个表目录包含一个名为.tableinfo的顶层文件，该文件保存了该表的HTableDescriptor序列化后的内容，包含了元数据信息。在每个表目录内，针对每个列簇都会有一个单独的目录，这个目录名称包含了Region名称的部分信息。当一个Region内的存储文件大于hbase.hregion.max.fielsize时，该Region就需要分裂为两个。该过程非常快，因为系统只是为新Region创建2个引用文件，每个只持有原来Region一半的内容。HBase在StoreFile内使用一种称为HFile的文件存储格式来存储数据。文件是变长的，定长的块只有file info和trailer两个部分，而trailer中包含了指向其他数据块的指针（注意，这是文件内的数据块大小，默认为64KB，这不是HDFS的数据块大小）。文件的每个数据块包含了一系列序列化的“键-值”（Key-Value）对象，查询数据的Get方法就是通过键（Key）查找值（Value）。

5.2.3 启动并操作HBase数据库

下面启动并操作HBase数据库。启动HBase的方法有几种。对于安装了HDP的读者来说，可以使用 Ambari 启动它；对于只是安装了 HBase 安装包的读者来说，可以使用“start-hbase.sh”来启动它。

（1）进入 Ambari，找到 HBase 组件，选择启动，如图 5-4 所示。

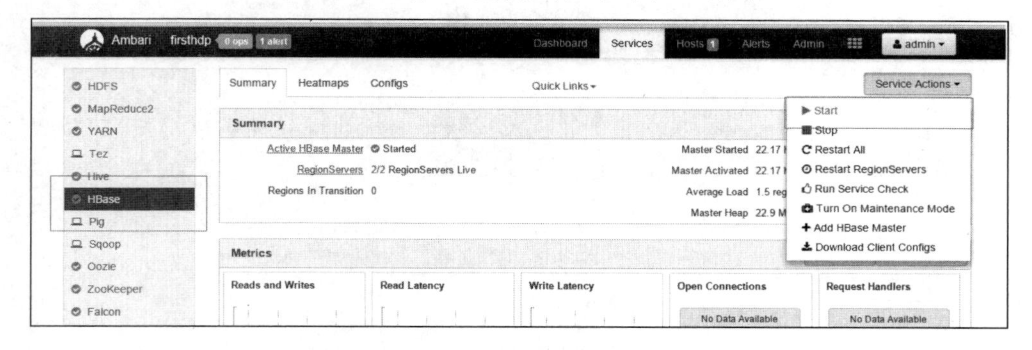

图 5-4　启动 HBase

（2）如果 HBase 出现如图 5-5 所示绿色的打勾小图标，则表明 HBase 启动成功。

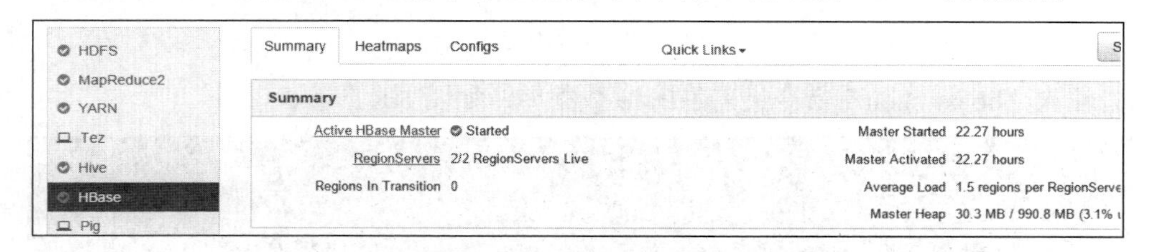

图 5-5　HBase 启动成功的状态

（3）Ambari 提供了 HBase 详细信息的图形化界面，并提供了监测相关的小插件，插件可以自行添加和删除，如图 5-6 所示。

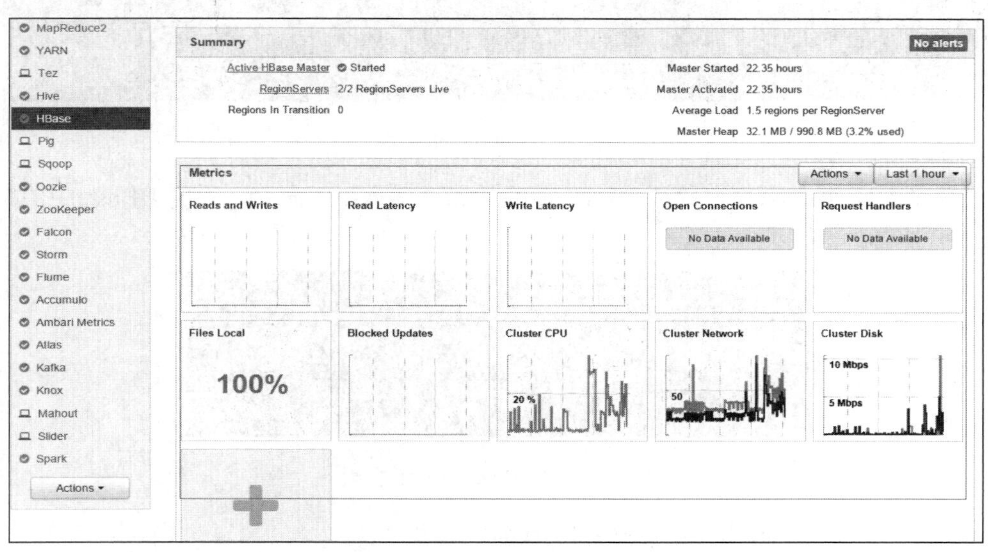

图 5-6　HBase 监控状态

可添加的小插件如图 5-7 所示。

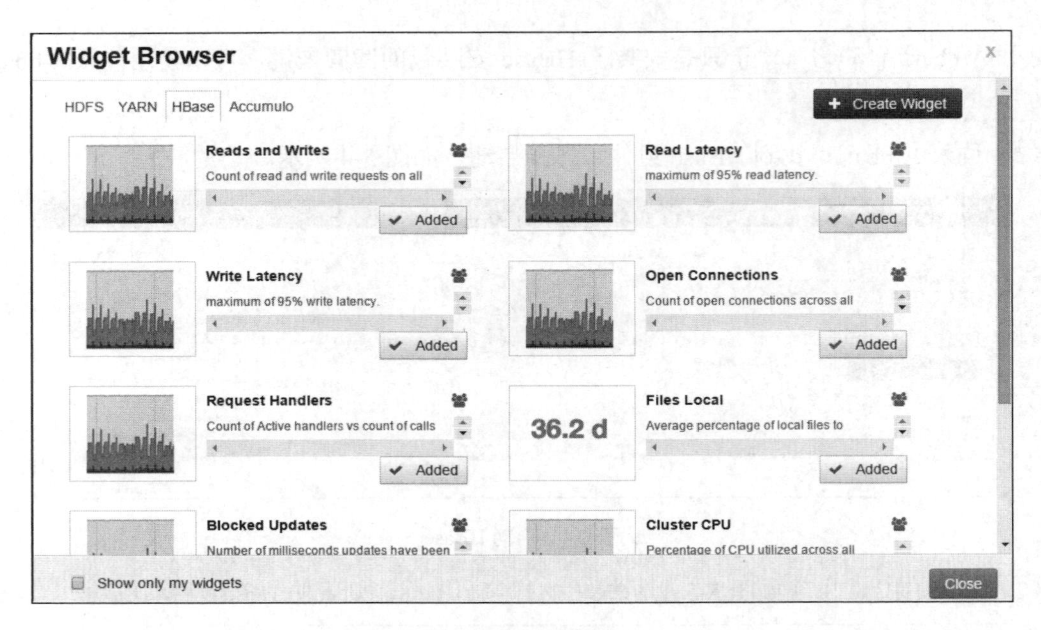

图 5-7　可添加插件

（4）输入“hbase shell”命令进入 HBase 数据库，如图 5-8 所示。

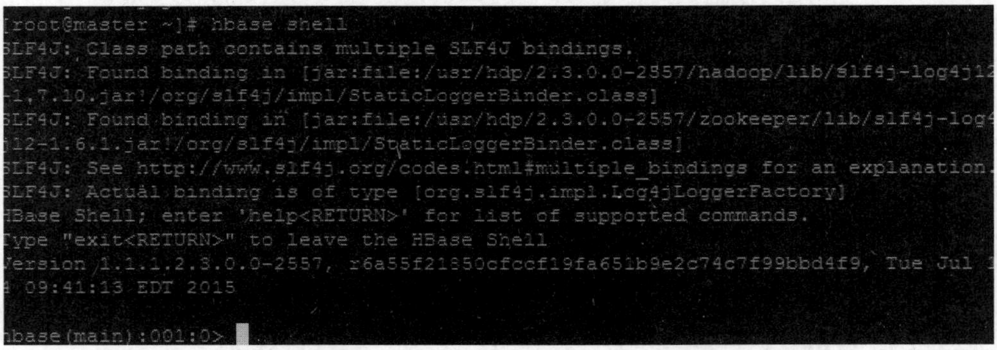

```
[root@master ~]# hbase shell
SLF4J: Class path contains multiple SLF4J bindings.
SLF4J: Found binding in [jar:file:/usr/hdp/2.3.0.0-2557/hadoop/lib/slf4j-log4j12
-1.7.10.jar!/org/slf4j/impl/StaticLoggerBinder.class]
SLF4J: Found binding in [jar:file:/usr/hdp/2.3.0.0-2557/zookeeper/lib/slf4j-log4
j12-1.6.1.jar!/org/slf4j/impl/StaticLoggerBinder.class]
SLF4J: See http://www.slf4j.org/codes.html#multiple_bindings for an explanation.
SLF4J: Actual binding is of type [org.slf4j.impl.Log4jLoggerFactory]
HBase Shell; enter 'help<RETURN>' for list of supported commands.
Type "exit<RETURN>" to leave the HBase Shell
Version 1.1.1.2.3.0.0-2557, r6a55f21850cfccf19fa651b9e2c74c7f99bbd4f9, Tue Jul 1
4 09:41:13 EDT 2015

hbase(main):001:0>
```

图 5-8　HBase shell 界面

（5）登录 HBase 数据库，验证 HBase 是否正常。输入 list 命令，列出 HBase 中的所有数据表，如图 5-9 所示。

图 5-9　列出 Hbase 中的数据表

如果输出了 HBase 中的数据表，则表示 HBase 正常。

（6）要退出 HBase shell，输入“exit”命令即可。

5.2.4 HBase Shell 工具

下面通过 HBase 命令行工具来尝试一些常用的 HBase 操作。

1. status 命令（查看 HBase 状态）

```
hbase(main):001:0> status
2 servers, 0 dead, 161.0000 average load
```

从上面的返回信息可知，该集群有 2 个 RegionServer，平均每台 RegionServer 有 161 个 Region。

2. version 命令

```
hbase(main):002:0> version
1.1.1.2.3.0.0-2557, r6a55f21850cfccf19fa651b9e2c74c7f99bbd4f9, Tue Jul 14
09:41:13 EDT 2015
```

从上面的返回结果可知，一共包含三个部分，用逗号分隔。第一部分是版本号，第二部分是版本修订号，第三部分是编译 HBase 的时间。

3. create 命令

创建一个名为 test 的数据表，这个表只有一个列簇为 cf。其中表名和列簇都要用单引号括起来，并用逗号隔开。

```
hbase(main):003:0> create 'test','cf'
0 row(s) in 13.3570 seconds
=> Hbase::Table - test
```

创建语句可以有不同的格式，例如，下面的语句创建了名为 yang 的数据表，列簇为 f1，该列簇版本数为 5：

```
create 'yang',  {NAME=>'f1', VERSIONS=>5}
```

在上面的格式中，“=>”表示赋值，字符串使用单引号引起来。如果指定的列簇有特定的属性，则需要使用花括号括起来。

4. list 命令

查看当前 HBase 中有哪些数据表。

```
hbase(main):004:0> list
TABLE
test
yang
2 row(s) in 0.0820 seconds
```

5. put 命令

使用 put 命令向数据表中插入数据，参数分别为表名、行名、列名和值，其中列名前需要列簇为前缀，时间戳由系统自动生成。格式为：

```
put 表名，行名，列名（[列族:列名]），值
```

在下面的例子中，加入三行数据，第一行的行键为 row1，列为 cf:a（列簇 cf 和列名 a），值为 value1。总共插入 3 条记录：

```
hbase(main):005:0> put 'test','row1','cf:a','value1'
0 row(s) in 0.8880 seconds
hbase(main):006:0> put 'test','row2','cf:b','value2'
0 row(s) in 0.0690 seconds
hbase(main):007:0> put 'test','row3','cf:c','value3'
0 row(s) in 0.0720 seconds
```

6. describe 命令

describe 命令可以查看表结构，例如查看数据表 test 的结构：

```
hbase(main):008:0> describe 'test'
Table test is ENABLED
test
COLUMN FAMILIES DESCRIPTION
{NAME => 'cf', DATA_BLOCK_ENCODING => 'NONE', BLOOMFILTER => 'ROW', REPLICATION_
SCOPE => '0', VERSIONS => '1', COMPRESSION => 'NONE', MIN_VERSIONS => '0', TTL =
> 'FOREVER', KEEP_DELETED_CELLS => 'FALSE', BLOCKSIZE => '65536', IN_MEMORY => '
false', BLOCKCACHE => 'true'}
1 row(s) in 0.3110 seconds
```

7. 查询数据（get 命令）

查看数据表 test 中的行键为 row1 的相关数据：

```
get 'test', 'row1'
```

获取数据表为 test 中行键为 row1、列为 cf 的所有数据：

```
get 'test','row1','cf'
get 'test', 'row1',{COLUMN=>'cf'}
```

获取数据表为 test 中行键为 row1、列簇为 cf 且字段为 a 的所有数据：

```
get 'test','row1','cf:a'
```

还可以通过时间戳来获取版本的数据：

```
get 'test','row3',{COLUMNS=>'cf:c',TIMESTAMP=>1388641400138}
```

8. 全表查询

```
scan 'test'
```

Scan 命令可以带上过滤条件，例如：

```
scan 'test', {COLUMNS=>'C1'}
scan 'test', {COLUMNS=>['C1:a', 'C2:b'], LIMIT=>2}
```

后一个命令指定了多列，限定了返回行数。关于更多的过滤条件，请参见 5.3.1 中的过滤条件内容。

9. 更新一条记录

```
put 'test', 'row2', 'cf:b', 'newValue2'
put 'test', 'row3', 'cf:c', 'newValue3'
```

10. 删除数据（delete 命令）

删除行键为 row1 的行中的 cf:a 字段：

```
delete 'test,'row1','cf:a'
```

删除整行：

```
deleteall 'test','row1'
```

11. 查询表中有多少行

```
count 'test'
```

12. 将整张表清空

```
truncate 'test'
```

HBase 是先将表停用，然后通过 drop 删除数据表后再重建表来实现清空的功能。

13. 删除表

```
disable 'test'
drop 'test'
```

在删除之前，必须先停用（disable）表，让它下线。

14. 自增

```
create 'table1', 'cf1', 'cf2'
incr 'table1', 'row1', 'cf1:count', 1
incr 'table1', 'row1', 'cf1:count', 1
incr 'table1', 'row1', 'cf1:count',10  //加10
incr 'table1', 'row1', 'cf1:count'     //不写的情况下就是等于加1
get_counter ‘table1’, ‘row1’, ‘cf1:count’
```

在上面的代码中，create 创建了 table1 表，incr 是计算器运算的命令，对应的字段是 cf1:count，get_counter 返回计算器的值（13）。在 HBase 表中，计算器是以一个列（字段）的形式存在的。如果用 scan 命令扫描这个表，就会发现这个列。

表 5-3 总结了 HBase 的常用命令集。

表 5-3　HBase 的常用命令集

常用命令	说　明
create	创建表
truncate	清空表，相当于重新创建指定表
describe	显示表相关的详细信息
alter	修改列簇模式
put	向指定的表单元中添加值
incr	增加指定表、行或列的值
get	获取行或单元格（Cell）的值
delete	删除指定的对象值（可以为表、行、列对应的值）

（续表）

常用命令	说　明
count	统计表中的行数
exists	测试表是否存在
list	列出 HBase 中存在的所有表
scan	通过对表的扫描来获取对应的值
disable	使表无效，即停用数据表
drop	删除表
enable	使表有效，即启用数据表
status	返回 HBase 集群的状态信息
shutdown	关闭 HBase 集群
exit	退出 HBase shell
tools	列出 HBase 所支持的工具
version	返回 HBase 版本信息
whoami	查看用户身份
hbck	文件检测修复工具
hfile	文件查看工具
hlog	日志查看工具
export	数据导出工具
Import	数据导入工具

除了使用 shell 工具和下节的 Java API 来操作 HBase 之外，HBase 提供了 Web 用户界面来查看 HBase 的实时状态信息。

5.3 HBase 编程

HBase 提供了对大规模数据的随机、实时读写访问。HBase 是一个非关系型数据库，即 NoSQL 数据库，它不使用 SQL 作为查询语言，也避免使用 SQL 的 JOIN 操作。RDBMS 要求每个表都有固定的表模式（即这个表有多少列，各个列的名称和数据类型都是固定的），而 HBase 的表模式可以不固定（即每一行的数据可以有不同的列）。HBase 无需事先为要存储的数据建立字段，允许随时添加字段。值是由行关键字、列关键字和时间戳确定。整个数据模型是 Schema → Table → Column Family → Column → RowKey → TimeStamp → Value。HBase 提供了丰富的 Java API 来操作数据库上的数据。

5.3.1 增删改查 API

与 HBase shell 工具相对应，我们可以通过 Table 接口对表进行 Get、Put、Scan、Delete 等操作，从而完成向 HBase 存储和检索数据，删除数据等操作。例如 Table 接口中提供了 get()方法，返回一行或多行数据。如图 5-10 所示，HBase 提供了丰富的 API 来操作 HBase 数据库。

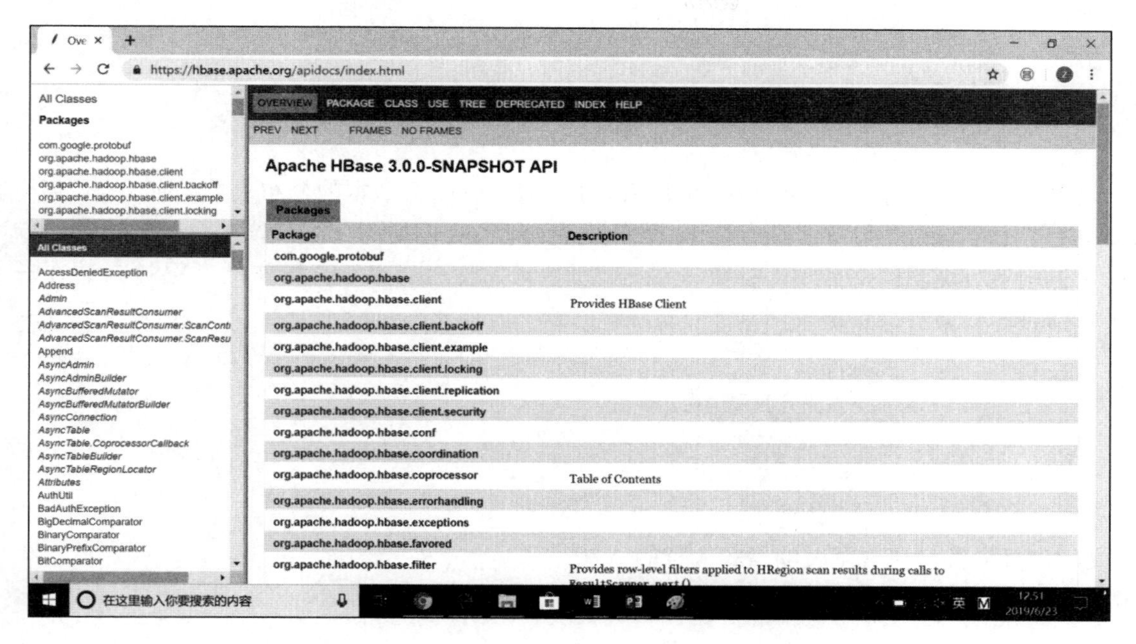

图 5-10　HBase Java API

下面来说明常用的 HBase API 所提供的类的功能，以及它们之间的关系。

1. org.apache.hadoop.hbase.HBaseConfiguration

作用： 通过此类可以对 HBase 进行配置。

用法：

```
Configuration config = HBaseConfiguration.create();
```

说明： HBaseConfiguration.create() 默认会从 classpath 中查找 hbase-site.xml 中的配置信息，初始化配置（Configuration）。

2. org.apache.hadoop.hbase.client.Connection

作用： Connection 是一个接口，它的对象代表着到 HBase 的一个数据库连接。可以使用 ConnectionFactory.createConnection(config)创建一个连接（Connection）。通过这个连接实例，可以使用 Connection.getTable() 方法获取 Table 对象，例如:

```
Connection connection = ConnectionFactory.createConnection(config);
Table table = connection.getTable(TableName.valueOf("table1"));
try {
   // 使用 table 对象
 } finally {
    table.close();
    connection.close();
 }
```

3. org.apache.hadoop.hbase.client.Table

作用： 这个接口可以和 HBase 进行通信，对数据表进行操作。

用法：

```
Table tab = connection.getTable(TableName.valueOf("table1"));
ResultScanner sc = tab.getScanner(Bytes.toBytes("familyName"));
```

说明：获取表内列簇familyName的所有数据。HBase是大数据的分布式数据库，当使用全表扫描肯定是不合理的。我们可以给Scan操作指定startRow参数来定义扫描读取HBase表的起始行键，同时也可选用stopRow参数来限定读取到何处停止。Scan操作的结果被封装在一个ResultScanner对象中：

```
Scan s = new Scan();
//通过rowkey来指定数据开始和结束
s.setStartRow(Bytes.toBytes("2019-3-22"));
s.setStopRow(Bytes.toBytes("2019-3-23"));
rs = table.getScanner(s);
```

这个Table接口包含了表的增删改查的API:

```
//删除
boolean checkAndDelete(row,family,qualifier,value,Delete);
boolean checkAndDelete(row,family,qualifier, CompareFilter.CompareOp,
value,Delete);
void delete(Delete);
void delete(List<Delete>);      //支持批量删除
//查询
Result get(Get);
Result[] get(List<Get>);        //支持批量查询
ResultScanner getScanner(family,qualifier);
ResultScanner getScanner(Scan);
//插入
boolean checkAndPut(row,family,qualifier,value,Put);
boolean checkAndPut(row,family,qualifier, CompareFilter.CompareOp, value,Put);
void put(List<Put>);          //支持批量插入
void put(Put);
//验证是否存在
boolean exists(Get);
```

4. org.apache.hadoop.hbase.client.Put

作用：添加一行数据

用法：

```
Put p = new Put(row);
p.add(family,qualifier,value);
table.put(p);
```

说明：新建一个Put对象（参数为行键），该对象封装了要插入的数据。添加“family（列簇），qualifier（列名），value（值）”指定的值。Table接口的put方法要么向数据表插入新行（如果行键是新的），要么更新行（如果行键已经存在）。可以一次向表中插入一行数据，也可以一次操作一个集合，同时向表中写入多行数据。要注意的是，HBase 没有 Update 操作，这是通过 Put 操作完成对数据的修改。Put 操作会为一个单元格创建一个版本，默认为当前的时间戳，我们也可以自己设置时间戳。

5. org.apache.hadoop.hbase.client.Get

作用：获取单个行的数据

用法：

```
Get get = new Get(row);
get.addColumn(family,qualifier);   //如果不指定列信息，则返回所有列
Result result = table.get(get);
```

说明：新建 Get 对象，该对象封装了要查询的行键、列簇和列名。执行查询后就获取了数据表中 row 行的对应数据。在默认情况下，get()方法一次取回该行全部列的数据，也可以限定只返回某个列簇对应的列的数据，或者进一步限定为某些列的数据。正如上面例子中所看到的，该方法返回的数据将被封装在一个 Result 对象中。用 Result 类提供的方法，可以从服务器端获取匹配指定行的特定返回值，这些值包括列簇、列限定符和时间戳等。我们可以在 Get 对象上设置版本信息，用于返回老版本，例如下面的代码设置了要返回最近 3 个版本：

```
get.setMaxVersions(3);
```

由于 HBase 按列存储的特性，因此按照行键的查询的速度就非常快，应该在毫秒级别。按照行键查询是 HBase 检索中最常用并且是速度最快的查询。

6. org.apache.hadoop.hbase.client.ResultScanner

作用：获取多行数据（也叫扫描读）

用法：

```
ResultScanner scanner = table.getScanner(family);
For(Result rowResult : scanner){
    Bytes[] str = rowResult.getValue(family,column);
}
```

说明：循环获取行中列值。

7. org.apache.hadoop.hbase.client.Scan

作用：获取多行数据（也叫扫描读）

用法：

```
Scan scanner  = new Scan();
scanner.setTimeRange(startTime,endTime);//设置时间段
scanner.setStartRow(startRow);
scanner.setSTopRow(stopRow);
scanner.addColumn(family,column);
ResultScanner rsScanner = table.getScanner(scanner);
For(Result rowResult : scanner){
```

```
    Bytes[] str = rowResult.getValue(family,column);
}
```

说明：循环获取行中列值。上面的扫描器 scan.setStartRow(Bytes) 和 scan.setStopRow(Bytes) 是用来设置要查询的数据的行键的范围。

8. org.apache.hadoop.hbase.client.Delete

作用：这是 HBase 的 Java API 中删除数据的类。我们可以通过多种方法限定要删除的数据。与 RDBMS 不同，HBase 可以删除某一个列簇、某个列、某个单元格，或者指定某个时间戳，删除比这个时间早的数据。例如：

```
Delete del= new Delete(row1);
del.addColumn(family, qualifier);
table.delete(del);
```

在上面的例子中，新建 Delete 对象，封装要删除的行键和列信息，然后执行删除操作。

5.3.2 过滤器

上节中的操作过于简单，有时不能满足复杂查询的需求。这时候就需要更加高级的过滤器（Filter）来查询了。前面的 Get 和 Scan 类都可以配置过滤器，方法为 setFilter(filter)。过滤器可以根据列簇、列、版本等更多的条件来对数据进行过滤。基于 HBase 本身提供的三维（行键、列、版本），这些过滤器可以更高效地完成过滤功能。过滤器是在 RegionServer 上发挥作用，所以过滤器可以减少网络传输的数据。下面来看一下具体的过滤器类。

1. org.apache.hadoop.hbase.filter.FilterList

作用：FilterList 代表一个过滤器列表，过滤器之间具有 FilterList.Operator.MUST_PASS_ALL（就是 AND）和 FilterList.Operator.MUST_PASS_ONE（就是 OR）的关系，即“与”和“或”的关系。下面展示一个过滤器的“或”关系，检查同一属性的 'value1' 或 'value2' 。

```
    FilterList list = new FilterList(FilterList.Operator.MUST_PASS_ONE);
    SingleColumnValueFilter filter1 = new SingleColumnValueFilter
(Bytes.toBytes("cfamily"), Bytes.toBytes("column"),CompareOp.EQUAL,
Bytes.toBytes("value1"));
    list.add(filter1);
    SingleColumnValueFilter filter2 = new SingleColumnValueFilter
(Bytes.toBytes("cfamily"), Bytes.toBytes("column"), CompareOp.EQUAL,
Bytes.toBytes("value2"));
    list.add(filter2);
```

2. org.apache.hadoop.hbase.filter.SingleColumnValueFilter

作用：SingleColumnValueFilter 类是一个列值过滤器，用于测试列值是否相等（CompareOp.EQUAL），不等（CompareOp.NOT_EQUAL）或范围（例如 CompareOp.GREATER）。下面的例子用于检查列值和字符串“values”是否相等：

```
SingleColumnValueFilter filter = new SingleColumnValueFilter(Bytes.toBytes
```

```
("cFamily"), Bytes.toBytes("column"), CompareOp.EQUAL, Bytes.toBytes("values"));
    scan.setFilter(filter);
```

3. org.apache.hadoop.hbase.filter.ColumnPrefixFilter

作用：ColumnPrefixFilter 用于返回只与指定列名的前缀相等的那些行。在 HBase 中，每行的列数可能是不同的。例如下面的例子是查找以“yang”为前缀的所有列的值：

```
byte[] prefix = Bytes.toBytes("yang");
Filter f = new ColumnPrefixFilter(prefix);
Scan scan = new Scan(row,row); //限制为一行
scan.addFamily(family);            //限制为一个列簇
scan.setFilter(f);
```

4. org.apache.hadoop.hbase.filter.MultipleColumnPrefixFilter

作用：MultipleColumnPrefixFilter 和 ColumnPrefixFilter 行为差不多，但可以指定多个前缀。例如下面指定了“yang”和“zhenghong”两个前缀：

```
    byte[][] prefixes = new byte[][] {Bytes.toBytes("yang"),
Bytes.toBytes("zhenghong")};
    Filter f = new MultipleColumnPrefixFilter(prefixes);
    Scan scan = new Scan(row, row);
    scan.addFamily(family);
    scan.setFilter(f);
```

5. org.apache.hadoop.hbase.filter.ColumnRangeFilter

作用：ColumnRangeFilter 过滤器可以进行列的内部扫描。下面的例子扫描所有在“a-100”和“b-999”之间的列：

```
byte[] startColumn = Bytes.toBytes("a-100");
byte[] endColumn = Bytes.toBytes("b-999");
Scan scan = new Scan(row,row);
scan.addFamily(family);
Filter f = new ColumnRangeFilter(startColumn, true, endColumn,true);
scan.setFilter(f);
```

6. org.apache.hadoop.hbase.filter.QualifierFilter

作用：QualifierFilter 是基于列名的过滤器。例如：

```
Filter f = new QualifierFilter(CompareFilter.CompareOp.EQUAL, "QualifierName");
scan.setFilter(f);
```

7. org.apache.hadoop.hbase.filter.RowFilter

作用：RowFilter 是行键过滤器。一般而言，执行 Scan 时使用 startRow/stopRow 方式比较好。这个行键过滤器完成对某一行的过滤。例如：

```
Filter f = new RowFilter(CompareFilter.CompareOp.EQUAL,
new BinaryComparator(Bytes.toBytes("row-A")));
scan.setFilter(f);
```

8. org.apache.hadoop.hbase.filter.PageFilter

作用：PageFilter 用于按行分页。例如：

```
Filter filter = new PageFilter(15);
Scan scan = new Scan();
scan.setFilter(filter);
```

比较器是过滤器的核心组件之一，用于处理具体的比较逻辑。下面就是各个比较器类：

1. org.apache.hadoop.hbase.filter.RegexStringComparator

作用：RegexStringComparator 是支持正则表达式的比较器。

过滤器与比较器一起使用会很方便。下面代码中的参数 reg 就是正则表达式表达的合乎条件的规则。

```
Scan scan = new Scan();
String reg = "^188([0-9]{8})$";    //满足 188 开头的手机号
RowFilter filter = new RowFilter(CompareOp.EQUAL, new
RegexStringComparator(reg));
scan.setFilter(filter);
ResultScanner rs = table.getScanner(scan);
for(Result rr : rs){
    for(KeyValue kv : rr.raw()){
        ...
    }
}
```

2. org.apache.hadoop.hbase.filter.SubstringComparator

作用：SubstringComparator 用于检测一个子串是否存在于列值中。不区分字母大小写。例如：

```
//检测"zhenghong"是否存在于查询的列值中
SubstringComparator comp = new SubstringComparator("zhenghong");
SingleColumnValueFilter filter = new SingleColumnValueFilter(cf,
column,CompareOp.EQUAL, comp);
scan.setFilter(filter);
```

3. org.apache.hadoop.hbase.filter.BinaryPrefixComparator

作用：BinaryPrefixComparator 是二进制前缀比较器，它只比较前缀是否相同。

4. org.apache.hadoop.hbase.filter.BinaryComparator

作用：BinaryComparator 是二进制比较器，用于按照字典顺序比较 Byte 数据值，例如：

```
Filter filter1 = new ValueFilter(CompareFilter.CompareOp.NOT_EQUAL, new
BinaryComparator(Bytes.toBytes("val=0")));
Scan scan = new Scan();
```

```
scan.setFilter(filter1);
ResultScanner scanner1 = table.getScanner(scan);
```

5.3.3 计数器

Hbase 提供了一个计数器工具，可以方便快速地进行计数的操作，从而免去了加锁等保证原子性的操作。实质上，计数器还是列，有自己的簇和列名。值得注意的是，维护计数器值的最好方法是用 HBase 提供的 API，直接操作更新很容易引起数据的混乱。计数器的增量可以是正数或负数，正数代表加，负数代表减。计数器在 RegionServer 上完成。org.apache.hadoop.hbase.client.Table 接口提供了 incrementColumnValue(byte[] row, byte[] family, byte[] qualifier, long amount) 方法在某一行某一列上增加值。例如：

```
long cur = table.incrementColumnValue(rowkey1,cf1,c1,0L); //不增加
cur = table.incrementColumnValue(rowkey1,cf1,c1,1L);      //增加 1
cur = table.incrementColumnValue(rowkey1,cf1,c1,10L);     //增加 10
```

多列计数器需要使用基数器的类，即 org.apache.hadoop.hbase.client.Increment。首先使用 Increment 的构造方法新建一个 Increment 实例，然后使用这个类的 addColumn(byte[] family，byte[] qualifier, long amount)方法指定一个计数器列。多次调用这个方法可以添加多个列。例如：

```
Increment incr = new Increment(Bytes.toBytes("rk1"));
incr.addColumn(Bytes.toBytes("cf1"),Bytes.toBytes("count1"),1);
incr.addColumn(Bytes.toBytes("cf1"),Bytes.toBytes("count2"),1);
incr.addColumn(Bytes.toBytes("cf2"),Bytes.toBytes("count2"),5);
incr.addColumn(Bytes.toBytes("cf2"),Bytes.toBytes("count2"),5);
Result result1 = table.increment(incr);
```

5.3.4 原子操作

HBase 提供了基于单行数据操作的原子性保证。即对同一行的变更操作（包括针对一列/多列/多列簇的操作），要么完全成功，要么完全失败，不会有其他状态，例如：

A 客户端：针对 rowkey=100 的行发起操作：cf1:a = 1　cf2:b=1

B 客户端：针对 rowkey=100 的行发起操作：cf1:a = 2　cf2:b=2

cf1 和 cf2 为列簇，a 和 b 为列。A 客户端和 B 客户端同时发起请求，最终 rowkey=100 的行的各个列的值可能是 cf1:a = 1　cf2:b=1，也可能是 cf1:a = 2　cf2:b=2，但绝对不会是 cf1:a = 1　cf2:b=2。HBase 基于行锁来保证了单行操作的原子性。还有，Table 接口提供了 checkAndPut() 和 checkAndDelete() 方法，这两个方法在维持原子操作的同时还提供了更精细的控制，例如 tab.checkAndPut(rowKey, family, column, value, put）检查这个列值是否等于指定的值 value（即值没有发生改变），如果等于，则执行 put 操作赋予新值。

5.3.5 管理 API

org.apache.hadoop.hbase.client.Admin 是一个管理的接口，可以管理 HBase 数据库中的数据表。它通过 Connection.getAdmin() 获得 Admin 的一个实例。通过这个接口，可以创建表、删除表、修改表、查询表的信息等，还可以管理 Region 分裂与合并等操作。

下面是涉及到数据表的创建、删除、修改的方法。创建数据表的方法都以 create 开头，删除数据表的方法都以 delete 开头。

```
//创建
void createTable(HTableDescriptor desc);
//删除
void deleteTable(TableName tableName);
HTableDescriptor[] deleteTables(String regex);
HTableDescriptor[] deleteTables(Pattern pattern);
//修改
void addColumnFamily(TableName tableName, HColumnDescriptor columnFamily);
void modifyColumnFamily(TableName tableName, HColumnDescriptor columnFamily);
void modifyTable(TableName tableName, HTableDescriptor htd);
//修改表的状态，获取表的信息
void disableTable(TableName tableName);
void enableTable(TableName tableName);
HTableDescriptor getTableDescriptor(TableName tableName);
boolean isTableDisabled(TableName tableName);
Boolean isTableEnabled(TableName tableName);
TableName[] listTableNames();
```

在上面的 API 中，有以下两个描述表和列的类：org.apache.hadoop.hbase.HTableDescriptor 包含了表的名字以及表的列簇信息；org.apache.hadoop.hbase.HColumnDescriptor 维护列簇的信息。用法如下：

```
HTableDescriptor htd =new HTableDescriptor(tablename);
htd.addFamily(new HColumnDescriptor("myFamily"));
admin.createTable(htd);
```

使用 Java API 删除一个表时，需要包含 2 个步骤，第一步是 disableTable(tableName)，第二步是 deleteTable(tableName)。第一个 API 禁用表，第二个 API 删除表。下面的例子演示了如何添加、删除和修改列信息：

```
if (modCols.size()>0 || addCols.size()>0 || delCols.size()>0 ) {
    for (final HColumnDescriptor col : modCols ) {
        admin.modifyColumnFamily(tableName, col);
    }
    for (final HColumnDescriptor col : addCols ) {
        admin.addColumnFamily(tableName,col);
    }
    for (final HColumnDescriptor col : delCols ) {
        admin.deleteColumnFamily(tableName,col);
    }
}
```

HBase 也提供了类似触发器和存储过程的功能，这是通过协处理器完成的。协处理器提供的 Observer 类似 RDBMS 的触发器，而协处理器提供的 EndPoint 类似存储过程。关于这方面的具体内容，可参考 HBase 文档。

5.4 其他 NoSQL 数据库

Cassandra、Impala 和 Amazon DynamoDB 是另外几个知名的 NoSQL 数据库。

5.4.1 Cassandra

Cassandra 是一套开源分布式 NoSQL 数据库系统，能够在一堆普通的服务器上存储和管理数据。它最初由 Facebook 公司开发，用于存储和查询 Facebook 收件箱。Cassandra 既可用作实时的数据存储（例如在线事务系统），也可用作大型的 BI 系统（这些系统往往是有大量的读操作）。Cassandra 的每个节点的角色是一样的，没有主从节点之分，所有节点彼此同等地通信。这个优势保证了 Cassandra 没有单点失败的问题。由于 Cassandra 良好的可扩展性，它被苹果、Comcast、Instagram、Spotify、eBay、Netflix、Twitter 等知名公司所使用，成为了一种流行的分布式数据存储方案。使用 Cassandra 的最大的一个生产系统是在 75000 节点的集群上操作 PB 级别的数据。

5.4.2 Impala

Impala 是 Cloudera 公司主导开发的新型查询引擎，它提供 SQL 语义，能查询存储在 Hadoop 的 HDFS 和 HBase 中的 PB 级大数据。已有的 Hive 系统虽然也提供了 SQL 语义，但由于 Hive 仍然是一个批处理操作，难以满足查询的交互性。相比之下，Impala 的最大优势就是它比 Hive 较少的延迟（SQL 的执行速度快）。读者需要注意的是，Hive 支持所有来自 Impala 的调用，但是，反之则不成立。

5.4.3 DynamoDB

Amazon DynamoDB 是一个“键-值”和文档 NoSQL 数据库，可以在任何规模的环境中提供毫秒级性能。它是一个完全托管的 NoSQL 数据库服务，具有适用于 Internet 规模的应用程序所需的内置安全性、备份和恢复以及内存缓存。它提供了按需备份，可创建完整的表备份。DynamoDB 每天可处理超过 10 万亿个请求，并支持每秒超过 2000 万个请求的峰值。许多知名企业，如 Lyft、Airbnb 和 Redfin，以及 Samsung、Toyota 和 Capital One 等企业，都在使用 DynamoDB 来支持其关键任务的工作负载。根据 Amazon 官方网站的信息，超过 100000 家 AWS 客户选择 DynamoDB 作为“键-值”和文档数据库，用于它们各自的移动、Web、游戏、广告技术、物联网等应用程序，以及其他在任何规模下都需要低延迟数据访问的应用程序。

在默认情况下，DynamoDB 的数据表会启用 Auto Scaling。这可以在不停机的情况下自动调整读写吞吐量。我们只需设置所需的吞吐量使用率目标、最小和最大限制即可，剩下的由 Auto Scaling 负责处理。Auto Scaling 与 CloudWatch 协同工作，持续监控实际的吞吐量消耗，并自动扩展或缩减容量。

5.4.4 Redshift

根据 Amazon 官网的定义，Redshift 是一个快速、可扩展的数据仓库，可以简单、经济高效地分析数据仓库和数据湖中的所有数据。Redshift 通过在高性能磁盘上使用 Machine Learning、大规模并行地查询执行和列式存储，可提供比其他数据仓库快十倍的性能。用户可以在几分钟内设置和部署新的数据仓库，并在 Redshift 数据仓库中对 PB 级数据以及对在 Amazon S3 上构建的数据湖中的 EB 级数据进行查询。用户可以从每小时 0.25 美元的小规模开始，扩展到每年每 TB 为 250 美元的规模。

5.5 云数据库

随着大数据系统上云，我们就需要一个云端的 RDBMS，用于存储和管理诸如大数据分析结果、大数据作业状态、大数据操作中的事务信息、大数据平台计费、多租户配置信息等等。本节以 AWS RDS 为例来说明云端数据库。

5.5.1 什么是 RDS

RDS 是 Relational Database Service（关系数据库服务）的简称，可在云中轻松设置、操作和扩展关系数据库，为我们提供所需的快速性能、高可用性、安全性和兼容性。RDS 提供了六种常用的数据库引擎供选择，包括 Amazon Aurora、PostgreSQL、MySQL、MariaDB、Oracle Database 和 SQL Server。说白了，RDS 就是 AWS 托管的数据库服务。在正常情况下，数据库需要自己维护。为了使用数据库，我们需要准备安装的机器，配置安装环境，安装数据库，为数据库打补丁等等。这就是 DBA 的工作。在 AWS 看来，AWS 可以替我们做上面所有的工作，操作人员只需点几下鼠标，AWS 不但把环境给我们准备好了，而且还提供了较高的可用性。RDS 可以自动备份数据库，确保数据库软件版本保持最新，且灵活方便地扩展与关系数据库实例相关联的计算资源或存储容量。此外，RDS 还可通过复制来增强数据库可用性、改进数据的耐久性或扩展读取密集型数据库工作负载中单一数据库实例的容量限制。与所有 Amazon Web Services 一样，只需为所使用的资源付费即可。

5.5.2 创建云数据库

我们可以通过 AWS 管理控制台、AWS 命令行工具和 API 来操作 RDS。登录 AWS 管理控制台后，从 Services 那里选择 RDS，用鼠标单击 Databases，就可以看到如图 5-11 所示的 RDS 管理界面。在这个界面中列出了一个个数据库实例（DB Instance）。一个数据库实例就是一个云中的数据库环境，其中包含了计算资源和存储资源。我们可以运行多个数据库实例（在默认情况下，最多 40 个），且每个数据库实例可以选择不同的数据库引擎（Engine），在一个数据库实例内可运行多个数据库。在图 5-11 中，可以看到 MySQL 数据库实例，PostgreSQL 数据库实例，等等。单击右边的“Create database”按钮就可以创建新的数据库实例，如图 5-12 所示。

首先选择数据库引擎的类型，在这里我们选择 MySQL。

如图 5-13 所示，第 2 步会询问“是否计划将此数据库用于生产目的”。对于生产目的的 RDS，数据库实例创建过程中会做一些优化配置，它自动为我们选择“多可用区的部署”和“预置 IOPS 存储”的存储类型，本书我们只是用于测试，因此选择“Dev/Test - MySQL”。

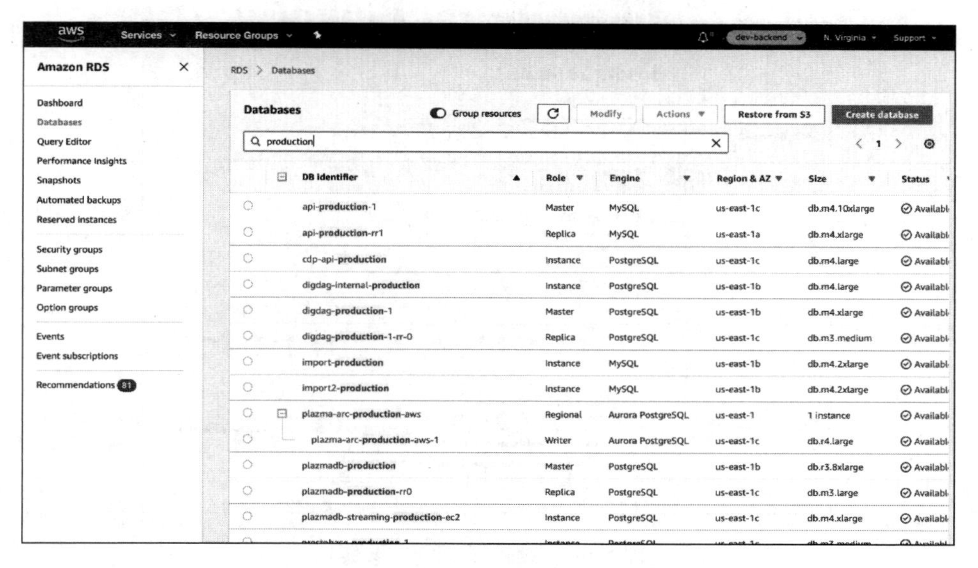

图 5-11　RDS 管理界面

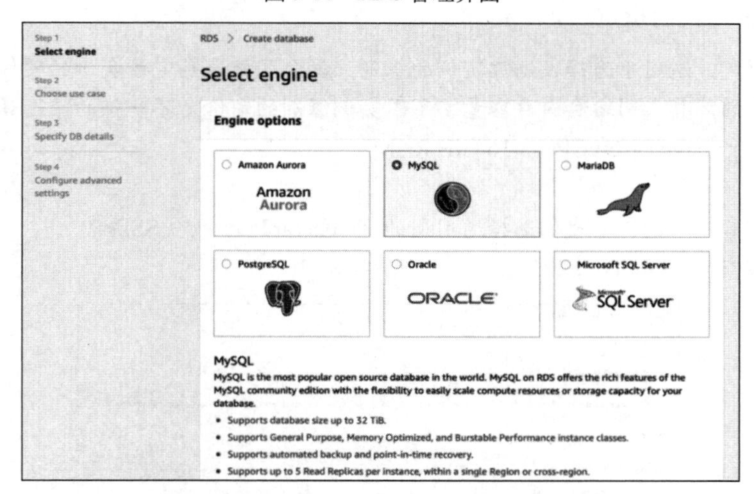

图 5-12　选择数据库引擎

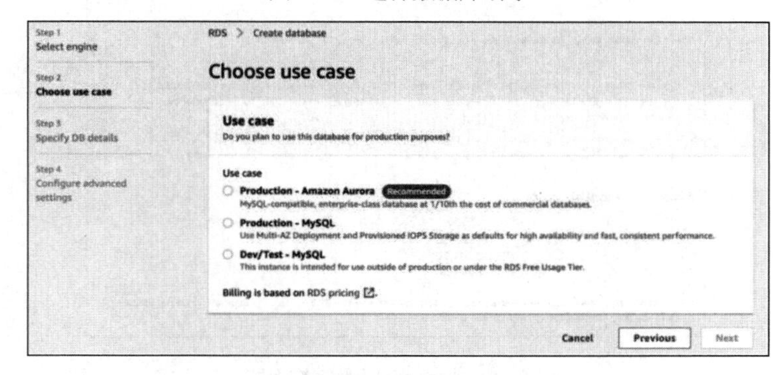

图 5-13　确定是否用于生产目的

第 3 步配置数据库的详细信息，包括“实例规格”和“设置”两方面的选项。如图 5-14 所示，我们指定实例规格：许可模式、数据库引擎版本。

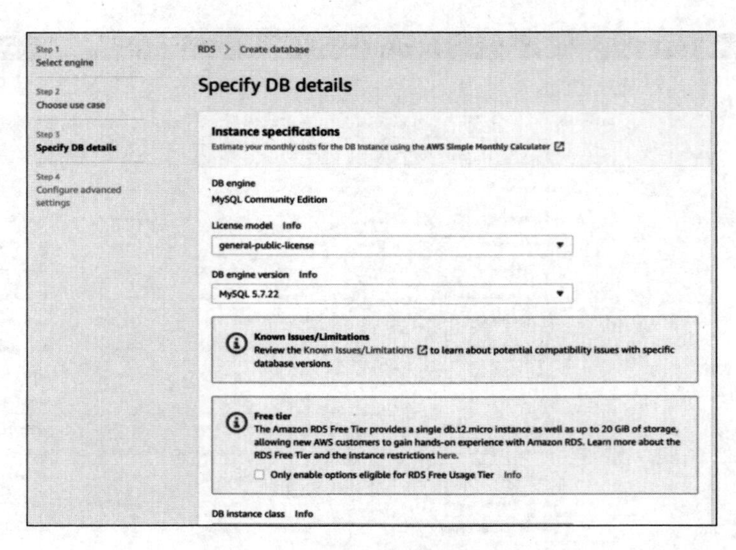

图 5-14　数据库实例规格设置 1

如图 5-15 所示，我们指定：

- 数据库实例类，这用于选择数据库实例的级别。说白了就是确定该实例的硬件配置，确定该数据库实例所需的计算、网络和内存容量。不同实例级别的定价是不一样的，选择时要注意。我们这里选择“db.r5.large — 2 vCPU，16 GiB RAM”。
- 多可用区部署：否。
- 存储类型：有三个选择，我们选择通用型的“General Purpose（SSD）”。
- 分配的存储空间：20GB。

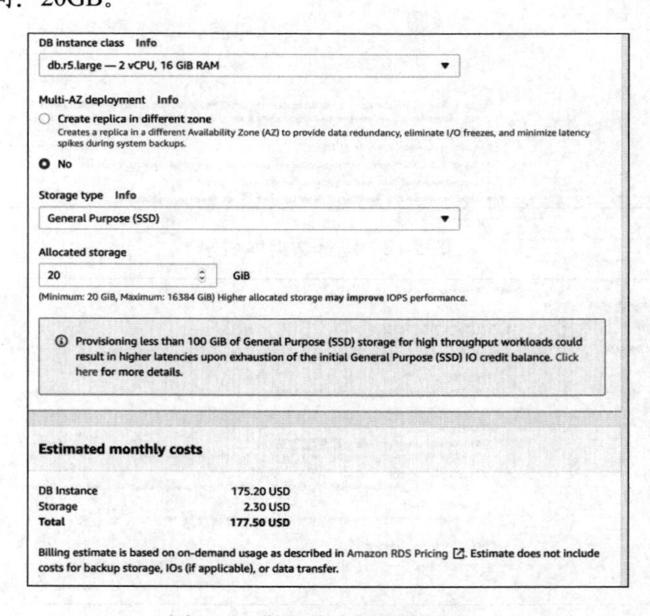

图 5-15　数据库实例规格设置 2

如图 5-16 所示，这里面的信息比较简单，将数据库实例标识符、用户名、密码都填好，就可以单击“Next”按钮进入下一步。

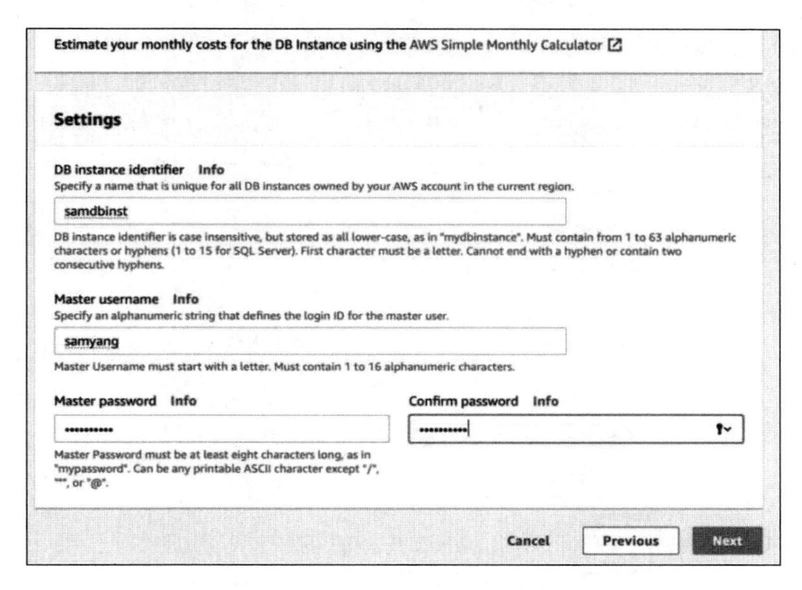

图 5-16　数据库实例规格设置 3

如图 5-17 所示，在高级设置中，首先设置网络安全方面的信息，具体如下：

- VPC（虚拟私有云）：默认。
- 子网组：默认。
- 公开访问：是（如果选否将不能通过互联网访问该 RDS 实例）。
- 可用区：选择一个可用区。
- 安全组：创建新的 VPC 安全组。

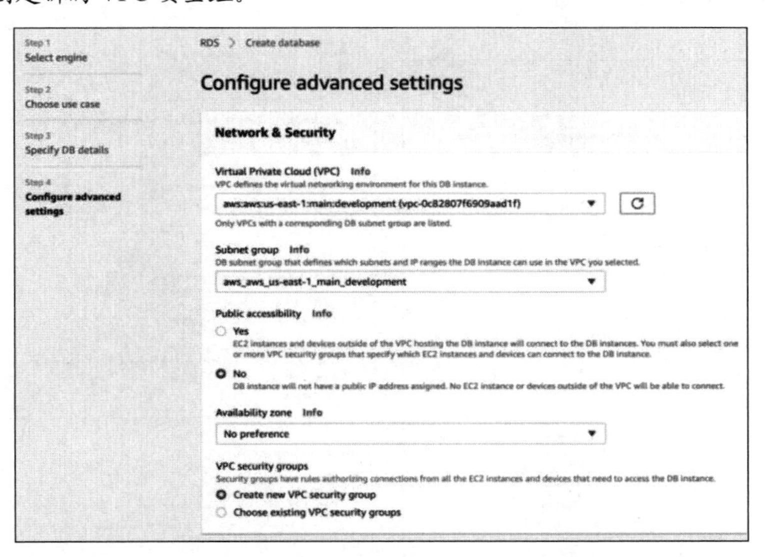

图 5-17　高级设置

如图 5-18 所示，设置数据库选项如下：

- 数据库名称。
- 数据库端口：默认是 3306。

- 数据库参数组：默认。
- 选项组：默认。
- IAM DB 验证：选中 “Disable”。

Database options
Database name Info
dbname
Note: if no database name is specified then no initial MySQL database will be created on the DB instance.
Port Info
TCP/IP port the DB instance will use for application connections.
3306
DB parameter group Info
default.mysql5.7
Option group Info
default:mysql-5-7
IAM DB authentication Info
Enable IAM DB authentication
Manage your database user credentials through AWS IAM users and roles.
Disable
Encryption
Encryption
Enable encryption Learn more
Select to encrypt the given instance. Master key ids and aliases appear in the list after they have been created using the Key Management Service(KMS) console.
Disable encryption

图 5-18　数据库选项设置

如图 5-19 所示，设置备份选项（全部保持默认）和监控选项（全部保持默认）。如图 5-20 所示，设置维护选项（全部保持默认）。单击“create Database”就会开始数据库实例创建。实例创建还是比较耗时的，请耐心等待。

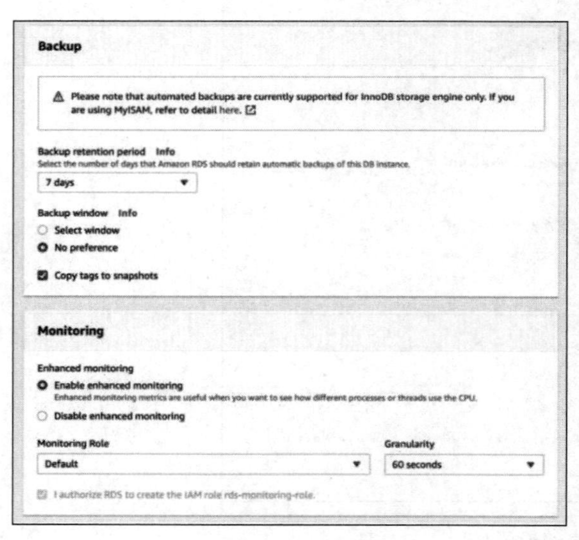

图 5-19　备份和监控设置

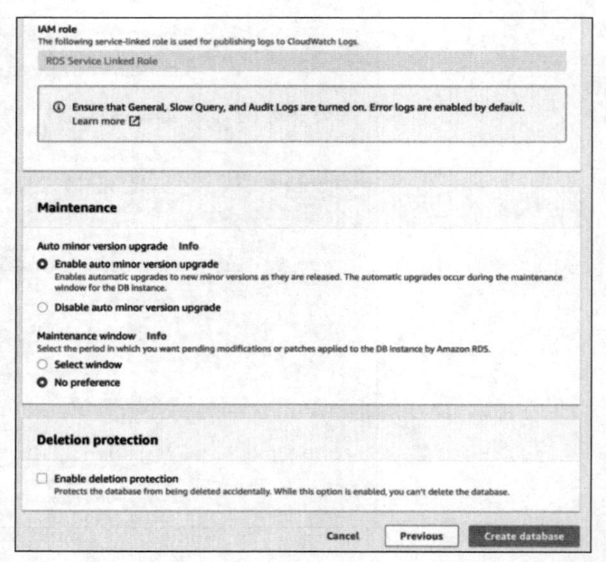

图 5-20　维护选项

5.5.3　查看云数据库信息

在图 5-11 所示的数据库实例列表上，选择一个数据库实例，用双击之，即可进入该数据库实例。如图 5-21 所示，上面的“Summary”部分显示了该数据库实例的标识符（名称）、CPU 使用情况、当前的连接数、数据库引擎、EC2 类型和区域等。下面的部分分成几个页签。第一个是“Connectivity&security”，显示了访问该数据库实例的 URL、端口号和安全设置信息。如图 5-22 所示的是数据库实例监控信息，包括：CPU 利用率曲线、数据库连接状况、空闲的存储状况和内存状况。图 5-23 显示了数据库实例的详细配置信息，包括虚拟 CPU 的个数、内存数等信息。RDS 就是 AWS 托管的数据库服务。灵活方便地扩展与关系数据库实例相关联的计算资源或存储容量。图 5-24 显示了数据库实例的维护情况和备份状态。RDS 可以自动备份数据库，并确保数据库软件版本保持最新，图 5-25 显示了 RDS 推荐的一些软件更新。

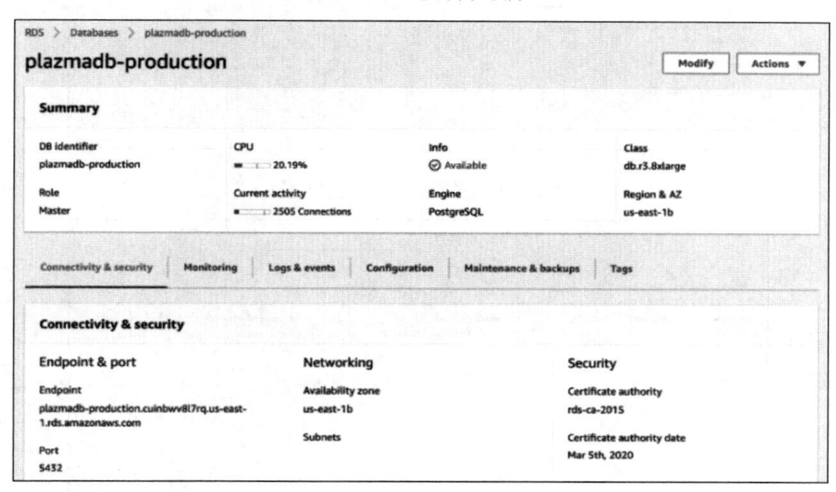

图 5-21　一个数据库实例

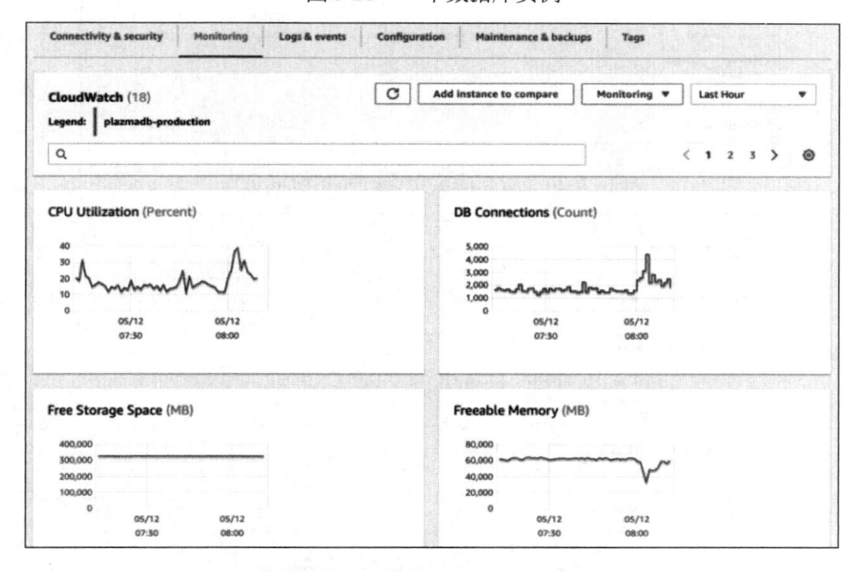

图 5-22　数据库实例监控信息

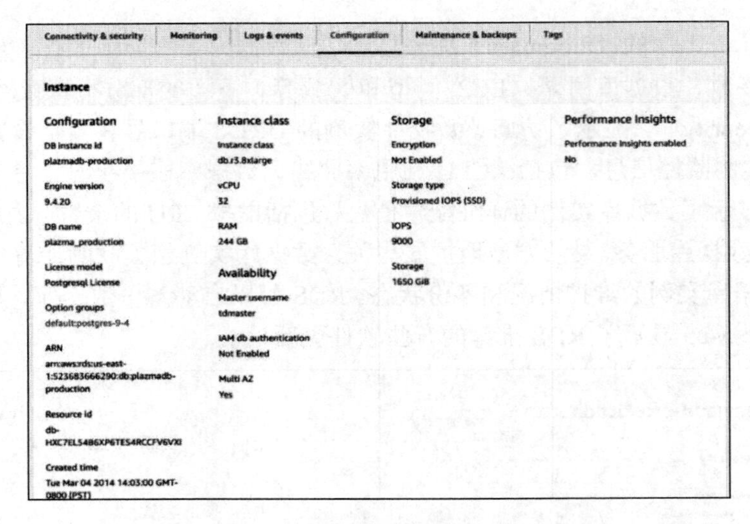

图 5-23　数据库实例配置信息

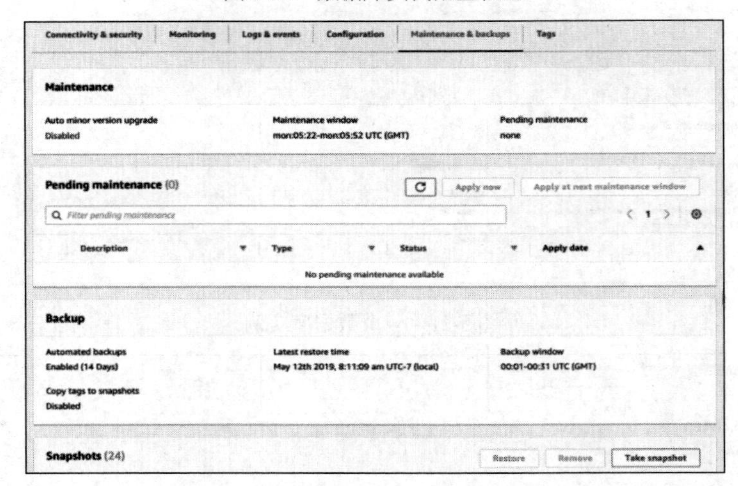

图 5-24　数据库实例维护和备份信息

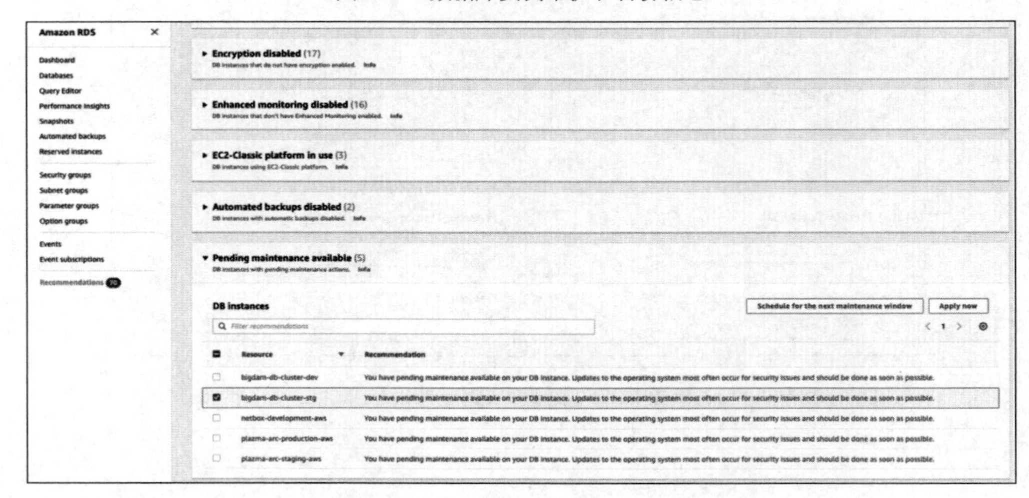

图 5-25　数据库实例软件更新

最后，我们要指出的是，RDS 支持多分区功能。分区是一种通过使用多台数据库服务器（RDS）提高写入性能的技术，它是使用结构完全相同的数据库并使用表列作为键（Key）进行划分，以分配方式写入进程。例如，一个数据库中，用户的首字母是 A 到 P；在另一个数据库中，首字母是 Q 到 Z。这两个数据库在两个 RDS 上。RDS 还支持使用只读副本来进行水平扩展，但是只读副本的复制不是同步的。RDS 支持在不停机的状态下垂直扩展（即动态扩展 CPU，动态添加内存，实时配置更多存储空间）。

5.5.4　何时使用云端数据库

当应用程序具有以下要求时就可使用云端数据库：

- 数据操作是复杂的查询，包含更新或删除。
- 中等的数据量。

当应用程序具有以下要求时可使用 NoSQL 数据库：

- 极大的读取/写入速率。
- 数据量巨大。
- 数据操作主要是简单的取和存操作。

第 6 章

大数据访问：SQL 引擎层

在上一章，我们提到了 HBase 的很多优点，例如，HBase 提供了海量数据的毫秒级查询。可见，HBase 是个非常好的实时查询框架，缺点就是查询功能非常薄弱，仅限于通过行键（Row Key）查询。还有一点是，许多程序员和 DBA 对 HBase 还是很不习惯，因为他们需要抛弃从前具有的关系型数据库的很多常识来学习如何使用 HBase。那么，有没有一种方法操作 HBase，就像操作传统的关系型数据库一样呢？这就是本章我们要阐述的 SQL 引擎层，它提供了 HBase 的 SQL 访问功能，可以使用标准的 JDBC API 操作去创建数据表、插入记录、查询数据。本章讲述的 Phoenix 就是一个 Java 编写的 SQL 引擎层，它可以让开发者在 Apache HBase 上执行 SQL 查询。它将 SQL 查询转换为一个或多个 HBase scan，执行并生成标准的 JDBC 结果集。如果我们手工使用 HBase 的 API 去编写这些代码，也会得到相同的运行结果和执行速度。但是，使用 Phoenix 的效果却会带来更快的开发效率。与直接使用 HBase API、协同处理器与自定义过滤器相比，对于简单查询来说，Phoenix 性能量级是毫秒级的，对于百万级别的行数来说，其性能量级是秒级的。

大数据时代的信息爆炸，使得分布式和并行处理变得如此重要。从单机应用到集群应用的发展中，诞生了 Hadoop MapReduce 这样的分布式框架，简化了并行程序的开发，提供了水平扩展和容错能力。虽然 MapReduce 的应用非常广泛，但这类框架的编程接口仍然比较低级，编写复杂处理程序或特定（Ad-hoc）查询仍然十分耗时，并且代码很难复用，学习成本太高。Google、Facebook 等公司都在底层分布式计算框架之上又提供了更高层次的编程模型，将开发者不关心的细节封装起来，提供了更简洁的编程接口。Hive 就是这样的一种工具。Hive 是一种建立在 Hadoop 文件系统上的数据仓库架构，并对存储在 HDFS 中的数据进行查询、分析和管理。它可以将结构化的数据文件映射为一张数据库表（只需要在创建 Hive 数据表的时候告诉 Hive 数据中的列分隔符和行分隔符，Hive 就可以解析数据了），通过 SQL 去查询所需要的内容。Hive 支持使用 ANSI SQL 来查询 HDFS 和 HBase 上的数据。

本章主要讲解 Phoenix 和 Hive，在第 9 章讲解 Spark SQL，它们都被统称为大数据访问的 SQL 引擎层。

6.1 Phoenix

Phoenix 是由 Salesforce 公司开源提供给 Apache 的。Phoenix 查询引擎会将 JDBC API 编译成一系列的 HBase 的 scan 操作和服务器端的过滤器，执行后生成标准的 JDBC 结果集并返回。本质上讲，Phoenix 就是能够让开发人员使用 SQL 和 JDBC 来访问 HBase。因此，Phoenix 是构建在 Apache HBase（列式大数据存储）之上的一个 SQL 中间层，它完全是使用 Java 编写而成的，类似一个内嵌在客户端的 JDBC 驱动程序。Phoenix 对于程序员来说是一个不用学习 HBase 就可以进行开发和管理 HBase 的好工具。有了 Phoenix，我们就可以使用最熟悉的 SQL 语句和 JDBC API 对数据执行查询、增加、修改和删除的操作。Phoenix 的官网是 http://phoenix.apache.org。使用 Phoenix 开发 JDBC 程序同一般的 JDBC 程序没有太大区别。下面是 Phoenix 的一些特性：

- 嵌入式的 JDBC 驱动，实现了大部分的 java.sql 接口，包括元数据 API。
- 可以通过多行键或是“键-值”单元对列进行建模。
- 完善的查询支持，可以使用多个谓词以及优化的 scan。
- DDL 支持：通过 CREATE TABLE、DROP TABLE 及 ALTER TABLE 来创建数据表，并可以给表添加或删除列。
- DML 支持：用于逐行插入的 UPSERT VALUES、用于相同或不同表之间大量数据传输的 UPSERT SELECT、用于删除行的 DELETE。
- 支持事务，并紧跟 ANSI SQL 标准。
- Phoenix 将 Query Plan 直接使用 HBase API 来实现，减少了查询的时间延迟。它的 SQL Query Plan 基本上都是通过构建一系列 HBase Scan 来完成的。

在 HBase 上提供 SQL 接口，有如下几个原因：

- 使用诸如 SQL 这样易于理解的语言可以使人们能够更加轻松地使用 HBase。相对于学习另一套私有 API，人们可以使用熟悉的 SQL 语言来读写数据。
- 使用诸如 SQL 这样更高层次的语言来编写，减少了所需编写的代码量。比如说，使用 Phoenix 比使用原生的 HBase API 会少很多行代码。
- 加上 SQL 这样一层抽象层可以对查询进行大量优化。比如说，对于 GROUP BY 查询来说，我们可以利用 HBase 中协同处理器这样的特性。借助于该特性，我们可以在 HBase 服务器上执行 Phoenix 代码。因此，聚合可以在服务器端执行，而不必在客户端，这样会极大减少客户端与服务器端之间传输的数据量。此外，Phoenix 还会在客户端并行执行 GROUP BY，这是根据行键的范围来截断扫描而实现的。通过并行执行，结果会更快地返回。所有这些优化都无须用户参与，用户只需发出查询即可。
- 通过使用业界标准的 API（如 JDBC），我们可以利用现有的工具来使用这些 API。例如，可以使用现成的 SQL 客户端（如 SQuirrel）连接 HBase 服务器并执行 SQL。

6.1.1 安装和配置 Phoenix

Phoenix 项目是构建在 Apache HBase 之上的一个 SQL 中间层，通过标准化的 SQL 语言来访问 HBase 数据，但是性能上不差。对于 10 万到 100 万行的简单查询来说，Phoenix 要胜过 Hive。

对于使用了 HBase API、协同处理器及自定义过滤器的 Impala 与 OpenTSDB 来说，进行相似的查询，Phoenix 的速度也会更快一些。Phoenix 的官方下载地址为 http://phoenix.apache.org/download.html。在 HDP yum 源里有 Phoenix 安装包。安装步骤如下：

步骤 01 在 Master 节点（主节点）上运行：

```
yum install phoenix -y
```

步骤 02 在 Slave 各节点（从节点），将 Phoenix-server.jar 包从 Master 上复制到 HBase 的 lib 目录下。

步骤 03 重启 HBase 完成安装。

为了在 Windows 上使用 Phoenix，需要安装一个可视化控件 squirrel-sql。在 Windows 上安装 squirrel-sql 的步骤如下：

步骤 01 首先把这个安装包（squirrel-sql-3.5.2-standard.jar）复制到目标机器上。

步骤 02 进入命令行操作界面（CMD），如图 6-1 所示。

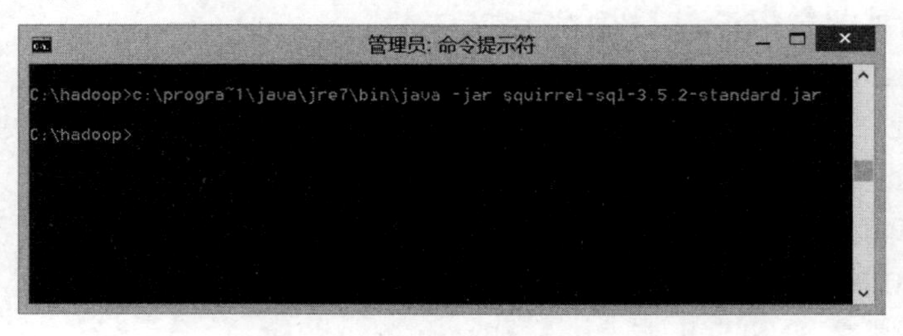

图 6-1　执行安装程序

步骤 03 在命令行窗口中，切换到包含安装包的位置，然后输入命令 java -jar squirrel-sql-3.5.2-standard.jar（见图 6-1），安装程序即开始执行。如图 6-2 所示，按照安装程序的提示，确定所安装的路径，然后一步步安装下去。

步骤 04 把 phoenix 的客户端 jar 包（phoenix-4.1.0-incubating-SNAPSHOT-client.jar 和 phoenix-core-4.1.0-incubating-SNAPSHOT）复制到安装目录的 lib 文件夹下（在笔者的机器上，是 C:\Program Files\squirrel-sql-3.5.2\lib）。

步骤 05 启动 SQuirreL，如图 6-3 所示。

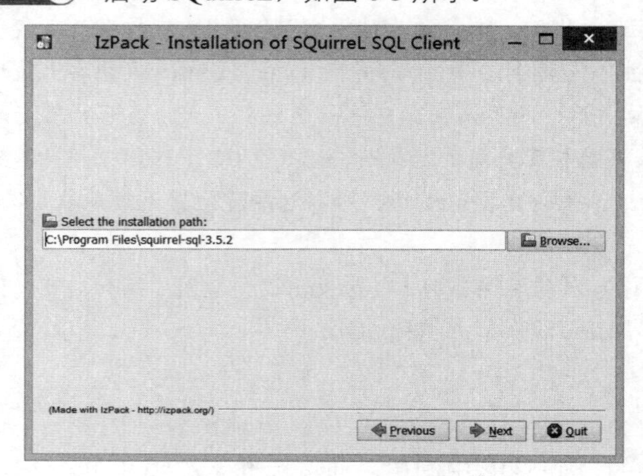

图 6-2　安装路径

图 6-3　SQuirreL 安装后的启动图标

步骤 06　下面开始配置 SQuirreL。在如图 6-4 所示的窗口上单击左侧的 Driver，再单击加号按钮，添加如图 6-5 所示的数据库驱动器。

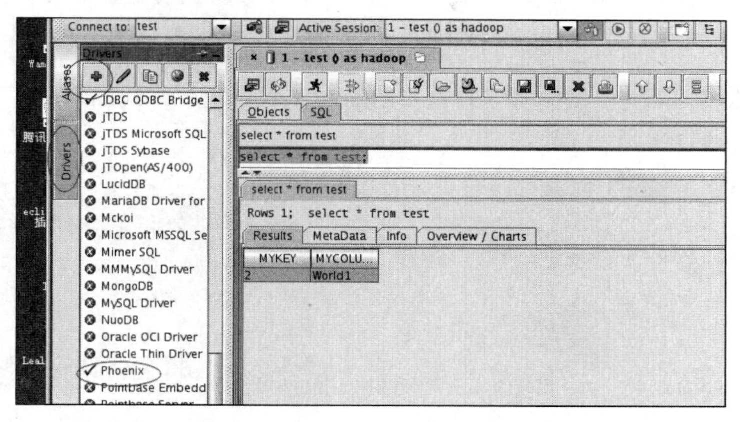

图 6-4　SQuirreL 窗口

步骤 07　如图 6-5 所示，图中参数的含义如下：

- Name：驱动程序的名称。
- Example URL：jdbc:phoenix: master。
- Java Class path：要选中 Phoenix 客户端的 JAR 包。
- Class Name：org.apache.phoenix.jdbc.PhoenixDriver。

配置完成后，单击“OK”按钮即可。

步骤 08　单击图 6-4 上左侧的 Aliases，添加一个数据库连接的别名，具体参数如下（见图 6-6）：

- Name：别名。
- Driver：选择我们刚刚添加的一个名为 Phoenix 的 Driver。
- URL：输入在 Driver 里面的 Example URL 的内容。
- User Name：连接 HBase 的用户名。
- Password：上述用户名的密码。

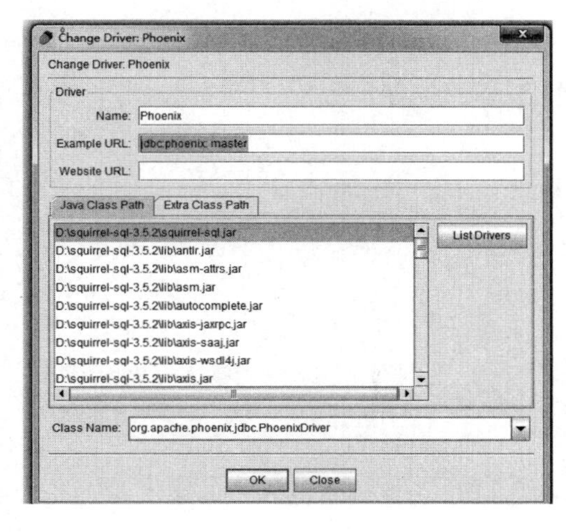

图 6-5　驱动程序配置

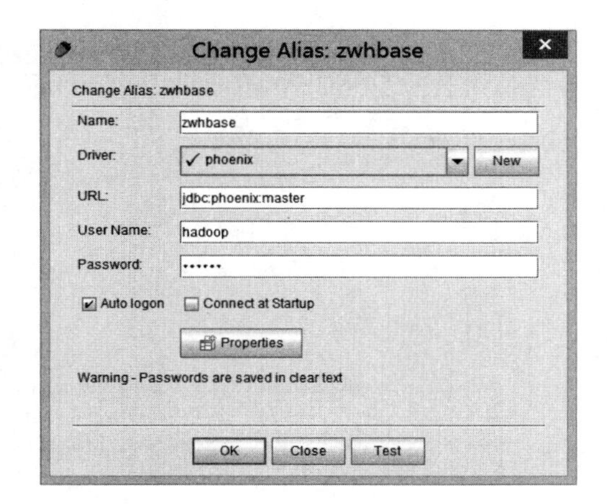

图 6-6　别名的配置信息

注 意

如果在 URL 那里填写的是 Master，那就必须在 Windows 的系统文件 hosts（在笔者机器上的位置是 C:\Windows\System32\drivers\etc）中配置一下 Master 所对应的 IP 地址。可以在命令行窗口中来执行 “ping master” 命令。如果 ping 得通，说明配置正确。当然，也可以直接使用 IP 地址。

步骤 09 用鼠标右键单击刚刚创建的别名，在弹出的快捷菜单中选择 Connect 选项，如图 6-7 所示。这时弹出如图 6-8 所示的窗口。

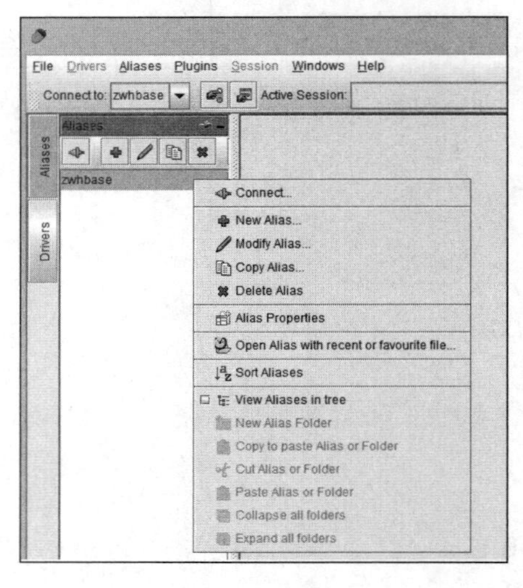

图 6-7 别名的菜单项

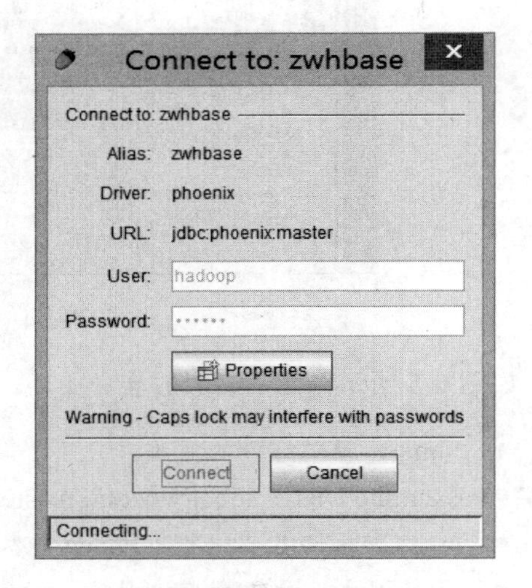

图 6-8 连接到 HBase 数据库

步骤 10 如果连接成功，说明配置成功。之后就可以进行 SQL 操作了。如图 6-9 所示，在其中执行了一个 SELECT 查询。

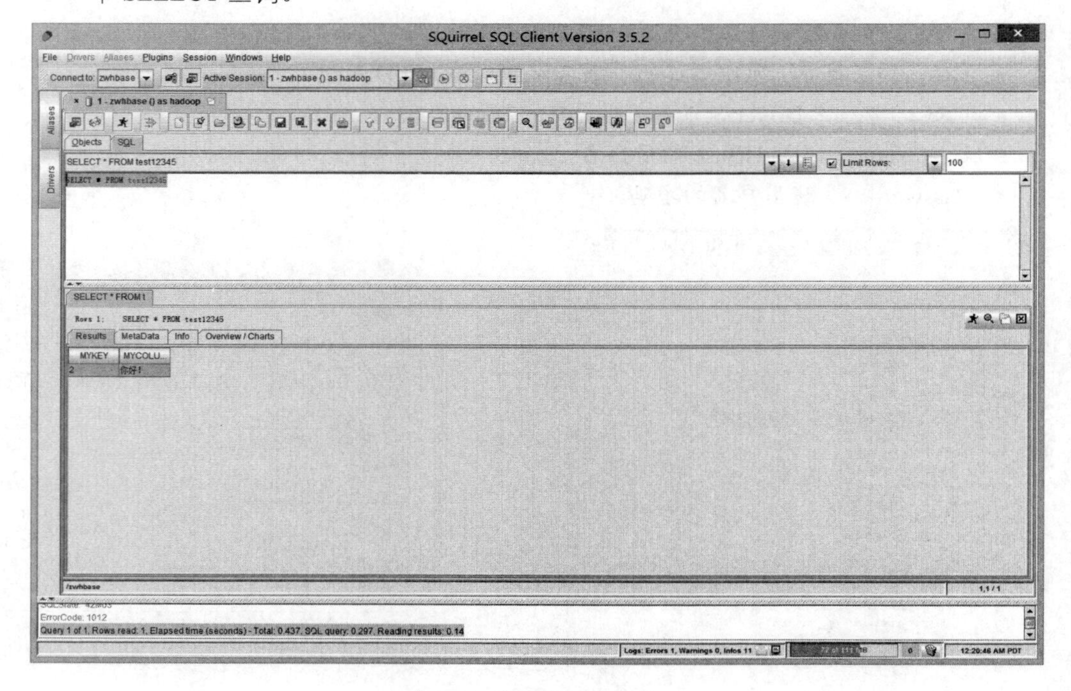

图 6-9 执行数据库查询

步骤 11　如果连接成功，可在 Objects 面板下看到如图 6-10 所示的数据库表等信息。

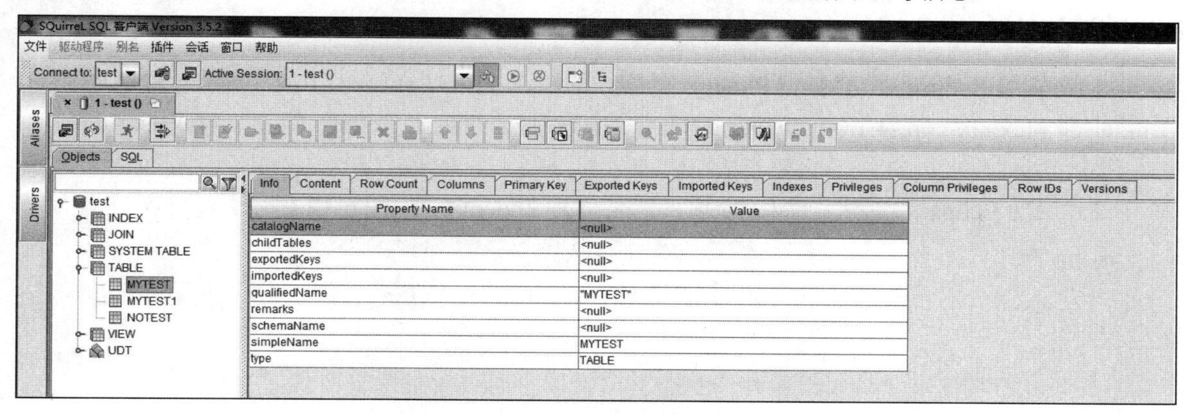

图 6-10　数据库表信息

步骤 12　在安装完成后，就可以执行数据库脚本（如果有的话）来创建自己的数据库。可将整个脚本的 SQL 语句复制到 SQuirreL SQL 客户端的 SQL 执行界面，并执行之。

步骤 13　查看刚创建的数据表，如图 6-11 所示。

```
DOCUMENTS
EMAILRULE
FILERULE
FOLDERLINK
IDOCUMENT
MAXIDFORNAME
MIMETYPES
MYSPACE
NAMECATALOG
NODETYPE
NODETYPEVIEW
PERMISSIONS
PERMISSIONSINROLE
PRINCIPALS
PROPERTYDEFINITION
PROPERTYMAP
PROPERTYREFERENCE
PROPERTYTYPE
PROPERTYTYPEGROUP
REFERENCEMINVALUE
REMOTESERVERS
REPLICATIONRULE
REPORTRULE
RULEONFOLDER
RULEONMESSAGE
RULEONSOURCE
SAVEDSEARCH
SECURITYROLES
STORAGES
SYSTEM.CATALOG
SYSTEM.SEQUENCE
TARGETCONTENTTYPES
TARGETSERVERS
TASKDEFINITION
USERGROUPS
WORKQUEUES
WQINROLE
YOUNGCOLLECTOR
YOUNGDRIVER
YOUNGSCHEDULE
61 row(s) in 0.5400 seconds

=> ["ACCESSCONTROLLISTS", "ACLENTRY", "ACTIVITIES", "BPMCONDITIONS", "BPMSTEPS",
 "BPMWORKS", "BUSINESSPROCESS", "BUSINESSROLE", "CHECKEDOUTCONTENT", "COLLECTRUL
E", "CONDITIONLISTS", "CONTAINERS", "CONTENTCATALOG", "CONTENTLINK", "CONTENTREF
ERENCE", "CONTENTTYPE", "CONTENTTYPELINK", "CONTENTTYPEVIEW", "DATABASERULE", "D
ELETEDDOCUMENTS", "DEVICERULE", "DOCUMENTS", "EMAILRULE", "FILERULE", "FOLDERLIN
K", "IDOCUMENT", "MAXIDFORNAME", "MIMETYPES", "MYSPACE", "NAMECATALOG", "NODETYP
E", "NODETYPEVIEW", "PERMISSIONS", "PERMISSIONSINROLE", "PRINCIPALS", "PROPERTYD
EFINITION", "PROPERTYMAP", "PROPERTYREFERENCE", "PROPERTYTYPE", "PROPERTYTYPEGRO
UP", "REFERENCEMINVALUE", "REMOTESERVERS", "REPLICATIONRULE", "REPORTRULE", "RUL
EONFOLDER", "RULEONMESSAGE", "RULEONSOURCE", "SAVEDSEARCH", "SECURITYROLES", "ST
ORAGES", "SYSTEM.CATALOG", "SYSTEM.SEQUENCE", "TARGETCONTENTTYPES", "TARGETSERVE
RS", "TASKDEFINITION", "USERGROUPS", "WORKQUEUES", "WQINROLE", "YOUNGCOLLECTOR",
 "YOUNGDRIVER", "YOUNGSCHEDULE"]
hbase(main):008:0>
```

图 6-11　查看 HBase 数据表

6.1.2　在 Eclipse 上开发 Phoenix 程序

在 Eclipse 上配置 Phoenix 之前，首先要确认 squirrel-sql-3.5.2 已经安装成功，并且可以连接到 Master 的那台服务器。然后在机器上安装 Eclipse（注意：要检查机器的操作系统是多少位的。

如果是 32 位的，目标机器则必须安装 32 位的 JDK 和 32 位的 Eclipse；如果是 64 位的，目标机器就必须安装 64 位的 JDK 和 64 位的 Eclipse）。

（1）在安装 Eclipse 成功后，把 Phoenix 的客户端 JAR 包（phoenix-4.1.0-incubating-SNAPSHOT-client.jar 和 phoenix-core-4.1.0-incubating-SNAPSHOT.jar）复制到 Eclipse 的安装目录的 plugins 文件夹下。

（2）启动 Eclipse，新建一个 Java 项目，名称是 Phoenix，如图 6-12 所示。

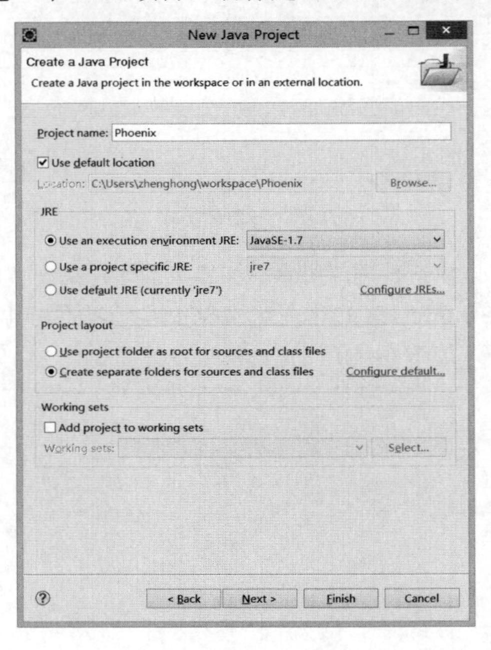

图 6-12　创建一个项目

（3）新建一个 Test 类。把 Phoenix 的客户端的 JAR 包添加到本项目下，步骤如下：

① 选中新建的项目，单击鼠标右键，选择 Build Path，再选择 Configure Build Path，出现如图 6-13 所示的窗口。

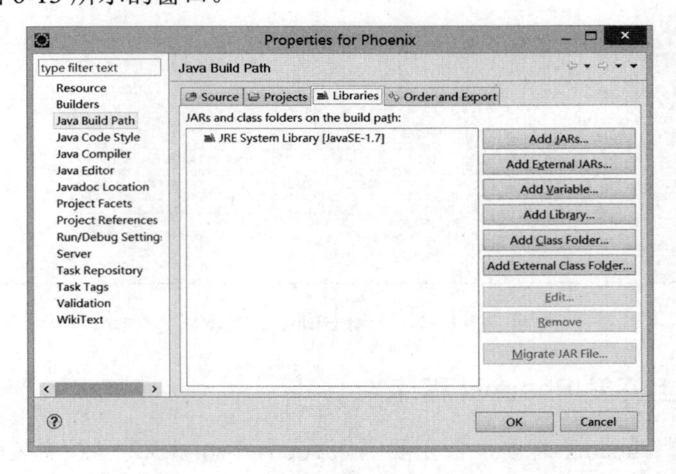

图 6-13　配置库文件

② 单击右侧的 Add External JARs，在弹出的窗口中，选择 Eclipse 安装文件的 plugin 的文件夹，选择刚刚复制到此文件夹下的 phoenix-4.1.0-incubating-SNAPSHOT-client.jar 和 phoenix-core-4.1.0-incubating-SNAPSHOT.jar，然后单击 OK 按钮，这个 Phoenix 的客户端的 jar 包就被添加到此项目下了，如图 6-14 所示。

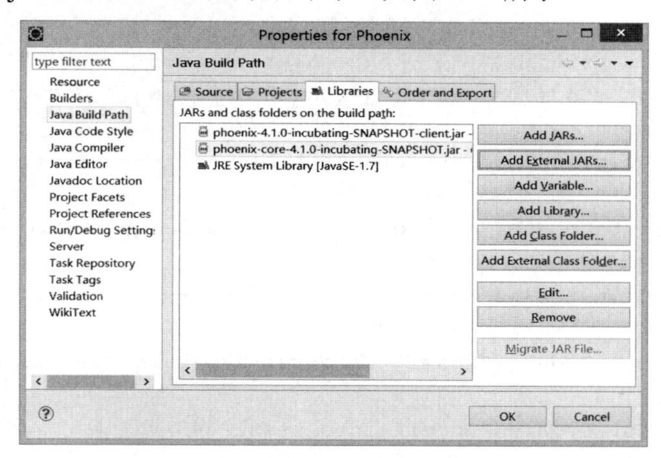

图 6-14　添加外部库

（4）回到主窗口，如图 6-15 所示。在 Test.java 中编写代码。

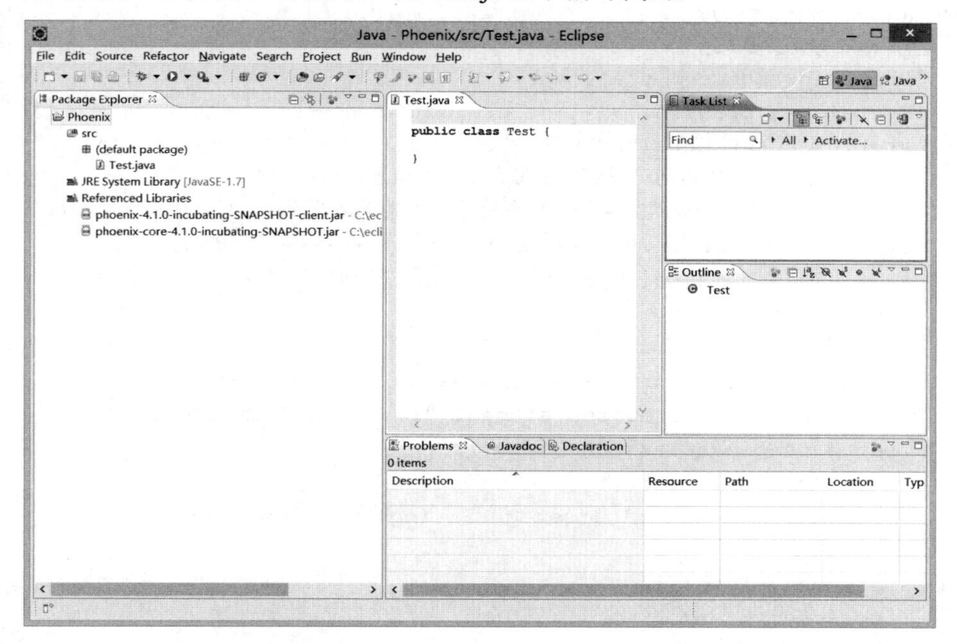

图 6-15　编写代码

具体代码如下所示：

```
import java.sql.Connection;
import java.sql.DriverManager;
import java.sql.ResultSet;
import java.sql.SQLException;
```

```
    import java.sql.PreparedStatement;
    import java.sql.Statement;
    public class Test {
        public static void main(String[] args) throws SQLException {
            Statement stmt = null;
            ResultSet rset = null;
            System.out.println("-----Connecting to hbase ------");
            Connection con = DriverManager.getConnection("jdbc:phoenix:master");
            stmt = con.createStatement();
            System.out.println("-----create table -----------");
            //新建表
            stmt.executeUpdate("create table test12345 (mykey integer not null primary
key, mycolumn varchar)");
            System.out.println("-----insert data -----------");
            //插入数据
            stmt.executeUpdate("upsert into test12345 values (1,'Hello')");
            //插入数据
            stmt.executeUpdate("upsert into test12345 values (2,'World1')");
            con.commit();     //提交操作
            //单个字段的查询
            //PreparedStatement statement = con.prepareStatement("select * from
test12345 where mykey=1");
            //......省略部分代码
            PreparedStatement statement;
            System.out.println("-----delete data -----------");
            stmt.executeUpdate("DELETE FROM TEST12345 WHERE mykey=1");
             //插入数据（这条语句对表名的字母大小写不敏感，可以大写，也可以小写）
             //Phoenix 中没有修改的语句，只有覆盖，如果想修改的话，只要进行覆盖即可
            System.out.println("-----update data -----------");
            stmt.executeUpdate("upsert into test12345 values (2,'你好！')");
            con.commit();
            //全表的查询
            System.out.println("-----query data  -----------");
            statement = con.prepareStatement("select * from test12345");
            rset = statement.executeQuery();
            while (rset.next()) {
                System.out.println(rset.getString("mycolumn"));
            }
            statement.close();
            con.close();
        }
    }
```

（5）运行 Test 程序。在这个程序运行成功后，就可以打开 Phoenix 的可视化软件，查看 HBase 里面的 TEST12345 表的信息，如图 6-16 所示。至此，一个简单的 Phoenix 程序就算开发成功了。正如上面例子中所展现的，我们完全可以采用传统的 JDBC API 的形式编写代码。

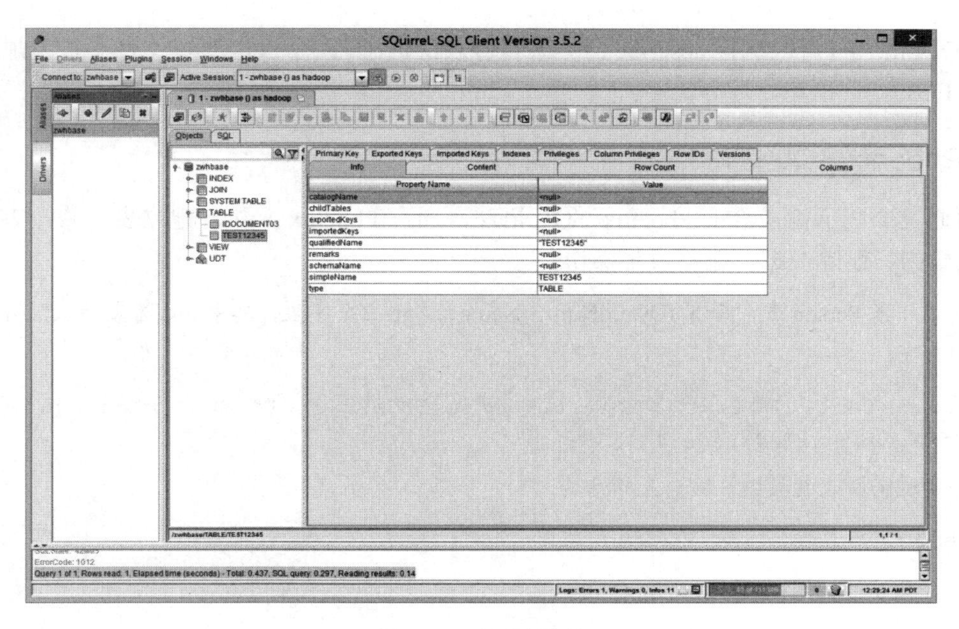

图 6-16　查看表信息

6.1.3　Phoenix SQL 工具

Phoenix 还支持其他的 SQL 命令行工具，例如 SQLLine。在 Linux 的 Master 节点中，进入 Phoenix 的 bin 目录下，按照如图 6-17 所示，执行 sqlline.py 命令。

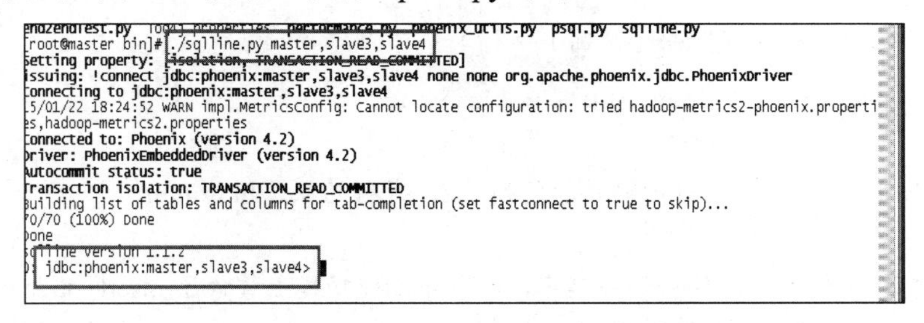

图 6-17　SQLLine 工具

输入一个 SQL 建表语句，之后输入“！tables”命令（该命令列出所有表的信息），如图 6-18 所示。若看到结果就表示 Phoenix 安装成功。

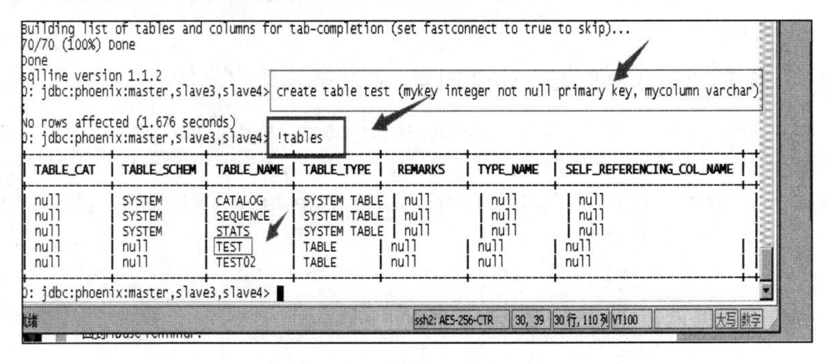

图 6-18　创建表和显示表信息

在SQLLine下，可以执行describe命令来查看表的信息，执行SQL脚本文件来批量加载数据，执行SELECT查询语句，等等。

6.1.4 Phoenix SQL语法

下面通过一些示例来给出Phoenix SQL语法，通过Phoenix来执行建立表、修改表、添加数据、修改数据、删除数据、删除表等操作。

- 新建一张Person表，含有IDCardNum、Name、Age三个字段，其中test为表的schema，SQL语句如下：

```
create table IF NOT EXISTS test.Person (IDCardNum INTEGER not null primary key,
Name varchar(20),Age INTEGER);
```

- 查询这个新表的数据，验证表的结构：

```
select * from TEST.PERSON;
```

- 对表进行插入操作：

```
upsert into Person (IDCardNum,Name,Age) values (100,'张三',18);
upsert into Person (IDCardNum,Name,Age) values (101,'李四',20);
upsert into Person (IDCardNum,Name,Age) values (103,'王五',22);
```

在Phoenix中插入的语句为upsert，而不是insert。

- 往数据表中添加一个新列sex（性别）

```
ALTER TABLE test.Person ADD sex varchar(10);
select * from test.person;
```

后一个SELECT语句是验证已经添加的列sex，每行的默认值为null。

- 更新表数据：

Phoenix中不存在update的语法关键字，而是upsert，功能上替代了insert+update，如果该行存在，则更新，否则就插入。语句如下：

```
upsert into test.person (idcardnum,sex) values (100,'男');
upsert into test.person (idcardnum,sex) values (101,'女');
upsert into test.person (idcardnum,sex) values (103,'男');
select * from test.person;
```

- 复杂查询，支持where、group by、case when 等复杂的查询条件：

```
upsert into test.Person (IDCardNum,Name,Age,sex) values (104,'小张',24,'男');
upsert into test.Person (IDCardNum,Name,Age,sex) values (105,'小李',26,'男');
upsert into test.Person (IDCardNum,Name,Age,sex) values (106,'小李',28,'男');
select * from test.person;
select sex, count(sex) as num from test.person where age >20 group by sex;
```

- 删除数据及删除数据表，SQL语句如下：

```
delete from test.Person where idcardnum=100;
select * from test.Person where idcardnum=100;
```

```
drop table test.person;
!tables
```

6.2 Hive

Hive 最初是因为 Hadoop 的 MapReduce 的专业性太强，所以 Facebook 公司在这个基础上开发了 Hive 框架，毕竟会 SQL 的人比较多。Hive 可以让开发人员使用熟悉的 SQL 来开发 Hadoop 应用系统，它最先是由 Facebook 公司开发并贡献出来的，现在包括 Netflix 等公司都在使用并不断更新它。

通过 Hive，可以将在 HDFS 上结构化的数据文件映射为一张数据库表，在这些表上使用 SQL 查询语言实现复杂查询和 Join。Hive 能够将用户编写的 SQL 语句转化为相应的 MapReduce 程序，并最终在 Hadoop 上执行。这使得不熟悉 MapReduce 的用户可以很方便地利用 SQL 语言查询 HDFS 数据。因此，Hive 是一种建立在 Hadoop 之上的数据仓库，它提供了一种让用户描述数据的结构的机制（即统一的元数据管理），支持对存储在 Hadoop 中的海量数据使用 SQL 语句进行查询和分析。Hive 常见的应用场景包括日志分析、海量结构化数据的离线分析等。大部分互联网公司使用 Hive 进行日志分析，包括百度、淘宝等，用于统计网站一个时间段内的 PV 访问量（Page View）和 UV（Unique Visitor，独立访客）访问量。

一般而言，数据存储在 HDFS 上，数据计算用 MapReduce、Tez 或 Spark。从 Hive 2.0 开始，Apache 推荐使用 Tez 或 Spark 作为计算框架，MapReduce 开始不建议使用了（Deprecated）。除了数据存储在 HDFS 上之外，数据也可以存储在诸如 Amazon S3 等其他云存储平台上。从 Hive 3.0 开始，Hive SQL 不再是自己的 HQL，而是全面支持 ANSI SQL。这使得不熟悉 Hadoop 的用户更方便地利用 SQL 对 Hadoop 数据进行查询、汇总、分析。

Hive 的优点是：

- 简单容易上手，提供了 SQL 查询语言；因为大多数数据仓库应用程序都是基于 SQL 编写的，所以 Hive 降低了将这些应用程序移植到 Hadoop 上的困难，减少了开发人员的学习成本。
- 可扩展，为超大数据集设计了计算扩展能力（在 Hadoop 的集群上动态地添加设备）。
- 提供统一的元数据管理。
- 延展性好，Hive 允许用户编写自定义函数（UDF），用来在查询中使用。Hive 中有 3 种 UDF：User Defined Function（UDF，用户自定义函数）、User Defined Aggregation Function（UDAF，用户自定义聚合函数）、User Defined Table Generating Function（UDTF，用户自定义表生成函数）。

Hive 的缺点是：

- Hive 查询有一定的延时，不适合用于联机（online）事务处理，也不提供实时查询功能。即使是小数据量，Hive 的查询也比较慢（几秒到几十秒都有可能）。它最适合应用在基于大量数据的批处理作业。
- Hive 不支持行级别的更新、插入（INSERT INTO 表名 VALUES…）和删除。数据进入 Hive 要么通过装载工具完成，要么通过“INSERT INTO 表名 SELECT..”命令来完成。

6.2.1 Hive 架构

图 6-19 显示了 Hive 的主要组件。ODBC 和 JDBC 是编程接口，驱动器对 SQL 语句进行编译、优化和执行。MetaStore（元数据存储）是一个独立的 RDBMS，默认是内置的 Apache Derby 数据库。对于生产系统，推荐使用 MySQL 或 Oracle。Hive 会在其中保存数据表模式和其他系统元数据。Hive 的底层也可以是 HBase。因为 HBase 本身并没有提供 SQL 的查询语言接口，所以 Hive 可以和 HBase 结合使用。

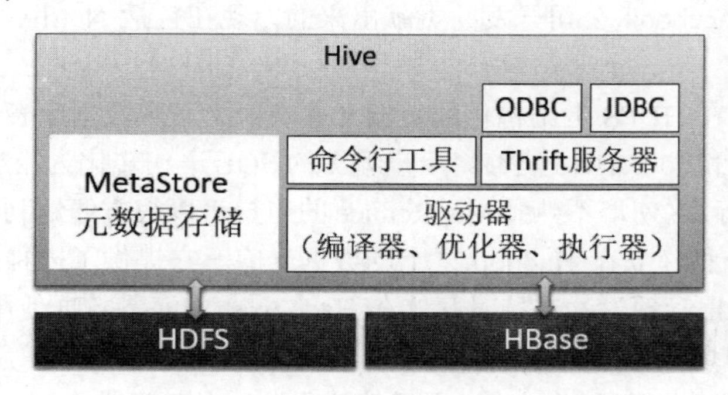

图 6-19　Hive 架构

Hive 存储海量数据在 Hadoop 系统中，提供了一套类数据库的处理机制。它采用 SQL 语言对数据进行查询和处理，对 SQL 语句的解析、优化、生成查询计划是由 Hive 完成的，查询计划被转化为 Hadoop 的 MapReduce 任务（也可以是 Tez 或 Spark），在各类计算框架上执行。通过执行这些任务完成数据处理。Hive 工作原理如图 6-20 所示。Hive 的入口是驱动器（DRIVER），执行的 SQL 语句首先提交到 DRIVER，然后调用编译器（COMPILER）生成查询计划。生成的查询计划存储在 HDFS 中，并通过执行引擎（EXECUTION ENGINE）执行，最后将结果返回。

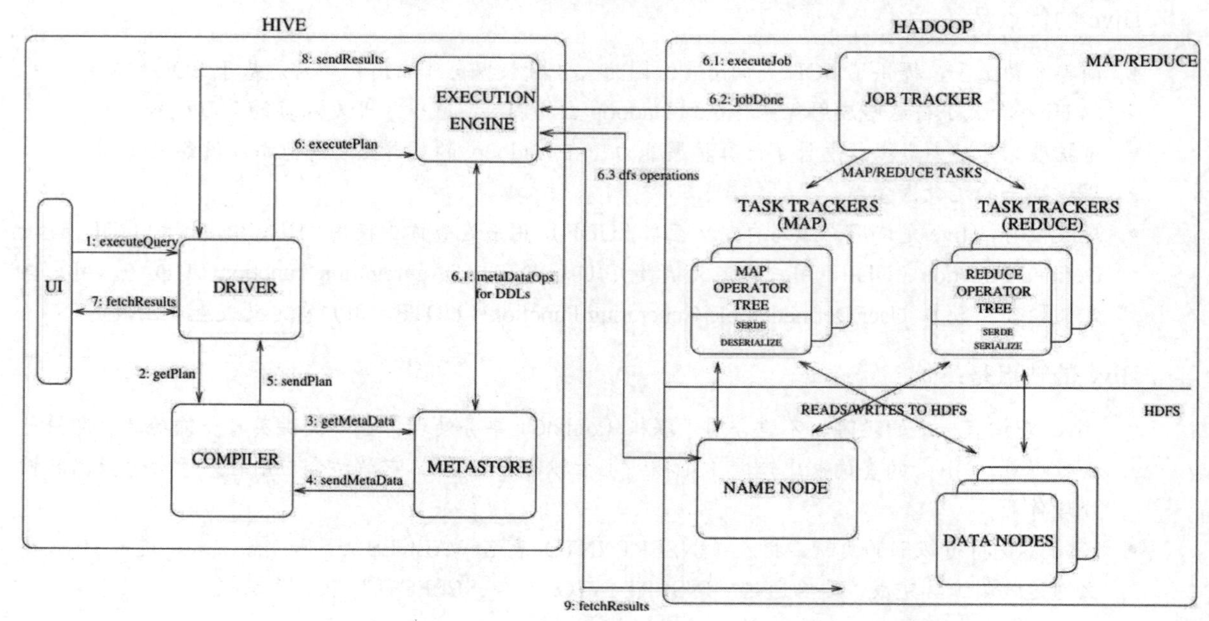

图 6-20　Hive 工作原理

Hive 非常适合于对那些只在文件末尾添加数据的大型数据集（如 Web 日志）进行批处理。Hive 支持文本文件 TextFile、SequenceFiles（包含二进制“键-值”对的文本文件）和 RCFiles（Record Columnar Files，采用列数据库的模式存储一个表的列）。前 2 个文件格式都属于行存储方式，后一个是列式存储，能更快地进行数据的装载和查询。这对于数据仓库而言是非常关键的。例如，每天大约有超过 20TB 的数据上传到 Facebook 的数据仓库，由于数据加载期间网络和磁盘流量会干扰正常的查询执行，因此缩短数据的加载时间是非常必要的。另外，为了满足实时性的网站请求和支持高并发用户提交查询的大量读负载，查询响应时间是非常关键的，这就要求底层存储结构能够随着查询数量的增加而保持高速的查询处理。

6.2.2　安装 Hive

用户可以通过多种方式来安装 Hive。一种方式是从 Hive 的官方网站 http://hive.apache.org/下载一个 Hive 软件压缩包。然后，解压缩 Hive，并添加 Hive 环境变量。另外一种安装方式是在 Ambari 上完成。我们在第 2 章中描述了怎么在苹果机器上安装 Hive。注意，Hive 只需在一个节点上安装即可，即在 Master 节点安装即可。

Hive 主要包含三个部分。在$HIVE_HOME/lib 目录下有很多 JAR 文件，每个 JAR 文件都实现了 Hive 功能中某个特定的部分。在$HIVE_HOME/bin 目录下包含了可以执行 Hive 服务的可执行文件，这其中包括了 Hive CLI。CLI 提供交互式的界面输入语句或脚本。在$HIVE_HOME/conf 目录下存放了 Hive 的配置文件。

下面进入 conf 目录，配置 Hive。依据 hive-env.sh.template，创建 hive-env.sh 文件，这将是 Hive 运行环境的配置文件：

```
cp hive-env.sh.template hive-env.sh
```

然后修改 hive-env.sh，指定 Hive 配置文件的路径，指定 Hadoop 路径：

```
export HIVE_CONF_DIR=/home/test/Desktop/hive/conf
HADOOP_HOME=/home/test/Desktop/hadoop
```

接下来启动 Hive。在 CLI 命令行上输入 hive，则显示：

```
    WARNING: org.apache.hadoop.metrics.jvm.EventCounter is deprecated. Please use
org.apache.hadoop.log.metrics.EventCounter in all the log4j.properties files.
    Logging initialized using configuration in
jar:file:/home/test/Desktop/hive-0.8.1/lib/hive-common-0.8.1.jar!/hive-log4j.pro
perties
    Hive history file=/tmp/test/hive_job_log_test_201208260529_167273830.txt
    hive>
```

如果无法正常启动 Hive，报告的错误是在/user/root 上没有写权限，则执行如下命令来解决：

```
# sudo -su hdfs
$ hadoop fs -mkdir /user/root
$ hadoop fs -chown root:root /user/root
```

输入一些测试语句，例如建立测试表 test：

```
create table test(key string);
show tables;
show databases;
```

Hive有一个默认的数据库，名为default。如果没有指定数据库，则就会使用这个default数据库。show databases命令就可以显示Hive上所包含的数据库。最后，看一下hive-site.xml文件，这是Hive的配置文件。用户所做的配置修改只需要在这个文件中进行即可。

```
......
<property>
    <name>javax.jdo.option.ConnectionURL</name>
    <value>jdbc:derby:;databaseName=metastore_db;create=true</value>
    <description>JDBC connect string for a JDBC metastore</description>
</property>
<property>
    <name>javax.jdo.option.ConnectionDriverName</name>
    <value>org.apache.derby.jdbc.EmbeddedDriver</value>
    <description>Driver class name for a JDBC metastore</description>
</property>
<property>
    <name>javax.jdo.option.ConnectionUserName</name>
    <value>APP</value>
    <description>username to use against metastore database</description>
</property>
<property>
    <name>javax.jdo.option.ConnectionPassword</name>
    <value>mine</value>
    <description>password to use against metastore database</description>
</property>
......
```

在上面的文件中，javax.jdo.option.ConnectionURL告诉Hive如何连接metastore服务器。databaseName就是数据库名称。正如上面提到的，metastore是元数据存储组件，存储了数据表的模式和分区信息等元数据信息。用户在执行create table或者alter table语句时会指定这些信息。数据库类型默认Derby（Apache Derby是一个完全用Java编写的数据库，所以可以跨平台，但需要在JVM中运行。Derby是一个开源的产品，基于Apache License 2.0分发的），也就是将元数据存储在Derby数据库中，也是Hive默认的安装方式。Derby提供了有限的单进程服务，所以Derby并不适合于生产环境。在实际项目中，一般采用MySQL。Hive和MySQL的配置可参考2.7节。

在hive-site.xml文件中，还有一个重要配置参数：

```
<property>
    <name>hive.metastore.warehouse.dir</name>
    <value>/apps/hive/warehouse</value>
</property>
```

这个参数指定了本地模式配置还是分布式模式。在本地模式配置中，文件都存储在本地文件系统上；在分布式模式下，文件在HDFS上。上述例子中的路径就是分布式文件系统中的路径。

6.2.3　Hive CLI

CLI 是 Command Line Interface（命令行界面）的缩写，是 Hive 的命令行模式，用得比较多，是默认服务，直接可以在命令行里使用。Hive 命令行模式启动方式如下，执行这条命令的前提是要配置 Hive 的环境变量。

```
./hive
```

下面通过几个例子来说明 CLI 的使用方式。首先我们创建一个普通的文本文件，里面只有一行数据，存储了一个字符串，命令如下：

```
echo 'yangzhenghong' > /home/hadoop/test.txt
```

然后创建一张 Hive 的数据表 test，其中-e 选项就是让 Hive CLI 在执行命令后立即退出：

```
hive -e "create table test (value string)";
```

进入 Hive，接下来加载数据：

```
Load data local inpath 'home/hadoop/test.txt' overwrite into table test
```

Hive 命令行模式的查询语句就是 ANSI SQL 语句，查询范例和结果如下：

```
hive> select * from employee;
OK
yangzhenghong
Time taken: 0.566 seconds, Fetched: 1 row(s)
hive>
```

类似 RDBMS，Hive 还支持执行 SQL 脚本文件，例如：

```
hive -f /home/Hadoop/test.hql
```

在 Hive CLI 上可以直接执行 shell 命令，只需要在命令前面加上“！”即可：

```
hive > ! pwd;
```

6.2.4　Hive 数据类型

Hive 支持基本数据类型和集合数据类型。Hive 的基本数据类型同 RDBMS 中的大多数数据类型类似，例如：TINYINT（1 个字节）、SMALLINT（2 个字节）、INT（4 个字节）、BIGINT（8 个字节）、BOOLEAN（true/false）、FLOAT（4 个字节）、DOUBLE（8 个字节）、STRING（字符串）、TIMESTAMP、BINARY 等。Hive 的 String 类型相当于数据库的 varchar 类型，该类型是一个可变的字符串，不过它不能声明其中最多能存储多少个字符，理论上它可以存储 2GB 的字符数。在老版本的 Hive 里，TIMESTAMP 值都是用字符串或 Unix 秒数来表示的，而常用的日期格式转化则是通过自定义函数进行操作。从 Hive 3.0 开始，Hive 支持日期类型 TIMESTAMP WITH TIMEZONE。

Hive 是用 Java 开发的，Hive 里的基本数据类型和 Java 的基本数据类型也是一一对应的，所有这些数据类型都是对 Java 中接口的实现，例如 STRING 类型实现的是 Java 中的 String。有符号的整数类型 TINYINT、SMALLINT、INT 和 BIGINT 分别等价于 Java 的 byte、short、int 和 long 原子类型，它们分别为 1 字节、2 字节、4 字节和 8 字节有符号整数。Hive 的浮点数据类型 FLOAT

和 DOUBLE 对应于 Java 的基本类型 float 和 double 类型。而 Hive 的 BOOLEAN 类型相当于 Java 的基本数据类型 boolean。

与 RDBMS 不同的是，Hive 还支持集合数据类型，即 STRUCT、MAP 和 ARRAY。STRUCT 与 C 语言的 struct 类似，可通过"点"运算符加名称来访问。例如 STRUCT (street STRING, city String)，那么，"列名.street"就是第一个元素。映射 MAP 是一组"键-值"对的集合，而 ARRAY 是数组。ARRAY 和 MAP 与 Java 中的 Array 和 Map 类似，而 STRUCT 与 C 语言中的 struct 类似，它封装了一个命名字段集合。集合数据类型的声明必须使用尖括号指明其中数据字段的类型。下面来看一个例子：

```
CREATE TABLE employees(
   empID       INT,
   name        STRING,
   salary      FLOAT,
   skills       ARRAY<STRING>,
   educations  MAP<STRING, STRING>,
   address      STRUCT<street:STRING, city:STRING>);
```

其中 empID 是员工编号，是一个整数；name 是姓名，是一个字符串；salary 是工资，是一个浮点数；skills 就是该员工的技能，是一个字符串数组（如果用 SELECT 语句查询这个列，则返回的数组会以["java", "C++"]的 JSON 格式显示）；educations 是该员工的教育背景，是一个由"键-值"对构成的映射 map（如果用 SELECT 语句查询这个列，返回的结果也是 JSON 格式，在{}中以逗号分隔"键:值"对），它们记录了年份（用字符串表示）和毕业学校之间的对应关系；address 是地址，使用 STRUCT（如果使用 SELECT 查询，返回的结果也是 JSON 格式的数据，类似映射 MAP 的返回格式），每个字段都有一个名字和类型。针对 SELECT 查询，给出以下几个例子：

```
SELECT name, skills[0] FROM employees;
SELECT name, educations["University"] FROM employees;
SELECT name, address.city FROM employees;
```

正如上面所列出的，对于数组列，同 Java 一样，数组索引从 0 开始。对于 MAP 列，可以指定"键-值"，而对于 STRUCT，可以使用"点"运算符。

Hive 的原子数据类型是可以进行隐式转换的，类似于 Java 的类型转换，例如某表达式使用 INT 类型，TINYINT 会自动转换为 INT 类型。隐式类型转换规则如下：

- 任何整数类型都可以隐式地转换为一个范围更广的类型，如 TINYINT 可以转换成 INT，INT 可以转换成 BIGINT。
- 所有整数类型、FLOAT 和 String 类型都可以隐式地转换成 DOUBLE。
- TINYINT、SMALLINT、INT 都可以转换为 FLOAT。
- BOOLEAN 类型不可以转换为任何其他的类型。

但是 Hive 不会进行反向转化，例如，某表达式使用 TINYINT 类型，INT 不会自动转换为 TINYINT 类型，它会返回错误，除非使用 CAST 操作。可以使用 CAST 操作显示进行数据类型转换，例如 CAST（'1' AS INT）将把字符串 '1' 转换成整数 1；如果强制类型转换失败，如执行 CAST（'X' AS INT），表达式返回空值 NULL。

6.2.5　Hive 文件格式

Hive 可以把表的数据放到文本文件上，或者从文本文件上读取表的数据，因此文件的格式化是需要的，即怎么分隔行记录和列。我们所熟悉的用逗号或者制表符分隔的模式，Hive 也支持。但是，Hive 默认使用下面几个控制符号，因为这些符号在列值中很少出现：

分　隔　符	说　　明
\n	对于文本文件来说，每行就是一条记录，因此换行符可以分割行记录
^A （Ctrl+A）	用于分隔列，在 CREATE TABLE 语句中可以使用八进制编码\001 来表示
^B	用于分隔 ARRAY 或 STRUCT 中的元素，或用于 MAP 中“键-值”对之间的分隔，在 CREATE TABLE 语句中可以使用八进制编码\002 来表示
^C	用于 MAP 中键和值之间的分隔，在 CREATE TABLE 语句中可以使用八进制编码\003 来表示

在 CREATE TABLE 上可以指定分隔符，例如：

```
CREATE TABLE employees(
   empID   INT,
   name    STRING,
   salary  FLOAT,
   skills  ARRAY<STRING>,
   educations  MAP<STRING, STRING>,
   address     STRUCT<street:STRING, city:STRING>)
ROW FORMAT DELIMITED
FIELDS TERMINATED BY '\001'
COLLECTION ITEMS TERMINIATED BY '\002'
MAP KEYS TERMINATED BY '\003'
LINES TERMINATED BY '\n'
STORED AS TEXTFILE;
```

在上面的语句中，“FIELDS TERMINATED BY '\001'”指定了使用^A 作为列的分隔符，而“COLLECTION ITEMS TERMINIATED BY '\002'”指定了使用^B 作为集合元素之间的分隔符，“MAP KEYS TERMINATED BY '\003'”指定了使用^C 作为 MAP 的键和值之间的分隔符。虽然用户可以明确指定这些子句，但是，在大多数情况下，默认的分隔符就够用了。要特别指出的是，如果不是文本格式，而是 CSV 格式（值是用逗号分隔的）和 TSV 格式（值是用制表符分隔的），这些格式的文件中文件头包含有列名，列值字符串是用引号包含的。

Hive 的这种文件读取数据的模式非常适合处理由 ETL 工具所产生的数据文件。那么，如果文件内容不匹配表的模式，Hive 会怎么办呢？如果文件中每行记录中的列（字段）个数少于对应的模式中定义的列个数，那么，Hive 结果中会有很多 NULL 值。如果列是数值型的，而文件中的数据时非数值型的，则 Hive 将处理为 NULL 值。

上述的文本文件（TEXTFILE）为默认格式，对于这个格式，导入数据时会直接把数据文件赋值到 HDFS 上而不进行处理。除了文本文件格式之外，还有 SEQUENCEFILE、RCFILE 等格式。对于默认的文本文件格式，如果数据不进行压缩，磁盘开销就会很大，可使用 Gzip、Bzip2 压缩方式，例如：

```
set hive.exec.compress.output=true;
set mapred.output.compress=true;
set mapred.output.compression.codec=org.apache.hadoop.io.compress.GzipCodec;
set io.compression.codecs=org.apache.hadoop.io.compress.GzipCodec;
insert overwrite table employees select * from textfile_table;
```

1. SEQUENCEFILE 格式

压缩文件确实能够节约存储空间，但是，在 Hadoop 中存储压缩文件的一个缺点是这些压缩文件不能分割。如果不能分割成多个部分，就不能并行处理，只能从头读到尾。SequenceFile 是 Hadoop API 提供的一种二进制文件支持，其具有使用方便、可分割、可压缩的特点。SequenceFile 支持三种压缩选择：NONE、RECORD 和 BLOCK。Record 压缩率低，一般建议使用 BLOCK 压缩。例如：

```
create table if not exists seqfile_table(
    site string,
    url  string,
    pv   bigint,
    label string)
row format delimited
fields terminated by '\t'
stored as sequencefile;
```

插入数据的操作如下：

```
set hive.exec.compress.output=true;
set mapred.output.compress=true;
set mapred.output.compression.codec=org.apache.hadoop.io.compress.GzipCodec;
set io.compression.codecs=org.apache.hadoop.io.compress.GzipCodec;
SET mapred.output.compression.type=BLOCK;
insert overwrite table seqfile_table select * from textfile_table;
```

2. RCFILE 文件格式

RCFILE 是一种行列存储相结合的存储方式。首先，其将数据按行分块，保证同一个记录（Record）在一个块（Block）上，避免读一个记录需要读取多个块。其次，块内数据采用列式存储，有利于数据压缩和快速的列存取。例如：

```
create table if not exists rcfile_table(
    site string,
    url  string,
    pv   bigint,
    label string)
row format delimited
fields terminated by '\t'
stored as rcfile;
```

插入数据的操作如下：

```
set hive.exec.compress.output=true;
set mapred.output.compress=true;
```

```
set mapred.output.compression.codec=org.apache.hadoop.io.compress.GzipCodec;
set io.compression.codecs=org.apache.hadoop.io.compress.GzipCodec;
insert overwrite table rcfile_table select * from textfile_table;
```

总之，相比 TEXTFILE 和 SEQUENCEFILE，RCFILE 由于是采用列式存储方式，数据加载时性能消耗较大，但是具有较好的压缩比和查询响应。数据仓库的特点是一次写入、多次读取，因此，整体来看，RCFILE 相比其余两种格式具有较明显的优势。

6.2.6 Hive 表定义

Hive 中包含以下对象：Table（内部数据表，简称内部表）、External Table（外部表）、Partition（分区）、Bucket（存储桶，简称桶）。除了 default 数据库之外，Hive 会为每个数据库创建一个目录，数据库中的表将会以这个数据库目录的子目录形式存储。例如：

```
CREATE DATABASE yunsheng
```

那么，Hive 将会创建一个目录/user/hive/warehouse/yunsheng.db。使用 DESCRIBE DATABASE yunsheng 语句就会显示这个数据库所在的目录信息。使用 USE yunsheng 命令就可以将 yunsheng 数据库设置为当前的工作数据库。然后，SHOW TABLES 就会显示这个数据库下的所有表。DROP DATABASE yunsheng 就可以删除数据库。在默认情况下，Hive 不允许删除一个包含表的数据库，用户要么先删除表，然后再删除数据库，或者在删除命令的后面添加 CASCADE 关键字，这样 Hive 就会先删除表，然后再删除数据库了，例如“DROP DATABASE yunsheng CASCADE”。

在前面的章节中，我们使用了 CREATE TABLE 创建表。在创建表的时候，Hive 会自动增加两个表属性：一个是 last_modified_by（保存着最后修改这个表的用户名），一个是 last_modified_time（保存着最后修改这个表的时间）。在创建表时，我们可以为表指定存储路径，例如：

```
CREATE TABLE IF NOT EXISTS yunsheng.contracts(
    name STRING COMMENT 'contract name',
    ......)
    LOCATION '/user/hive/warehouse/yunsheng.db/contracts';

LOAD DATA INPATH '/tmp/result/20160413' INTO TABLE contracts;
```

在创建表之后，可以使用 SHOW TABLES 来列举所有的表。如果想要看某个列的信息，则可以使用 DESCRIBE yunsheng.contracts.name 命令。Hive 还支持创建视图。

如前文所述，Hive 管理的表有两种： Tables（内部表）和 External Tables（外部表）。上面所创建的表都是内部表。Hive 创建内部表时，会将数据移动到数据仓库指向的路径。若创建外部表，仅仅只是记录数据所在的位置（可以是 HDFS 目录或者本地目录），不对数据的位置做任何改变。在删除表的时候，内部表的元数据和数据都会被一起删除，而外部表仅仅只是改变元数据，不对数据进行任何操作。所以使用外部表相对更加安全，数据组织也更加灵活，方便共享数据。下面来看一下外部表的创建。假定有以下两个文件：

```
hadoop fs -ls /tmp/result/20160426
Found 2 items
03-rw-r--r--   3 bi supergroup   1240 2016-4-26 17:15 /tmp/result/20160426/
part-00000
```

```
04-rw-r--r--   1 bi supergroup   1240 2016-4-26 17:58 /tmp/result/20160426/
part-00001
```

下面创建外部表：

```
CREATE EXTERNAL TABLE IF NOT EXISTS test (userid string)
ROW FORMAT DELIMITED FIELDS TERMINATED BY ','
LOCATION '/tmp/result/20160426';
```

关键字 EXTERNAL 告诉 Hive 这是个外部表，而后面的 LOCATION 告诉 Hive 数据位于哪个路径下。当删除表时，只会从 Hive 上删除表的元数据信息（删除链接信息），上述路径上的数据文件不会被删除。在 DESCRIBE EXTENDED test 语句的输出结果中会显示是内部表还是外部表。

Hive 有分区表的概念，这能提高性能（主要是加快查询）。下面来看一个例子：

```
CREATE TABLE employees (
    empID   INT,
    name    STRING,
    salary  FLOAT,
    skills  ARRAY<STRING>,
    educations  MAP<STRING, STRING>,
    address     STRUCT<street:STRING, city:STRING,state:STRING>)
PARTITIONED BY (state STRING, city STRING);
```

在上述例子中，我们让 Hive 先按照 state（州或省）再按照 city（市）来对数据进行分区。那么，在这个表的目录下，将会出现反映分区的子目录，例如：

```
…/employees/state=ZJ/city=HZ
…/employees/state=ZJ/city=NP
…
```

每个城市的文件夹下包含着这个城市的员工信息。SHOW PARTITIONS employees 命令可以查看表中存在的所有分区。上述分区字段的使用方法类似普通的字段（即分区字段可以作为 WHERE 条件），例如：

```
SELECT *  FROM employees WHERE state='ZJ' AND city = 'HZ';
```

分区的主要好处是加快查询速度。例如，上述的查询中，我们只需要查询一个目录下的内容即可，这对于大数据集来说，能够极大地提高查询性能。我们还可以在使用 LOAD 命令加载数据时指定分区信息，外部表也可以有分区。

大多数的表属性可以通过 ALTER TABLE 语句来进行修改。例如：

```
ALTER TABLE employees CHANGE COLUMN empID employeeID INT AFTER name;
ALTER TABLE employees ADD COLUMNS ( age INT COMMENT 'employee age');
ALTER TABLE test add partition (hp_cal_dt='20160214') location
'/tmp/result/20160214';
```

在传统的 RDBMS 中，为了能够存储大量的数据，经常按月创建表，这样数据就可以分散在不同的月表中了。Hive 的分区表可以获得类似的好处，例如：

```
CREATE TABLE salesrecord (id int, ….) PARTIONED BY (int month);
ALTER TABLE salesrecord add PARTITION (month=201601);
```

```
ALTER TABLE salesrecord add PARTITION (month=201602);
ALTER TABLE salesrecord add PARTITION (month=201603);
……
SELECT … FROM salesrecord WHERE month>=201602 AND month<201603;
```

Hive 需要进行全表扫描来执行查询。通过创建多个分区就可以优化查询。要注意的是，一个理想的分区设计不应该产生太多的分区和文件夹目录，并且每个目录下的文件应该足够大。这是因为，HDFS 是用于存储海量的大文件，而不是海量的小文件。除了分区的功能，Hive 还提供了 Bucket（存储桶）的功能，能将数据集分解成更容易管理的若干部分。具体内容，可参考 Hive 网站。

Hive 没有主键或自增键。Hive 支持有限的索引功能，可以对一些字段建立索引来加速查询操作。一张表的索引数据存储在另外一张表中。Hive 支持视图操作。我们可以创建视图来限制数据访问。对于映射 map 数据类型的数值，我们可以根据其键（Key）值来创建视图（视图中的列为键值）。

在本节的最后，我们列出创建表、删除表、修改表结构、创建视图、删除视图、创建数据库和显示表对象的命令语法或使用例子，供读者参考。

创建数据库：

```
CREATE DATABASE name
```

创建表：

```
CREATE [EXTERNAL] TABLE [IF NOT EXISTS] table_name
  [(col_name data_type [COMMENT col_comment], ...)]
  [COMMENT table_comment]
  [PARTITIONED BY (col_name data_type [COMMENT col_comment], ...)]
  [CLUSTERED BY (col_name, col_name, ...)
  [SORTED BY (col_name [ASC|DESC], ...)] INTO num_buckets BUCKETS]
  [ROW FORMAT row_format]
  [STORED AS file_format]
  [LOCATION hdfs_path]
```

CREATE TABLE 创建一个指定名字的表。如果相同名字的表已经存在，则抛出异常；用户可以用 IF NOT EXIST 选项来忽略这个异常。

- EXTERNAL 关键字可以让用户创建一个外部表，在创建表的同时指定一个指向实际数据的路径（LOCATION）
- COMMENT 可以为表与字段增加描述
- ROW FORMAT

```
  DELIMITED [FIELDS TERMINATED BY char]
            [COLLECTION ITEMS TERMINATED BY char]
            [MAP KEYS TERMINATED BY char]
            [LINES TERMINATED BY char]
            | SERDE serde_name [WITH SERDEPROPERTIES
  (property_name=property_value, property_name=property_value, ...)]
```

用户在创建表的时候可以自定义 SerDe 或者使用默认的 SerDe。如果没有指定 ROW FORMAT 或者 ROW FORMAT DELIMITED，将会使用默认的 SerDe。在创建表的时候，用户还需要为表指定列，用户在指定表的列的同时，也会指定自定义的 SerDe，Hive 通过 SerDe 确定表的具体的列的数据。

- STORED AS

```
SEQUENCEFILE
| TEXTFILE
| RCFILE
| INPUTFORMAT input_format_classname
| OUTPUTFORMAT output_format_classname
```

如果文件数据是纯文本，可以使用 STORED AS TEXTFILE。如果数据需要压缩，则可以使用 STORED AS SEQUENCE。

1. 显示数据库对象

显示所有表：

```
hive> SHOW TABLES;
```

按正则表达式显示表：

```
hive> SHOW TABLES '.*s';
```

显示表结构：

```
describe extended table_name.col_name;
```

显示数据库：

```
show databases;
```

显示分区：

```
show partitions;
```

列举所有函数：

```
show functions;
```

2. 修改表结构的例子

往表中添加一列：

```
hive> ALTER TABLE pokes ADD COLUMNS (new_col INT);
```

更改表名：

```
hive> ALTER TABLE events RENAME TO newevents;
```

删除列：

```
hive> DROP TABLE pokes;
```

改变表文件格式与组织：

```
ALTER TABLE table_name SET FILEFORMAT file_format;
```

3. 增加、删除分区

增加分区的语法为：

```
ALTER TABLE table_name ADD [IF NOT EXISTS] partition_spec [ LOCATION 'location1' ]
partition_spec [ LOCATION 'location2' ] ...
    partition_spec:
      : PARTITION (partition_col = partition_col_value, partition_col =
partiton_col_value, ...)
```

删除分区的语法为：

```
ALTER TABLE table_name DROP partition_spec, partition_spec,...
```

6.2.7 Hive 加载数据

Hive 不支持用 insert 语句一条一条地执行数据插入操作，也不支持 update 操作和数据删除操作。数据是以 LOAD 的方式加载到创建立好的表中，或将查询结果插入到 Hive 表中（即“INSERT INTO ...SELECT”语句）。数据一旦导入就不可以修改。

LOAD 操作只是单纯的复制/移动操作，将数据文件移动到 Hive 表对应的位置。向数据表内加载文件的语法如下：

```
LOAD DATA [LOCAL] INPATH 'filepath' [OVERWRITE] INTO TABLE tablename [PARTITION
(partcol1=val1, partcol2=val2 ...)]
```

filepath 包含三种路径：相对路径，例如，project/data1；绝对路径，例如/user/hive/project/data1；包含模式的完整 URI，例如 hdfs://namenode:9000/user/hive/project/data1。filepath 可以引用一个文件（Hive 会将文件移动到表所对应的目录中）或者是一个目录（Hive 会将目录中的所有文件移动到表所对应的目录中）。LOAD 命令会去查找本地系统中的文件 filepath。如果发现是相对路径，则路径会被解释为相对于当前用户的当前路径。用户也可以为本地文件指定一个完整的 URI，例如 file:///user/hive/project/data1。LOAD 命令将会 filepath 中的文件复制到目标文件系统中。目标文件系统由表的位置属性决定。被复制的数据文件移动到表的数据对应的位置。如果指定了 LOCAL，即本地文件或目录。

例如：

```
LOAD DATA LOCAL INPATH '/home/work/test.txt' INTO TABLE MYTEST2;
```

如果使用了 LOCAL 关键字，那么这个路径应该为本地文件系统路径。如果没有这个 LOCAL 关键字，那么这个路径就是分布式文件系统中的路径。如果 filepath 指向的是一个完整的 URI，Hive 就会直接使用这个 URI，否则就会使用 fs.default.name 中指定的 Namenode 的 URI。如果路径不是绝对的，Hive 相对于/user/进行操作。Hive 会将 filepath 中指定的文件内容移动到表（或者分区）所指定的路径中。

加载本地数据，同时可给定分区信息。加载的目标除了是一个表，还可以是分区。如果表包含分区，必须指定每一个分区的分区名。例如，加载本地数据，同时给定分区信息：

```
hive> LOAD DATA LOCAL INPATH './examples/files/kv2.txt' OVERWRITE INTO TABLE
invites PARTITION (ds='2018-08-15');
```

下面的命令是加载 HDFS 数据，同时给定分区信息：

```
hive> LOAD DATA INPATH '/user/myname/kv2.txt' OVERWRITE INTO TABLE invites
PARTITION (ds='2018-08-15');
```

如果指定了 OVERWRITE，那么目标表（或者分区）中的内容（如果有）会被删除，然后再将 filepath 指向的文件/目录中的内容添加到表/分区中。如果目标表（分区）已经有一个文件，并且文件名和 filepath 中的文件名冲突，那么现有的文件会被新文件所替代。

Hive 支持将查询结果插入 Hive 表，即通过 INSERT..SELECT 语句将查询语句向表中插入数据。语法格式为：

```
INSERT OVERWRITE TABLE tablename [PARTITION (partcol1=val1, partcol2=val2 ...)]
select_statement FROM from_statement
```

例如：

```
INSERT OVERWRITE TABLE t2
SELECT t3.c2, count(1)
FROM t3
WHERE t3.c1 <= 20
GROUP BY t3.c2
```

上述语句使用了 OVERWRITE，这样 Hive 就会覆盖之前已经存在的内容。如果不想覆盖，可使用 INTO。INSERT..SELECT 语句也可以放在 CREATE TABLE 语句中，从而在一个语句中完成创建表并将查询结果插入这个表中，例如：

```
CREATE TABLE zj_employees AS
   SELECT empID, name, salary FROM employees WHERE …..
```

Hive 导出数据的方式有多种。例如：

```
bin/hive --database 'hrsystem' -e 'select * from employees' >>
/home/sam/exportDir/emp.tsv
hive  --database  'default'  -e  'select * from employees' >> /emp2.tsv
INSERT OVERWRITE LOCAL DIRECTORY '/tmp/' SELECT …
```

6.2.8 Hive 查询数据

Hive 支持 ANSI SQL 标准。在 SELECT 语句中，常见的数学函数（如 abs）、聚合函数（如 count、sum、avg 等）、字符串函数（如 concat、locate、substr 等）都可以使用。如果想要限制返回的行数，则可以使用 LIMIT 语句。SELECT 还支持嵌套 SELECT 语句和 CASE WHEN 句式。WHERE 子句支持常规的运算符（如=、>、LIKE、IS NULL 等），也支持 GROUP BY、HAVING、JOIN、ORDER BY 等。

Hive 提供了 EXPLAIN 功能，用于解释 Hive 如何将查询转化成 MapReduce 任务。例如：

```
EXPLAIN SELECT avg(salary) FROM employees;
```

在执行上述语句时，Hive 会打印出语法树，表明如何将查询解析成 token 和 literal 的。Hive 也会打印出多个 stage（一个 Hive 任务包含一个或多个 stage），不同的 stage 之间可能存在着依赖关系，一个 stage 可以是一个 MapReduce 任务或是其他的操作。EXPLAIN 返回的结果中可能还包含了 Reduce 运算符树（Reduce Operator Tree）。当执行具有 Reduce 过程的 Hive 查询（如带有 GROUP BY 子句的语句）时，CLI 控制台会打印出调优后的 reducer 个数。Hive 是按照输入的数据量大小来确定 reducer 个数的。我们可以使用 dfs –count 命令来计算输入量的大小，这个命令同 Linux 中的 du –s 命令类似，可以计算出指定目录下所有数据的大小总值。Hive 有一个参数 hive.exec.reducers.bytes.per.reducer，其设置了一个 reducer 处理的数据量，默认为 1GB。而 hive.exec.reducers.max 则指定了最大的 reducer 个数。

下面按照以下几种情况来讲解 SQL 查询：

- 基本的 Select 操作
- 基于 Partition 的查询

1. 基本的 Select 操作

```
SELECT [ALL | DISTINCT] select_expr, select_expr, ...
FROM table_reference
[WHERE where_condition]
[GROUP BY col_list [HAVING condition]]
[   CLUSTER BY col_list
  | [DISTRIBUTE BY col_list] [SORT BY| ORDER BY col_list]
]
[LIMIT number]
```

使用 ALL 和 DISTINCT 选项区分对重复记录的处理。默认是 ALL，表示查询所有记录。DISTINCT 表示去掉重复的记录。在 WHERE 条件中，支持 AND、OR、BETWEEN、IN、NOT IN、ORDER BY、LIMIT 等操作。其中，LIMIT 可以限制查询的记录数，例如：

```
SELECT * FROM t1 LIMIT 5
```

按条件查询：

```
hive> SELECT a.foo FROM invites a WHERE a.ds='<DATE>';
```

将查询数据输出至目录：

```
hive> INSERT OVERWRITE DIRECTORY '/tmp/hdfs_out' SELECT a.* FROM invites a WHERE
a.ds='<DATE>';
```

将查询结果输出至本地目录：

```
hive> INSERT OVERWRITE LOCAL DIRECTORY '/tmp/local_out' SELECT a.* FROM pokes a;
```

将一个表的统计结果插入另一个表中：

```
hive> INSERT OVERWRITE TABLE events SELECT a.bar, count(1) FROM invites a WHERE
a.foo > 0 GROUP BY a.bar;
```

将查询数据插入分区：

```
INSERT OVERWRITE TABLE dest3 PARTITION(ds='2018-04-08', hr='12') SELECT src.key
WHERE src.key >= 200 and src.key < 300
```

2. 基于 Partition 的查询

一般 SELECT 查询会扫描整个表，使用 PARTITIONED BY 子句创建表，查询就可以利用分区剪枝（Input Pruning）的特性。

3. Hive 内置函数

除了常规的 SQL 的函数（例如 count，sum，avg）之外，Hive 提供了一些特殊的内置函数。下面通过一些例子来认识这些函数。

```
select explode(split(regexp_extract('["NDcwMg==","MA==","MA=="]',
'^\["(.*)\"]$',1),'","'))
```

上面这个 SQL 语句首先使用 regexp_extract 函数，它抽取第一个参数中符合正则表达式（第二个参数）的第 index（第三个参数）个部分的子字符串。接着是 split 函数，它按照正则表达式（第二个参数）分割第一个参数所代表的字符串，并将分割后的部分以字符串数组的方式返回。所以，结果是返回一个数组，三个元素，具体为：["NDcwMg==", "MA==", "MA=="]。最后是 explode 函数，它返回 0 到多行结果，每行都对应输入数组中的一个元素。所以，上述 SQL 返回三行，每行是数组中的一个元素。

Hive 提供了从 JSON 字符串中抽取数据的函数，例如：

```
select explode(split(regexp_extract(get_json_object( json_params,
'$.prices'),'^\["(.*)\"]$',1),'","')
```

上面的 get_json_object 函数就是从给定路径上的 JSON 字符串（第一个参数）中抽取出 JSON 对象（第二个参数），返回这个对象的对应值（字符串形式）。例如，如下的 JSON 字符串：

```
{"dr":10,"to":false,"openrtb":[1,1,1],"prices":["NDcwMg==","MA==","MA=="],"d
eal_types":["html"]}
```

那么，get_json_object 函数返回的是["NDcwMg==", "MA==", "MA=="]。

6.2.9 Hive UDF

Hive 支持用户自定义函数（UDF），可以和内置的函数一样调用。SHOW FUNCTIONS 命令可以列出 Hive 中所有的函数，包括内置的和用户自定义的函数。DESCRIBE FUNCTION 命令可以显示函数的信息。下面来看一个 UDF 的例子，这个 UDF 的输入值是一个日期，输出结果是该日期所对应的星座。对于这个 UDF，首先编写对应的 Java 代码：

```
package org.apache.hadoop.hive.contrib.udf.example;
import java.util.Date;
import java.text.SimpleDateFormat;
import org.apache.hadoop.hive.ql.exec.UDF;

@Description(name = "zodiac",
    value = "_FUNC_(date) - from the input date string "+
```

```
        "or separate month and day arguments, returns the sign of the Zodiac.";
    extended = "Example:\n" + " > SELECT _FUNC_(date_string) FROM src;\n"
              + " > SELECT _FUNC_(month, day) FROM src;")

//UDF 函数所对应的 Java 类必须继承 UDF 类
public class UDFZodiacSign extends UDF{
    private SimpleDateFormat df;
    public UDFZodiacSign(){
        df = new SimpleDateFormat("MM-dd-yyyy");
    }

    public String evaluate( Date bday ){
        return this.evaluate( bday.getMonth(), bday.getDay() );
    }

    public String evaluate(String bday){
        Date date = null;
        try {
            date = df.parse(bday);
        } catch (Exception ex) {
            return null;
    }
    return this.evaluate( date.getMonth()+1, date.getDay() );
}
    public String evaluate( Integer month, Integer day ){
        if (month==1) {
            if (day < 20 ){
                return "Capricorn";
            } else {
                return "Aquarius";
            }
        }
        if (month==2){
            if (day < 19 ){
                return "Aquarius";
            } else {
                return "Pisces";
            }
        }
        /* 省略了其他月份的处理代码... */
        return null;
    }
}
```

将上述代码编译并打包到一个 JAR 文件中，并将这个 JAR 文件加入到类路径下。而后，定义这个 UDF 函数。最后就可以像内置函数一样使用了。例如：

```
hive> ADD JAR /full/path/to/zodiac.jar;
hive> CREATE TEMPORARY FUNCTION zodiac
> AS 'org.apache.hadoop.hive.contrib.udf.example.UDFZodiacSign';
hive> SELECT name, bday, zodiac(bday) FROM testdata;
```

删除 UDF 的命令为 DROP TEMPORARY FUNCTION。除了继承 UDF 类来创建自定义的函数之外，也可以继承 GenericUDF 类。GenericUDF 能够支持更复杂的输入处理，具体内容，可参考 Hive 文档。

6.2.10 Hive 视图

创建视图语法格式如下：

```
CREATE VIEW [IF NOT EXISTS] view_name [ (column_name [COMMENT
column_comment], ...) ][COMMENT view_comment][TBLPROPERTIES (property_name =
property_value, ...)] AS SELECT
```

删除视图的语法格式如下：

```
DROP VIEW view_name
```

需要注意的是，如果修改了基本表的属性，而视图中不会体现出来，那么无效查询将会失败。视图是只读的，不能执行 LOAD/INSERT 操作。

在 Hive 中，还有一类视图，名为“LATERAL VIEW”（侧视图），它的作用是配合 explode 函数，把数组或映射（map）中的单行数据拆解成多行的数据结果集。例如，pageAds 表中有两列：pageid STRING，adid_list Array<int>。这个表有如下两行数据：

pageid	adid_list
Front_page	[1，2，3]
Second_page	[3，4，5]

如果执行如下 SQL 语句：

```
SELECT pageid, adid
FROM pageAds LATERAL VIEW explode(adid_list) adTable AS adid;
```

LATERAL VIEW 首先把 explode 函数应用于基表（pageAds）的每一行，等于生成了一个虚拟表，然后将该虚拟表与基表笛卡尔积关联。结果如下：

Pageid（string）	Adid（int）
"Front_page"	1
"Front_page"	2
"Front_page"	3
"Second_page"	3
"Second_page"	4
"Second_page"	5

LATERAL VIEW 的语法格式为：

```
LATERAL VIEW udtf(expression) tableAlias AS columnAlias
```

应用在 from 子句中的格式为：

```
FROM baseTable (lateralView)*
```

下面再看一个例子：

```
SELECT adid, count(1)
FROM pageAds LATERAL VIEW explode(adid_list) adTable AS adid
GROUP BY adid;
```

执行的结果如下：

int adid	Count（1）
1	1
2	1
3	2
4	1
5	1

下面我们来看一个更加复杂的例子：

```
SELECT
DISTINCT prices
FROM
Access
LATERAL VIEW
explode(source_name) t AS ssp
LATERAL VIEW
explode(split(regexp_extract(get_json_object( json_params, '$.prices'),
'^\["(.*)\"]$',1),'","')
) t AS prices
WHERE
ssp = '38'
AND request_type IN('****')
```

6.2.11　HiveServer2

除了在 CLI 上执行 SQL 语句之外，我们还可通过 HiveServer2 远程服务（默认端口号 10000）使用 JDBC 接口来连接 Hive，从而可以在不启动 CLI 的情况下对 Hive 中的数据进行操作，这是程序员最需要的方式。启动 HiveServer2 的命令如下（“&”表示命令在后台运行）：

```
hive  --service hiveserver2 &  //默认端口 10000
hive --service hiveserver2 --hiveconf hive.server2.thrift.port 10002 &
//可以通过命令行直接将端口号改为 10002
```

启动 HiveServer2 有两种方式，一种是上面已经介绍过的 hive --service hiveserver2，另一种更为简洁，为 HiveServer2。HiveServer2 的远程服务端口号也可以在 hive-site.xml 文件中配置，修改 hive.server2.thrift.port 对应的值即可。

```
<property>
    <name>hive.server2.thrift.port< /name>
    <value>10000< /value>
    <description>Port number of HiveServer2 Thrift interface when
hive.server2.transport.mode is 'binary'.< /description>
</property>
```

在 HiveServer2 之前有一个 HiveServer，两者都是基于 Thrift 的。既然已经存在 HiveServer，为什么还需要 HiveServer2 呢？这是因为 HiveServer 不能处理多于一个客户端的并发请求。因此重写了 HiveServer 代码得到了 HiveServer2，进而解决了该问题。HiveServer2 支持多客户端的并发和认证，为开放 API 客户端如 JDBC、ODBC 提供了更好的支持。

HiveServer2 允许在配置文件 hive-site.xml 中进行配置管理，具体的参数为：

- hive.server2.thrift.min.worker.threads：最小工作线程数，默认为 5。
- hive.server2.thrift.max.worker.threads：最小工作线程数，默认为 500。
- hive.server2.thrift.port：TCP 的监听端口，默认为 10000。
- hive.server2.thrift.bind.host：TCP 绑定的主机，默认为 localhost。

也可以设置环境变量 HIVE_SERVER2_THRIFT_BIND_HOST 和 HIVE_SERVER2_THRIFT_PORT 覆盖 hive-site.xml 设置的主机和端口号。HiveServer2 支持通过 HTTP 传输消息，该特性在客户端和服务器之间存在代理中介时特别有用。与 HTTP 传输相关的参数如下：

- hive.server2.transport.mode：默认值为 binary（TCP），可选值 HTTP。
- hive.server2.thrift.http.port：HTTP 的监听端口，默认值为 10001。
- hive.server2.thrift.http.path：服务的端点名称，默认 cliservice。
- hive.server2.thrift.http.min.worker.threads：服务池中的最小工作线程，默认为 5。
- hive.server2.thrift.http.max.worker.threads：服务池中的最小工作线程，默认为 500。

在默认情况下，HiveServer2 以提交查询的用户来执行查询，如果 hive.server2.enable.doAs 设置为 false，查询将以运行 hiveserver2 进程的用户来运行。为了防止非安全模式下的内存泄漏，可以通过设置下面的参数为 true 来禁用文件系统的缓存：

- fs.hdfs.impl.disable.cache：禁用 HDFS 文件系统缓存，默认值为 false。
- fs.file.impl.disable.cache：禁用本地文件系统缓存，默认值为 false。

在笔者的 Hive 环境中，是使用 MySQL 来保存 MetaStore。在启动 HiveServer2 时，笔者碰到了如下问题：

```
2019-01-06T11:21:24,655 ERROR [main] pool.HikariPool: HikariPool-5 - Exception
during pool initialization.
com.mysql.cj.jdbc.exceptions.CommunicationsException: Communications link
failure
```

在$HIVE_HOME/conf/下，查看 hive-log4j2.properties 文件中的设置，例如 “hive.log.dir=/tmp/hive.log”。在日志中也看到了“Communications link failure”。如图 6-21 所示，查看 MySQL 的配置，找到配置文件的位置和错误日志的位置。

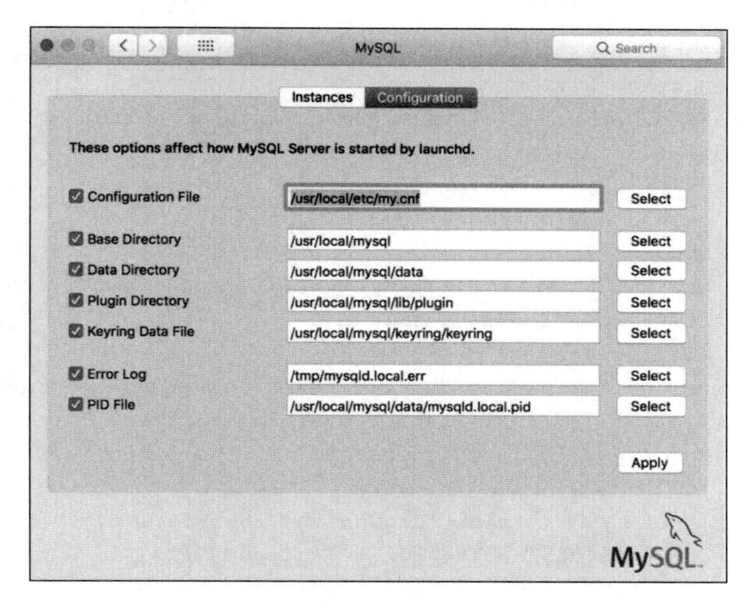

图 6-21　MySQL 配置

查看 my.cnf，发现“bind-address=127.0.0.1”：

```
TD-0518:etc zhenghong$ more my.cnf
# Default Homebrew MySQL server config
[mysqld]
# Only allow connections from localhost
bind-address = 127.0.0.1
```

查看错误日志文件：

```
    TD-0518:tmp zhenghong$ sudo tail -f mysqld.local.err
    2019-01-06T19:22:56.004979Z 0 [System] [MY-010910] [Server]
/usr/local/mysql/bin/mysqld: Shutdown complete (mysqld 8.0.13)  MySQL Community
Server - GPL.
    2019-01-06T19:23:10.596619Z 0 [System] [MY-010116] [Server]
/usr/local/mysql/bin/mysqld (mysqld 8.0.13) starting as process 12341
    2019-01-06T19:23:10.599644Z 0 [Warning] [MY-010159] [Server] Setting
lower_case_table_names=2 because file system for /usr/local/mysql/data/ is case
insensitive
    2019-01-06T19:23:10.838424Z 0 [Warning] [MY-010068] [Server] CA certificate
ca.pem is self signed.
    2019-01-06T19:23:10.854509Z 0 [System] [MY-010931] [Server]
/usr/local/mysql/bin/mysqld: ready for connections. Version: '8.0.13'  socket:
'/tmp/mysql.sock'  port: 3306  MySQL Community Server - GPL.
    2019-01-06T19:23:11.075199Z 0 [System] [MY-011323] [Server] X Plugin ready for
connections. Socket: '/tmp/mysqlx.sock' bind-address: '::' port: 33060
```

考虑到 MySQL 认 127.0.0.1（IPv4），但不认:::1（IPv6）。下面这个命令强迫 Java 使用 IPv4，然后启动 HiveServer2。

```
TD-0518:~ zhenghong$ export _JAVA_OPTIONS="-Djava.net.preferIPv4Stack=true"
TD-0518:~ zhenghong$ hiveserver2
Picked up _JAVA_OPTIONS: -Djava.net.preferIPv4Stack=true
2019-01-06 15:12:38: Starting HiveServer2
Picked up _JAVA_OPTIONS: -Djava.net.preferIPv4Stack=true
SLF4J: Class path contains multiple SLF4J bindings.
SLF4J: Found binding in
[jar:file:/usr/local/Cellar/hive/3.1.1/libexec/lib/log4j-slf4j-impl-2.10.0.jar!/
org/slf4j/impl/StaticLoggerBinder.class]
SLF4J: Found binding in
[jar:file:/usr/local/Cellar/hadoop/3.1.1/libexec/share/hadoop/common/lib/slf4j-l
og4j12-1.7.25.jar!/org/slf4j/impl/StaticLoggerBinder.class]
SLF4J: See http://www.slf4j.org/codes.html#multiple_bindings for an
explanation.
SLF4J: Actual binding is of type [org.apache.logging.slf4j.Log4jLoggerFactory]
Hive Session ID = 04918a84-8318-4022-a41f-1085d46f170f
Hive Session ID = fa2175b8-9deb-41a4-b100-f42c0ab3bfe4
Hive Session ID = 3ed1fd40-ca3e-493e-abcd-4cb8a8815080
Hive Session ID = 9465b303-e984-4a76-9c8b-78322a0b571a

TD-0518:~ zhenghong$ netstat -an | grep 10000
tcp4       0      0  *.10000                *.*                    LISTEN
```

Hive 客户端工具推荐使用 Beeline，它可以替代 Hive CLI，它是基于 SQLLine CLI 的 JDBC 客户端。Beeline 支持嵌入模式（Embedded Mode）和远程模式（Remote Mode）。在嵌入式模式下，运行嵌入式的 Hive（类似 Hive CLI），而远程模式可以通过 Thrift 连接到独立的 HiveServer2 进程上。Beeline CLI 支持以下命令行参数：

```
选项                               说明/例子
--autoCommit=[true/false]  ---进入一个自动提交模式：beeline --autoCommit=true
--autosave=[true/false]    ---进入一个自动保存模式：beeline --autosave=true
--color=[true/false]       ---显示用到的颜色：beeline --color=true
--delimiterForDSV= DELIMITER   ---分隔值，即输出格式的分隔符。默认是“|”字符。
--fastConnect=[true/false]     ---在连接时，跳过组建表等对象：beeline
--fastConnect=false
--force=[true/false]       ---是否强制运行脚本：beeline--force=true
--headerInterval=ROWS      ---输出的表的间隔格式，默认是 100：beeline
--headerInterval=50
--help                     ---帮助 beeline --help
--hiveconf property=value  ---设置属性值，以防被 hive.conf.restricted.list 重置：
beeline --hiveconf prop1=value1
--hivevar name=value           ---设置变量名：beeline --hivevar var1=value1
--incremental=[true/false]     ---输出增量
--isolation=LEVEL              ---设置事务隔离级别：beeline
--isolation=TRANSACTION_SERIALIZABLE
--maxColumnWidth=MAXCOLWIDTH   ---设置字符串列的最大宽度：beeline
--maxColumnWidth=25
```

```
    --maxWidth=MAXWIDTH            ---设置截断数据的最大宽度：beeline --maxWidth=150
    --nullemptystring=[true/false] ---打印空字符串：beeline --nullemptystring=false
    --numberFormat=[pattern]       ---数字使用 DecimalFormat：beeline
--numberFormat="#,###,##0.00"
    --outputformat=[table/vertical/csv/tsv/dsv/csv2/tsv2] ---输出格式：beeline
--outputformat=tsv
    --showHeader=[true/false]      ---显示查询结果的列名：beeline --showHeader=false
    --showNestedErrs=[true/false]  ---显示嵌套错误：beeline --showNestedErrs=true
    --showWarnings=[true/false]    ---显示警告：beeline --showWarnings=true
    --silent=[true/false]          ---减少显示的信息量：beeline --silent=true
    --truncateTable=[true/false]   ---是否在客户端截断表的列
    --verbose=[true/false]     ---显示详细错误信息和调试信息：beeline --verbose=true
    -d <driver class>          ---使用一个驱动类：beeline -d driver_class
    -e <query>      ---使用一条查询语句：beeline -e "query_string"
    -f <file>       ---加载一个文件：beeline -f filepath  多个文件用-e file1 -e file2
    -n <username>  ---加载一个用户名：beeline -n valid_user
    -p <password>  ---加载一个密码：beeline -p valid_password
    -u <database URL> ---加载一个 JDBC 连接字符串：beeline -u db_URL
```

例如：

```
    TD-0518:~ zhenghong$ beeline -u jdbc:hive2://localhost:10000
    SLF4J: Class path contains multiple SLF4J bindings.
    SLF4J: Found binding in
[jar:file:/usr/local/Cellar/hive/3.1.1/libexec/lib/log4j-slf4j-impl-2.10.0.jar!/
org/slf4j/impl/StaticLoggerBinder.class]
    SLF4J: Found binding in
[jar:file:/usr/local/Cellar/hadoop/3.1.1/libexec/share/hadoop/common/lib/slf4j-l
og4j12-1.7.25.jar!/org/slf4j/impl/StaticLoggerBinder.class]
    SLF4J: See http://www.slf4j.org/codes.html#multiple_bindings for an
explanation.
    SLF4J: Actual binding is of type [org.apache.logging.slf4j.Log4jLoggerFactory]
    Connecting to jdbc:hive2://localhost:10000
    19/01/06 18:26:17 [main]: WARN jdbc.HiveConnection: Failed to connect to
localhost:10000
    Error: Could not open client transport with JDBC Uri: jdbc:hive2://localhost:10000:
Failed to open new session: java.lang.RuntimeException:
org.apache.hadoop.ipc.RemoteException(org.apache.hadoop.security.authorize.Autho
rizationException): User: zhenghong is not allowed to impersonate anonymous
(state=08S01,code=0)
    Beeline version 3.1.1 by Apache Hive
```

上述错误需要修改/usr/local/Cellar/hadoop/3.1.1/libexec/etc/hadoop/core-site.xml，添加如下设置：

```
<property>
    <name>hadoop.proxyuser.zhenghong.groups</name>
    <value>*</value>
</property>
<property>
```

```
    <name>hadoop.proxyuser.zhenghong.hosts</name>
    <value>*</value>
</property>
```

在重新启动 HDFS 和 YARN 之后，再次运行 beeline：

```
TD-0518:hadoop zhenghong$ beeline -n $(whoami) -u jdbc:hive2://localhost:10000
SLF4J: Class path contains multiple SLF4J bindings.
SLF4J: Found binding in
[jar:file:/usr/local/Cellar/hive/3.1.1/libexec/lib/log4j-slf4j-impl-2.10.0.jar!/
org/slf4j/impl/StaticLoggerBinder.class]
SLF4J: Found binding in
[jar:file:/usr/local/Cellar/hadoop/3.1.1/libexec/share/hadoop/common/lib/slf4j-l
og4j12-1.7.25.jar!/org/slf4j/impl/StaticLoggerBinder.class]
SLF4J: See http://www.slf4j.org/codes.html#multiple_bindings for an
explanation.
SLF4J: Actual binding is of type [org.apache.logging.slf4j.Log4jLoggerFactory]
Connecting to jdbc:hive2://localhost:10000
Connected to: Apache Hive (version 3.1.1)
Driver: Hive JDBC (version 3.1.1)
Transaction isolation: TRANSACTION_REPEATABLE_READ
Beeline version 3.1.1 by Apache Hive
0: jdbc:hive2://localhost:10000> show tables;
DEBUG : Acquired the compile lock.
INFO  : Compiling
command(queryId=zhenghong_20190106183821_7a6e08d2-be85-4c7a-a3fa-e68591ceef24):
show tables
INFO  : Concurrency mode is disabled, not creating a lock manager
INFO  : Semantic Analysis Completed (retrial = false)
INFO  : Returning Hive schema: Schema(fieldSchemas:[FieldSchema(name:tab_name,
type:string, comment:from deserializer)], properties:null)
INFO  : Completed compiling
command(queryId=zhenghong_20190106183821_7a6e08d2-be85-4c7a-a3fa-e68591ceef24);
Time taken: 0.832 seconds
INFO  : Concurrency mode is disabled, not creating a lock manager
INFO  : Executing
command(queryId=zhenghong_20190106183821_7a6e08d2-be85-4c7a-a3fa-e68591ceef24):
show tables
INFO  : Starting task [Stage-0:DDL] in serial mode
INFO  : Completed executing
command(queryId=zhenghong_20190106183821_7a6e08d2-be85-4c7a-a3fa-e68591ceef24);
Time taken: 0.051 seconds
INFO  : OK
INFO  : Concurrency mode is disabled, not creating a lock manager
DEBUG : Shutting down query show tables
+-----------+
| tab_name  |
+-----------+
```

```
| hive2     |
+-----------+
1 row selected (1.151 seconds)
0: jdbc:hive2://localhost:10000> select * from hive2;
DEBUG : Acquired the compile lock.
INFO  : Compiling
command(queryId=zhenghong_20190106183826_f22bfe85-974a-41a7-aed0-0fe56fe745b8):
select * from hive2
INFO  : Concurrency mode is disabled, not creating a lock manager
INFO  : Semantic Analysis Completed (retrial = false)
INFO  : Returning Hive schema:
Schema(fieldSchemas:[FieldSchema(name:hive2.char1, type:char(2), comment:null)],
properties:null)
INFO  : Completed compiling
command(queryId=zhenghong_20190106183826_f22bfe85-974a-41a7-aed0-0fe56fe745b8);
Time taken: 1.079 seconds
INFO  : Concurrency mode is disabled, not creating a lock manager
INFO  : Executing
command(queryId=zhenghong_20190106183826_f22bfe85-974a-41a7-aed0-0fe56fe745b8):
select * from hive2
INFO  : Completed executing
command(queryId=zhenghong_20190106183826_f22bfe85-974a-41a7-aed0-0fe56fe745b8);
Time taken: 0.0 seconds
INFO  : OK
INFO  : Concurrency mode is disabled, not creating a lock manager
DEBUG : Shutting down query select * from hive2
+--------------+
| hive2.char1  |
+--------------+
| 1a           |
+--------------+
1 row selected (1.288 seconds)
0: jdbc:hive2://localhost:10000>
```

6.2.12　hive-site.xml 需要的配置

下面我们总结一下在使用 HiveServer2 之前在 hive-site.xml 中需要进行的配置：

（1）配置监听端口和路径

```
<property>
    <name>hive.server2.thrift.port</name>
    <value>10000</value>
</property>
<property>
    <name>hive.server2.thrift.bind.host</name>
    <value>192.168.0.15</value>
</property>
```

（2）设置 impersonation

这样 Hive Server 会以提交用户的身份去执行语句，如果设置为 false，则会以启动 Hive Server daemon（守护程序）的管理员用户（admin user）的身份来执行语句：

```
<property>
    <name>hive.server2.enable.doAs</name>
    <value>true</value>
</property>
```

（3）HiveServer2 节点配置

hive.metastore.uris 为空，则表示是 metastore 在本地，否则就是远程。若是远程的话，就直接配置 hive.metastore.uris 即可：

```
<property>
    <name>hive.metastore.uris</name>
    <value>thrift://xxx.xxx.xxx.xxx:9083</value>
    <description>Thrift URI for the remote metastore. Used by metastore client
to connect to remote metastore.</description>
  </property>
```

（4）ZooKeeper 配置

```
<property>
    <name>hive.support.concurrency</name>
    <description>Enable Hive's Table Lock Manager Service</description>
    <value>true</value>
</property>
<property>
    <name>hive.zookeeper.quorum</name>
    <description>Zookeeper quorum used by Hive's Table Lock Manager</description>
    <value>master1:2181,slave1:2181,slave2:2181</value>
</property>
```

注 意

没有配置 hive.zookeeper.quorum 会导致无法并发执行 Hive SQL 请求，以及导致数据异常。

（5）HiveServer2 的网页界面（Web UI）配置

```
<property>
    <name>hive.server2.webui.host</name>
    <value>192.168.48.130</value>
    <description>The host address the HiveServer2 WebUI will listen
on</description>
</property>
<property>
    <name>hive.server2.webui.port</name>
    <value>10002</value>
    <description>The port the HiveServer2 WebUI will listen on. This can beset
to 0 or a negative integer to disable the web UI</description>
```

```
</property>
```

（6）启动服务

① 启动 metastore：

```
bin/hive --service metastore &
```

默认端口为 9083。

② 启动 HiveServer2：

```
hiveserver2
```

③ 测试：

```
beeline -u jdbc:hive2: //localhost:10000
```

④ 测试 Hive 网页界面：在浏览器中输入 http://192.168.0.15:10002/，如图 6-22 所示。

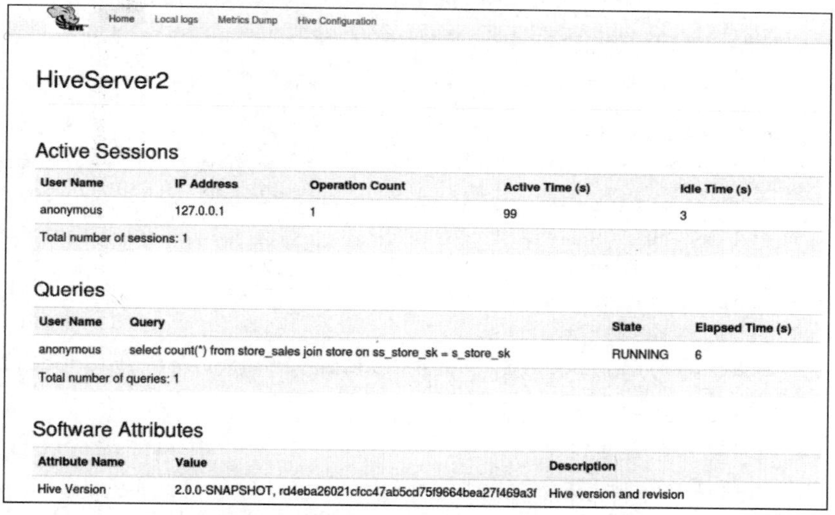

Home　Local logs　Metrics Dump　Hive Configuration

HiveServer2

Active Sessions

User Name	IP Address	Operation Count	Active Time (s)	Idle Time (s)
anonymous	127.0.0.1	1	99	3

Total number of sessions: 1

Queries

User Name	Query	State	Elapsed Time (s)
anonymous	select count(*) from store_sales join store on ss_store_sk = s_store_sk	RUNNING	6

Total number of queries: 1

Software Attributes

Attribute Name	Value	Description
Hive Version	2.0.0-SNAPSHOT, rd4eba26021cfcc47ab5cd75f9664bea27f469a3f	Hive version and revision

图 6-22　Hive 的网页界面

⑤ 测试 Hive 的 JDBC 连接程序：

```
import java.sql.Connection;
import java.sql.DriverManager;
import java.sql.SQLException;
public class HiveJdbcClient {
   private static String driverName = "org.apache.hive.jdbc.HiveDriver";
                                        //Hive 驱动名称
   public static  void main(String[] args) throws SQLException {
      try{
         Class.forName(driverName);
      }catch(ClassNotFoundException e){
         e.printStackTrace();
         System.exit(1);
```

```
        }
    //第一个参数：jdbc:hive://localhost:10000/default 连接 Hiveserver2 服务的地址
    //第二个参数：hadoop，对 HDFS 有操作权限的用户
    //第三个参数：Hive 用户密码，在非安全模式下，指定一个用户运行查询，忽略密码
        Connection con = DriverManager.getConnection("jdbc:
hive://localhost:10000/default", "hadoop", "");
        System.out.print(con.getClientInfo());
    }
}
```

使用 JDBC 开发 Hive 程序，这和传统的 JDBC 开发没有太大的区别。HiveServer2 允许通过指定端口访问 Hive。Thrift 是一个软件框架，支持 Java、C++等编程语言，通过编程的方式远程访问 Hive。下面是 Hive 的一个示例程序：

```
import java.sql.Connection;
import java.sql.DriverManager;
import java.sql.ResultSet;
import java.sql.SQLException;
import java.sql.Statement;
import org.apache.log4j.Logger;

public class HiveJdbcClient {
    private static String driverName = "org.apache.hadoop.hive.jdbc.HiveDriver";
    private static String url = "jdbc:hive://192.168.1.158:10000/default";
    private static String user = "hive";
    private static String pwd = "mysql";
    private static String sql = "";
    private static ResultSet res;
    private static final Logger log = Logger.getLogger(HiveJdbcClient.class);

    public static void main(String[] args) {
        try {
            Class.forName(driverName);
            Connection conn = DriverManager.getConnection(url, user, pwd);
            Statement stmt = conn.createStatement();

            // 创建数据表的表名
            String tableName = "testHiveDriverTable";
            //第一步：如果数据表存在，就先删除它
            sql = "drop table " + tableName;
            stmt.executeQuery(sql);

            //第二步：创建数据表
            sql = "create table " + tableName + " (key int, value string)  row format
delimited fields terminated by '\t'";
            stmt.executeQuery(sql);

            // 执行“show tables”操作
            sql = "show tables '" + tableName + "'";
            System.out.println("Running:" + sql);
```

```
            res = stmt.executeQuery(sql);
            System.out.println("执行“show tables”运行结果:");
              if (res.next()) {
                 System.out.println(res.getString(1));
              }

              // 执行“describe table”操作
              sql = "describe " + tableName;
              System.out.println("Running:" + sql);
              res = stmt.executeQuery(sql);
              System.out.println("执行“describe table”运行结果:");
              while (res.next()) {
                 System.out.println(res.getString(1) + "\t" +
res.getString(2));
              }

              // 执行“load data into table”操作
              String filepath = "/home/hadoop/zhenghong/userinfo.txt";
              sql = "load data local inpath '" + filepath + "' into table " +
tableName;
              System.out.println("Running:" + sql);
              res = stmt.executeQuery(sql);

              // 执行“select * from”操作
              sql = "select * from " + tableName;
              System.out.println("Running:" + sql);
              res = stmt.executeQuery(sql);
              System.out.println("执行“select ”运行结果:");
              while (res.next()) {
                 System.out.println(res.getInt(1) + "\t" + res.getString(2));
              }

              // 执行“regular hive query”操作
              sql = "select count(1) from " + tableName;
              System.out.println("Running:" + sql);
              res = stmt.executeQuery(sql);
              System.out.println("执行“regular hive query”运行结果:");
              while (res.next()) {
                 System.out.println(res.getString(1));
              }

              conn.close();
              conn = null;
          } catch (ClassNotFoundException e) {
              e.printStackTrace();
              log.error(driverName + " not found!", e);
              System.exit(1);
          } catch (SQLException e) {
              e.printStackTrace();
```

```
                log.error("Connection error!", e);
                System.exit(1);
            }
        }
    }
```

从上面的程序代码可以看出，Hive 的编程同一般的 JDBC 编程没什么区别。

6.2.13 HBase 集成

HBase 与 Hive 都是架构在 HDFS 系统之上的 Hadoop 生态圈的组件，利用 HDFS 作为底层存储。我们把 HBase 看作分布式数据库，把 Hive 作为分布式数据仓库。Hive 的适用场景是非实时、面向批处理的工作，例如海量数据的批量处理、统计查询和计算分析。HBase 的适用场景是实时处理工作，它作为 NoSQL 数据库，设计数据库的 Schema，处理高并发的实时快速查询和插入。我们可以将 HBase 和 Hive 结合起来使用。一种方式就是让 HBase 作实时处理，然后将 HBase 数据导入到 HDFS 文件上，最后通过 Hive 来做数据分析。这是因为 HBase 可能会对底层多个文件合并，而从 HDFS 中访问是顺序 I/O，所以直接让 Hive 操作 HDFS 上的海量数据分析会更快。还有，Hive 采用了 SQL 的查询语言，提高了工程师的开发效率，同时系统易扩展和维护。

还有一种更加紧密的合作方式，在 Hive 上直接访问 HBase 表。我们只需要在 Hive 上创建一个指向 HBase 表的外部表即可。例如：

```
CREATE EXTERNAL TABLE hbase_stocks (key INT, name STRING, price FLOAT)
STORED BY 'org.apache.hadoop.hive.hbase.HBaseStorageHandler'
WITH SERDEPROPERTIES ("hbase.columns.mapping"="cf1:val")
TBLPROPERTIES("hbase.table.name"=stocks);
```

上述 CREATE 语句中出现的几个关键字的含义是：

- HBaseStorageHandler: Hadoop 有一个 InputFormat 抽象接口类，可以将来自不同数据源的数据格式化为作业的输入格式；有一个 OutputFormat 抽象接口类，用于获得一个作业输出，以写入到目标实例上。InputFormat 和 OutputFormat 可以是文件，也可以是 RDBMS 和 HBase 等。HiveStorageHandler 是 Hive 用于连接 HBase 的接口，里面有定制的 InputFormat、OutputFormat 和 SerDe。HBaseStoragehandler 实现了 HiveStorageHandler 接口。
- WITH SERDEPROPERTIES：Hive 支持不同格式的文件来存储数据。在默认情况下是 TEXTFILE(文本文件)。SerDe 也是一种格式，是序列化/反序列化的简写。

Hive 与 HBase 的整合功能的实现是利用两者本身对外的 API 接口互相进行通信，相互通信主要是依靠 hive_hbase-handler.jar 工具类。在 Hive 的安装目录的 lib 子目录中，已经存在了 HBase 和 ZooKeeper 的相关 JAR，但是版本可能不是很一致，需要把 HBase 安装目录中的相关 JAR 赋值到 Hive 的 lib 目录下，重新编译 hive-hbase-handler 这个 JAR 包，最后确保 Hive 运行正常。

6.2.14 XML 和 JSON 数据

Hive 包含了 XPath 相关的 UDF，可以从 XML 中提取数据。例如：

```
select xpath ('<a><b id="1"><c/></b><b id="2"><c/></b></a>', '/descendant::c/ancestor::b/@id') from t1 limit 1;
```

具体函数如下：

UDF 名称	说　明
xpath	返回 Hive 中的一组字符串数组
xpath_string	返回一个字符串
xpath_boolean	返回一个布尔值
xpath_short	返回一个短整型数值
xpath_int	返回一个整型数值
xpath_long	返回一个长整型数值
xpath_float	返回一个浮点数数值
xpath_double，xpath_number	返回一个双精度浮点数数值

JSON 是一种轻量级的数据格式，结构灵活，支持嵌套，非常易于阅读和编写，而且主流的编程语言都提供相应的框架或类库支持与 JSON 数据的交互。Hive 可以查询 JSON 格式的数据。我们可以创建一个外部表来指向 JSON 数据，例如：

```
CREATE EXTERNAL TABLE message(
   msgID   INT,
   crtTS   STRING,
   text    STRING,
)
ROW FORMAT SERDE 'org.apache.hadoop.hive.contrib.serde2.JsonSerde'
WITH SERDEPROPERTIES (
   "msgID"="$.id",
   "crtTS"="$.created_at",
   "text"="$.text"
)
LOCATION '/data/jsondata';
```

上例中的属性用于将 JSON 文档和表的列对应起来。一旦定义好之后，用户就可以执行查询，而不用关心查询是如何从 JSON 中获取数据的。

6.2.15　使用 TEZ

Tez 是 Apache 开源的支持 DAG 作业的计算框架，它可以将多个有依赖关系的作业转换为一个作业，从而大幅提升 DAG 作业的性能。它直接源于 MapReduce 框架，核心思想是将 Map 和 Reduce 两个操作进一步拆分，也就是把 Map 拆分成 Input、Processor、Sort、Merge 和 Output，把 Reduce 拆分成 Input、Shuffle、Sort、Merge、Processor 和 Output 等，这些分解后的各个操作可以任意灵活组合，产生新的操作，这些操作经过一些控制程序组装后，可形成一个大的 DAG 作业。总结起来，Tez 运行在 YARN 之上，适用于 DAG（有向图）应用（同 Impala、Dremel 和 Drill 一样，可用于替换 Hive/Pig 等）。Hive on Tez 是以 Tez 为计算框架的 Hive 数据分析系统。

通过 Tez 我们可以构建性能更快、扩展性更好的应用程序。Hadoop 传统上是一个海量数据批处理平台。但是，很多场景需要近乎实时的查询处理性能。还有一些工作则不太适合MapReduce，例如机器学习。Tez的目的就是帮助Hadoop处理这些用例场景。Tez项目的目标是支持高度定制化，满足各种用例的需要，让人们不必借助其他的外部方式就能完成自己的工作，如果Hive和Pig项目使用Tez而不是使用MapReduce作为其数据处理的骨干，那么将会显著提升它们的响应时间。

为了在Hive上使用Tez，只需要设置如下参数：

```
set hive.execution.engine=tez
```

下面做两个简单的测试，一个是在MR上执行统计计算，另一个是在TEZ上，我们最终发现Hive在Tez上的性能有很大提升。

在MapReduce上测试：

```
hive> select count(*) from wyp4;
Query ID = hive_20141215111818_cbdf0e31-4a40-4153-97a3-0df11d2b0dd8
Total jobs = 1
Launching Job 1 out of 1
Number of reduce tasks determined at compile time: 1
In order to change the average load for a reducer (in bytes):
  set hive.exec.reducers.bytes.per.reducer=<number>
In order to limit the maximum number of reducers:
  set hive.exec.reducers.max=<number>
In order to set a constant number of reducers:
  set mapreduce.job.reduces=<number>
Starting Job = job_1418266580454_0004, Tracking URL = http://phicomm.hdp2:8088/
proxy/application_1418266580454_0004/
Kill Command = /usr/hdp/2.2.0.0-2041/hadoop/bin/hadoop job  -kill
job_1418266580454_0004
Hadoop job information for Stage-1: number of mappers: 1; number of reducers: 1
2014-12-15 11:18:50,075 Stage-1 map = 0%,  reduce = 0%
2014-12-15 11:18:56,466 Stage-1 map = 100%,  reduce = 0%, Cumulative CPU 1.48 sec
2014-12-15 11:19:02,758 Stage-1 map = 100%,  reduce = 100%, Cumulative CPU 2.95
sec
MapReduce Total cumulative CPU time: 2 seconds 950 msec
Ended Job = job_1418266580454_0004
MapReduce Jobs Launched:
Stage-Stage-1: Map: 1  Reduce: 1   Cumulative CPU: 2.95 sec   HDFS Read: 278 HDFS
Write: 2 SUCCESS
Total MapReduce CPU Time Spent: 2 seconds 950 msec
OK
3
Time taken: 20.87 seconds, Fetched: 1 row(s)
```

在TEZ上测试：

```
hive> set hive.execution.engine=tez;
hive> select count(*) from wyp4;
Query ID = hive_20141215112121_9a7252c7-77ff-4ed5-861f-08929d8124bf
```

```
Total jobs = 1
Launching Job 1 out of 1

Status: Running (Executing on YARN cluster with App id
application_1418266580454_0005)

--------------------------------------------------------------------------------
VERTICES  STATUS  TOTAL  COMPLETED  RUNNING  PENDING FAILED  KILLED
--------------------------------------------------------------------------------
Map 1 .........  SUCCEEDED    1        1        0        0       0       0
Reducer 2 ....   SUCCEEDED    1        1        0        0       0       0
--------------------------------------------------------------------------------
VERTICES: 02/02  [==========================>>] 100%  ELAPSED TIME: 4.89 s
--------------------------------------------------------------------------------
OK
3
Time taken: 10.834 seconds, Fetched: 1 row(s)
```

6.2.16　Hive MetaStore

Hive 将元数据存储在数据库中，如 MySQL、Derby、Oracle。Hive 中的元数据包括表的名字，表的列和分区及其属性，表的属性（是否为外部表等），表的数据所在目录等。Hive 将元数据存储在 RDBMS 中，有三种模式可以连接到数据库：

（1）单用户模式（见图 6-23）。此模式连接到一个 In-memory 的数据库 Derby，一般用于单元测试（Unit Test）。

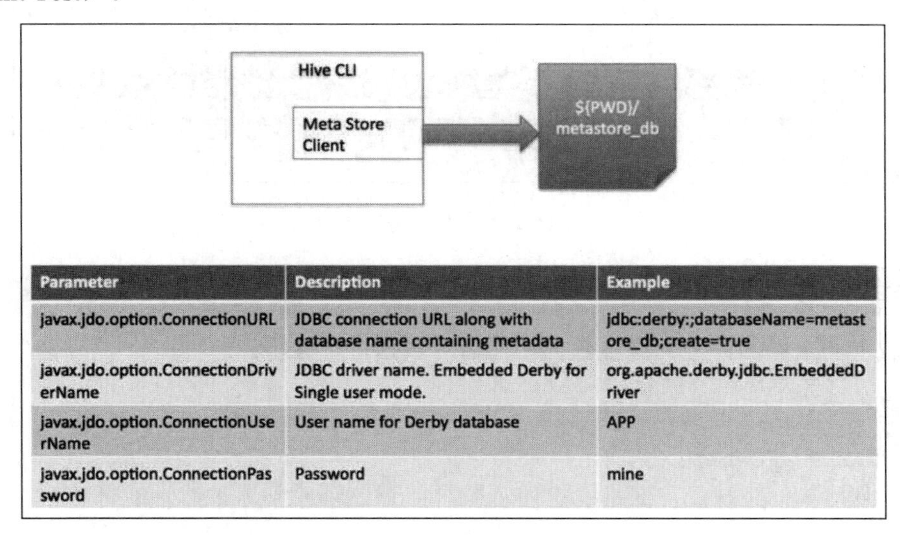

Parameter	Description	Example
javax.jdo.option.ConnectionURL	JDBC connection URL along with database name containing metadata	jdbc:derby:;databaseName=metastore_db;create=true
javax.jdo.option.ConnectionDriverName	JDBC driver name. Embedded Derby for Single user mode.	org.apache.derby.jdbc.EmbeddedDriver
javax.jdo.option.ConnectionUserName	User name for Derby database	APP
javax.jdo.option.ConnectionPassword	Password	mine

图 6-23　单用户模式

（2）多用户模式（见图 6-24）。通过网络连接到一个数据库中，是最经常使用到的模式。

（3）远程服务模式（见图 6-25）。用于非 Java 客户端访问元数据库，在服务器端启动 MetaStoreServer，客户端利用 Thrift 协议通过 MetaStoreServer 访问元数据库。

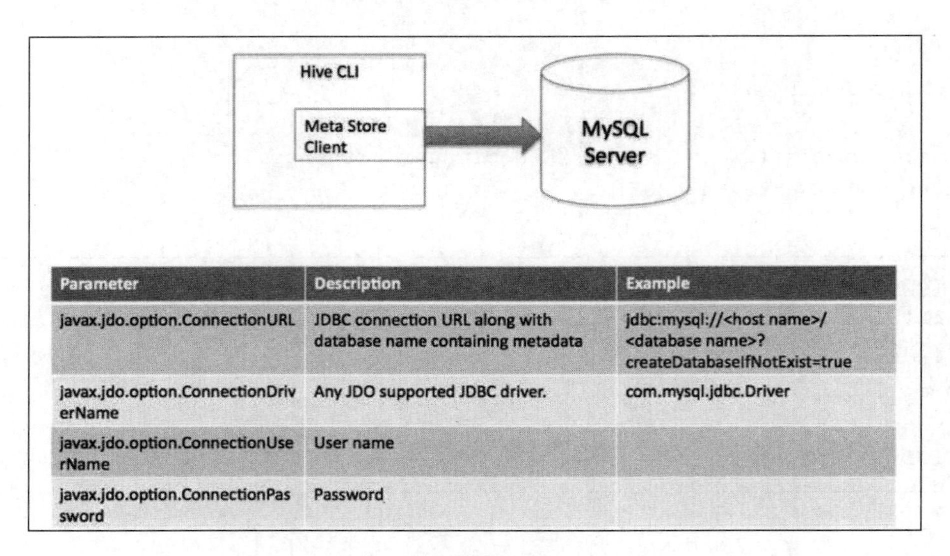

Parameter	Description	Example
javax.jdo.option.ConnectionURL	JDBC connection URL along with database name containing metadata	jdbc:mysql://<host name>/<database name>?createDatabaseIfNotExist=true
javax.jdo.option.ConnectionDriverName	Any JDO supported JDBC driver.	com.mysql.jdbc.Driver
javax.jdo.option.ConnectionUserName	User name	
javax.jdo.option.ConnectionPassword	Password	

图 6-24　多用户模式

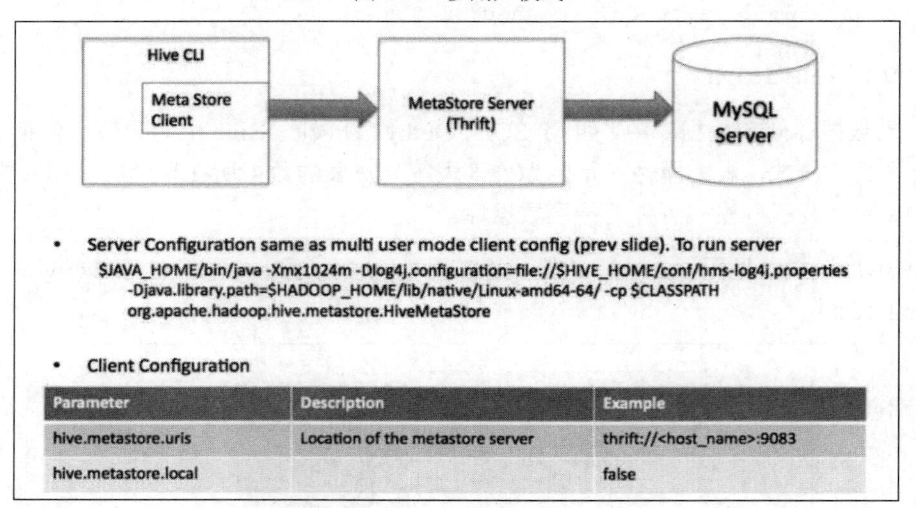

Parameter	Description	Example
hive.metastore.uris	Location of the metastore server	thrift://<host_name>:9083
hive.metastore.local		false

图 6-25　远程服务模式

6.2.17　综合示例

下面加载不同电影的评分的样本数据，然后对数据进行分析：

（1）创建一个表：

```
CREATE TABLE u_data (
   userid INT,
   movieid INT,
   rating INT,
   unixtime STRING)
ROW FORMAT DELIMITED
FIELDS TERMINATED BY '/t'
STORED AS TEXTFILE;
```

（2）从 https://grouplens.org/datasets/movielens/下载示例数据文件，并解压缩。这是关于不同用户对不同电影的评分的样本数据。

（3）加载数据到表中：

```
LOAD DATA LOCAL INPATH 'ml-data/u.data' OVERWRITE INTO TABLE u_data;
```

（4）统计数据总量：

```
SELECT COUNT(1) FROM u_data;
```

（5）下面做一些复杂的数据分析。创建一个 weekday_mapper.py 文件，把数据按周进行分割：

```
import sys
import datetime
for line in sys.stdin:
    line = line.strip()
    userid, movieid, rating, unixtime = line.split('/t')
    weekday = datetime.datetime.fromtimestamp(float(unixtime)).isoweekday()
     print '/t'.join([userid, movieid, rating, str(weekday)])
```

（6）创建表，使用映射脚本，按分割符分割行中的字段值：

```
CREATE TABLE u_data_new (
    userid INT,
    movieid INT,
    rating INT,
    weekday INT)
ROW FORMAT DELIMITED
FIELDS TERMINATED BY '/t';
```

（7）将 Python 文件加载到系统：

```
add FILE weekday_mapper.py;
```

（8）将数据按周进行分割：

```
INSERT OVERWRITE TABLE u_data_new
SELECT
TRANSFORM (userid, movieid, rating, unixtime)
USING 'python weekday_mapper.py'
AS (userid, movieid, rating, weekday)
FROM u_data;
```

（9）测试：

```
SELECT weekday, COUNT(1)
FROM u_data_new
GROUP BY weekday;
```

下面这个例子是处理 Apache Weblog 数据，将 Web 日志先用正则表达式进行组合，再按需要的条件进行组合输入到表中：

```
add jar ../build/contrib/hive_contrib.jar;
CREATE TABLE apachelog (
    host STRING,
    identity STRING,
    user STRING,
    time STRING,
    request STRING,
    status STRING,
    size STRING,
    referer STRING,
    agent STRING)
    ROW FORMAT SERDE 'org.apache.hadoop.hive.contrib.serde2.RegexSerDe'
    WITH SERDEPROPERTIES (
    "input.regex" = "([^ ]*) ([^ ]*) ([^ ]*) (-|//[[^//]]*//]) ([^ /"]*|/"[^/"]*/")
(-|[0-9]*) (-|[0-9]*)(?: ([^ /"]*|/"[^/"]*/") ([^ /"]*|/"[^/"]*/"))?",
    "output.format.string" = "%1$s %2$s %3$s %4$s %5$s %6$s %7$s %8$s %9$s"
)
STORED AS TEXTFILE;
```

6.3 Pig

Pig 最初由 Yahoo 公司于 2006 年开发，当时是为了能够在大数据集上创建和执行 MapReduce 任务。在 2007 年，Pig 成为 Apache Software Foundation 的一员。它在 MapReduce 框架上实现了一套 shell 脚本，在 Pig 中称之为 Pig Latin。Pig 将脚本转换为 MapReduce 任务，最后在 Hadoop 上执行。

假定某用户的输入数据来自多个源，而用户需要进行一组复杂的转换来生成一个或多个输出数据集。如果使用 Hive，则用户可能需要创建临时表和使用复杂的查询来完成。Pig 是一种过程语言，类似于存储过程，是对于输入的一步步操作，其中每一步都是对数据的一个简单的变换。在 Pig 脚本中，我们可以对加载进来的数据进行排序、过滤、求和、分组（GROUP By）、关联，Pig 也可以调用用户自定义函数对数据集进行操作。Pig 适合即时性的数据处理需求，可以通过 Pig 很快编写一个脚本开始运行处理，而不需要创建表等相关的事先准备工作。

Pig 的使用主要是数据的 ETL（Extract-Transform-Load，即抽取 extract、转换、加载）。下面来看一个简单的 Pig 示例。假定我们要在大型数据集中搜索满足某个给定搜索条件的记录（类似 Unix 中的 grep 命令）。Pig 的代码如下：

```
messages = LOAD 'messages';
warns = FILTER messages BY $0 MATCHES '.*WARN+.*';
STORE warns INTO 'warnings';
```

在上面代码中，第一行是加载数据集，第二行是用一个正则表达式来筛选该数据集，即查找字符序列 WARN。最后是将筛选结果存储在一个名为 warnings 的新文件中。这个简单的脚本实现了一个简单的流，但是，如果直接在传统的 MapReduce 模型中实现它，则需要增加大量的代码。

6.3.1　Pig 语法

Pig Latin 语言和传统的数据库语言很相似，但是 Pig Latin 更侧重于数据查询，而不是数据的修改和删除等操作。Pig 语句通常按照如下的流程来编写：

- 通过 LOAD 语句从文件系统读取数据。
- 通过一系列“转换”语句对数据进行处理。
- 通过一条 STORE 语句把处理结果输出到文件系统中，或者使用 DUMP 语句把处理结果输出到屏幕上。

Pig 的数据类型分为 2 类，分别为简单类型和复杂类型。简单类型包括：int、long、float、double、chararray、bytearray、boolean、datetime、biginteger、bigdecimal。复杂类型包括：tuple、bag、map。chararray 相当于字符串 String；bytearray 相当于字节数组；tuple 是一个有序的字段的集合，可以理解为元组，例如（100, 'Android', 50）；bag 是 tuple 的集合，例如{（100, 'Android', 50），（101, ‘iOS’, 60）}；map 是“键-值”对的集合，例如[name#zhenghong, age#45, healthy index#195]。

下面给出 Pig 的一些常见用法。为了方便读者的理解，同时给出了 MySQL 的语法。

1. 从文件导入数据

（1）MySQL (MySQL 需要先创建表)

```
CREATE TABLE TMP_TABLE(USER VARCHAR(32),AGE INT,IS_MALE BOOLEAN);
CREATE TABLE TMP_TABLE_2(AGE INT,OPTIONS VARCHAR(50));  -- 用于 Join
LOAD DATA LOCAL INFILE '/tmp/data_file_1'  INTO TABLE TMP_TABLE ;
LOAD DATA LOCAL INFILE '/tmp/data_file_2'  INTO TABLE TMP_TABLE_2;
```

（2）Pig

```
    tmp_table = LOAD '/tmp/data_file_1' USING PigStorage('\t') AS (user:chararray,
age:int,is_male:int);
    tmp_table_2= LOAD '/tmp/data_file_2' USING PigStorage('\t') AS (age:int,
options:chararray);
```

2. 查询整张表

（1）MySQL

```
SELECT * FROM TMP_TABLE;
```

（2）Pig

```
DUMP tmp_table;
```

DUMP 命令用于在屏幕上显示数据。

3. 查询前 50 行

（1）MySQL

```
SELECT * FROM TMP_TABLE LIMIT 50;
```

（2）Pig

```
tmp_table_limit = LIMIT tmp_table 50;
DUMP tmp_table_limit;
```

4. 查询某些列

（1）MySQL

```
SELECT USER FROM TMP_TABLE;
```

（2）Pig

```
tmp_table_user = FOREACH tmp_table GENERATE user;
DUMP tmp_table_user;
```

5. 排序

（1）MySQL

```
SELECT * FROM TMP_TABLE ORDER BY AGE;
```

（2）Pig

```
tmp_table_order = ORDER tmp_table BY age ASC;
DUMP tmp_table_order;
```

6. 条件查询

（1）MySQL

```
SELECT * FROM TMP_TABLE WHERE AGE>18;
```

（2）Pig

```
tmp_table_where = FILTER tmp_table by age > 18;
DUMP tmp_table_where;
```

7. 内连接（Inner Join）

（1）MySQL

```
SELECT * FROM TMP_TABLE A JOIN TMP_TABLE_2 B ON A.AGE=B.AGE;
```

（2）Pig

```
tmp_table_inner_join = JOIN tmp_table BY age,tmp_table_2 BY age;
DUMP tmp_table_inner_join;
```

8. 左外连接（Left OUTER Join）

（1）MySQL

```
SELECT * FROM TMP_TABLE A LEFT JOIN TMP_TABLE_2 B ON A.AGE=B.AGE;
```

（2）Pig

```
tmp_table_left_join = JOIN tmp_table BY age LEFT OUTER,tmp_table_2 BY age;
DUMP tmp_table_left_join;
```

9. 右外连接（Right OUTER Join）

（1）MySQL

```
SELECT * FROM TMP_TABLE A RIGHT JOIN TMP_TABLE_2 B ON A.AGE=B.AGE;
```

（2）Pig

```
tmp_table_right_join = JOIN tmp_table BY age RIGHT OUTER,tmp_table_2 BY age;
DUMP tmp_table_right_join;
```

10. 分组（GROUP BY）

（1）MySQL

```
SELECT * FROM TMP_TABLE GROUP BY IS_MALE;
```

（2）Pig

```
tmp_table_group = GROUP tmp_table BY is_male;
DUMP tmp_table_group;
```

GROUP BY 是根据某个或某些字段进行分组。只根据一个字段进行分组，比较简单。如果想要根据两个字段分组，则可以将两个字段构造成一个元组（tuple），然后进行分组。

11. 统计（COUNT）

（1）MySQL

```
SELECT IS_MALE,COUNT(*) FROM TMP_TABLE GROUP BY IS_MALE;
```

（2）Pig

```
tmp_table_group_count = GROUP tmp_table BY is_male;
tmp_table_group_count = FOREACH tmp_table_group_count GENERATE group, COUNT($1);
DUMP tmp_table_group_count;
```

FOREACH 操作可以针对一个数据集进行迭代处理，生成一个新的数据集。

12. 查询去重（DISTINCT）

（1）MySQL

```
SELECT DISTINCT IS_MALE FROM TMP_TABLE;
```

（2）Pig

```
tmp_table_distinct = FOREACH tmp_table GENERATE is_male;
tmp_table_distinct = DISTINCT tmp_table_distinct;
DUMP  tmp_table_distinct;
```

在进行数据过滤时，建议尽早使用 FOREACH GENERATE 将多余的数据过滤掉，减少数据交换。

6.3.2 Pig 和 Hive 的使用场景之比较

很多的项目都想用 Hadoop 作为数据存储，而以 SQL 构建前端查询。为了简化 Hadoop 的使用，出现了支持 SQL 的 Pig 和 Hive。而用户在进行大数据处理的时候使用这些工具可以避免复杂的 Java 编码，但在使用之前很重要的一点是了解工具之间的区别以便在不同的用例中使用最优化的工具。选对平台和语言对于数据的提取、处理和分析都起着至关重要的作用。

SQL 程序员们需要这样一种编程语言：既利于 SQL 程序员们学习同时又能够轻松应对大型数据集。Pig 很好地解决了上面提到的问题，同时也提供了较好的扩展性和性能优化。Apache Pig 对 Multi-query 的支持减少了数据检索循环的次数。Pig 支持 map、tuple 和 bag 这样的复合数据类型，以及常见的数据操作，如筛选、排序和联合查询。这些优势让 Pig 在全球范围内都得到了广泛的应用。Pig 简便的特点也是 Yahoo 和 Twitter 使用它的原因之一。

尽管 Pig 性能强劲，如果要使用它，开发人员则必须掌握 SQL 之外的新知识，而 Hive 完全支持 SQL，它具有一定的优势。Hive 为 MapReduce 提供了优秀的开源实现，它在分布式数据处理的同时避免了 SQL 对于数据存储的局限。

下面就把 Pig、Hive 和 SQL 两两进行对比，以便了解它们各自所适用的情况。

- Pig 与 SQL：与单纯的 SQL 相比，Pig Latin 在声明式执行计划、ETL 流程和管道的修改上有着优势。整体上来看，SQL 是一门声明式语言，而 Pig Latin 属于过程式语言。在 SQL 中，我们是指定需要完成的任务，而在 Pig 中我们则是指定任务完成的方式。Pig 脚本其实都是转换成 MapReduce 任务来执行的，不过 Pig 脚本会比对应的 MapReduce 任务简短很多，所以开发的速度要快很多。
- Hive 与 SQL：SQL 是一门通用的数据库语言，大量的事务和分析语句都是由 SQL 完成的。Hive 则是以数据分析为目标所设计的，这意味着虽然 Hive 缺乏更新和删除这样的功能，但读取和处理大量数据的速度会比 SQL 快得多。所以 Hive SQL 看起来是 SQL，但在更新和删除等功能上两者还是有很大区别的。虽然有所不同，但如果读者有 SQL 背景的话，那么学习起 Hive 还是很容易的。不过，要注意两者在构造和语法上的一些区别，否则容易混淆。

下面分析一下三种语言最适用的情况。

（1）什么时候用 Apache Pig?

当需要处理非格式化的分布式数据集时，如果想充分利用自己的 SQL 基础，可以选择 Pig。若使用 Pig，则无需自己构建 MapReduce 任务，有 SQL 背景的话，学习起来比较简单，开发速度也很快。

（2）什么时候用 Apache Hive?

有时我们需要收集一段时间的数据来进行分析，而 Hive 就是分析历史数据绝佳的工具。要注意的是，数据必须有一定的结构才能充分发挥 Hive 的功能。用 Hive 来进行实时分析可能就不是太理想了，因为它不能达到实时分析的速度要求（实时分析可以用 HBase，Facebook 公司用的就是 HBase）。

（3）什么时候用 SQL?

SQL 是这三者中最传统的数据分析手段。随着用户需求的改变，SQL 本身也在进行着更新，即便到了今天也不能说 SQL 过时。用 SQL 来进行快速的复杂处理和分析还是显得有点欠缺。如果所进行的分析比较简单的话，SQL 仍然是一个非常好的工具。大部分开发人员都对 SQL 有所了解，所以使用 SQL 的话开发人员从项目开始的第一天就能有所产出。SQL 提供的扩展和优化功能也让我们能够根据需求进行定制。

不同的数据没有一个所有情况都适用的查询工具，根据自己的需求来选择不同工具才是正确的方法。

6.4 ElasticSearch（全文搜索引擎）

ElasticSearch（简称 ES）是一个实时的分布式搜索和分析引擎，它可以快速处理大规模数据，用于全文搜索，结构化搜索以及分析。ElasticSearch 是一个建立在全文搜索引擎 Apache Lucene 基础上的搜索引擎，而 Lucene 是当今最先进、最高效的全功能开源搜索引擎框架。因为 Lucene 只是一个框架，要充分利用它的功能，需要使用 Java 在程序中集成 Lucene。而 ElasticSearch 使用 Lucene 作为内部引擎，但是在使用它做全文搜索时，只需要使用统一开发好的 API 即可，而不需要了解其背后复杂的 Lucene 的运行原理。

ElasticSearch 是用 Java 开发的，并作为 Apache 许可条款下的开放源码发布，是一个完全免费的搜索产品，是当前流行的企业级搜索引擎，能够达到实时搜索，它稳定、可靠、快速、安装使用方便。它可运行在 Windows 和 Linux 之上。ElasticSearch 包括了全文搜索功能，而且还包括了以下功能：

- 分布式实时文件存储，并将每一个字段都编入索引，使其可以被搜索。
- 实时分析的分布式搜索引擎。
- 能够从一台扩展到上百台服务器，处理 PB 级别的结构化或非结构化数据。
- 通过客户端或者程序设计语言与 ElasticSearch 的 RESTful API 进行交流。

6.4.1 全文索引的基础知识

全文索引是一种数据结构，它允许对存储在文件中的单词进行快速随机访问。当需要从大量文件中快速检索文本目标时，必须首先将文件内容转换成能够进行快速搜索的格式，以建立针对文件的索引数据结构，此即为索引过程。它通常由逻辑上互不相关的下面几个步骤组成：

1. 获取原始内容

我们可以通过网络爬虫等来搜集需要索引的内容。例如著名的开源爬虫程序有 Solr、Nutch 等。

2. 建立文档

获取的原始内容需要转换成文档才能供搜索引擎使用。一般来说，一个网页、一个 PDF 文档、一封邮件或一条日志信息都可以作为一个文档。

3. 文档分析

搜索引擎不能直接对文本进行索引，确切地说，必须首先将文本分割成一系列被称为词汇单元（Token）的独立原子元素，此过程即为文档分析。每个 Token 大致能与自然语言中的“单词”对应起来，文档分析就是用于确定文档中的文本域如何分割成 Token 序列。

4. 文档索引

在索引步骤中，文档将被加入到索引列表。

我们以 ElasticSearch 为例，来看一下上述的第 3 步和第 4 步。如图 6-26 所示，ElasticSearch 分析文本并将其构建成为倒排索引（Inverted Index），倒排索引由各文档中出现的单词列表组成，列表中的各单词不能重复且需要指向其所在的各文档。因此，为了创建倒排索引，需要先将各文档中文本域的值切分为独立的单词（也称为 Term 或 Token），而后将之创建为一个无重复的有序单词列表。这个过程称之为“分词（Tokenization）”。

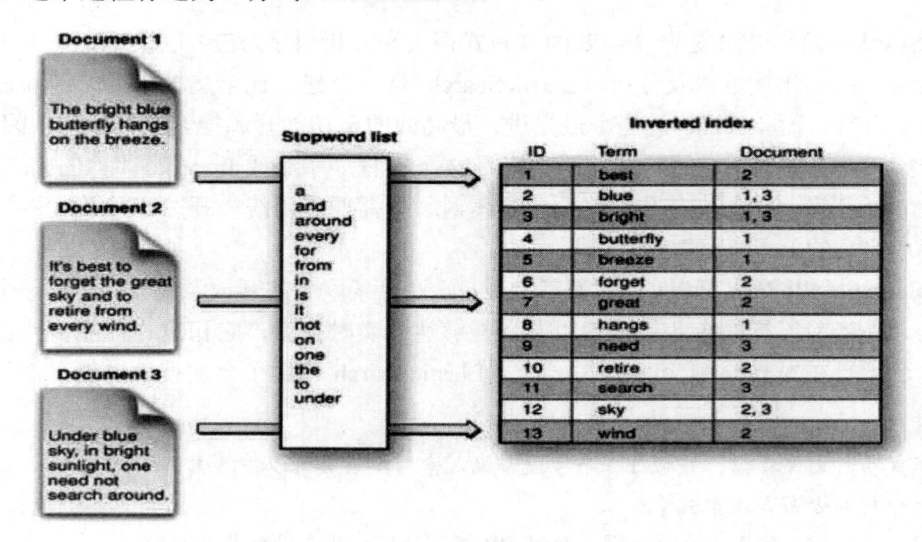

图 6-26　全文索引示例

为了实现全文索引，倒排索引中的数据还需进行“正规化”（Normalization）为标准格式，才能评估其与用户搜索请求字符串的相似度。例如，对于英文全文检索，将所有大写字符转换为小写，将复数统一为单数，将同义词统一进行索引等。另外，执行查询之前，还需要将查询字符串按照索引过程的同种格式进行“正规化”。这里的“分词”及“正规化”操作也称“分析”(Analysis)。“分析”过程由两个步骤组成：首先将文本切分为词项（Term）以适合构建倒排索引，其次将各词项正规化为标准形式以提升其“可搜索度”。这两个步骤由分析器（Analyzer）完成。一个分析器通常需要由三个组件构成：字符过滤器（Character Filter）、分词器（Tokenizer）和分词过滤器（Token Filter）组成：

- 字符过滤器：在文本被切割之前进行清理操作，例如移除 HTML 标签，将&替换为字符等。
- 分词器：将文本切分为独立的词项；简单的分词器通常是根据空格及标点符号进行切分。
- 分词过滤器：转换字符（如将大写转为小写）、移除词项（如移除 a、an、of 及 the 等）或者添加词项（例如，添加同义词）。

ElasticSearch 内置了许多字符过滤器、分词器和分词过滤器，用户可按需将它们组合成自定义的分析器。固然，创建倒排索引时需要用到分析器，但传递搜索字符串时也可能需要分析器，甚至还要用到与索引创建时相同的分析器才能保证单词匹配的精确度。

全文检索就是从索引中查找词汇，从而找到包含该词汇的文档的过程。除了需要考虑搜索大量文本和搜索速度这两个问题之外，过程中还涉及了许多其他问题，例如单项查询、多项查询、短语查询、通配符查询、结果分级（Ranking）和排序，以及友好的查询输入方式等。

6.4.2　安装和配置 ElasticSearch

ElasticSearch 的上手是比较简单的，它是一个零配置系统，因为它附带了一些非常合理的默认值，安装好了就可以立即使用。随着深入的学习和使用，还可以利用 ElasticSearch 更多高级的功能，整个引擎可以很灵活地进行配置，可以根据自身需求来定制属于自己的 ElasticSearch。

很多客户使用 ElasticSearch 来完成全文搜索功能。例如，维基百科使用 ElasticSearch 来进行全文搜索并高亮显示出关键词，以及提供 search-as-you-type、did-you-mean 等搜索建议功能。StackOverflow 将全文检索与地理位置和相关信息进行结合，以展现 more-like-this 相关问题的结果。2013 年初，GitHub 抛弃了 Solr，采取 ElasticSearch 来做 PB 级的搜索。据称，GitHub 使用 ElasticSearch 来搜索 20TB 的数据，包括 13 亿文件和 1300 亿行代码。高盛（Goldman Sachs）公司每天使用它来处理 5TB 数据的索引，还有很多投行使用它来分析股票市场的变动。SoundCloud 使用 ElasticSearch 为 1.8 亿用户提供即时而精准的音乐搜索服务。而百度公司使用 ElasticSearch 作为文本数据分析，采集百度所有服务器上的各类指标数据及用户自定义数据，通过对各种数据进行多维分析展示，辅助定位分析实例异常或业务层面异常。目前覆盖百度内部 20 多个业务线，单集群最大 100 台机器，200 个 ElasticSearch 节点，每天导入 30TB+的数据。

近年来 ElasticSearch 发展迅猛，已经超越了其最初的纯搜索引擎的角色，现在已经增加了数据聚合分析（Aggregation）和可视化的特性。如果我们有数百万的文档需要通过关键词进行定位时，ElasticSearch 肯定是最佳选择。如果文档是 JSON 的，也可以把 ElasticSearch 当作 NoSQL 数据库，应用 ElasticSearch 数据聚合分析的特性，针对这些数据进行多维度的分析。

ElasticSearch 能以单点或者集群方式运行，以一个整体对外提供检索或搜索服务的所有节点组成集群（Cluster），这个组成集群的各个单点就叫作节点（Node）。ElasticSearch 使用 index 存储索引数据，类似于一个数据库。ElasticSearch 使用索引分片（Shard），这是 ElasticSearch 提供分布式搜索的基础，它将一个完整的 index 分成若干部分存储在相同或不同的节点上，这些组成部分 index 就叫作索引分片。

ElasticSearch 可以设置多个索引的副本（Replicas），副本的作用是提高系统的容错性，当某个节点的某个分片损坏或丢失时可以从副本中恢复。另外，它可以提高 ElasticSearch 的查询效率，ElasticSearch 会自动对搜索请求进行负载均衡。ElasticSearch 还提供了数据恢复（Recovery，也叫数据重新分布），在有节点加入或退出时它会根据机器的负载对索引分片进行重新分配，挂掉的节点重新启动时也会进行数据恢复。

Gateway 是 ElasticSearch 索引快照的存储方式，使得备份更加简单。ElasticSearch 默认是先把索引存放到内存中，当内存满了时再持久化存储到本地硬盘。Gateway 对索引快照进行存储，当 ElasticSearch 集群关闭再重新启动时就会从 Gateway 中读取索引备份数据。还有，ElasticSearch 是一个基于点对点的系统，它先通过广播寻找存在的节点，再通过多播协议来进行节点之间的通信，同时也支持点对点的交互。在 ElasticSearch 内部节点之间是使用 TCP 协议进行交互的，同时它支持 HTTP 协议（JSON 格式）。ElasticSearch 各节点组成对等的网络结构，某些节点出现故障时会自动分配其他节点代替其进行工作。

ElasticSearch 由 Java 语言实现，运行环境依赖于 Java，ElasticSearch 推荐使用 Java 8 update 20（或更高版本），或 Java 7 update 55（或更高版本）。ElasticSearch 的最新版本可以去官网 https://www.elastic.co/products/elasticsearch/ 下载。下载后解压缩文件，它在指定路径生成 elasticsearch 相关目录。然后配置 ElasticSearch，修改 ES_HOME/config/elasticsearch.yml 文件，配置格式是 YAML，例如：

```
#集群名称
cluster.name: elasticsearch
#节点名称
node.name: "node1"
#索引分片数
index.number_of_shards: 5
#索引副本数
index.number_of_replicas: 1
#数据目录存放的位置
path.data: /data/elasticsearch/data
#日志数据存放的位置
path.logs: /data/elasticsearch/log
```

进入 ElasticSearch 安装目录，执行“bin/elasticsearch”命令就可以启动 ElasticSearch，然后在浏览器输入 http://IP 地址:9200/，查看页面信息是否正常启动。status=200 表示正常启动了。下面接着创建索引和对数据批量索引，之后就可以检索数据了。当数据更新或删除时，可以更新或删除相应的索引。ElasticSearch 客户端支持多种程序设计语言如 PHP、Java、Python、Perl 等。

检索速度的快慢与索引质量有很大的关系，而索引质量的好坏主要与以下几方面有关。

1. 分片数

分片数是与检索速度非常相关的指标，如果分片数过少或过多都会导致检索比较慢。分片数过多会导致检索时打开比较多的文件，引发多台服务器之间的通信。而分片数过少会导致单个分片索引过大，检索速度变慢。在确定分片数之前，需要进行单服务单索引单分片的测试，从而确定单个分片的大小。

2. 副本数

副本数与索引的稳定性有比较大的关系，如果节点异常宕机了，就会导致分片丢失，为了保证这些数据的完整性，可以通过副本来解决这个问题。

3. 分词

分词对于索引有一定的影响。有人认为词库越大，分词效果越好，索引质量越好，其实不然。分词有很多算法，大部分基于词表进行分词。也就是说词表的大小决定索引大小。因此分词与索引膨胀率有直接关系。词表不应很多，采用对文档相关特征性较强的那种即可。在保证查全查准的情况下，词表数量越小，索引的大小可以减少很多。索引大小减少了，那么检索速度也就提高了。

4. 内存优化

首先，ElasticSearch作为一个Java应用，就脱离不开JVM（Java虚拟机）和GC（垃圾回收机制）。要防止诸如堆内存（Heap）不够用，内存溢出这样的问题。在使用ElasticSearch的过程中，要知道哪些设置和操作容易造成以上的问题，要有针对性地予以规避。例如，ElasticSearch的底层是基于Lucene实现的，而Lucene的倒排索引（Inverted Index）是先在内存里生成，然后定期以分段文件（Segment File）的形式存储到磁盘中。API层面的文档更新和删除实际上是增量写入的一种特殊文档，会保存在新的分段中。不变的分段文件易于被操作系统缓存。我们建议堆大小（Heap Size）不要超过系统可用内存的一半。其他的内存空间让操作系统来缓存分段文件。而JVM参数并不需要进行特别的调整，可将XMS（最小堆内存）和XMX（最大堆内存）设置成和堆内存空间一样大小，避免动态分配堆内存。可以使用API查看一个索引所有分段的内存占用情况，也可查看一个节点上所有分段占用的内存总和，通过以下几个方法来减少数据节点上的分段内存的占用：

- 删除不用的索引。
- 关闭索引（文件仍然存在于磁盘，只是释放掉内存）。需要的时候可以重新打开。
- 定期对不再更新的索引做合并优化。这是对分段文件强制进行合并，可以节省大量的分段内存。

在开发与维护过程中，我们总结出以下优化建议：

- ElasticSearch性能体现在分布式计算中，一个节点是不足以测试出其性能，一个生产系统至少运行在三个节点以上。
- 倒排词典的索引需要常驻内存，无法使用内存的垃圾回收机制（GC），需要监控数据节点上分段内存的增长趋势。
- 根据机器数、磁盘数、索引大小等硬件环境，根据测试结果，设置最优的分片数和备份数，定期删除不用的索引，做好冷数据的迁移。
- 必须结合实际应用场景，对集群使用情况进行持续的监控。

6.4.3 ElasticSearch API

ElasticSearch提供了易用且功能强大的RESTful API以用于与集群进行交互，这些API大体可分为如下四类：

（1）检查集群、节点、索引等健康与否，以及获取其相关状态与统计信息。

（2）管理集群、节点、索引数据及元数据。

（3）执行CRUD（Create、Read、Update和Delete，即创建、读取、更新和删除）操作及搜索操作。

（4）执行高级搜索操作，例如paging（分页）、filtering（过滤）、scripting（脚本）、faceting（分层）、aggregations（集合）及其他操作。

ElasticSearch的RESTful API通过TCP协议的9200端口作为服务监听的端口，可以使用任何客户端工具与此API进行交互，例如可用的流行工具之一是curl。curl与ElasticSearch交互的通用请求格式如下所示：

```
curl -X<VERB> '<PROTOCOL>://<HOST>/<PATH>?<QUERY_STRING>' -d '<BODY>'
```

其中：

- VERB：HTTP协议的请求方法，常用的有GET、POST、PUT、HEAD以及DELETE。
- PROTOCOL：协议类型，http或https。
- HOST：ElasticSearch集群中的任一主机的主机名。
- PORT：ElasticSearch服务监听的端口，默认为9200。
- QUERY_STRING：查询参数，例如?pretty表示使用易读的JSON格式输出。
- BODY：JSON格式的请求主体。

与ElasticSearch集群交互时，其输出数据均为JSON格式，在多数情况下，此格式的易读性较差。调用cat API命令交互时会以类似于Linux上cat命令的格式逐行输出结果，这样的话可读性比JSON好些。调用cat API仅需要向“_cat”资源发起GET请求即可。

ElasticSearch中有关数据查询（Query）的API占据ElasticSearch API中较大的一部分，可用于诸多类型的查询操作，例如simple term query，phrase，range，boolean，fuzzy，span，wildcard，spatial 等简单类型的查询、组合简单查询类型为复杂类型的查询，以及文档过滤等。另外，查询执行过程通常要分成两个阶段：分散阶段及合并阶段。分散阶段是向所查询的索引中的所有分片（Shard）发起执行查询的过程，合并阶段是将各分片返回的结果合并、排序并回馈给客户端的过程。向ElasticSearch发起查询操作有两种方式：一是通过RESTful request API传递查询参数，也称为“query-string”（查询字符串）；另一个是通过发送REST request body，也称作JSON格式。通过发送查询体（request body）的方式进行查询，可以通过JSON定义查询体，编写更具表现形式的查询请求。访问ElasticSearch的search API需要通过“_search”端点进行。例如，向students索引发起一个空查询：

```
curl -XGET 'localhost:9200/students/_search?pretty'
```

上面的查询命令也可改写为带查询体（request body）的格式，其等同效果的命令如下：

```
curl -XGET 'localhost:9200/students/_search?pretty' -d '
{
   "query": { "match_all": { } }
}'
```

上述命令所示的查询语句是ElasticSearch提供的JSON风格的字段类型查询语言，也即所谓的Query DSL。上面的命令中，“query”参数给出了查询定义，match_all给出了查询类型，它表示返回给定索引的所有文档。除了 query 参数之外，还可以指定其他参数来控制搜索结果，例如“size”参数可定义返回的文档数量（默认为 10），而“from”参数可指定结果集中要显示出的文档的起始偏移量（默认为0），“sort”参数可指明排序规则等。

ElasticSearch的大多数search API（除了Explain API）都支持多索引（Mutli-index）和多类型（Multi-type）。如果不限制查询时使用的索引和类型，查询请求将发给集群中的所有文档。ElasticSearch 会把查询请求并行地发给所有分片的主分片或某一副本分片。不过，如果是想向某一或某些个索引的某一或某些类型发起查询请求，可通过指定查询的URL进行。例如：

- /_search：搜索所有索引的所有类型。
- /students/_search：搜索 students 索引的所有类型。
- /students,tutors/_search：搜索 students 和 tutors 索引的所有类型。
- /s*,t*/_search：搜索名称以 s 和 t 开头的所有索引的所有类型。
- /students/class1/_search：搜索 students 索引的 class1 类型。
- /_all/class1,class2/_search：搜索所有索引的 class1 和 class2 类型。

Elasticsearch 支持许多类型的 Query（查询）和 Filter（过滤器）。Filter DSL 中常见的有 term Filter、terms Filter、range Filter、exists and missing Filters 和 bool Filter。而 Query DSL 中常见的有 match_all、match、multi_match 及 bool Query。

6.5 Presto

Hive 不能满足大数据快速实时查询计算的性能要求，因此 Facebook 公司在 2012 年推出了分布式 SQL 交互式查询引擎，这就是 Presto。Facebook 在 2013 年将 Presto 开源了，Presto 是一种 Massively Parallel Processing（大规模并行处理，简称 MPP）的模型，是一种基于内存的高性能并行计算，支持多个节点的管道式（Pipeline）执行，支持多类数据源，数据规模在 GB~PB 之间。Presto 在计算中先取出一部分数据放在内存进行计算和输出，而后再取出另一部分数据，以此类推。它支持混合计算，即同一种数据源的不同库或多个数据源的数据都可以一起进行计算。

国外公司如 Airbnb，国内如京东公司都在使用 Presto。笔者所在的公司也给客户提供了 Presto 查询引擎，深受企业客户的喜欢。有一点要提醒读者的是，在大数据的量级处理上，Hive 要远远好于 Presto，Hive 就是无法处理实时查询，所以需要 Presto 来填补这个空白。有兴趣的读者可以自行参考更多关于 Presto 的文档，而本书把大数据实时查询的重心放在 Spark 上，在第 9 章再进行讲解。

第 7 章

大数据采集和导入

任何完整的大数据平台，一般包括以下的几个过程：数据采集、数据预处理、数据存储、数据管理、数据分析、数据展现（可视化、报表和监控）。数据是分散在不同的系统中，在让数据产生价值之前，必须对源数据进行采集、清洗、处理，并导入到大数据平台上。海量数据存在于各类服务器、软件、设备、机构，需要采取不同的办法去采集、加工处理和导入。数据采集是所有大数据系统必不可少的，随着数量和维度越来越多，数据采集的挑战也变得尤为突出。这其中包括：

- 数据源多种多样
- 数据量大，变化快
- 如何保证数据采集的可靠性，高性能
- 如何避免重复数据
- 如何保证数据的质量

我们来看一个例子。10 年前，网站日志是提供给开发人员和网站管理人员用于解决网站本身的问题。时至今日，网站日志数据可能包含了大量与业务和客户有关的很有价值的数据，已经成为了大数据分析的源数据之一。大数据的采集首先是从收集网站日志开始的，之后进入了广阔的领域。正如我们在前面章节中所阐述的，将数据存储到 HDFS 并不是难事，只需要使用一条“hadoop fs”命令，查询网站数据也不难，通过 Hive 可以使用 SQL 来查询。但是，这些网站一直在产生大量的日志（一般为流式数据），那么，使用上述命令把这些数据批量加载到 HDFS 中的频率是多少？每小时？每隔 10 分钟？虽然批量处理模式能够满足一部分用户的需求，但是很多用户需要我们使用类似流水线的模式来实时采集，这样就保证了采集和后续处理之间的延迟非常小。后一种模式就是以一个实时的模式从各个数据源采集数据到大数据系统上，为后续的近实时的在线分析系统和离线分析系统服务。对于这种模式，可用的工具主要有 Flume 和 Kafka 等。基于这些工具，一些企业实现了大数据采集平台，完成了下面的目标：

- 高性能：处理大数据的基本要求，如每秒处理几十万条数据。
- 海量式：支持 TB 级甚至是 PB 级的数据规模。
- 实时性：保证较低的延迟时间，达到秒级别，甚至是毫秒级别。

- 分布式：支持大数据的基本架构，能够平滑扩展。
- 易用性：能够快速进行开发和部署。
- 可靠性：能可靠地处理流数据。

数据采集是各种来自不同数据源的数据进入大数据系统的第一步。这个步骤的性能将会直接决定在一个给定的时间段内大数据系统能够处理的数据量的能力。数据采集过程的一些常见步骤是：解析传入数据，做必要的验证，数据清洗和数据去重，数据转换，并将其存储到某种持久层。涉及数据采集过程的逻辑步骤如图 7-1 所示。

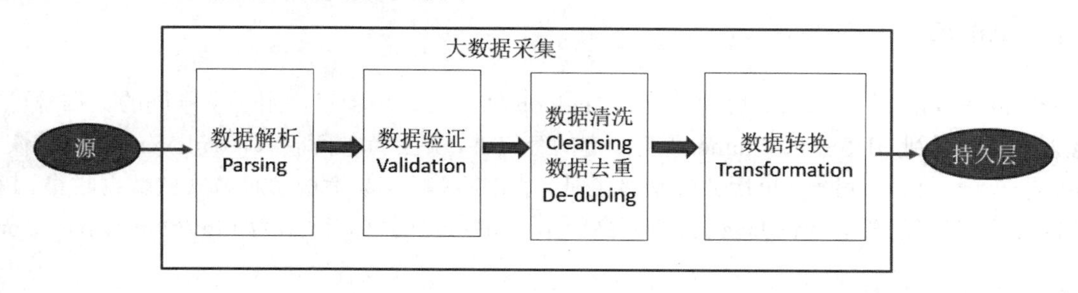

图 7-1　大数据采集步骤

采集到的大数据存到一个持久层中，如 HDFS、HBase 等系统上。下面是一些性能方面的常用技巧：

- 来自不同数据源的传输应该是异步的。可以使用文件来传输，或者使用消息中间件来实现。由于数据异步传输，所以数据采集过程的吞吐量可以大大高于大数据系统的处理能力。异步数据传输同样可以在大数据系统和不同的数据源之间进行解耦。大数据基础架构设计使得其很容易进行动态伸缩，数据采集的峰值流量对于大数据系统来说必须是安全的。
- 如果数据是直接从外部数据库中抽取的，确保拉取数据是使用批量的方式。
- 如果数据是从文件解析，请务必使用合适的解析器。例如，如果从一个 XML 文件中读取，则有不同的解析器像 JDOM、SAX、DOM 等。类似地，对于 CSV、JSON 和其他格式的文件，也有相应的解析器和 API 可供选择。
- 优先使用成熟的验证工具。大多数解析/验证工作流程通常运行在服务器环境中。大部分的场景基本上都有现成的标准校验工具。这些标准的现成的工具一般来说要比你自己开发的工具性能要好得多。例如，如果数据是 XML 格式的，优先使用 XML（XSD）用于验证。
- 尽量提前过滤掉无效数据，以便后续的处理流程都不用在无效数据上浪费过多的计算能力。处理无效数据的一个通用做法是将它们存放在一个专门的地方，这部分的数据存储占用额外的开销。
- 如果来自数据源的数据需要清洗，例如去掉一些不需要的信息，尽量保持所有数据源的抽取程序版本一致，确保一次处理的是一个大批量的数据，而不是一条记录一条记录地进行处理。一般来说数据清洗需要进行数据关联。数据清洗中需要用到的静态数据关联一次，并且一次处理一个大批量数据就能够大幅提高数据处理效率。
- 来自多个源的数据可以是不同的格式。有时，需要进行数据转换，使接收到的数据从多种格式转化成一种或一组标准格式。
- 一旦所有的数据采集完成后，转换后的数据通常存储在某些持久层，以便以后分析处理。有不同的持久系统，如 NoSQL 数据库、分布式文件系统、云存储、云数据库等。

我们要特别指出的是，数据清洗是很重要的一步。许多的数据分析最后失败，原因就是要分析的数据存在严重的质量问题，或者数据中某些因素使分析产生偏见，或使得数据科学家得出根本不存在的规律。虽然数据清洗很琐碎，但是只有事先做好了这个清洗工作，才能让分析工作卓有成效。许多初级的数据科学家往往急于求成，对数据草草处理就进行下一步分析工作，等到运行算法时，才发现数据有严重的质量问题，无法得出合理的分析结果。总之，一定要防止“垃圾进垃圾出”。

7.1 Flume

Apache Flume 是 Cloudera 公司提供给 Hadoop 社区的一个项目，用于从不同的数据源可靠有效地加载数据流到 HDFS 中。Flume 具有一定的容错性，并支持故障转移（Failover）和系统恢复。Flume 是一个分布式、可靠、可用的轻量级工具，非常简单，容易适应各种方式的数据收集。Flume 使用 Java 编写，其需要运行在 Java 1.6 或更高版本上。Flume 的官方网站为 http://flume.apache.org/。

7.1.1 Flume 架构

Flume 具有分布式、高可靠、高容错、易于定制和扩展的特点。它将数据从产生、传输、处理并最终写入目标路径的过程抽象为数据流，在具体的数据流中，数据源支持在 Flume 中定制数据发送方，从而支持收集各种不同协议数据。同时，Flume 数据流提供对数据进行简单处理的能力，如过滤、格式转换等。此外，Flume 还具有能够将数据写往各种数据目标（可定制）的能力。总的来说，Flume 是一个可扩展、适合复杂环境的海量数据采集系统，如图 7-2 所示。

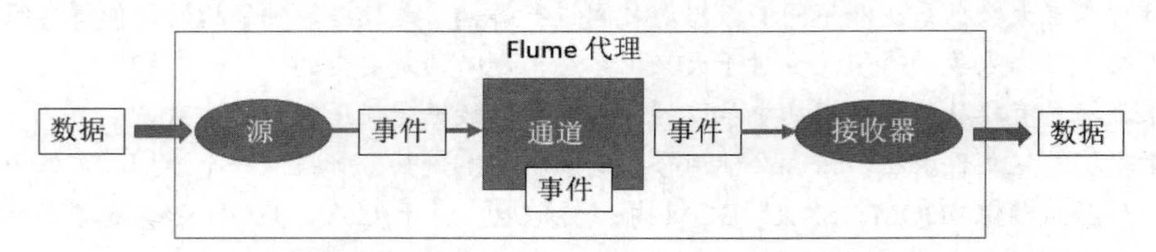

图 7-2　Flume 架构

Flume 主要有以下几个核心概念：

- 事件（Event）：Flume 传递的一个数据单元，除了采集到的数据（例如单个日志）之外，它还带有一个可选的消息头。
- 源（Source）：输入叫作源，数据通过源进入 Flume。负责接收输入数据，并将数据写入通道，这有两种模式，一种是主动抓取数据，另一种是被动等待数据。源将事件写到一个或多个通道中。
- 接收器（Sink）：输出叫作接收器，是从一个通道中接收事件，发送数据给目的地（例如 HDFS）的实体。HDFS Sink 就是一个 HDFS 文件的接收器。接收器负责从通道中读出数据并发给下一个代理（Agent）或者最终的目的地。
- 通道（Channel）：在源和接收器之间传递事件的一个临时存储区，它保存有源传递过来的事件（源把事件放到通道中，接收器从通道中取出事件），用于缓存从源到接收器的中间数据。可使用不同的配置来作为通道，例如内存，文件，JDBC 等。使用内存的话，性能高但不能持久，有可能会丢失数据。使用文件更可靠，但性能不如内存。

- 数据流（Flow）：事件从源点到达目的点（接收器）的迁移的抽象（就是图上细的箭头）。
- Flume 代理（Agent）：一个独立的 Flume 进程，源、通道和接收器都运行在这个进程中。代理可能会有多个源、通道与接收器。

如图 7-3 所示，Flume 在源和接收器都使用了事务处理机制保证在数据传输中没有数据丢失。

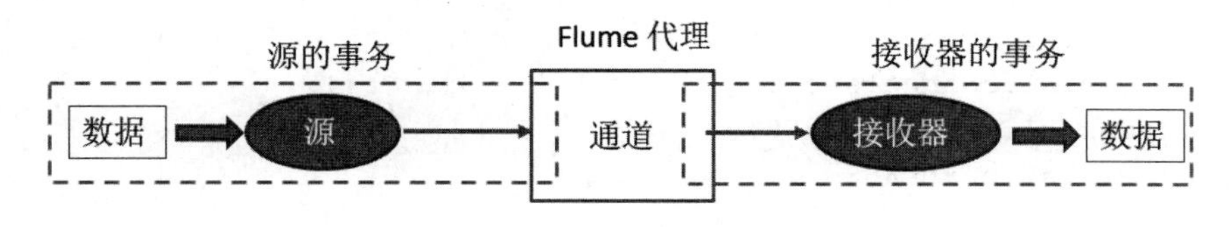

图 7-3 事务处理

7.1.2 Flume 事件

如图 7-4 所示，Flume 事件由 0 个或多个头与体组成，也就是说，它是包含了采集的数据（“体”）和一些额外信息（“头”）的一个数据单元。Flume 事件是 Flume 传输的基本单元。头是一些“键-值”对（Map<String，String>），例如事件的时间戳或发出事件的服务器主机名，类似 HTTP 头的功能。“体”是一个字节数组（byte[]）。Flume 可能会自动添加一些头信息，例如数据源的主机名。

图 7-4 Flume 事件

7.1.3 Flume 源

Flume 源的类型、说明和实现的类如表 7-1 所示。

表 7-1 Flume 源的类型、说明和实现的类

类　型	说　明	实现的类
avro	Avro Netty RPC 事件源	AvroSource
exec	执行一个 Unix 命令，并从 stdout（标准输出）上读数据	ExecSource
netcat	监控某一个端口，从端口上读取文本行数据作为事件的数据	NetcatSource
seq	序列生成器数据源，生产序列数据	SequenceGeneratorSource
org.apache.flume.source.StressSource	压力测试使用。连续事件源，每个事件具有相同的负载。默认是 500 个字节，每个字节是一个最大为 127 的值	org.apache.flume.source.StressSource
syslogtcp	读取 syslog 数据，产生事件，支持 TCP 协议	SyslogTcpSource
syslogudp	读取 syslog 数据，产生事件，支持 UDP 协议	SyslogUDPSource
org.apache.flume.source.scribe.ScribeSource		ScribeSource

Flume 允许自定义数据源的类型和实现类，只需要通过继承 org.apache.flume.source.AbstractSource 类即可。在 Flume 代理的配置文件中，可以定义一个或多个源。例如，下面我们定义了一个名叫 s1 的源（每个源、通道和接收器在该代理的上下文中必须要有一个唯一的名字），

并指定了源的通道为 c1（注意，agent.sources.s1.channels 中的 channels 是复数，这表明可以为一个源指定多条通道），源的类型为 netcat，它监听 IP 地址 192.168.0.2 的 8083 端口上的数据：

```
agent.sources= s1
agent.channels=c1
agent.sinks=k1
agent.sources.s1.type = netcat
agent.sources.s1.channels=c1
agent.sources.s1.bind=192.168.0.2
agent.sources.s1.port=8083
```

在安装完 Flume，配置上面的参数之后，就可以启动它了。这时候，源就在 192.168.0.2 的 8083 端口上进行监听。我们可以使用 nc 命令（或其他网络客户端）给上述端口发送数据，这些数据将被写到内存通道中，然后被送到接收器上。因为接收器是 log4j 日志文件，我们可以打开日志文件来确认是否收到了数据。

Flume 有一个 exec 源，它提供了在 Flume 外的执行命令，并将输出结果转换为 Flume 事件机制。例如，下面的配置将会对/sam/log/huanbao.log 文件执行 tail 命令，把日志数据写到 c2 通道上。

```
agent.sources= s2
agent.channels=c2
agent.sinks=k2
agent.sources.s2.type =exec
agent.sources.s2.channels=c2
agent.sources.s2.command=tail -F /sam/log/huanbao.log
```

7.1.4 Flume 拦截器（Interceptor）

数据采集的理想做法是：由数据的生产者在把数据发送到平台之前对数据进行清理。这应当由产生数据的团队来处理，因为他们最了解他们自己的数据。如图 7-5 所示，拦截器是数据流中的一个处理点，它可以在源和通道之间插入一个或多个拦截器，来动态检查和修改 Flume 事件。有点类似 Servlet 的 ServletFilter。

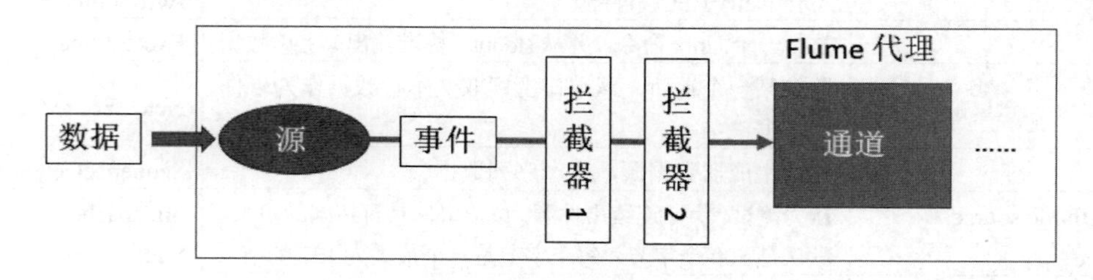

图 7-5　拦截器

下面这个例子添加了 4 个拦截器（i1、i2、i3 和 i4，i2 接收 i1 的处理结果，i3 接收 i2 的处理结果，i4 接收 i3 的处理结果，并将结果送给通道选择器）。其中 i1 是一个时间戳拦截器，如果源中没有时间戳（Timestamp）的头，那么拦截器会添加之。i2 是一个 Host 拦截器，它会向事件中添加一个 Flume 代理所在的 IP 的头。i3 是一个静态拦截器，可用于添加一对“键-值”。i4 是一个正则表达式过滤拦截器，这会根据“体”（即传输数据）的内容来过滤事件。如果在正则表达式 regex 上设置了模式字符串，假如把 excludeEvents 的值设置为 false（默认值），那么只保留与模式匹配的事件；如果设置为 true，那么过滤掉匹配的事件。

```
agent.sources.s1.interceptors= i1 i2 i3 i4
agent.sources.s1.interceptors.i1.type=timestamp
agent.sources.s1.interceptors.i1.perserveExisting=true
agent.sources.s1.interceptors.i2.type=host
agent.sources.s1.interceptors.i3.type=static
agent.sources.s1.interceptors.i3.key=键
agent.sources.s1.interceptors.i3.value=值
agent.sources.s1.interceptors.i4.type=regex_filter
agent.sources.s1.interceptors.i4.regex=测试数据
agent.sources.s1.interceptors.i4.excludeEvents=true
```

上面的 perserveExisting 用于指定是保留源数据头上的相关信息，还是覆盖之。还有一个拦截器是正则表达式抽取过滤器，它可以抽取事件"体"（即数据）的内容，并放到 Flume 头上，以便通道选择器根据这些值来选择不同的通道。

Flume 还允许我们自己定义拦截器，这就需要实现 org.apache.flume.interceptor.Interceptor 和 org.apache.flume.interceptor.Interceptor.Builder 接口。假定类名为 com.sam.Test，则可以这样设置：

```
agent.sources.s1.interceptors =i5
agent.sources.s1.interceptors.i5.type=com.sam.Test$Builder
```

7.1.5 Flume 通道选择器（Channel Selector）

如图 7-6 所示，源数据可以复制到不同的通道中，每一个通道也可以连接不同数量的接收器。这样连接不同配置的代理就可以组成一个复杂的数据收集网络。通过对 Flume 代理的配置，可以组成一个路由复杂的数据传输网络。

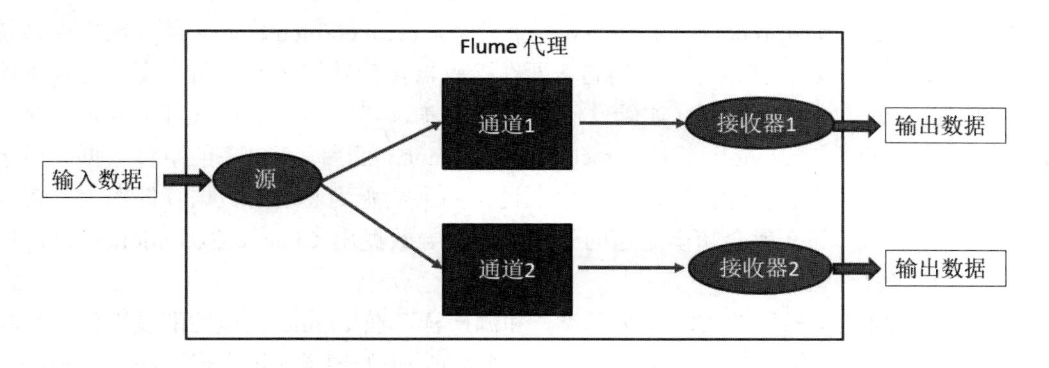

图 7-6　通道选择器

通道选择器负责将数据从一个源转到一个或多个通道中。Flume 提供了 Replicating Channel Selector（复制通道选择器）、Multiplexing Channel Selector（多路通道选择器）和 Custom Channel Selector（自定义通道选择器）。复制通道选择器是一个默认的通道选择器，负责将事件复制到每个通道中，而多路通道选择器会根据某些头信息把事件放到不同的通道中。通道选择器和拦截器一起构成了具有简单工作流功能的多通道路由。

下面这个例子设置了多路通道选择器，并设置了通道选择器使用头信息 port 的值把来自不同端口的数据发送到不同的通道中。把 8081 端口的数据发送到 c1 通道，把 8082 端口的数据发送到 c2 通道，而把 8083 端口的数据发送到 c3 通道。

```
agent.sources.s1.channels= c1 c2 c3
agent.sources.s1.selector.type=multiplexing
agent.sources.s1.selector.header=port
agent.sources.s1.selector.default=c1
agent.sources.s1.selector.mapping.8081=c1
agent.sources.s1.selector.mapping.8082=c2
agent.sources.s1.selector.mapping.8083=c3
```

7.1.6 Flume 通道

在 Flume 中，通道指的是位于源与接收器之间的组件，为流动的事件数据提供了一个中间缓存区域。Flume 通道的类型、说明和实现的类如表 7-2 所示。

表 7-2 Flume 通道的类型、说明和实现的类

类　　型	说　　明	实现的类
memory	事件数据存储在内存中，这是最快的，但这是非持久的事件传输	MemoryChannel
file	事件数据存储在磁盘文件中	FileChannel
jdbc	事件数据存储在基于 JDBC 的可持久化的数据库中（目前 Flume 内置支持 Derby）	JDBCChannel
recoverablememory	一个可持久化的通道，使用本地文件系统作为存储	RecoverableMemoryChannel
org.apache.flume.channel.PseudoTxnMemoryChannel	测试用	PseudoTxnMemoryChannel

对于上面的 memory 和 recoverablememory 两个类型，recoverablememory 是本地文件系统的持久化通道，它要比 memory 慢一点，因为它需要在接收器接到数据之前将所有变化写到本地文件系统上（即磁盘上）。当出现问题（如硬件问题、JVM 崩溃等）而 Flume 代理需要重启时，这些事件数据可以被恢复。与 memory 相比，recoverablememory 可以缓存更多的事件数据。至于选择哪个类型，这取决于用户的实际需要。从理论上说，如果从源到通道的数据存储率大于接收器从通道获取数据的速率，那么就会超出通道的处理能力，导致抛出 ChannelException 异常。所以，源需要对这个异常做一些处理。

Flume 还允许自定义通道的类型和实现类。和源一样，在 Flume 代理的配置文件中，我们可以定义一个或多个通道，例如，下面我们定义了一个名叫 c1 的通道（每个通道在该代理的上下文中必须要有一个唯一的名字），并指定了通道能够持有的最大事件数量为 200（默认为 100。如果增加了这个值，就可能需要增加 JVM 堆内存空间的大小），它监听 IP 地址 192.168.0.2 的 8083 端口上的数据：

```
agent.sources= s1
agent.channels=c1
agent.sinks=k1
```

```
agent.sources.s1.type = netcat
agent.sources.s1.channels=c1
agent.sources.s1.bind=192.168.0.2
agent.sources.s1.port=8083
agent.channels.c1.type=memory
agent.channels.c1.capacity=200
```

Flume 通道还有其他一些配置，例如 transactionCapacity 是指定源的 ChannelProcessor（负责单个事务中将数据从源移动到通道中的组件）可以写入的最大事件数量，也是 SinkProcessor（负责将数据从通道移动到接收器的组件）在单个事务中所能读取的最大事件数量。如果接收器能够进行大数据量的处理，那么加大这个值会提高速度。还有一个参数是 keep-alive，它指的是：当通道已满时要等待写入数据的时间。其他的参数如 byteCapacity 和 BufferPercentage 的设置是同 Java 中的 OutOfMemoryErrors 有关。如果出现了 OutOfMemoryErrors 这样的错误，就可以考虑调整这些参数。

对于 file 类型的 Flume 通道，可以设置 checkpointDir 和 dataDirs 属性来为不同的通道指定不同的目录。默认的文件通道的容量是 100 万个事件。

7.1.7　Flume 接收器

Flume 接收器支持的类型、说明和实现类如表 7-3 所示。

表 7-3　Flume 接收器支持的类型、说明和实现类

类　型	说　明	实　现　类
hdfs	数据写入 HDFS	HDFSEventSink
org.apache.flume.sink.hbase.HBaseSink 或 org.apache.flume.sink.hbase.AsyncHBaseSink	数据写入 HBase 数据库	org.apache.flume.sink.hbase.HBaseSink 或 org.apache.flume.sink.hbase.AsyncHBaseSink
logger	数据写入日志文件（默认为 log4j，INFO 级别，可配置）	LoggerSink
avro	数据被转换成 avro 事件，然后发送到配置的 RPC 端口上	AvroSink
file_roll	存储数据到本地文件系统上	RollingFileSink
irc	数据在 IRC 上	IRCSink
null	丢弃所有数据（/dev/null）	NullSink

Flume 还允许自定义接收器的类型和实现类，通过继承 org.apache.flume.sink.AbstractSink 类即可。与源和通道一样，在 Flume 代理的配置文件中，可以定义一个或多个接收器，例如，下面我们定义了一个名叫 k1 的接收器（每个接收器在该代理的上下文中必须要有一个唯一的名字），并指定了接收器的类型为 logger（该类型的接收器主要用于调试与测试，它默认使用 log4j 将所有 INFO 级别的日志记录下来），接收器 k1 的数据来自于通道 c1。另外，agent.sinks.k1.channel 中的 channel 是单数，这表面一个接收器只能从一个通道接收数据：

```
agent.sources= s1
agent.channels=c1
agent.sinks=k1
agent.sources.s1.type = netcat
agent.sources.s1.channels=c1
agent.sources.s1.bind=192.168.0.2
agent.sources.s1.port=8083
agent.channels.c1.type=memory
agent.channels.c1.capacity=200
agent.sinks.k1.type=logger
agent.sinks.k1.channel=c1
```

下面我们来看一下 HDFS 接收器。HDFS 接收器的作用是持续打开 HDFS 中的文件，然后以流的方式将数据写入其中。为了使用 HDFS 接收器，可将接收器的类型设置为 HDFS，并设置 HDFS 路径：

```
agent.sinks.k2.type=hdfs
agent.sinks.k2.hdfs.path=/path/in/hdfs
agent.sinks.k2.channel=c2
```

对于 HDFS 路径值，Flume 支持基于时间的转义序列，例如：

```
agent.sinks.k2.hdfs.path=/path/in/hdfs/%Y/%m/%D/%H
```

也可以使用事件的头值（假定键为 logType 的头）来将数据写到不同的 HDFS 路径，例如：

```
agent.sinks.k2.hdfs.path=/path/in/hdfs/%{logType}/%Y/%m/%D/%H
```

除了 path，还可以设置文件名的前缀（.filePrefix）和后缀（.fileSuffix）。Flume 还支持压缩文件，例如：

```
agent.sinks.k2.hdfs.codeC=gzip
```

上面是设置输出文件的路径和文件名。对于数据输出，可以使用序列器。例如，下面我们采用 text 序列化器（默认设置），它只会输出 Flume 事件体（即只是数据本身），而丢弃头信息。因为“appendNewLink=true”，所以在文件中的每个事件数据后面都有一个换行符：

```
agent.sinks.k2.serializer=text
agent.sinks.k2.serializer.appendNewLink=true
```

如果需要带有头信息的文本，可选用 text_with_headers。

7.1.8 负载均衡和单点失败

为了解决 Flume 接收器的单点失败的问题，Flume 支持接收器组的概念，通过负载平衡将事件发送到不同的接收器。下面我们设置了一个名叫 sg 的接收器组，这个组包含了四个接收器 k1、k2、k3 和 k4：

```
agent.sinkgroups=sg
agent.sinkgroups.sg.sinks=k1,k2,k3,k4
agent.sinkgroups.sg.processor.type=failover
```

```
agent.sinkgroups.sg.processor.priority.k1=10
agent.sinkgroups.sg.processor.priority.k2=20
agent.sinkgroups.sg.processor.priority.k2=30
agent.sinkgroups.sg.processor.priority.k2=40
```

如果将上述的 processor.type 设置为 load_balance，那么就会使用循环模式来均衡地对这四个接收器进行流量的负载。对于故障转移（Failover）设置，就是指当某个接收器不能用时，通过 priority 属性来指定优先顺序。在上述的例子中，先尝试 k1，然后 k2，以此类推。

7.1.9　Flume 监控管理

我们首先要对 Flume 代理进程进行监控，监测 Flume 代理是否正常运行。如果已经停止，就需要重启。有很多工具，如 Monit 和 Nagios 就是不错的开源免费监控工具。对于 Flume 内部的监控，可以使用 Ganglia 工具，它是一个开源的监控工具。在 Flume 启动时，配置几个属性值就可以让 Flume 向 Ganglia 工具发送监测数据：

```
flume.monitoring.type=ganglia
flume.monitoring.hosts=host1:port1, host2:port2
flume.monitoring.pollInterval=60
```

最后一个参数设置发送数据给 Ganglia 的时间间隔（单位为秒）。另一种方法是，启动 Flume 内部 HTTP 服务器，然后从外部通过 HTTP 请求查询 Flume 的状态（返回结果为 JSON）。如果要使用这个方式，则在启动时设置如下属性：

```
flume.monitoring.type=http
flume.monitoring.port=9088
```

这样的话，就可以使用 http://hostname:9088/metrics 来获得 JSON 数据。

7.1.10　Flume 实例

下面来看一个例子。某路由器厂商想要分析各个家庭路由器的数据。由于这个厂商给我们开放了他们的 FTP 服务器（他们把路由器数据首先采集到一个 FTP 服务器上），所以我们把 FTP 服务器作为数据源来获取数据，数据以小文件的方式存在 Flume 所监控的目录池下，文件会自动被 Flume 读取并删除，读取的小文件会直接送到 HDFS。下面是采集的具体步骤：

步骤 01　确保 Flume 已经安装成功：在界面上查看状态显示为绿色。

步骤 02　创建 Flume 的目录池：在/usr/hdp/2.3.0.0-2557/flume/conf 下创建一个目录。

步骤 03　配置 Flume 如下：

```
# Flume agent config

agent1.sources=source1
agent1.sinks=sink1
agent1.channels=channel
```

```
#source1
agent1.sources.source1.type=spooldir
agent1.sources.source1.spoolDir=/usr/hdp/2.3.0.0-2557/flume/conf/test1
agent1.sources.source1.channels=channel1
agent1.sources.source1.fileHeader = true
agent1.sources.source1.deletePolicy = immediate
agent1.sources.source1.batchSize=1000
agent1.sources.source1.batchDurationMillis=1000
agent1.sources.source1.decodeErrorPolicy = IGNORE
agent1.sources.source1.interceptors=i1
agent1.sources.source1.interceptors.i1.type=timestamp

#sink1
agent1.sinks.sink1.type=hdfs
agent1.sinks.sink1.hdfs.fileType=DataStream
agent1.sinks.sink1.hdfs.writeFormat=TEXT
agent1.sinks.sink1.channel=channel1
agent1.sinks.sink1.hdfs.path =hdfs://master01:8020/flume3/%Y-%m-%d
agent1.sinks.sink1.hdfs.filePrefix = PhicommSOHO-logFile.%Y-%m-%d-%h
agent1.sinks.sink1.hdfs.inUsePrefix =.
agent1.sinks.sink1.hdfs.idleTimeout=0
agent1.sinks.sink1.hdfs.useLocalTimeStamp = true
agent1.sinks.sink1.hdfs.rollInterval=3600
agent1.sinks.sink1.hdfs.rollSize=128000000
agent1.sinks.sink1.hdfs.rollCount=0
agent1.sinks.sink1.hdfs.batchSize = 1000

#channel1
agent1.channels.channel1.type=memory
agent1.channels.channel1.checkpointDir=/usr/hdp/2.3.0.0-2557/flume/conf/testc
hannelcheck1
agent1.channels.channel1.dataDirs=/usr/hdp/2.3.0.0-2557/flume/conf/testchannel1
```

步骤 04 启动 Flume，并执行以下命令：

```
flume-ng agent -n  agent3 -c conf -f /usr/hdp/2.3.0.0-2557/flume/conf/agent3/
flume.conf - Dflume.root.logger=DEBUG,console
```

关于 Flume 的更多内容，可参考以下网站：

- Flume 官方网站：http://flume.apache.org/
- Flume 用户文档：http://flume.apache.org/FlumeUserGuide.html
- Flume 开发文档：http://flume.apache.org/FlumeDeveloperGuide.html

7.2　Kafka

Kafka 是 2010 年 12 月份开源的项目，采用 Scala 语言编写而成。Kafka 是一个分布式的消息队列，可用在不同的系统之间传递数据。如图 7-7 所示，如果各部门间的数据交换都是在交换双方之间建设自己的交换通道。随着交换部门的增多，每个部门要建设和维护的交换通道也随之增多，多条交换通道交叉互联，最后形成一张维护难度极大的数据交换网络，显然，这种数据交换模式难以满足大数据交换和共享的需求。

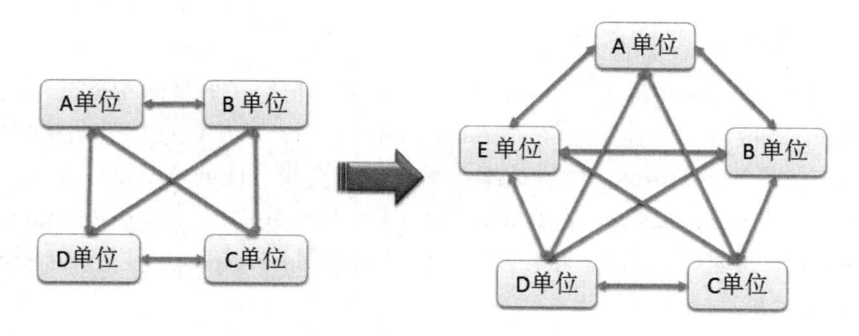

图 7-7　交换网络扩张示意图

Kafka 则可以解决上述问题，它可以担当中间桥梁。如图 7-8 所示，它使用了推送/拉取（Push/Pull）机制，适合用于异构集群。Kafka 实现了高吞吐率，在普通的服务器上每秒也能处理几十万条消息。例如，LinkedIn 公司每天通过 Kafka 运行着超过 600 亿个不同的消息写入点。

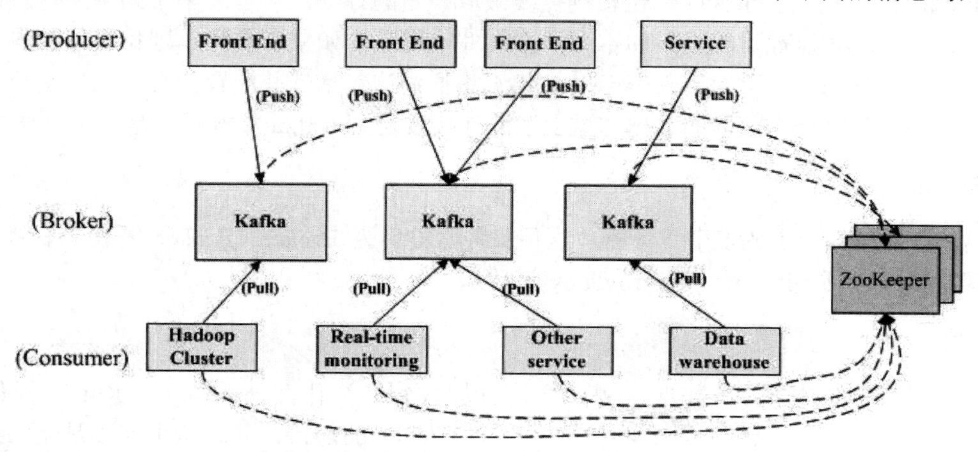

图 7-8　Kafka 架构

7.2.1　Kafka 架构

Kafka 提供了类似于 JMS 的特性，但是在设计实现上完全不同（它并不是 JMS 规范的实现）。在消息保存时 Kafka 根据 Topic 进行归类，发送消息者成为 Producer（生产者），消息接收者成为 Consumer（消费者），此外 Kafka 集群由多个 Kafka 实例组成，每个实例（Server，即服务器）成为 Broker（经纪人）。无论是 Kafka 集群，还是 Producer 和 Consumer 都依赖于 ZooKeeper 来保证分布式协作。每条发布到 Kafka 集群的消息都有一个类别，这个类别被称为 Topic。注：物理上不同 Topic 的消息分开存储，逻辑上一个 Topic 的消息虽然保存于一个或多个 Broker 上，但用户只需指定消息的 Topic 即可生产或消费数据而不必关心数据存于何处。

Kafka 实际上是一个消息发布订阅系统。Producer（生产者）向某个 Topic 发布消息，而 Consumer（消费者）订阅某个 Topic 的消息，进而一旦有新的关于某个 Topic 的消息，Broker 会传递给订阅它的所有 Consumer。 在 Kafka 中，消息是按 Topic 组织的，而每个 Topic 又分为多个分区（Partition），这样便于管理数据和进行负载均衡。同时，它也使用了 ZooKeeper 进行负载均衡。Kafka 中主要有三种角色：Producer，Broker 和 Consumer，下面分别说明一下。

1. Producer（生产者）

Producer 用于将流式数据发送到 Kafka 消息队列上，它的任务是向 Broker 发送数据。Kafka 提供了两种 Producer 接口，一种是低级（Low Level）接口，使用该接口会向特定的 Broker 的某个 Topic 下的某个分区（Partition）发送数据；另一种是高级（High Level）接口，该接口支持同步/异步发送数据，基于 ZooKeeper 的 Broker 自动识别和负载均衡（基于 Partitioner）。Producer 可以通过 ZooKeeper 获取可用的 Broker 列表，也可以在 ZooKeeper 中注册 Listener，该 Listener 在以下情况下会被唤醒：

a. 添加一个 Broker；
b. 删除一个 Broker；
c. 注册新的 Topic；
d. Broker 注册已存在的 Topic；

当 Producer 得知以上事件时，可根据需要采取一定的行动。以日志采集为例，生产过程分为三部分：第一部分为监控日志采集的本地日志文件或目录，如果有变化，则将变化的内容逐行读取到内存的消息队列中；第二部分是连接 Kafka 集群，这包括一些配置信息，例如是否压缩、超时等；第三部分是将已经获取的数据通过上述的连接发送到 Kafka 集群中，是一个推送的过程。

2. Broker

Kafka 集群包含一个或多个服务器，这种服务器被称为 Broker。Broker 采取了多种策略提高数据处理效率，包括 SendFile 和 Zero-Copy 等技术。

3. Consumer（消费者）

Consumer 的作用是处理数据，例如将信息加载到持久化存储系统上。Kafka 提供了两种 Consumer 接口，一种是低级的，它维护到某一个 Broker 的连接，并且这个连接是无状态的，即每次从 Broker 上拉取（Pull）数据时，都要告诉 Broker 数据的偏移量。另一种是高级接口，它隐藏了 Broker 的细节，允许 Consumer 从 Broker 上拉取数据而不必关心网络拓扑结构。

7.2.2 Kafka 与 JMS 的异同

Kafka 和 JMS（Java Message Service，即 Java 消息服务）实现不同的是：虽然消息被消费，但是也不会被立即删除。它将会根据 Broker 中的配置要求，保留一定的时间之后才删除。例如日志文件保留 2 天，那么两天后该日志文件会被删除，无论其中的消息是否被消费。Kafka 通过这种简单的方式来释放磁盘空间，以减少消息消费之后产生太多的磁盘 I/O。在 JMS 实现中，Topic 模型基于推送（Push）方式，即 Broker 将消息推送给 Consumer 端。而在 Kafka 中，则采用了拉取方式，即 Consumer 在和 Broker 建立连接之后主动去拉取（或者说拿取）消息。这种模式有些优点，首先 Consumer 端可以根据自己的消费能力适时地去获取消息并进行处理，且可以控制消息消费的进度（Offset）。此外，消费者可以更好地控制消息消费的数量。

7.2.3　Kafka 性能考虑

Kafka 集群几乎不需要维护任何 Consumer 和 Producer 状态信息，这些信息由 ZooKeeper 保存。因此 Producer 和 Consumer 客户端的实现是非常轻量级的，它们可以随意离开，而不会对集群造成额外的影响。

Kafka 是基于文件存储的。通过分区（Partition），可以将文件内容分散到多个服务器上，来避免文件大小达到单机磁盘容量的上限，每个分区都会被当前服务器（Kafka 实例）所保存。我们可以将一个 Topic 切分为多个分区来提高消息保存/消费的效率。此外，越多的分区意味着可以容纳更多的 Consumer，有效提升了并发消费的能力。

对于一些常规的消息系统，Kafka 是个不错的选择。分区/复制（Partition/Replication）和容错功能可以使 Kafka 具有良好的扩展性和性能优势。影响 Kafka 性能的因素很多，除磁盘 I/O 之外，还需要考虑网络的 I/O，这直接关系到 Kafka 的吞吐量。对于 Producer 端，可以将消息缓存起来。当消息的条数达到一定阈值时，批量发送给 Broker；对于 Consumer 端也是一样，批量抓取多条消息。消息量的大小可以通过配置文件来指定。对于 Kafka 的 Broker 端，将文件的数据映射到系统内存中，Socket 直接读取相应的内存区域即可，而无需再次复制和交换。对于 Producer/Consumer /Broker 三者而言，CPU 的开支应该都不大，因此启用消息压缩机制是一个良好的策略。压缩需要消耗少量的 CPU 资源，但减少了网络 I/O 的开销。Kafka 支持 gzip/snappy 等多种压缩方式。

Producer（生产者）采用了负载均衡：Producer 将会和 Topic 下所有 Partition Leader 保持 Socket 连接；消息由 Producer 直接通过 Socket 发送到 Broker，中间不会经过任何路由层。事实上，消息被路由到哪个分区上，由 Producer 客户端决定。如果一个 Topic 中有多个分区，那么在 Producer 端实现“消息均衡分发”是必要的。其中 Partition Leader 的位置（host:port）注册在 ZooKeeper 中，Producer 作为 ZooKeeper 客户端，已经注册了 Watch 来监听 Partition Leader 的变更事件。也可以采用异步发送，也就是将多条消息暂且在客户端缓存起来，并将它们批量地发送到 Broker，如果小数据 I/O 太多，就会拖慢整体的网络延迟，因而批量延迟发送事实上提升了网络效率。不过这也有一定的隐患，例如说当 Producer 失效时，那些尚未发送的消息将会丢失。

7.2.4　消息传送机制

对于 JMS 实现而言，消息传输机制只有一种：有且只有一次（Exactly Once）。在 Kafka 中稍有不同：

- at most once：最多一次，这个和 JMS 中“非持久化”消息类似。发送一次，无论成败，将不会重发。
- at least once：消息至少发送一次，如果消息未能接受成功，可能会重发，直到接收成功。
- exactly once：消息只会发送一次。

在上面的at most once模式中，消费者获取消息，保存消息偏移量（Offset），然后处理消息。当客户端保存消息偏移量之后，却在消息处理过程中出现了异常，导致部分消息未能进行处理。那么此后“未处理”的消息将不能被取到，这就是“at most once”模式。而“at least once”是消费者获取消息，处理消息，然后保存消息偏移量。在消息处理成功之后，但在保存消息偏移量阶段ZooKeeper异常而导致保存操作未能执行成功，这就使得接下来再次获取消息时可能得到上次已经处理过的消息，这就是“at least once”。原因是消息偏移量没有及时地提交给ZooKeeper，ZooKeeper恢复正常后还是之前的消息偏移量状态。“exactly once”在Kafka中并没有严格地去实现，这种策略在Kafka中可能是不需要的。

通常情况下，at-least-once是我们的首选。相比at most once而言，重复接收数据总比丢失数据要好。

7.2.5 Kafka和Flume的比较

Kafka和Flume这两个产品的功能有些重叠，但是也有一些区别：

- Kafka是一个更加通用的系统。我们可以有很多数据的Producer和数据的Consumer。这些Consumer之间共享多个主题。而Flume主要是用于把数据发送给HDFS和HBase用的工具。Flume集成了Hadoop的安全体系。Cloudera认为，如果数据将被多个系统所消费，那么采用Kafka。
- Flume具有多个内置的源和接收器，相对而言，Kafka只有一个较少的Producer和Consumer生态圈。所以，如果Flume的源和接收器正好满足我们的要求，而且我们希望使用一个不需要开发的采集系统（只需要配置），那么就使用Flume即可。如果我们自己想开发一个采集系统，那就基于Kafka开发。
- Flume可以使用拦截器（Interceptor）来即时处理数据，这会对数据过滤有帮助；Kafka需要外部的流处理系统来完成这个功能。
- Flume和Kafka都是可靠的系统，都可以保证数据不会丢失。但是，Flume不复制事件。因此，即使我们使用了可靠的文件通道，如果一个Flume代理的节点崩溃了，我们就无法访问这个节点上的事件（直到我们恢复了对这个硬盘的访问）。如果需要一个高可用性的输入通道，那么优先使用Kafka。
- Flume和Kafka可以一起工作。如果需要从Kafka中将数据发送到Hadoop，那么可以将Flume代理和Kafka源一起使用来读取数据。这样的话，就不需要实现自己的Consumer了，从而获得了HDFS和HBase完美集成的Flume带来的所有好处。

7.3 Sqoop

Sqoop是SQL-to-Hadoop的缩写，是一个数据库导入导出工具，可以将数据从Hadoop导入到关系数据库，或从关系数据库将数据导入到Hadoop中。Sqoop使用了MapReduce来导入导出数据，充分利用了MapReduce的并行性和容错性。Sqoop主要是在Linux环境下使用。我们可以直接运行sqoop命令：

```
$ sqoop help
usage: sqoop COMMAND [ARGS]
```

```
Available commands:
  codegen            Generate code to interact with database records
  create-hive-table  Import a table definition into Hive
  eval               Evaluate a SQL statement and display the results
  export             Export an HDFS directory to a database table
  help               List available commands
  import             Import a table from a database to HDFS
  import-all-tables  Import tables from a database to HDFS
  import-mainframe   Import mainframe datasets to HDFS
  list-databases     List available databases on a server
  list-tables        List available tables in a database
  version            Display version information

See 'sqoop help COMMAND' for information on a specific command.
```

7.3.1　从数据库导入 HDFS

Sqoop 支持从关系型数据库把数据表中的数据导入到 HDFS 的文件上。导入过程可以是并行的，这可以产生多个文件，每个文件包含一些表的数据。下面我们看一个例子：

（1）在 MySQL 创建数据表：

```
create table test (clientmac VARCHAR(64), time VARCHAR(64), content VARCHAR(64));
```

（2）给 MySQL 表加载一些测试数据：

```
load data local infile '/usr/hdp/2.2.0.0-2041/flume/30.txt' into table test
columns terminated by ' ' lines terminated by '\r\n';
```

（3）将数据表中的数据导入到 HDFS 文件中，表中的一行数据为文件的一行：

```
sqoop import -m 1 --connect jdbc:mysql://192.168.1.107:3306/test --table test
--target-dir /user/test
```

在上述命令中，-m 参数决定了将会启动多少个 mapper 来执行数据导入（只有一个“-”的参数叫作通用参数）。因为上述例子是将-m 设置为 1，所以就启动了 1 个 mapper 用于导入数据。每个 mapper 将产生一个独立的文件。--connect 参数定义了 JDBC 驱动（有两个“-”的参数叫作工具相关参数）来连接数据库，--table 参数告诉了 Sqoop 哪个表的数据需要被导出，--target-dir 参数决定了导出的数据将被存储在 HDFS 的哪个目录下。导出的文件可以是一个包含了分隔符的文本文件，也可以通过设置其他参数来指定数据文件的格式为 avro 文件或序列化的文件。

可以将上述的常用参数和参数值放到一个文件中，这样就省去了每次都要输入一堆命令到 sqoop 后面了。例如：

```
sqoop -m 1 -options-file /users/zhenghong/import.txt --table test --target-dir
/user/test
```

而在 import.txt 文件中，有如下设置：

```
import
--connect
jdbc:mysql://192.168.1.107:3306/test
```

Sqoop 还提供了 sqoop-job 的功能，与上面的例子不同，我们可以把常用的配置信息在 Sqoop 上以作业的形式保存（而不是上面的文件）。例如：

```
sqoop job --create myjob -- import --connect jdbc:mysql://example.com/db --table
mytable
```

然后可以执行这个保存的作业：

```
sqoop job --exec myjob
```

Sqoop 支持把表的部分数据导入到 HDFS 文件中。表 7-4 列出了 import 的常用参数。

表 7-4 import 的常用参数

参 数	说 明
--append	附加数据到 HDFS 的一个已经存在的数据集上
--as-avrodatafile	导入数据到 Avro 数据文件
--as-sequencefile	导入数据到 SequenceFiles，这是一个二进制格式的序列化文件
--as-textfile	导入数据为一个文本文件（默认值）。一行数据为文件的一行，每个列之间由分隔符分隔开。分隔符包括逗号、制表符（Tab）或其他的符号
--as-parquetfile	导入数据到 Parquet 文件
--boundary-query <statement>	边界查询，用于创建分割
--columns <col，col，col…>	指定导入表上的哪些列
--delete-target-dir	如果导入的目标目录已经存在，则删除之
--direct	直接使用数据库支持的本地导入导出工具。例如 MySQL 自己提供的 mysqldump 工具，该工具比 JDBC 连接的方式快。这个参数可以直接使用这个工具
--fetch-size <n>	指定一次从数据库读取的行数
--inline-lob-limit <n>	设置内联 LOB 的最大大小
-m，--num-mappers <n>	决定了将会启动多少个 mapper 来执行数据导入，每个 mapper 将产生一个独立的文件
-e，--query <statement>	指定查询语句
--split-by <column-name>	指定一个表的列，这个列用于分割工作单元。例如，指定了 ID 列，该 ID 有 0~1000 的数值，又指定了-m 4，那么并行执行的导入进程将分别处理(0, 250)，(250, 500)，(500, 750)和(750, 1000)
--autoreset-to-one-mapper	如果这个表没有主键，而且没提供 split-by 列，则导入命令只使用一个 mapper
--table <table-name>	指定表
--target-dir <dir>	导出的表数据将被存储在 HDFS 的哪个目录下
--warehouse-dir <dir>	指定 HDFS 文件目录的父目录
--where <where clause>	WHERE 语句
-z，--compress	启用压缩，即在导入的过程中对数据进行压缩，默认的压缩方式为 GZIP 压缩
--compression-codec <c>	使用 Hadoop 支持的压缩编码（默认 gzip）
--null-string <null-string>	对于字符串列，用该字符串来替代 null 值
--null-non-string <null-string>	对于非字符串列，用该字符串来替代 null 值

下面这个例子就是使用一个 SELECT 语句来指定想要导入的数据：

```
[root@Master ~]# sqoop eval --connect jdbc:mysql://192.168.2.100:3306/hive --username hive --password password --query "select * from  dadian where createTime='123'";

16/02/19 17:17:54 INFO sqoop.Sqoop: Running Sqoop version: 1.4.6.2.3.2.0-2950
16/02/19 17:17:54 WARN tool.BaseSqoopTool: Setting your password on the command-line is insecure. Consider using -P instead.
16/02/19 17:17:54 INFO manager.MySQLManager: Preparing to use a MySQL streaming resultset.
SLF4J: Class path contains multiple SLF4J bindings.
SLF4J: Found binding in [jar:file:/usr/hdp/2.3.2.0-2950/hadoop/lib/slf4j-log4j12-1.7.10.jar!/org/slf4j/impl/StaticLoggerBinder.class]
SLF4J: Found binding in [jar:file:/usr/hdp/2.3.2.0-2950/zookeeper/lib/slf4j-log4j12-1.6.1.jar!/org/slf4j/impl/StaticLoggerBinder.class]
SLF4J: See http://www.slf4j.org/codes.html#multiple_bindings for an explanation.
SLF4J: Actual binding is of type [org.slf4j.impl.Log4jLoggerFactory]
-------------------------------------------------------------------------
| WANMAC          | setType          | deviceType           | createTime           |
-------------------------------------------------------------------------
| a               | b                | c                    | 123                  |
| aa              | bb               | cc                   | 123                  |
| aa              | bb               | cc                   | 123                  |
| aa              | bb               | cc                   | 123                  |
| aa              | bb               | cc                   | 123                  |
-------------------------------------------------------------------------
```

7.3.2　增量导入

Sqoop 提供了增量导入的功能，能够从上次导入的点上导入新增的数据。下面是同增量导入相关的参数，如表 7-5 所示。

表 7-5　同增量导入相关的参数

参　数	说　明
--check-column（col）	指定要检查的列（以这个列值为基础确定哪些列要导入）。这个列不能是 CHAR/NCHAR/VARCHAR/VARNCHAR/ LONGVARCHAR/LONGNVARCHAR 类型
--incremental（mode）	指定 Sqoop 如何确定哪些行是新的。包括了 append 和 lastmodified 两个选项
--last-value （value）	指定了从上次导入后的检查列的最大值

当一个表上的数据持续增加时，可以使用 Sqoop 的 append 模式来把新增的数据添加到 HDFS 上。假定这个表的 ID 列是持续增加的，那么可以指定 check-column 为 ID。通过 last-value 参数，我们可以导入所有大于这个值的行。lastmodified 模式适用于表数据被更新的情况，更新后的时间戳列上有最新的时间。下面是一个增量导入的例子，在已经导入了前 100000 行之后，再导入新增的行数：

```
    sqoop import --connect jdbc:mysql://db.foo.com/somedb --table sometable --where
"id > 100000" --target-dir /incremental_dataset --append
```

7.3.3　将数据从 Oracle 导入 Hive

虽然 Sqoop 的主要功能是将数据库的数据导入 HDFS 上，但是它也支持将数据导入到 Hive 中。它会生成 CREATE TABLE 语句并在 Hive 上执行这条语句。下面是一个从 Oracle 导入数据到 Hive 的例子：

```
    sqoop import --connect jdbc:oracle:thin:@192.168.1.191:1521:HTBASE --table
EMPLOYEES --hive-import
```

下面的 create-hive-table 工具根据 INPCASE.INP_DIAG 表的定义在 Hive 的 MetaStore 中定义了表 INP_DIAG1：

```
    sqoop create-hive-table --connect jdbc:oracle:thin:@192.168.1.191:1521:HTBASE
--username SYSTEM --password admin --table INPCASE.INP_DIAG --hive-table INP_DIAG1
```

7.3.4　将数据从 Oracle 导入 HBase

通过指定“--hbase-table”参数，Sqoop 可以把数据导入 HBase 数据库的数据表上。源表上的每行数据都被转化为在 HBase 输出表上的 put 操作。在默认情况下，Sqoop 使用 split-by 列作为行键(Row Key)列。如果没有指定这个参数，Sqoop 将使用主键列(如果有的话)。通过"--hbase-row-key"参数也可以指定行键列。下面是一个将数据从 Oracle 导入 HBase 的例子：

```
sqoop import --connect jdbc:oracle:thin:@192.168.1.191:1521:HTBASE --username SYSTEM --password admin --m 1 --table INPCASE.PROGRESS_NOTE --columns pn_sn,ipid,pid,pn_date_time,pn_type_code,pn_type_desc,higher_id,higher_name,doctor_signature,submit_status,submit_time,submit_user_id,submit_user_name,dept_code,dept_name,ward_code,ward_name,md5_content,create_time,creator,modify_time,modifier,save_count,question_content,tpl_id,tpl_version,confirm_status,confirm_time,confirm_user_id,confirm_user_name,case_code,case_type,doctor_signature_id,creator_name,operation_code,operation_name,xgsj,help_doctor_codes,inout_flag,relation_flow,first_submit_time,first_submit_user_id,first_submit_user_name
--hbase-create-table --hbase-table INPCASE.PROGRESS_NOTE --hbase-row-key pn_sn
--column-family info --split-by ROWID
```

下面是一个 XML 类型的例子：

```
sqoop import --connect jdbc:oracle:thin:@192.168.1.191:1521:HTBASE --username oyt --password 123456 --m 1 --table ADMISSION_EVAL_REC --columns rec_sn,ipid,pid,create_time,creator,modify_time,modifier,rec_cfg_sn,tpl_id,tpl_name,rec_date,recorder_id,recorder_name,xml_cont,dept_code,dept_name,ward_code,ward_name,md5_content,question_content  --map-column-java xml_cont=String
--hbase-create-table --hbase-table ADMISSION_EVAL_REC --hbase-row-key rec_sn
--column-family info --split-by ROWID
```

7.3.5 导入所有表

Sqoop 可用于将数据库里的所有数据表导入到 HDFS 中，每个表在 HDFS 中都对应一个独立的目录。例如：

```
sqoop import-all-tables -connect jdbc:mysql://localhost:3306/test -hive-import
sqoop import-all-tables  --connect jdbc:oracle:thin:@192.168.1.191:1521:HTBASE
--username yzh --password 123456 --m 1
```

7.3.6 从 HDFS 导出数据

Sqoop 的 export 工具可以从 HDFS 导出数据到关系型数据库。前提是目标的数据表必须在数据库中已经存在。Sqoop 的导出功能有三种模式：INSERT 模式(默认模式，Sqoop 创建 INSERT 语句)、UPDATE 模式（创建 UPDATE 语句）和 CALL 模式（为每个记录调用一次存储过程）。例如：

```
sqoop export --connect jdbc:mysql://db.example.com/foo --table bar  --export-dir
/results/bar_data
```

上面的命令将/results/bar_data 下的文件中的数据导入到 foo 数据库的 bar 表中。-m 参数指定了配置多少个 mapper 来读取 HDFS 中的文件块。在导出数据时，每个并行的 mapper 进程各自建立一个单独的数据库连接。每条语句将会插入 100 个记录，在完成 100 条语句也就是插入 10000 个记录之后，将会提交当前事务。

7.3.7 数据验证

Sqoop 提供了数据导出导入的验证功能，能够比较数据源与目标之间的行数。例如：

```
sqoop import --connect jdbc:mysql://db.foo.com/corp  --table EMPLOYEES -validate
sqoop export --connect jdbc:mysql://db.example.com/foo --table bar  --export-dir
/results/bar_data -validate
```

对于导入功能，数据验证功能目前只能验证从一个表到 HDFS 的数据复制。

7.3.8 其他 Sqoop 功能

Sqoop 还提供了其他的功能。例如 sqoop -merge 可以合并两个数据集的数据。Sqoop -eval 用于执行对数据库的查询，并在控制台上输出结果。验证查询语句的范例如下：

```
sqoop eval --connect jdbc:mysql://db.example.com/corp --query "SELECT * FROM
employees LIMIT 10"
```

“sqoop list-databases”可列出服务器上的数据库信息。例如：

```
sqoop list-databases --connect jdbc:mysql://database.example.com/
```

“sqoop list-tables”可列出数据库上的表信息。例如：

```
sqoop list-tables --connect jdbc:mysql://database.example.com/corp
```

sqoop help 列出所有的工具信息。例如：

```
$ bin/sqoop help import
usage: sqoop import [GENERIC-ARGS] [TOOL-ARGS]

Common arguments:
   --connect <jdbc-uri>     Specify JDBC connect string
   --connection-manager <class-name>  Specify connection manager class to use
   --driver <class-name>    Manually specify JDBC driver class to use
   --hadoop-mapred-home <dir>  Override $HADOOP_MAPRED_HOME
   --help                 Print usage instructions
   --password-file        Set path for file containing authentication password
   -P                        Read password from console
   --password <password>   Set authentication password
   --username <username>   Set authentication username
   --verbose               Print more information while working
   --hadoop-home <dir>     Deprecated. Override $HADOOP_HOME

Import control arguments:
   --as-avrodatafile        Imports data to Avro Data Files
   --as-sequencefile        Imports data to SequenceFiles
   --as-textfile            Imports data as plain text (default)
   --as-parquetfile         Imports data to Parquet Data Files
...
```

Sqoop -version 可以输出 Sqoop 的版本信息。

7.4 Storm

Hadoop作为一个擅长批量离线处理的框架，不适合海量数据的实时处理，而流处理框架的出现恰恰能满足这一点。在数据流模型中，需要处理的输入数据（全部或部分）并不存储在可随机访问的磁盘或内存中，它们以一个或多个“连续数据流”的形式到达（例如视频流）。数据流模型的特点在于：

- 流中的数据元素在线到达，需要实时处理。
- 系统无法控制将要处理的新到达的数据元素的顺序，无论这些数据元素是在一个数据流中还是跨多个数据流。
- 数据流的潜在大小也许是无穷无尽的。
- 一旦数据流中的某个元素经过处理，要么丢弃，要么被归档存储。

Storm就是一套专门用于事件流处理的分布式计算框架，由Twitter公司贡献，于2014年9月正式成为Apache旗下的顶级项目之一。Storm大大简化了面向庞大规模数据流的处理机制，从而在实时处理领域扮演着Hadoop之于批量处理领域的重要角色。Storm支持容错和水平扩展。

Storm是由Clojure和Java编写而成，设计目标在于支持将Spout（即输入流模块）与Bolt（即处理与输出模块）结合在一起并构成一套有向无环图（简称DAG）拓扑结构。Storm的拓扑结构运行在集群之上，而Storm调度程序则根据具体拓扑（Topology）配置将处理任务分发给集群当中的各个工作节点。Storm保证每条消息至少能够得到一次处理。任务失败时，它会负责从消息源重试消息。Storm的应用场景主要为以下三类：

- 信息流处理（Streaming Processing）：Storm可用来实时处理新数据和更新数据库，兼顾容错性和扩展性。不像其他的流处理系统，Storm不需要中间队列。
- 持续计算（Continuous Computation）：Storm可进行持续查询并把结果即时反馈给客户端。
- 分布式远程过程调用（Distributed RPC）：当Storm收到一条调用信息后，会对查询进行计算，并返回查询结果。

Storm的关注重点放在了实时、以流为基础的处理机制上，因此其拓扑结构默认永远运行或者说直到手动中止。一旦拓扑流程启动，挟带着数据的流就会不断涌入系统并将数据交付给Bolt（而数据仍将在各Bolt之间遵循流程继续传递），这正是整个计算任务的主要实现方式。随着处理流程的推进，一个或者多个Bolt会把数据写入至数据库或者文件系统当中，并向另一套外部系统发出消息或者将处理获得的计算结果提供给用户。

7.4.1 Storm基本概念

Storm是一个分布式的、可靠的、容错的数据流处理系统。Storm主要包含有几个术语：Spout、Bolt、Topology、Streams、Task、Worker。在Storm中，首先要设计一个用于实时计算的图状结构，我们称之为拓扑（Topology）。这个拓扑将会被提交给集群，由集群中的主控节点（Master Node）分发代码，将任务分配给工作节点（Worker Node）执行。在Java代码中我们可以通过TopologyBuilder类来构建拓扑。

一个拓扑中包括 Spout 和 Bolt 两种组件（角色），每个组件负责处理一项简单特定的任务。其中 Spout 发送消息，负责将数据流以元组（Tuple）的形式发送出去；而 Bolt 则负责转换这些数据流，在 Bolt 中可以完成计算、过滤等操作，Bolt 自身也可以将数据发送给其他 Bolt。因此，Storm 集群的输入流由 Spout 组件管理，Spout 把数据传递给 Bolt， Bolt 要么把数据保存到某种存储器中，要么把数据传递给其他的 Bolt。我们可以想象一下，一个 Storm 集群就是在一连串的 Bolt 之间转换 Spout 传过来的数据。图 7-9 就是一个 Storm 拓扑结构的示意图。

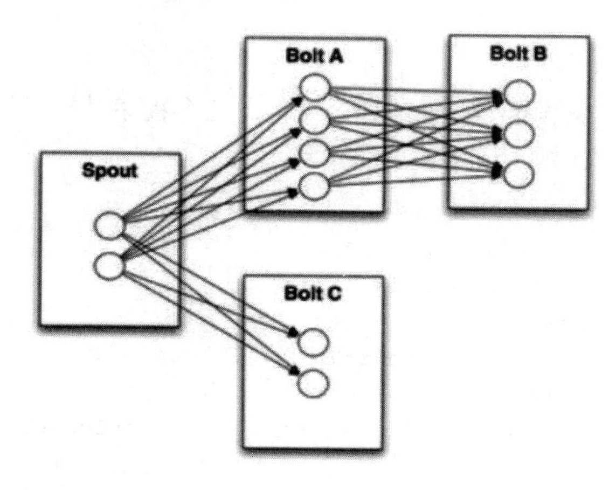

图 7-9　拓扑示意图

如图 7-9 所示，Spout 作为 Storm 中的消息源，给这个拓扑结构提供消息（数据），一般是从外部数据源（如 Message Queue、RDBMS、NoSQL、日志文件）不间断地读取数据并给这个拓扑结构发送消息（元组）。而 Bolt 作为 Storm 中的消息处理者，为这个拓扑结构进行消息的处理，Bolt 可以执行过滤、聚合、查询数据库等操作，而且可以一级一级地进行处理。其实，这个拓扑结构中的处理会被提交到 Storm 集群中运行，也可以通过命令停止这个拓扑结构的运行，并将拓扑结构占用的计算资源归还给 Storm 集群。

数据流（Stream）是 Storm 中对数据进行的抽象，它是元组序列。在这个拓扑结构中，Spout 是 Stream 的源头，负责从特定数据源发送 Stream。Bolt 可以接收任意多个 Stream 作为输入，然后进行数据的加工处理过程，如果需要，Bolt 还可以发送出新的 Stream 给下级 Bolt 进行处理。

这个拓扑结构中每一个计算组件（Spout 和 Bolt）都有一个并行执行度，在创建这个拓扑结构时可以指定，Storm 会在集群内分配对应并行度个数的 Task 线程来同时执行这一组件。

一个 Spout 或 Bolt 都会有多个 Task 线程来运行，那么如何在两个组件（Spout 和 Bolt）之间发送元组呢？Storm 提供了若干种数据流分发（Stream Grouping）策略来解决这一问题。在拓扑结构定义时，需要为每个 Bolt 指定接收什么样的 Stream 作为其输入（注：Spout 并不接收 Stream，只会发送 Stream）。目前的 Storm 中提供了以下几种 Stream Grouping 策略：

- Shuffle Grouping：随机数据流组，这是最常用的数据流组。它只有一个参数（数据源组件），并且数据源会向随机选择的 Bolt 发送元组，保证每个消费者收到近似数量的元组。
- Fields Grouping：字段数据流组，它允许基于元组的一个或多个字段控制如何把元组发送给 Bolt。它保证拥有相同字段组合的值集发送给同一个 Bolt。在下一节的单词计数器的例子中，这个字段数据流分组只会把相同单词的元组发送给同一个 Bolt 实例。

- All Grouping：全部数据流组，为每个接收数据的实例复制一份元组副本。这种分组方式用于向 Bolt 发送信号。例如，若要刷新缓存，则可以向所有的 Bolt 发送一个刷新缓存的信号。
- Global Grouping：全局数据流组，把所有数据源创建的元组发送给单一目标实例。
- None Grouping：不分组。
- Direct Grouping：直接数据流组，这是一个特殊的数据流组，数据源可以用它决定哪个组件接收元组。例如，数据源将根据单词首字母决定由哪个 Bolt 接收元组。

7.4.2 Spout

我们以一个实例的例子来解释 Storm 的各个组件。这个程序是创建一个简单的拓扑结构，用于计算单词数量。Spout 的代码如下：

```
public class WordReader implements IRichSpout {
    private SpoutOutputCollector collector;
    private FileReader fileReader;
    private boolean completed = false;
    private TopologyContext context;
    public boolean isDistributed() {return false;}
    public void ack(Object msgId) {System.out.println("OK:"+msgId); }
    public void close() {}
    public void fail(Object msgId) { System.out.println("FAIL:"+msgId);}

    //创建一个读文件对象，并维持一个 collector 对象
    //这是第一个被调用的 Spout 方法，它接收如下参数：配置对象，在定义拓扑结构对象时创建；
    //TopologyContext 对象，包含所有拓扑结构的数据；SpoutOutputCollector 对象，
    //用于给 Bolts 提供要处理的数据。
    public void open(Map conf, TopologyContext context, SpoutOutputCollector
collector) {
        try {
            this.context = context;
            this.fileReader = new FileReader(conf.get("wordsFile")
.toString());//读取文件
        } catch (FileNotFoundException e) {
            throw new RuntimeException("Error reading file
["+conf.get("wordFile")+"]");
        }
        this.collector = collector;
    }

    //这个方法是读取文件并逐行发送数据，通过这个方法向 Bolts 发送待处理的数据。
    //这个方法会不断地被调用，直到整个文件都读完了。
    public void nextTuple() {
        //nextTuple()会被 ack()和 fail()周期性地调用。没有任务时它必须释放对线程的控
        //制，其他方法才有机会得以执行。因此 nextTuple 的第一行就要检查是否已处理完成。
        //如果完成，则文件中的每一行都已被读出并分发了。
        if(completed){
            try {
```

```
            Thread.sleep(1000);// 如果完成，会休眠一毫秒，以降低处理器负载
        } catch (InterruptedException e) {
            //什么也不做
        }
        return;
    }
    String str;
    //创建 reader
    BufferedReader reader = new BufferedReader(fileReader);
        try{
            //读所有文本行
            while((str = reader.readLine()) != null){
                //按行发送一个新值
                this.collector.emit(new Values(str),str);
            }
        }catch(Exception e){
            throw new RuntimeException("Error reading tuple",e);
        }finally{
            completed = true;
        }
    }

    //声明输入字段"word"
    public void declareOutputFields(OutputFieldsDeclarer declarer) {
            declarer.declare(new Fields("line"));
    }
}
```

Spout 是输入流模块，读取原始数据，为 Bolt 提供数据。Spout 最终会发送一个流（Stream），就是文件中的一行。上面代码中的注解详细解释了每个方法的作用和用法。

7.4.3　Bolt

现在我们有了一个 Spout，用来按行读取文件并按照每行发布一个元组。我们还要创建两个 Bolt，第一个 Bolt 用来标准化单词，第二个 Bolt 为单词计数。Bolt 最重要的方法是 void execute（Tuple input），每次接收到元组时都会被调用一次，还会再发送若干个元组。

第一个 Bolt，WordNormalizer，负责接收并标准化每行文本。它把文本行切分成单词，大写转化成小写，去掉头尾空白符。代码如下：

```
public class WordNormalizer implements IRichBolt{
    private OutputCollector collector;
    public void cleanup(){}

    //处理传入的元组：Bolt 从单词文件接收到文本行，并标准化它。
    //文本行会全部转化成小写，并切分它，从中得到所有单词。
    public void execute(Tuple input){
        String sentence = input.getString(0); //从元组读取值
```

```
            String[] words = sentence.split(" ");
            for(String word : words){
                word = word.trim();
                if(!word.isEmpty()){
                    word=word.toLowerCase();
                    //发送这个单词
                    List a = new ArrayList();
                    a.add(input);
                    collector.emit(a,new Values(word));
                }
            }
            //每次都调用 collector 对象的 ack()方法确认已成功处理了一个元组
            collector.ack(input);
        }
        public void prepare(Map stormConf, TopologyContext context, OutputCollector
collector) {
            this.collector=collector;
        }

        //声明 Bolt 只会发送一个名为“word”的字段
        public void declareOutputFields(OutputFieldsDeclarer declarer) {
            declarer.declare(new Fields("word"));
        }
    }
```

上面这个代码是在一次 execute 调用中发布多个元组。如果这个方法在一次调用中接收到句子“This is Samuel Yang in San Jose”，它将会发送 7 个元组。

下一个 Bolt，WordCounter，负责为单词计数。当拓扑结构结束时（cleanup()方法被调用），它将显示每个单词的数量。这个例子的 Bolt 什么也没发送，它把数据保存在 map 里，但是在真实的场景中可以把数据保存到数据库中：

```
    public class WordCounter implements IRichBolt{
        Integer id;
        String name;
        Map<String,Integer> counters;
        private OutputCollector collector;
    //拓扑结构结束时（集群关闭的时候），显示单词数量
    //通常情况下，当拓扑结构关闭时，应当关闭活动的连接和其他资源
        public void cleanup(){
            System.out.println("-- 单词数 【"+name+"-"+id+"】 --");
            for(Map.Entry<String,Integer> entry : counters.entrySet()){
                System.out.println(entry.getKey()+": "+entry.getValue());
            }
        }

        //使用一个 map 收集单词并计数
        public void execute(Tuple input) {
```

```
            String str=input.getString(0);
            //如果单词尚不存在于map，就创建一个，如果已在，就为它加1
            if(!counters.containsKey(str)){
                conters.put(str,1);
            }else{
                Integer c = counters.get(str) + 1;
                counters.put(str,c);
            }
            //把元组作为应答
            collector.ack(input);
        }

        //初始化
        public void prepare(Map stormConf, TopologyContext context, OutputCollector
collector){
            this.counters = new HashMap<String, Integer>();
            this.collector = collector;
            this.name = context.getThisComponentId();
            this.id = context.getThisTaskId();
        }

        public void declareOutputFields(OutputFieldsDeclarer declarer) {}
    }
```

从上面的例子看出，Bolt是这样一种组件，它把元组作为输入，然后产生新的元组作为输出。Bolts拥有如下方法：

```
    //为Bolt声明输出模式
    declareOutputFields(OutputFieldsDeclarer declarer)
    //仅在Bolt开始处理元组之前调用
    prepare(java.util.Map stormConf, TopologyContext context, OutputCollector
collector)
    //处理输入的单个元组
    execute(Tuple input)
    //在Bolt即将关闭时调用
    cleanup()
```

7.4.4　拓扑结构

拓扑结构（Topology）是Storm的一个任务单元。下面我们在主类中创建这个拓扑结构和一个本地集群对象。我们要用一个Spout读取文本，第一个Bolt用来标准化单词，第二个Bolt为单词计数。这个拓扑结构决定Storm如何安排各个节点以及它们交换数据的方式。为了便于在本地测试和调试，LocalCluster可以通过Config对象尝试不同的集群配置：

```
    public class TopologyMain {
        public static void main(String[] args) throws InterruptedException {
            //创建一个拓扑
            TopologyBuilder builder = new TopologyBuilder());
            builder.setSpout("word-reader", new WordReader());
```

```
        //在 Spout 和 Bolt 之间通过 shuffleGrouping 方法连接
        //这种分组方式决定了 Storm 会以随机分配方式从源节点向目标节点发送消息
        builder.setBolt("word-normalizer", new WordNormalizer()). shuffleGrouping
("word-reader");
        builder.setBolt("word-counter", new WordCounter(),2). fieldsGrouping
("word-normalizer", new Fields("word"));
        //创建一个包含拓扑结构配置的 Config 对象，它会在运行时与集群配置合并
        //并通过 prepare 方法发送给所有节点
        Config conf = new Config();
        conf.put("wordsFile", args[0]);
        //由 Spout 读取的文件的文件名，赋值给 wordFile 属性
        //在开发阶段，可设置 debug 属性为 true，Storm 会打印节点间交换的所有消息，
        //以及其他有助于理解拓扑结构运行方式的调试数据
        conf.setDebug(false);

        //运行拓扑结构
        conf.put(Config.TOPOLOGY_MAX_SPOUT_PENDING, 1);
        LocalCluster cluster = new LocalCluster();
         cluster.submitTopology("Getting-Started-Topologie", conf,
builder.createTopology();
         Thread.sleep(1000);
         cluster.shutdown();
    }
}
```

在生产环境中，拓扑结构会持续运行。对于上面这个例子而言，只要运行它几秒钟就能看到结果。最后几行代码是调用 createTopology 和 submitTopology，运行拓扑结构，休眠一秒钟（拓扑结构在另外的线程运行），然后关闭集群。

在上面这个例子中，每类节点只有一个实例。但是，如果有一个非常大的文件呢？就能够很轻松地改变系统中的节点数量实现并行工作。这个时候，就要创建两个 WordCounter 实例：

```
builder.setBolt("word-counter", new WordCounter(),2).shuffleGrouping
("word-normalizer");
```

每个实例都会运行在单独的机器上。当调用 shuffleGrouping 时，就决定了 Storm 会以随机分配的方式向 Bolt 实例发送消息。在上面这个例子中，理想的做法是相同的单词发送给同一个 WordCounter 实例。只要把 shuffleGrouping("word-normalizer") 转换成 fieldsGrouping("word-normalizer", new Fields("word"))就能达到目的。

7.4.5 Storm 总结

在 Storm 集群中，有两类节点：主节点（Master Node）和工作节点（Worker Node）。主节点运行着一个名为 Nimbus 的守护进程。这个守护进程负责在集群中分发代码，为工作节点分配任务，并监控故障。Supervisor 守护进程作为拓扑结构的一部分运行在工作节点上。一个 Storm 拓扑结构在不同的机器上运行着众多的工作节点。

Storm 生态系统的一大优势在于其拥有丰富的流类型组合，足够从任何类型的来源处获取数

据。Storm 适配器的存在使其能够轻松与 HDFS 文件系统进行集成，可以与 Hadoop 实现互操作。Storm 的另一大优势在于它对多语言编程方式的支持能力。尽管 Storm 本身基于 Clojure 且运行在 JVM 之上，其输入 Spout 与 Bolt 仍然能够通过几乎所有语言进行编写。

总之，Storm 是一套极具扩展能力、快速且具备容错能力的开源分布式计算系统，其高度专注于流处理领域。Storm 在事件处理与增量计算方面表现突出，能够以实时方式根据不断变化的参数对数据流进行处理。尽管 Storm 同时提供原语以实现通用性分布 RPC，并在理论上能够被用于任何分布式计算任务的组成部分，但其最为根本的优势仍然表现在事件流处理方面。

Storm 有着非常快的处理速度，单节点可以达到每秒百万个元组，此外它还具有高扩展、容错、保证数据处理等特性。实时数据处理的应用场景很广泛，例如商品推荐，广告投放等，它能根据当前情景上下文（用户偏好、地理位置、已发生的查询和点击等）来估计用户点击的可能性并实时做出调整。

7.5 Amazon Kinesis

除了上述开源的 Kafka 和 Storm，也可以使用 Amazon 的 Kinesis 作为流处理框架。它可以实时接收、缓冲和处理流数据，它可以处理来自几十万个来源的任意数量的流数据，延迟非常低。它提供了以下几个功能模块：

- Kinesis Video Streams：它能捕获、处理和存储视频流，即：将视频从互联设备流式传输到 AWS，用于分析、机器学习 (ML) 和其他处理。
- Kinesis Data Streams：它能捕获、处理和存储数据流，是一种可扩展且耐用的实时数据流服务，它可以从成千上万个来源中以每秒数 GB 的速度持续捕获数据。
- Kinesis Data Firehose：它将数据流加载到 AWS 数据存储中。
- Kinesis Data Analytics：它使用 SQL 或 Java 分析数据流。

如图 7-10 所示，我们可以使用 Amazon Kinesis 接收来自 IoT 设备的流数据。然后使用 Kinesis Data Analytics、EMR（Hadoop）等工具处理和分析流数据。例如，我们在传感器超过特定运行阈值时发送实时提醒或进行其他操作，端到端延迟只有几毫秒，这可以帮助客户迅速做出反应。

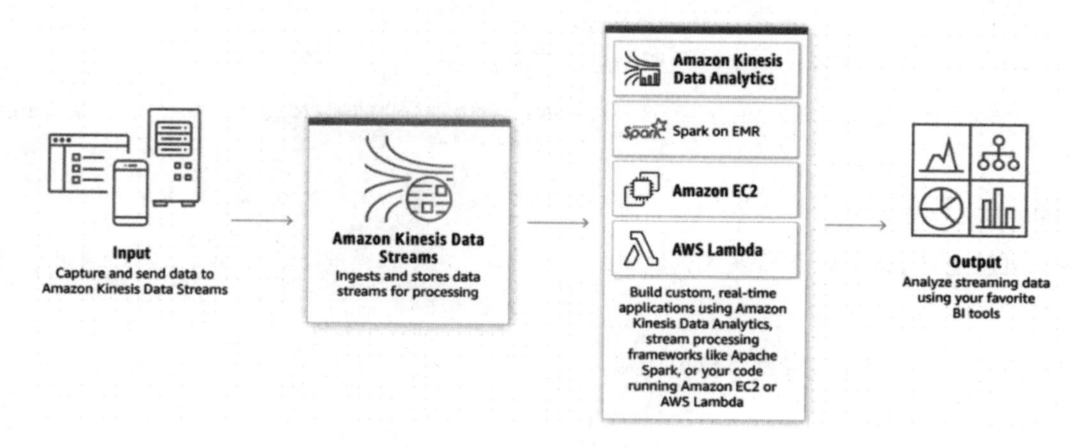

图 7-10　Kinesis 工作框架

Amazon Kinesis 是一个完全托管的云端流处理应用系统。关于更多的内容，读者可参考 AWS 网站。

7.6 其他工具

在本节，我们再介绍几个实用的开源大数据采集工具。

7.6.1 Embulk

Embulk 是一个通用的数据抽取框架，主要使用 Java 和 Ruby 开发，它主要用于异构数据库、文件存储以及云服务之间的数据传输工具。简单来说，它提供了丰富的输入和输出插件（Plugin）。Embulk 使用 Yaml 进行配置。

我们只需要创建一个简单的 yml 文件（seed.yml），指定输入数据源和输出的配置信息，随后即可启动 Embulk 来完成数据传输。例如从 MySQL 到 s3 的 seed.yml：

```
in:
    type: mysql
    host: localhost
    port: 3306
    user: username
    password: password
    database: mysql_db
    table: my_table
    select: "col1, col2, datecolumn"
    where: "col4 != 'a'"
out:
    type: s3
    path_prefix: db/out
    file_ext: .csv
    bucket: my-s3-bucket
    endpoint: s3-us-west-1.amazonaws.com
    access_key_id: ABCXYZ123ABCXYZ123
    secret_access_key: AbCxYz123aBcXyZ123
```

然后，执行下面的 embulk guess 命令。这个命令会猜测列的类型和设置，并据此生成 load.yml 文件：

```
embulk guess seed.yml -o load.yml
```

我们可以通过 preview 选项来预览数据：

```
embulk preview load.yml
```

最后执行 run 选项来执行这个数据传输：

```
embulk run load.yml
```

如图 7-11 所示，Embulk 具有如下特点：

- Embulk是一个并行的批量数据加载器（Bulk Data Loader），支持并行分布式执行。
- 支持不同的存储、数据库、NoSQL和云服务之间的数据传输。
- Embulk支持事务控制，保证数据All或Nothing。
- 支持错误恢复机制和数据质量的校验。
- 自动的输入文件格式匹配。
- 丰富的插件。

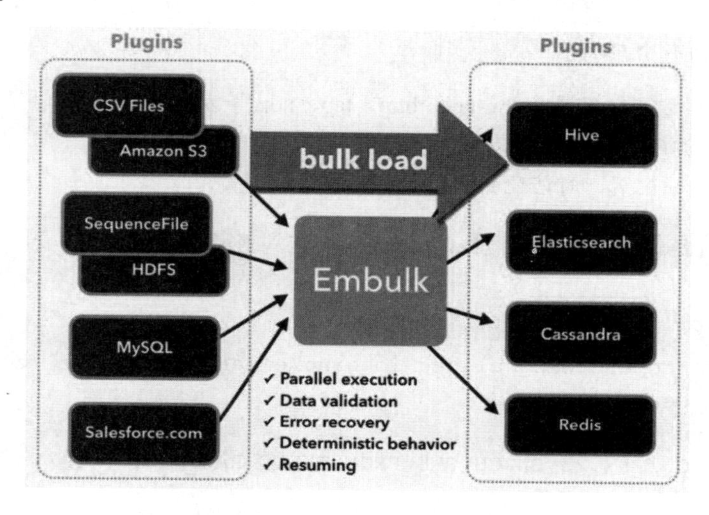

图7-11　Embulk功能图

关于Embulk的更多介绍，可参考https://www.embulk.org/docs/。

7.6.2　Fluentd

如图7-12所示，Fluentd是一个开源的日志数据收集器。Fluentd是云端原生计算基金会（CNCF）的成员项目之一，遵循Apache 2 License协议。它具有以下特点：

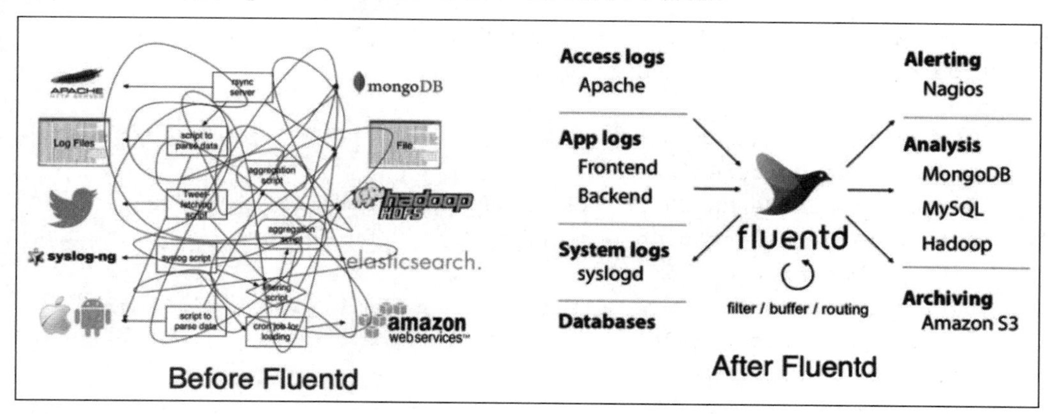

图7-12　Fluentd使用前后之比较

- 使用JSON进行统一日志记录：Fluentd尝试尽可能地将数据结构化为JSON，这允许Fluentd统一处理日志数据的收集、过滤、缓冲和跨多个源和目标（统一日志层）输出日志。使用JSON可以更轻松地进行下游数据处理，因为它具有足够的结构，可以在保留灵活模式的同时进行访问。

- 可插拔架构：Fluentd 拥有灵活的插件系统，允许社区扩展其功能。目前有 500 多个插件，可以连接众多的数据源和数据输出。
- 所需的资源较少：Fluentd 是用 C 语言和 Ruby 组合编写的，只需要很少的系统资源。Vanilla 实例运行 30~40MB 内存，可处理 13,000 个事件/秒/核心。
- 内置可靠性：Fluentd 支持基于内存和文件的缓冲，以防止节点间数据丢失。Fluentd 还支持强大的故障转移功能，可以设置为高可用性。

Fluentd 配置分为三个部分：

- Source：数据源配置，可接受 log-tail、http、tcp、udp 等方式数据。
- Filter：数据过滤配置，对匹配的 tag 进行过滤。
- Match：数据输出配置，对匹配的 tag 进行输出设置。

下面这个例子就是使用 Fluentd 把日志流数据发送到 Kafka 中：

```
<source>
   @type tail
   path /fluentdpath/centralized-logging/clean.prometheus_remote_write.txt
   read_from_head true
   format json
   tag NA_MW_C01_87723_PL_CB_PRE_PROMETHEUS_RAW_0007
</source>
<filter broker_sre.access>
   type record_transformer
   enable_ruby true
   <record>
     fluent_time ${ require 'time'; Time.now.utc.iso8601(3) }
     hostname ${hostname}
   </record>
</filter>
<match NA_MW_C01_87723_PL_CB_PRE_PROMETHEUS_RAW_0007>
   @type copy
   <store>
     @id out_8
     @type kafka_buffered2
     default_topic NA_MW_C01_87723_PL_CB_PRE_PROMETHEUS_RAW_0007
     buffer_path /fluentdpath/ppa_buffer/tier2_buffer/out_dev_prometheus
     buffer_type file
     buffer_chunk_limit 10m
     buffer_queue_limit 1024
     compression_codec gzip
     num_threads 50
     flush_interval 1s
     required_acks 1
     brokers brokerlist
     retry_limit 10
     retry_wait 1
```

```
      max_send_retries 20
      slow_flush_log_threshold 80
      service_name kafka_confluent
      ssl_ca_cert XXXXX
      ssl_client_cert XXXXX
      ssl_client_cert_key XXXXX
      ssl_client_cert_key_password XXXXX
      principal XXXXX
      keytab XXXXX
      rdkafka_buffering_max_ms 5000
      rdkafka_message_max_num 1000000
      rdkafka_message_max_bytes 10000000
      rdkafka_buffering_max_messages 10000000
    </store>
</match>
```

关于 Fluentd 的更多内容，可参考 https://www.fluentd.org/architecture。

第 8 章

大数据安全管控

简单来说，基于云的大数据系统的安全分成两大块：云平台本身的安全、大数据平台和大数据应用系统的安全。云平台提供商（如 AWS）负责以下设施的安全性：

- 数据中心：普通设施、全天候安保、双重身份验证、访问日志记录和审查、视频监控以及磁盘消磁与销毁等。
- 硬件基础设施：服务器、存储设备和其他设备的安全性。
- 软件基础设施：主机操作系统、服务应用程序和虚拟化软件的安全性。
- 网络基础设施：路由器、交换机、负载均衡器、防火墙、布线等的安全性，包括入侵检测、外部边界、安全访问点和冗余基础设施的持续网络监控。

大数据平台和大数据应用系统的安全性包括：

- 账户管理，包括安全组，密码。
- 权限管理，包括基于角色的访问。
- 访问隔离。
- 数据隐私。

8.1 数据主权和合规性

在讲解数据安全之前，首先简单讨论一下数据主权和合规性，这是因为云端大数据系统可以构建在地球的各个角落，所以数据主权和合规性要求就显得很有必要。例如，2018 年 5 月 25 日欧洲联盟出台《通用数据保护条例》（General Data Protection Regulation，简称 GDPR），目的在于遏制个人信息被滥用，保护个人隐私。一些法律规定，如果你在某个国家或地区范围内经营数据业务，则不能在其他地方存储这些数据，也就是说，客户数据可能不允许存储在国外，你需要满足监管要求。数据合规性要求对数据存储方式和位置有着严格的准则，在选择云平台的区域时，需要考虑到所有这些要求。有些监管和合规性标准可能会要求实现工作负载隔离，尤其是多租户模式。

在满足数据主权和合规性要求的前提下，邻近度是选择区域时需要考虑的因素。虽然使用最近地区和使用最远地区的延迟差异相对较小，但是即使微小的延迟差异也有可能会影响客户体验。还应注意的是，有些云平台在不同区域提供不同的服务，虽然可以跨区域使用不同的服务，但延迟会增加。

8.2 云端安全

云中的资源环境是同云平台上的其他客户物理共享的，大多数时候通过互联网访问，那么，怎么做到云端安全呢？

8.2.1 身份验证和访问权限

和传统的系统类似，在云端也需要集中管理身份验证和对云端资源的访问权限，这包括创建用户、组、角色，并制定策略以控制对云端资源的访问和操作。这些云端资源包括虚拟机（例如停止 EC2 实例）、云存储上的数据对象，等等。

以 AWS 为例，AWS Identity and Access Management（IAM）是一项控制用户对 AWS 资源的访问权限的 Web 服务。我们可以使用 IAM 来控制哪些人可以使用我们的 AWS 资源（身份验证）以及他们可以使用的资源类型和使用方式（授权）。AWS IAM 是一种工具，用于集中管理启动、配置、管理和终止资源的权限。该工具能够对访问权限进行精细的控制，不仅针对资源，而且还可以确定针对每种服务真正能够执行的 API 调用。

根据与 AWS 交互的方式，我们使用不同类型的安全凭证。例如，要登录 AWS 管理控制台，则需要用户名和密码；要以代码或 CLI 的方式调用操作，则需要密钥。下面表 8-1 总结了不同类型的 AWS 安全凭证以及每个凭证的可能使用情景。

表 8-1 AWS 安全凭证及其可能的使用情景

安全凭证类型	说　明
电子邮件地址和密码	与 AWS 账户（根）相关联
IAM 用户名称和密码	用于访问 AWS 管理控制台
访问密钥	通常用于 CLI 和 API 调用中
多重验证（MFA）	多增加了一层安全防护，可为根账号和 IAM 用户启用； 例如，使用 Duo Mobile 实现双重验证
密钥对	针对 EC2 等特定的 AWS 产品

在 AWS 中，账号分为根账号和 IAM 账号。AWS 根账号对账号中的所有资源具有完全访问权限。因此，AWS 强烈建议在与 AWS 的操作过程中，不使用根账号，而是使用 IAM 创建其他用户账号，并向这些用户账号分配最小权限。如图 8-1 所示，利用 IAM，我们就可以在账号中控制用户对 AWS 产品和资源的访问权限。例如，如果需要管理员级权限，则可以创建 IAM 用户，为该用户授予完全访问权限，然后使用这个账号与 AWS 交互。如果以后需要撤销或修改权限，则可以删除或修改与该 IAM 用户相关联的任何策略。当多个用户要求访问，则可以为每个用户创建唯一的账号并定义该账号可访问的资源。另外，也可为应用程序创建一个 IAM 用户。

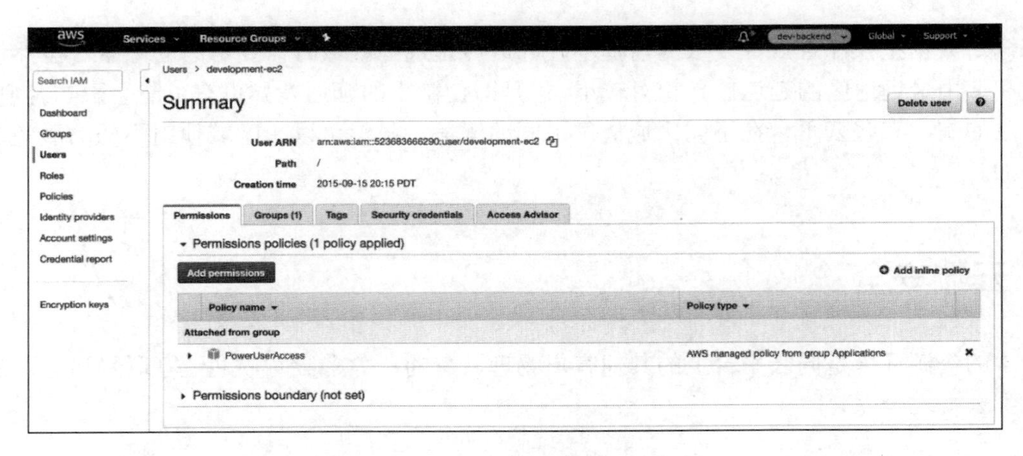

图 8-1　IAM 账号

IAM 权限决定允许使用的资源和操作。IAM 策略被存储为 JSON 格式，它明确列出权限，从而实现精细访问控制，如图 8-2 所示。在默认情况下，所有权限均被隐式拒绝。当然，我们可以显式拒绝权限。IAM 策略是一个或多个权限的正式声明。我们可以将策略应用到一个或多个 IAM 实体：用户、组、角色和资源。例如，我们可以把某个策略应用到一个 AWS 资源，从而限制某个 IP 地址范围之外的所有请求。一个实体也可能附加多个策略。当同一个策略应用到多个 IAM 用户时，将这些用户分为一组，然后将策略应用到该组即可，如图 8-3 所示。

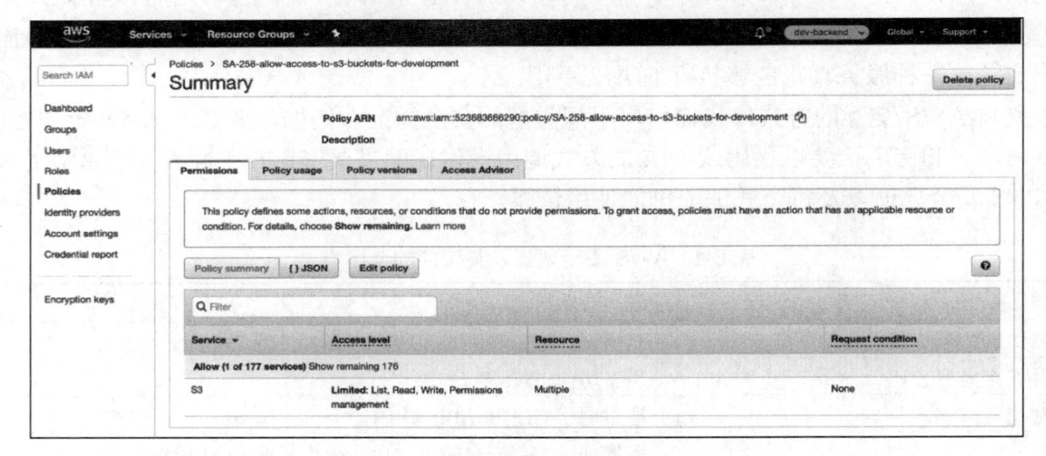

图 8-2　IAM 策略

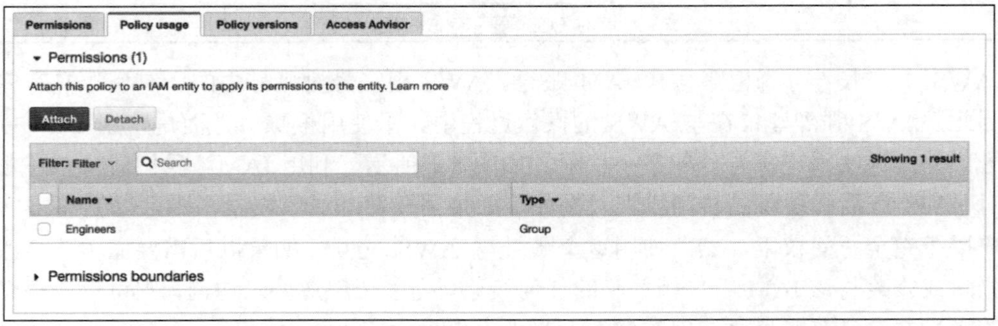

Permissions | Policy usage | Policy versions | Access Advisor

Permissions (1)

Attach this policy to an IAM entity to apply its permissions to the entity. Learn more

Attach　Detach

Filter: Filter　Search　Showing 1 result

Name	Type
Engineers	Group

Permissions boundaries

图 8-3　组和 IAM 策略

单击图 8-2 中的“{}JSON”按钮，就会显示出 JSON 格式的策略内容，如图 8-4 所示。

Policy summary　{} JSON　Edit policy

```
{
    "Version": "2012-10-17",
    "Statement": [
        {
            "Sid": "Stmt20160301145713",
            "Effect": "Allow",
            "Action": [
                "s3:DeleteObject",
                "s3:GetBucketLocation",
                "s3:GetObject",
                "s3:ListAllMyBuckets",
                "s3:ListBucket",
                "s3:PutObject",
                "s3:PutObjectAcl"
            ],
            "Resource": [
                "arn:aws:s3:::digdag-beta-docs/*",
                "arn:aws:s3:::digdag-beta-docs",
                "arn:aws:s3:::digdag-beta-release/*",
                "arn:aws:s3:::digdag-beta-release",
```

图 8-4　IAM 策略示例

图 8-4 中“Allow”就是授权的意思，“Resource”下面就是授权用户可访问的资源。在例子中，是 S3 的存储桶及其包含的对象。另外，除了授权（Effect: "Allow"）之外，还可以包含显式拒绝（Effect: "Deny"）元素。显式拒绝语句优先于授权语句，如果该策略中包含显式拒绝，那么，即使在其他策略中已经授权的情况下，用户也不能使用此策略中拒绝的资源。

8.2.2　角色

在 AWS 上，虽然每个开发/运维人员都有一个账号登录 AWS，但是一个常规的做法是以自己的 IAM 账号登录，然后切换到一个账号和 IAM 角色（Role）上进行操作，如图 8-5 所示。在笔者所在的公司，我们设置了后台角色、测试角色、客户支持角色等等。角色就是定义了一组资源访问权限，但这些权限并不直接附加到 IAM 用户或组上。而是在运行时，用户或应用程序担任这个角色，退出时交还这些权限。这样有助于防止对敏感资源进行意外访问或修改。

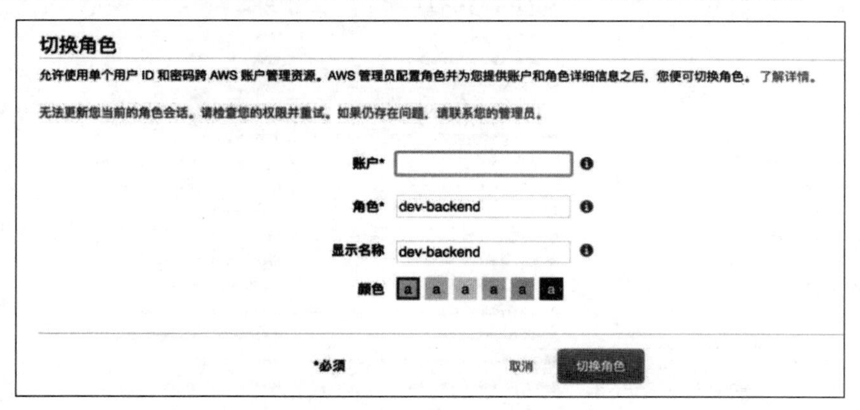

图 8-5　切换账户和角色

如图 8-6 所示，一个角色包含了 Permissions、Trust relationships、Access Advisor 等。Trust relationships 规定允许担任该角色的实体，如图 8-7 所示。Access Advisor 定义允许访问的操作和资源，如图 8-8 所示。

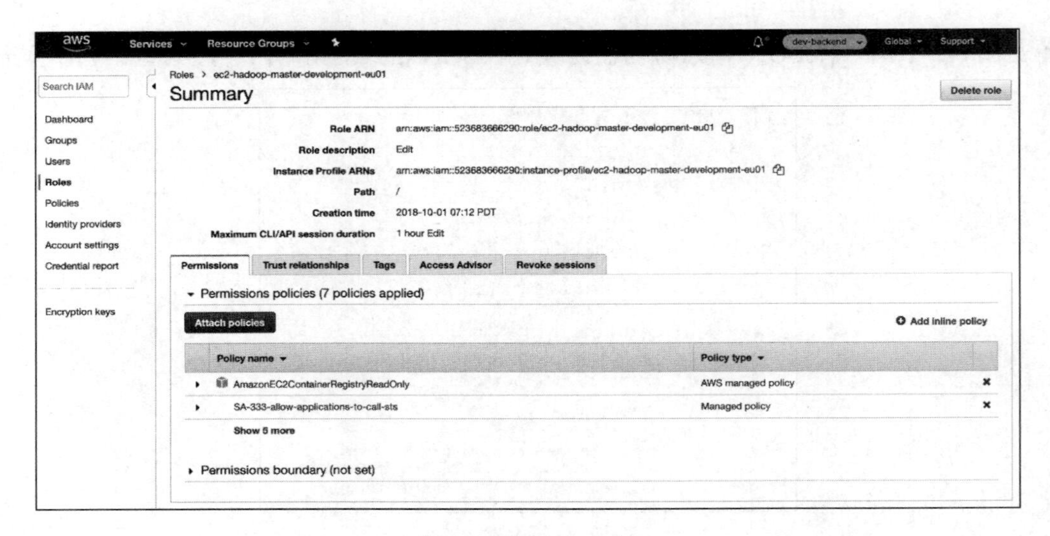

图 8-6　角色（Role）

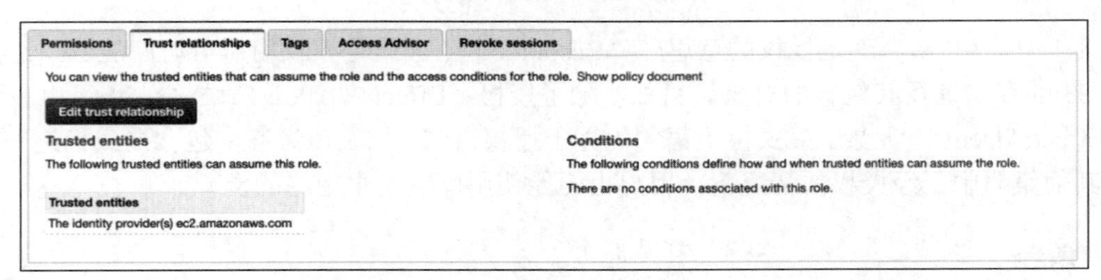

图 8-7　信任关系

Permissions | Trust relationships | Tags | Access Advisor | Revoke sessions

Access advisor shows the service permissions granted to this role and when those services were last accessed. You can use this information to revise your policies. Learn more

Note: Recent activity usually appears within 4 hours. Data is stored for a maximum of 365 days, depending when your region began supporting this feature. Learn more

Filter: No filter ▾ Search　　Showing 15 results

Service Name	Policies Granting Permissions	Last Accessed
AWS Systems Manager	SA-2965-operate-client-policy	Today
Amazon Message Delivery Service	SA-2965-operate-client-policy	Today
Amazon EC2 Auto Scaling	SA-2965-operate-client-policy and 1 more	Today
Amazon EC2	SA-2965-operate-client-policy and 1 more	Today
Amazon S3	SA-2965-operate-client-policy and 1 more	3 days ago
AWS Certificate Manager	SA-2965-operate-client-policy	Not accessed in the tracking period
Amazon CloudWatch	SA-2965-operate-client-policy	Not accessed in the tracking period
AWS Directory Service	SA-2965-operate-client-policy	Not accessed in the tracking period
Amazon Elastic Container Registry	AmazonEC2ContainerRegistryReadOnly	Not accessed in the tracking period
Elastic Load Balancing	SA-2965-operate-client-policy	Not accessed in the tracking period
Amazon CloudWatch Logs	SA-2965-operate-client-policy	Not accessed in the tracking period
Amazon Route 53	SA-2965-operate-client-policy	Not accessed in the tracking period
Amazon SNS	AmazonSNSFullAccess	Not accessed in the tracking period
AWS Security Token Service	SA-333-allow-applications-to-call-sts and 1 more	Not accessed in the tracking period
Amazon Resource Group Tagging API	SA-2965-operate-client-policy	Not accessed in the tracking period

图 8-8　可访问的操作

8.2.3　虚拟网络

云平台公司一般在其云中为客户提供虚拟网络，该虚拟网络与其他虚拟网络在逻辑上隔离，一个客户的计算（虚拟机）和云存储等各类云资源都会在其自身的虚拟网络中启动。这个虚拟网络的以下功能是可配置的：

- IP 范围
- 路由
- 网络网关
- 安全设置

以 AWS 为例，AWS 的 VPC（Virtual Private Cloud，虚拟云）就是一个虚拟网络。AWS EC2 等资源就在 VPC 中启动和运行，每个 VPC 都位于一个区域（Region）内，它可以包含多个可用区（AZ）中的资源。客户可以创建多个 VPC，例如开发 VPC、测试 VPC 和生产系统 VPC。

VPC 一般包括多个子网。我们应该根据对 Internet 的访问情况来组织子网，而不是根据应用程序或功能层（Web/应用/数据/等）来定义子网。这样就可以让我们在公共资源和私有资源之间定义清晰的子网级隔离。所以，子网是用来定义对 Internet 的可访问性的。简单来说，所有需要直接访问 Internet 的资源都将进入公有子网，而所有其他实例都进入私有子网，公有子网来控制对 Internet 访问和来自 Internet 的访问。各个子网的大小取决于我们预估的各个子网内的主机数量，以及未来的增长空间。总之，VPC 中的路由表包含一系列称为“路由”的规则，用于确定网络流量的导向规则。

8.2.4 安全组

云安全涉及的领域非常广泛，本节讲述最常使用的安全组（Security Group）。虽然 VPC 的子网在资源之间提供一个基本的隔离元素，但安全组可以在资源之间提供更精细的流量控制。如图 8-9 所示，通过 AWS 构建了三层体系架构，分别是 Web、Application 和 Database。每层都可以设置一个安全组，类似于为每个虚拟机设置防火墙。Web 层接收外部的 HTTP/HTTPS 请求（80 端口和 443 端口），Application 层只接收来自 Web 层的请求，而 Database 层只接收来自 Application 层的请求。从公司网络通过 SSH 访问所有的虚拟机。图 8-10 显示了同 Hadoop 有关的安全组应用实例。安全组可用来控制进出 EC2 实例的流量。

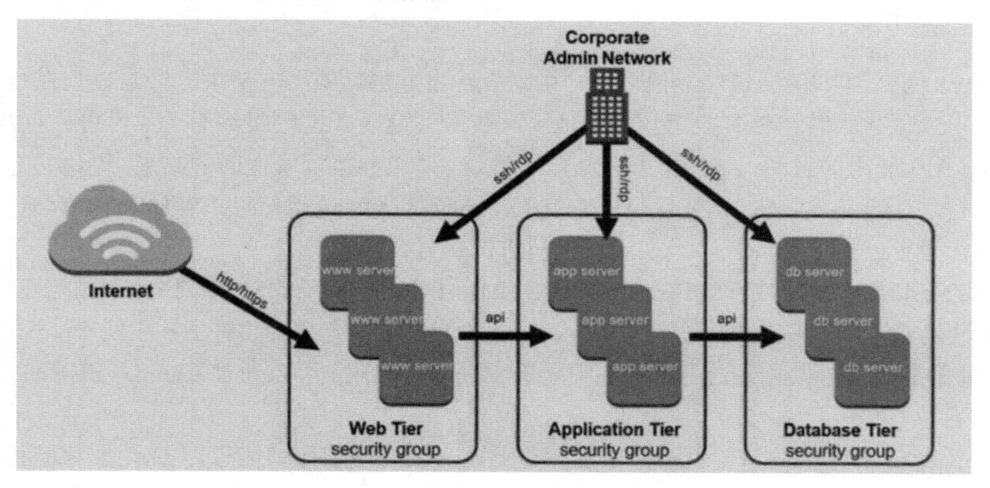

图 8-9 安全组

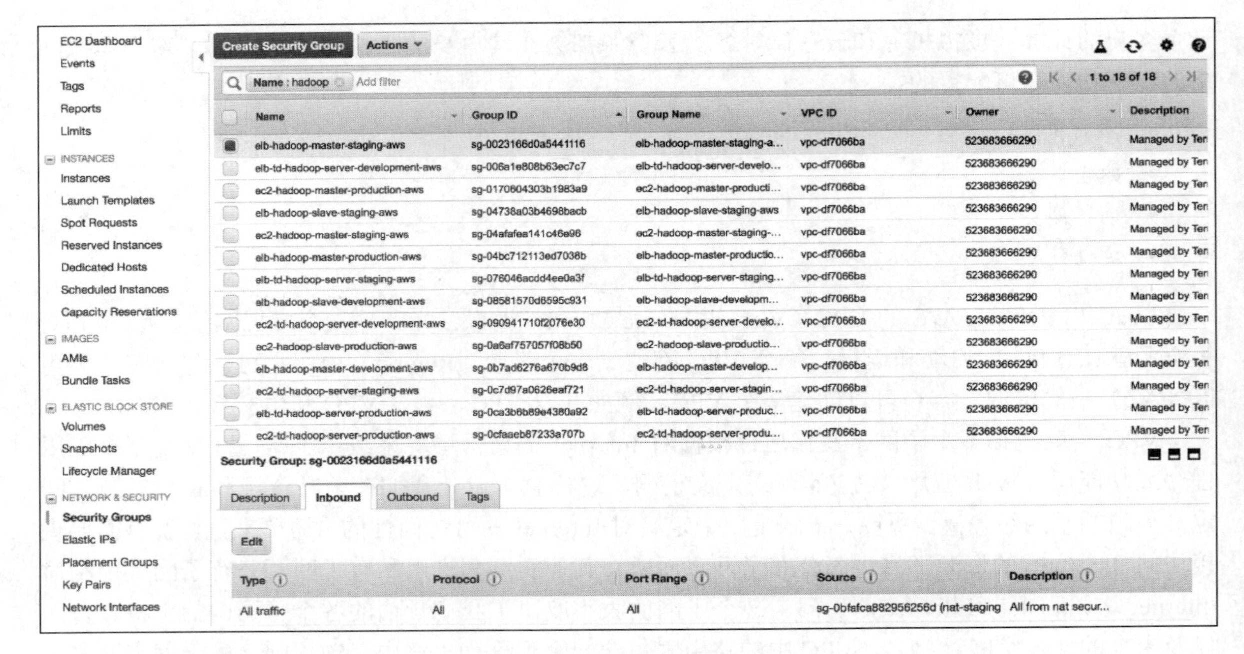

图 8-10 安全组应用实例

8.3 云端监控

云端监控包括：

- 安全分析：将云端访问日志文件用作日志管理和分析的输入数据，以执行安全分析并检测用户的行为模式。
- 跟踪云端资源的变更：快速识别云端资源最近有哪些变更，确定变更责任方。
- 合规性检查和审计：确保云端资源的管理与使用符合相关规则和监管标准。

8.3.1 跟踪和审计

以 AWS 为例，它的 CloudTrail 记录账户中对资源发起的所有 API 请求，类似日志。在 CloudTrail 上，我们可以创建跟踪，将其应用到指定地区，或所有地区。这些跟踪信息（日志）包括 API 调用者身份、API 调用的时间、API 调用者的源 IP 地址、请求参数以及返回的结果。无论是通过 AWS 管理控制台，还是 AWS CLI，还是 AWS SDK，它们的 API 调用信息都存储于 S3 存储桶内。在该存储桶上设置严格的访问权限来控制访问日志的账号。

CloudTrail 跟踪 EC2 实例、EBS 卷、VPC 安全组等云端资源的创建、修改和删除操作。快速识别云端资源最近有哪些变更，与 AWS Config 配合使用，确定变更责任方。在默认情况下，AWS CloudTrail 为所有账号启用，无需在服务中配置跟踪即可使用。可以通过 CloudTrail 事件历史记录查看、搜索和下载账户活动。

AWS Config 提供与 AWS 资源相关的所有配置变更的连续详细信息，包括：AWS 资源清单、配置历史记录和配置变更通知。这些功能可支持合规性审计、安全分析、资源变更跟踪以及故障排除。Amazon Simple Notification Service（SNS）可发出每个配置变更的通知。例如，把 AWS Config 和 AWS CloudTrail 事件关联起来，从而确定“谁进行的更改？”和“从哪个 IP 地址发起？”等详细信息，让我们全面了解出现变更的原因。另外，我们也可以使用诸如 Splunk 等日志分析工具来分析日志。

在业界，有一些权威的审计报告。例如，服务性机构控制体系鉴证（SOC，System and Organization Controls）报告是基于美国注册会计师协会（AICPA）制定的服务性组织控制框架（SOC）服务审计报告。此框架是用于保护云中存储和处理信息的保密性和隐私性的标准，与国际鉴证业务准则（ISAE）相一致。基于 SOC 框架的服务审计分为两类：SOC 1 和 SOC 2，由独立的第三方审计机构根据适用的标准进行审计评估，继而给出意见报告。“SOC 审计”可以较为充分证明企业内部控制设计的合理性和实施的有效性。作为一项相当严苛的内控审计，已被众多的机构和企业所认可。被评估、审计的组织在内控及安全各方面的控制活动必须设计合理且严格有效地实施，才能够符合审计标准。

8.3.2 监控

在实际工作中，我们需要知道实际使用了多少云资源？我们的应用程序的性能或可用性是否缺乏足够的资源而变得缓慢或有时不响应？这就需要我们持续监控云资源，收集监控数据并将其处理为可读的近实时指标。根据指标发送通知并触发一些自动化操作。

以 AWS 为例，Amazon CloudWatch 可用于监控 AWS 服务。它可以监控系统的运行状况，报告负载以及许多其他指标的变化。例如，CloudWatch 检测到整个服务器群中的总负载已经达到了预先指定的负载阈值，这可以是“CPU 使用率在 85%以上的时间超过了 30 分钟”，或是与资源使用相关的任何情况（如数据库并发连接数在 1 分钟之内超过了指定的个数）。借助 CloudWatch，你可以自定义指标，指定触发后的操作。例如，发送类似如下的电子邮件：

```
    You are receiving this email because your Amazon CloudWatch Alarm
"rds-api-production-too-many-connections" in the US East (N. Virginia) region has
entered the ALARM state, because "Threshold Crossed: 5 datapoints were greater than
or equal to the threshold (3250.0). The most recent datapoints which crossed the
threshold: [3497.0 (22/05/19 04:44:00), 3494.0 (22/05/19 04:43:00), 3490.0 (22/05/19
04:42:00), 3491.0 (22/05/19 04:41:00), 3468.0 (22/05/19 04:40:00)]." at "Wednesday
22 May, 2019 04:45:11 UTC".

    View this alarm in the AWS Management Console:
    https://console.aws.amazon.com/cloudwatch/home?region=us-east-1#s=Alarms&ala
rm=rds-api-production-too-many-connections

    Alarm Details:
    - Name:                    rds-api-production-too-many-connections
    - Description:             too many connections on api-production. Go
https://treasure-data.atlassian.net/wiki/display/EN/PD%3A+Database#PD:Database-A
PIDBtoomanyconnections
    - State Change:            OK -> ALARM
    - Reason for State Change:    Threshold Crossed: 5 datapoints were greater than
or equal to the threshold (3250.0). The most recent datapoints which crossed the
```

```
threshold: [3497.0 (22/05/19 04:44:00), 3494.0 (22/05/19 04:43:00), 3490.0 (22/05/19
04:42:00), 3491.0 (22/05/19 04:41:00), 3468.0 (22/05/19 04:40:00)].
    - Timestamp:              Wednesday 22 May, 2019 04:45:11 UTC
    - AWS Account:            523683666290

    Threshold:
    - The alarm is in the ALARM state when the metric is GreaterThanOrEqualToThreshold
3250.0 for 60 seconds.

    Monitored Metric:
    - MetricNamespace:        AWS/RDS
    - MetricName:             DatabaseConnections
    - Dimensions:             [DBInstanceIdentifier = api-production-1]
    - Period:                 60 seconds
    - Statistic:              Average
    - Unit:                   not specified
    - TreatMissingData:       missing

    State Change Actions:
    - OK:
    - ALARM: [arn:aws:sns:us-east-1:523683666290:td-notify]
    - INSUFFICIENT_DATA:
```

还可以同呼叫系统（例如 PagerDuty）集成，一旦触发，就呼叫你的手机并发送短信。另外，也可以登录 CloudWatch 管理界面，查看详细信息，如图 8-11 所示。

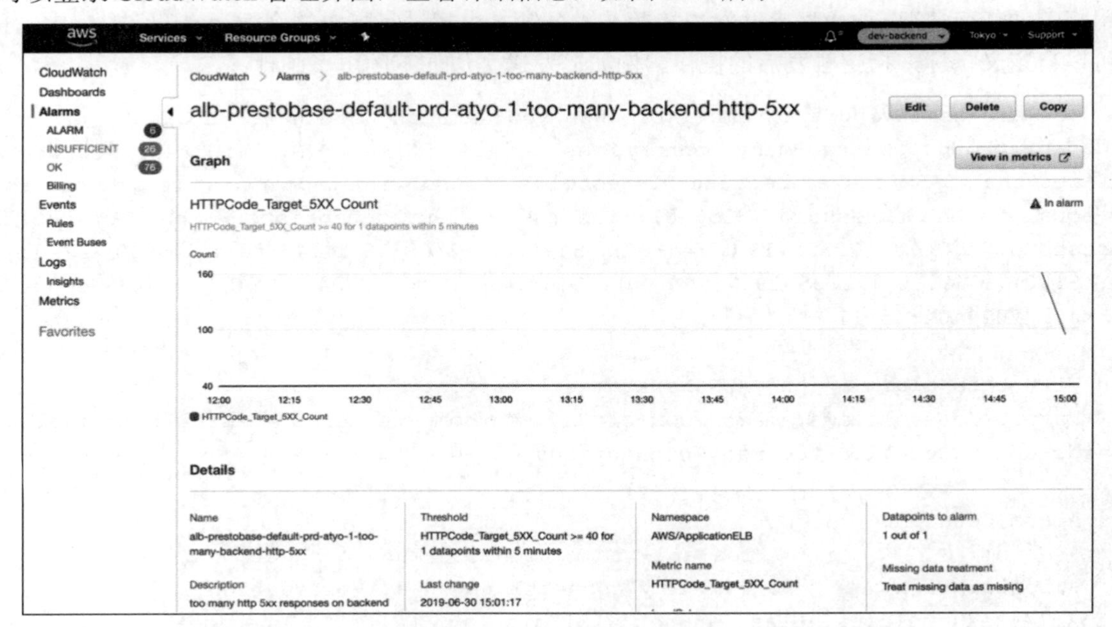

图 8-11　CloudWatch 管理界面

一般而言，我们可以把 CloudWatch 和 EC2 Auto Scaling 功能结合起来。当警报被触发后，让 EC2 Auto Scaling 立即添加一个新实例，从而为用户提供好的体验（用户可能不知道几分钟之前服务器容量已达到了全满的状态）。在理想情况下，还可将 EC2 Auto Scaling 设计成在需求减少时缩减服务器使用的数量，这样就节省了成本开支。这就是所谓的自动水平扩展和收缩。还有一个模式就是垂直扩展。随着工作负载的增加，垂直扩展会不断添加内存和 CPU，最终将会达到上限。垂直扩展还可能需要重启服务器。显然，水平扩展是处理日益繁重的工作负载的理想解决方法，也就是让 Auto Scaling 根据 CloudWatch 指标动态添加或删除 EC2 实例。

8.3.3　基于 Datadog 的监控

上述的监控服务可以监控诸如 CPU、I/O、服务器状态等系统级指标，但是却无法监控虚拟服务器的内部工作，例如 HADOOP 的名字节点（NameNode）的状态。虽然 AWS 支持自定义指标，从监控脚本或程序上可向 CloudWatch Logs 发送日志信息，但是另外一个通用的方法是使用类似 Datadog 的数据收集平台。我们在 EC2 实例上安装第三方监控软件或自己编写脚本和代码，这些软件和脚本就类似 Cronjob 的方式持续给 Datadog 发送监控信息。如图 8-12 所示，笔者所在的公司在 Datadog 上定义了很多 Hadoop 相关的监控器（Monitor）。图 8-13 所示的监控器用于监控 Hadoop 集群上最近一小时内失败的作业的个数。如果超过了 5 个，就触发报警。图 8-13 的下方显示了该监控器的状态和历史数据。

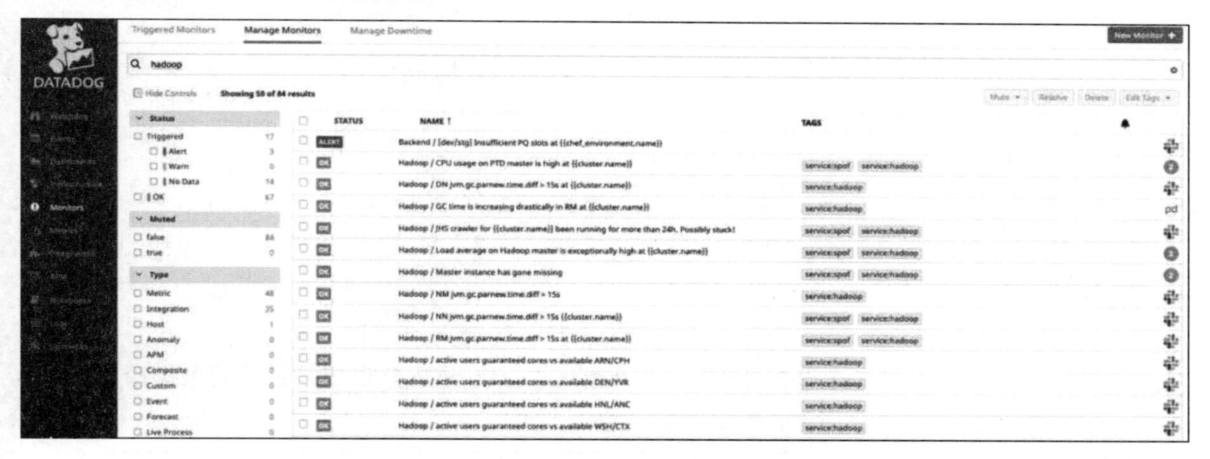

图 8-12　Datadog 监控器

当一个监控器的报警触发，就产生了事件（Event），如图 8-14 所示。那么结合 pagerDuty 应用，值班人员马上就会收到电话和短信。

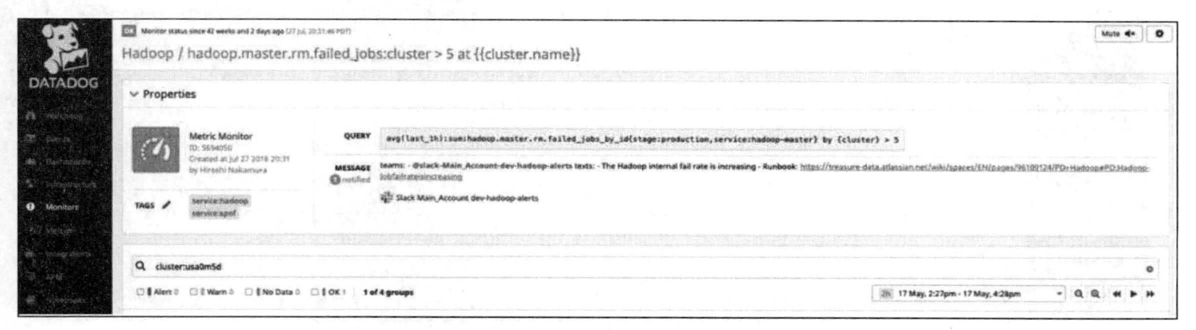

图 8-13　某监控器实例

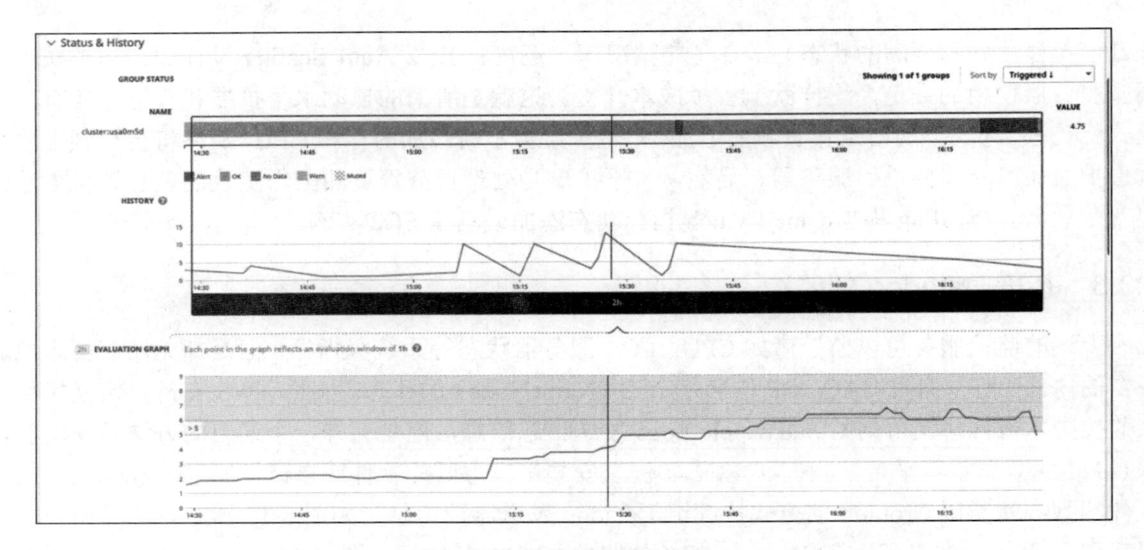

图 8-13　某监控器实例（续）

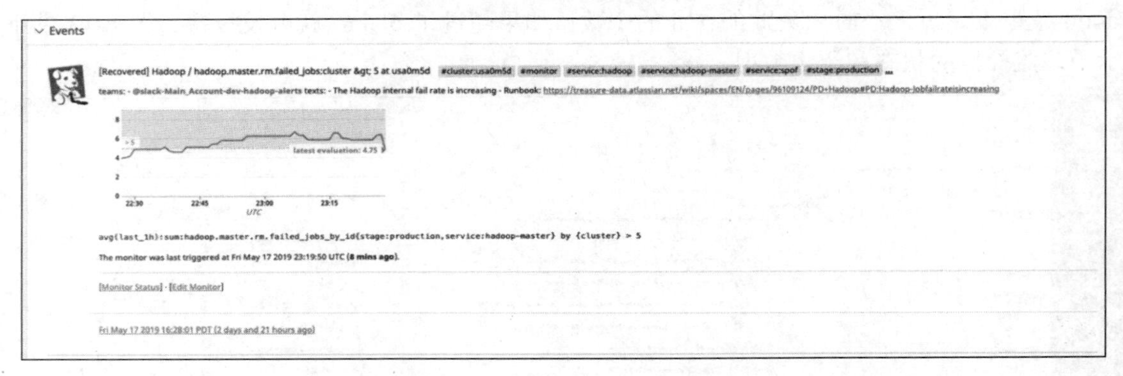

图 8-14　事件

如图 8-15 所示是另外一个监控器例子，它监控那些已经进入集群但是长时间未执行（两个半小时）的应用。图 8-16 所示是该监控器所触发的一个事件。

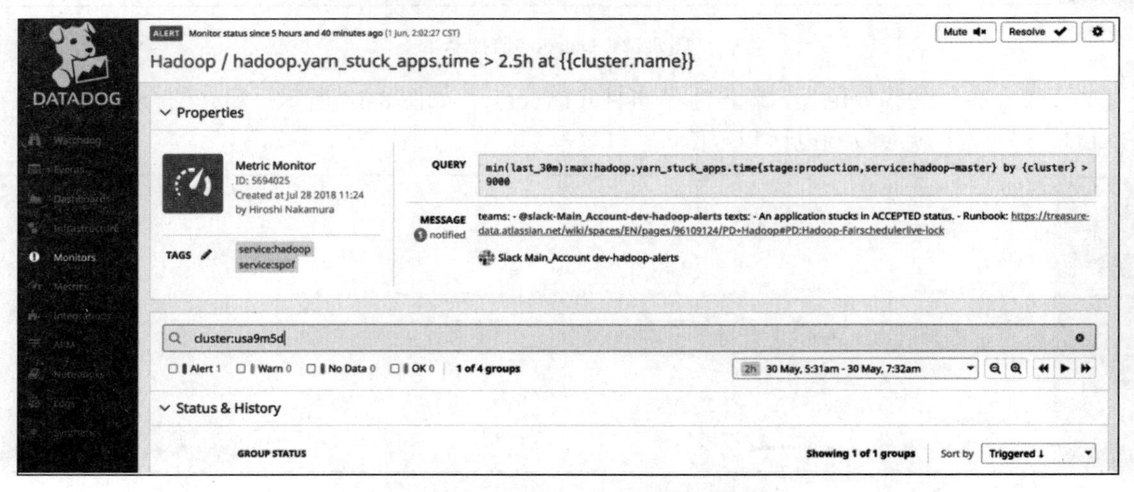

图 8-15　监控长时间未执行作业的监控器

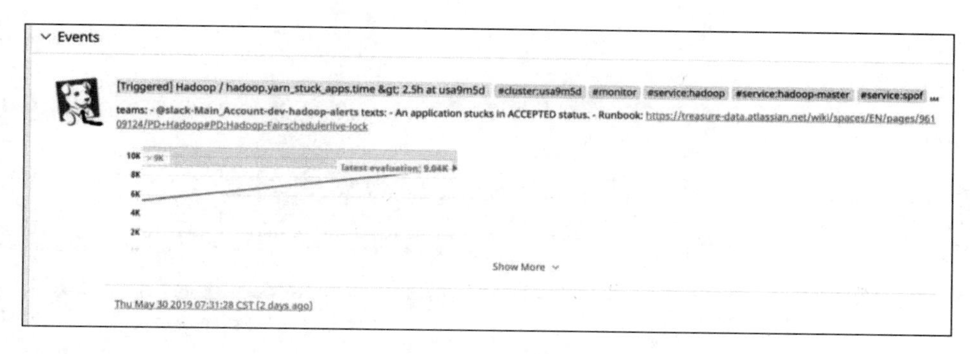

图 8-16　事件例子 2

对于每一个事件，我们编制了修复手册（Runbook），如图 8-17 所示。图 8-18 所示的是修复一个有问题节点的操作步骤。它所对应的监控器如图 8-19 所示。

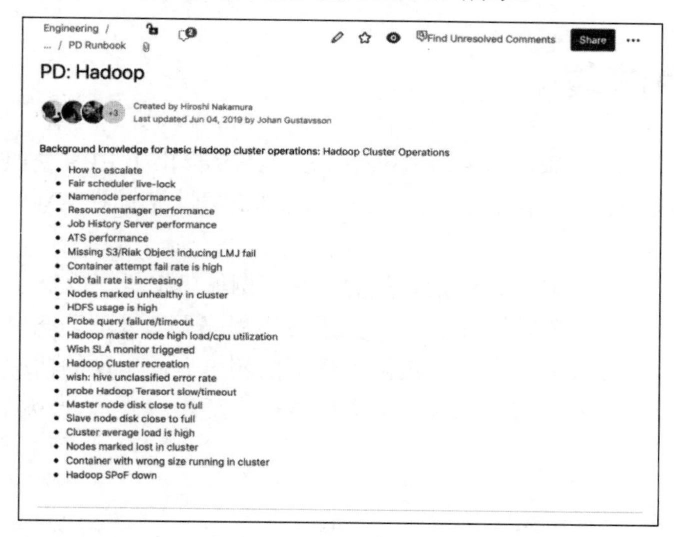

图 8-17　修复手册

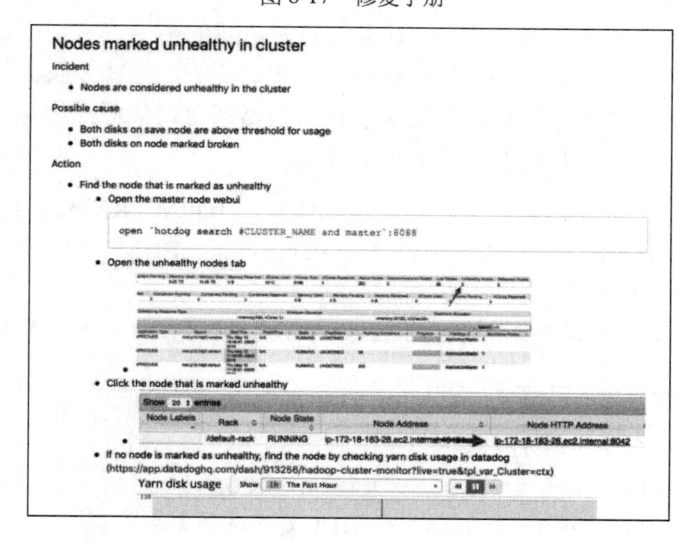

图 8-18　修复操作例子

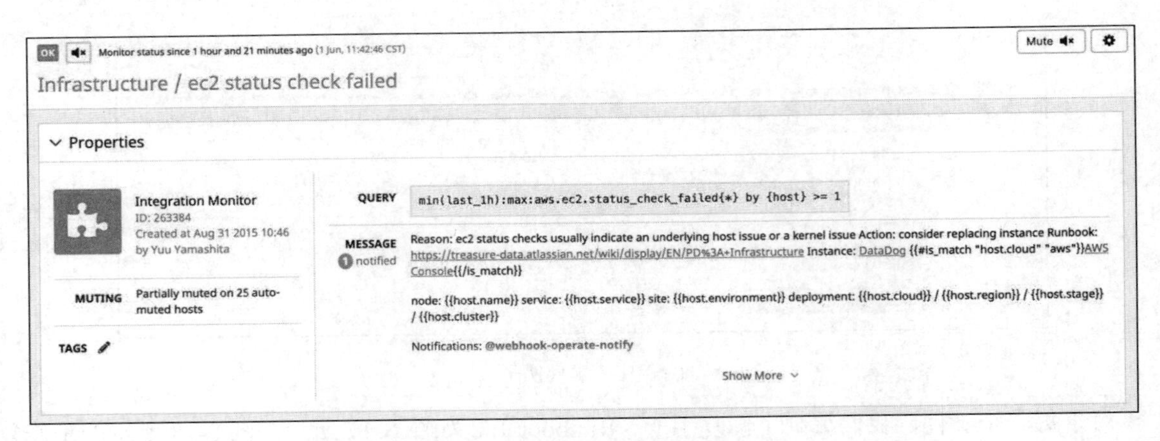

图 8-19　监控 EC2 实例的监控器

8.4　云端备份和恢复

我们应该定期备份云端资源。如果是 AWS EBS，AWS 提供了 EBS 快照来备份。也可以使用其他备份工具备份。为了提高可用性，可在多个位置复制数据。例如在 AWS 的不同可用区（AZ）部署。

云端恢复不仅仅指数据恢复，还包括系统的恢复，例如虚拟机（EC2 实例）的恢复。一般情况下，实例在重启时会获得一个新的 IP 地址。如果应用程序无法处理动态 IP，那么就可能会导致应用程序故障，所以，一定要确保整个系统能处理因实例重启而出现的情况。另外，一定要定期测试恢复策略，一旦出现问题，就可以有条不紊地进行恢复。

8.5　大数据安全

大数据集群最基本的就是数据以及用于计算的资源，我们需要将它们很好管理起来，将相应的数据和资源开放给授权的用户使用，防止被窃取、被破坏等，这就涉及大数据安全。目前大数据集群的现状是处于裸奔状态，只要可以登录 Linux 机器即可对集群继续相关操作。所以集群安全对于我们来说迫在眉睫，主要需求有以下几个方面：

- 支持多组件,包括：HDFS、HBASE、HIVE、YARN、STORM、KAFKA 等。
- 支持细粒度的权限控制，可以达到 HIVE 列，HDFS 目录，HBASE 列，YARN 队列，STORM 拓扑，KAKFA 的 TOPIC。
- 开源，社区活跃，按照现有集群的情况改造，改动要尽可能的小，而且要符合业界的趋势。

目前比较常见的安全方案主要有三种：

- Kerberos（业界比较常用的方案）。
- Apache Sentry（Cloudera 选用的方案，CDH 版本中集成）。
- Apache Ranger（Hortonworks 选用的方案，HDP 发行版中集成）。

8.5.1　Kerberos

Kerberos 是一种基于对称密钥的身份认证协议，它作为一个独立的第三方的身份认证服务，可以为其他服务提供身份认证功能，且支持 SSO（即客户端身份认证后，可以访问多个服务如 HBase/HDFS 等）。

如图 8-20 所示，KDC 是 Kerberos 的服务端程序，用于验证各个模块。对于 Client 需要访问服务的用户，KDC 和 Service 会对用户的身份进行认证。Service 集成了 Kerberos 的服务，如 HDFS/YARN/HBase 等。Kerberos 协议过程主要有三个阶段：第一个阶段 Client 向 KDC 申请 TGT，第二阶段 Client 通过获得的 TGT 向 KDC 申请用于访问 Service 的 Ticket，第三个阶段是 Client 用返回的 Ticket 访问 Service。

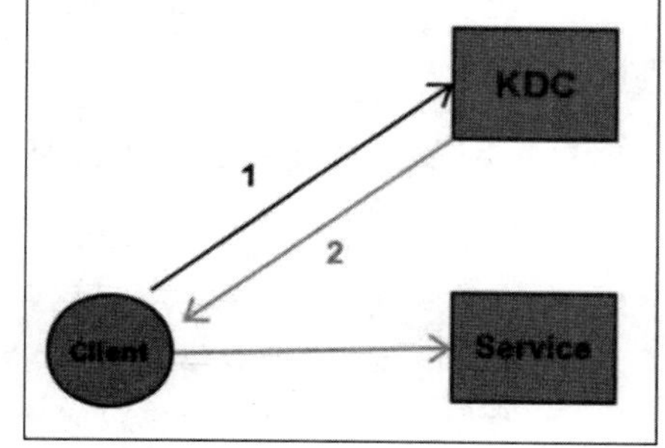

图 8-20　Kerberos 架构

Kerberos 的优点是：

- 服务认证，防止 Broker、DataNode，RegionServer 等组件冒充加入集群。
- 解决了服务端到服务端的认证，也解决了客户端到服务端的认证。

Kerberos 的缺点是：

- Kerberos 为了安全性使用临时 ticket，认证信息会失效，用户多的情况下重新认证烦琐。
- Kerberos 只能控制访问或者拒绝访问一个服务，不能控制到很细的粒度，例如 HDFS 的某一个路径，Hive 的某一个表，对用户级别上的认证并没有实现（需要配合 LDAP）。

8.5.2　Apache Ranger

Apache Ranger 是一个用在 Hadoop 平台上并提供操作、监控、管理综合数据安全的框架。Ranger 的愿景是在 Apache Hadoop 生态系统中提供全面的安全性。目前，Apache Ranger 支持以下 Apache 项目的细粒度授权和审计：

- Apache Hadoop
- Apache Hive
- Apache HBase
- Apache Storm
- Apache Knox
- Apache Solr
- Apache Kafka
- YARN

对于上面那些受支持的 Hadoop 组件，Ranger 通过访问控制策略提供了一种标准的授权方法。Ranger 提供了一种集中式的组件（图 8-21 中所示的 Admin），用于审计用户的访问行为和管理组件间的安全交互行为。Ranger 使用了一种基于属性的方法定义和强制实施安全策略。当与元数据仓储组件 Apache Atlas 一起使用时，它可以定义一种基于标签的安全服务，通过使用标签对文件和数据资产进行分类，并控制用户和用户组对一系列标签的访问。

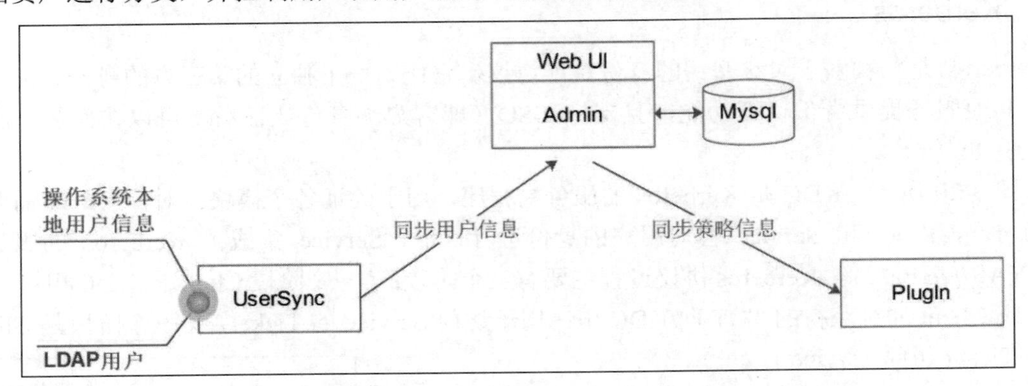

图 8-21 Ranger 架构

Ranger 的总体架构如图 8-21 所示，主要由以下三个组件构成：

- Ranger Admin：以 RESTful 形式提供策略的增删改查接口，同时内置一个 Web 管理页面。在低版本的 Ranger 中，元数据可以通过配置到 MySQL 中存储，较新版本（0.5）以后取消了 MySQL 的配置，统一将元数据存储到 Solr 中。用户通过 Web 管理页面可以创建和更新权限策略。每个组件（如 HDFS，HBase 等）的插件定期以轮询的方式查询这些策略。Admin 还包括一个审计系统。
- Service Plugin：嵌入到各系统（如 HDFS、Hive 等）执行流程中，定期从 Admin 拉取策略，根据策略执行访问决策树，并且定期记录访问审计。例如 Apache Hive 的 Ranger 插件就是嵌入在 HiveServer2 里面。这些插件会拦截请求并进行权限检查。同时这些插件还能收集用户的操作日志并发送给管理门户的审计系统。
- UserSync：Ranger 系统有自己的内部用户，从门户系统的登录到权限策略的分配都是基于这些内部用户进行的。Ranger 是一个统一 Hadoop 生态系统的安全管理框架，所以它面对的是 Hadoop 生态的众多组件。而这些组件使用的是服务器上的 Linux 用户，所以我们需要映射一份 Linux 用户数据成为 Ranger 的内部用户。Ranger 通过用户同步服务实时地从 Linux 服务器中同步用户数据，上报给 Admin。

Ranger 的优点是：

- 提供了细粒度级（Hive 列级别）。
- 基于访问策略的权限模型。
- 权限控制插件式，统一方便的策略管理。
- 支持审计日志，可以记录各种操作的审计日志，提供统一的查询接口和界面；可以很轻松查找到哪个用户在哪台机器上提交的任务明细，方便问题排查反馈。
- 丰富的组件支持（HDFS，HBASE，HIVE，YARN，KAFKA，STORM）。
- 支持和 Kerberos 的集成。
- 提供了 REST 接口供二次开发。
- 拥有自己的用户体系，可以去除 Kerberos 用户体系，方便和其他系统集成。

Ranger 的权限模型定义了“用户-资源-权限”这三者间的关系，Ranger 基于策略来抽象这种关系，进而延伸出自己的权限模型。“用户-资源-权限”的含义为：

- 用户：由 User 或 Group 来表达，User 代表访问资源的用户，Group 代表用户所属的用户组。
- 资源：不同的组件对应的业务资源是不一样的，例如：
    - HDFS 的 FilePath
    - HBase 的 Table，Column-family，Column
    - Hive 的 Database，Table，Column
    - YARN 的对应的是 Queue
- 权限：由(AllowACL, DenyACL)来表达，类似白名单和黑名单机制，AllowACL 用来描述允许访问的情况，DenyACL 用来描述拒绝访问的情况，不同的组件对应的权限也是不一样的。不同组件的权限项有：
    - HDFS：Read、Write、Execute
    - HBase：Read、Write、Create、Admin
    - Hive：Select、Create、Update、Drop、Alter、Index、Lock、Read、Write、All
    - YARN：submit-app、admin-queue

以 HDFS 为例，首先登录 Ranger 管理界面，这时就可以看到当前 Ranger 可以进行权限控制的各个组件，例如 HDFS，如图 8-22 所示。在 Ranger 控制台，可以完成如下操作：

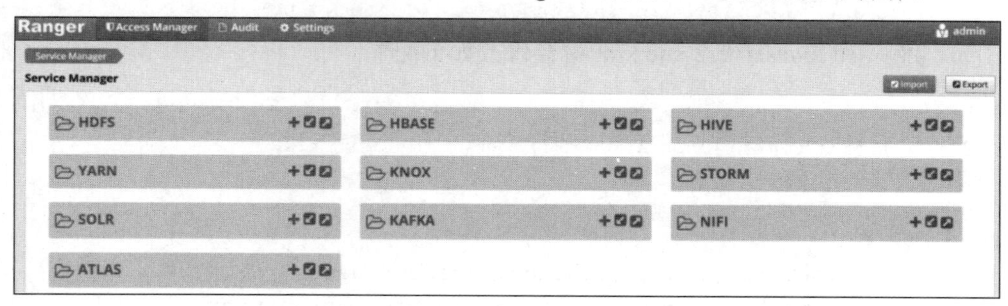

图 8-22 服务管理界面

- Service Manager（服务管理器）：目前支持 HDFS、YARN、HBase、Hive、Storm 等服务的管理。
- Service（服务）：通过某个 Service Manager 可以创建一个 Service，如 HDFS 服务，可以根据不同集群创建不同的 Service 从而管理不同的集群。
- Policy（策略）：具体的权限控制策略，在 Service 的基础上建立策略来控制权限。
- Audit（审计）：包括用户登录情况和触发 Policy 记录。
- Settings（设置）：可以手动增加和删除用户（安装 Usersync 插件后，这里的用户会自动更新同步名字节点上的用户）。

在 HDFS 上配置的主要是名字节点(NameNode)的地址，可以把这个步骤叫作 Service 配置，Service 配置完毕后，可以配置 Policy，也就是具体地针对某个集群的目录权限控制策略。定义 Policy 的名字（Policy Name）、定义需要控制权限的路径（Resource Path）、定义 User 或者 Group 的访问权限（这里的 User 和 Group 是 HDFS 上的 User 和 Group）。添加之后就生成了一条完整的访问策略。在 HDFS 层面就完成了权限控制。

在 hdfs-site.xml 中会修改如下配置：

```
<property>
    <name>dfs.permissions.enabled</name>
    <value>true</value>
</property>
<property>
    <name>dfs.permissions</name>
    <value>true</value>
</property>
<property>
    <name>dfs.namenode.inode.attributes.provider.class</name>
    <value>org.apache.ranger.authorization.hadoop.RangerHdfsAuthorizer</value>
</property>
```

执行过程如下：

（1）启动 HDFS，由类加载器加载插件代码 RangerHdfsAuthorizer。

（2）同时会启动策略获取线程 PolicyRefresher 从 Admin 拉取策略，并在文件和内存各存一份。

（3）用户访问，如 hadoop fs -put test.txt /temp。

（4）请求处理到达 NameNode 的 checkPermission 方法进行权限验证。

（5）记录审计日志。

以 Hive 为例，在 hiveserver2-site.xml 中会修改如下配置：

```
<property>
    <name>hive.security.authorization.enabled</name>
    <value>true</value>
</property>
<property>
    <name>hive.security.authorization.manager</name>
    <value>org.apache.ranger.authorization.hive.authorizer.
RangerHiveAuthorizerFactory</value>
</property>
```

执行过程如下：

（1）启动 HiveServer2，由类加载器加载 Ranger 对 Hive 的插件代码。

（2）同时会启动策略获取线程 PolicyRefresher 从 Admin 拉取策略，并在文件和内存各存一份。

（3）用户发出 SQL 请求，如 select * from test。

（4）HiveServer2 在编译阶段进行权限验证。

（5）记录审计日志。

以 YARN 为例，在 yarn-site.xml 中会修改如下配置：

```
<property>
    <name>yarn.acl.enable</name>
    <value>true</value>
</property>
<property>
```

```
        <name>yarn.authorization-provider</name>
        <value>org.apache.ranger.authorization.yarn.authorizer.
RangerYarnAuthorizer</value>
    </property>
```

执行过程如下：

（1）启动 Resource Manager（资源管理器），由类加载器加载 Ranger 对 YARN 的插件代码。

（2）同时会启动策略获取线程 PolicyRefresher 从 Admin 拉取策略，并在文件和内存各存一份。

（3）用户提交任务。

（4）Resource Manager 在解析任务阶段进行权限验证。

（5）记录审计日志。

基于笔者的经验，Ranger 在对 YARN 的支持上只支持了 Capacity Scheduler（容量调度），不支持 Fair Scheduler（公平调度），需要自己做一些代码的调整。

最后，说明一下 Ranger 提供的四类审计日志功能，即访问日志，管理员日志，登录会话日志，插件日志。访问日志主要记录的是用户对资源的访问情况。还记得刚才使用 Ranger 用户执行了那些 HDFS 操作吗？现在通过 Audit 审计菜单进入访问日志页面。管理员日志主要记录的是管理员的操作，例如新建用户，新建或者修改权限策略这些操作都会被管理员日志记录下来。登录会话日志会记录所有用户的登录行为，包括登录人，登录方式，登录时间，登录人的 IP 地址等信息。Ranger 的插件会定期从管理门户获取权限策略，插件日志就记录了这些插件同步策略的轨迹。什么插件在哪个时间点更新了何种策略都能清晰地在日志中体现出来。

8.5.3　应用端安全

为了让大数据应用访问大数据平台上的数据，我们一般设计两个 Key（密钥）。

1. API Key（API 密钥）

这个是公司（客户）级别的密钥（Key）。每个客户的系统管理员可以创建 1 到多个。平台会记录管理员账号名称、密钥的名称、系统自动生成的密钥值，创建时间、创建者等信息。

2. Application Key（应用程序密钥）

这个是用户账号级别的密钥（Key）。平台使用这个密钥会记录通过 API 对平台的所有请求操作。平台记录密钥的名称、密钥值，创建时间、创建者等信息。

当给平台发数据（写操作），则需要 API Key 和写权限。当读取平台数据时，则需要 Application Key 和在该数据上的读权限。平台服务 API 是 URL，使用状态码来表示请求是成功或是失败，所有请求可返回 JSON 格式的数据。

第 9 章

大数据快速处理平台：Spark

Spark 作为新一代大数据快速处理平台，集成了大数据相关的各种能力。Hadoop 的中间数据需要存储在硬盘上，这产生了较高的延迟。而 Spark 基于内存计算，解决了这个延迟的速度问题。Spark 本身可以直接读写 Hadoop 上任何格式数据，这使得批处理更加快速。

9.1 Spark 框架

图 9-1 是以 Spark 为核心的大数据处理框架。最底层为大数据存储系统，如 HDFS、HBase 等。在存储系统上面是 Spark 集群模式（也可以认为是资源管理层），这包括 Spark 自带的独立部署模式、YARN 和 Mesos 集群资源管理模式，也可以是 Amazon EC2。Spark 内核之上是为应用提供各类服务的组件。Spark 内核 API 支持 Java、Python、Scala 等编程语言。Spark Streaming 提供高可靠性、高吞吐量的实时流式处理服务，能够满足实时系统要求；MLlib 提供机器学习服务，Spark SQL 提供了性能比 Hive 快了很多倍的 SQL 查询服务，GraphX 提供图计算服务。

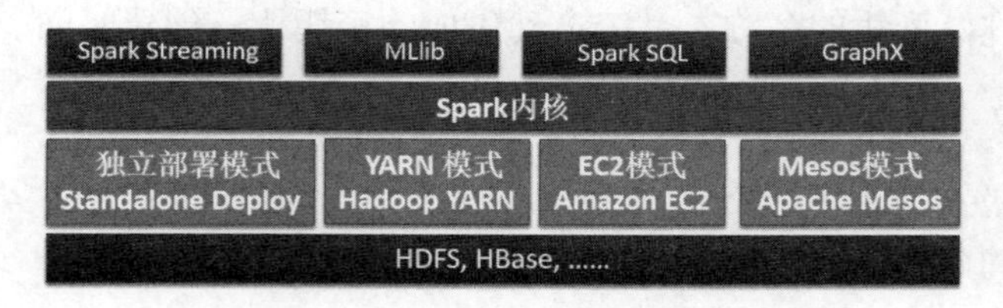

图 9-1　Spark 框架

从图 9-1 可以看出，Spark 有效集成了 Hadoop 组件，可以基于 Hadoop YARN 作为资源管理框架，并从 HDFS 和 HBase 数据源上读取数据。YARN 是 Spark 目前主要使用的资源管理器。Hadoop 能做的，Spark 基本都能做，而且做得比 Hadoop 好。Spark 依然是 Hadoop 生态圈的一员，它替换的主要是 MR 的计算模型而已。资源调度依赖于 YARN，存储则依赖于 HDFS。

Spark 的大数据处理平台是建立在统一抽象的 RDD 之上。RDD 是弹性分布式数据集（Resilient Distributed Dataset）的英文简称，它是一种特殊数据集合，支持多种来源，有容错机制，可以被缓存，支持并行操作。Spark 的一切都是基于 RDD 的。RDD 就是 Spark 输入的数据。

Spark 应用程序在集群上以独立进程集合的形式运行。如图 9-2 所示，主程序（叫作 Driver Program）中的 SparkContext 对象协调 Spark 应用程序。SparkContext 对象首先连接到多种集群管理器（如 YARN），然后在集群节点上获得 Executor。SparkContext 把应用代码发给 Executor，而 Executor 负责应用程序的计算和数据存储。

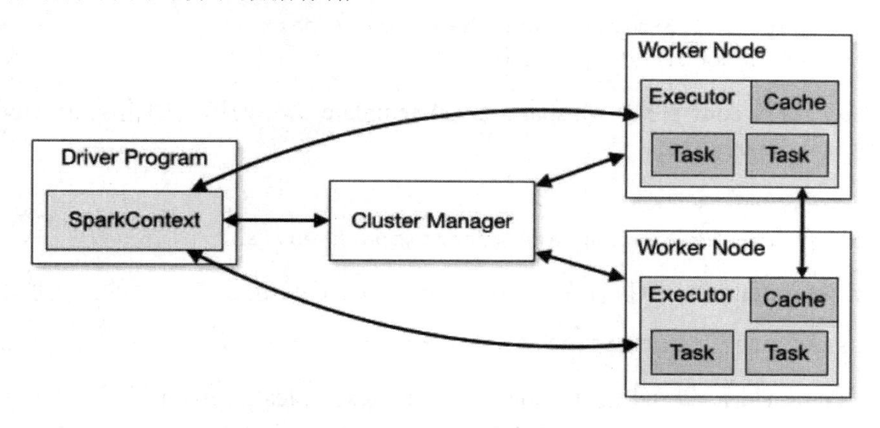

图 9-2　集群模式

每个应用程序都拥有自己的 Executor。Executor 为应用程序提供了一个隔离的运行环境，以 Task 的形式执行作业。对于 Spark Shell 来说，这个 Driver 就是与用户交互的进程。

9.1.1　安装和配置 Spark

最新的 Spark 版本是 2.4.3，它可以运行在 Windows 或 Linux 机器上。运行 Spark 需要 Java JDK 1.7，而 CentOS 6.x 系统默认只安装了 Java JRE，因此还需要安装 Java JDK，并确保配置好环境变量 JAVA_HOME、PATH 和 CLASSPATH。此外，Spark 会用到 HDFS 与 YARN，所以读者需要先安装 Hadoop。可以从 Spark 官方网站 http://spark.apache.org/downloads.html 下载 Spark，如图 9-3 所示。

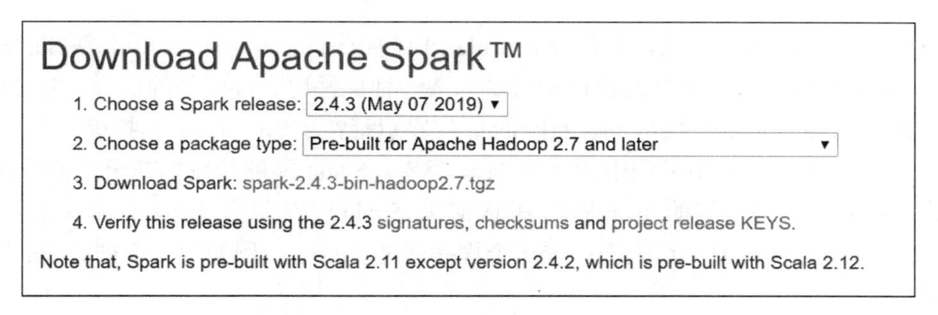

图 9-3　下载 Spark 安装包

有几种安装包类型，分别为：

- Source code：Spark 源码，需要编译才能使用。
- Pre-build with user-provided Hadoop："Hadoop free" 版，可应用到任意 Hadoop 版本。
- Pre-build for Hadoop 2.7 and later：基于 Hadoop 2.7 的预编译版，需要与本机安装的 Hadoop 版本对应。可选的还有其他版本。

本书选择的是 Pre-build with user-provided Hadoop，简单配置后可应用到任意 Hadoop 版本。完成下载后，执行如下命令进行安装：

```
sudo tar -zxf spark-2.4.3-bin-without-hadoop.tgz -C /usr/local/
cd /usr/local
sudo mv ./spark-2.4.3-bin-without-hadoop/ ./spark
sudo chown -R hadoop:hadoop ./spark
```

安装完成后，进入 conf 目录，以 spark-env.sh.template 文件为模块创建 spark-env.sh 文件，然后修改其配置信息，命令如下：

```
cd /usr/local/spark
cp ./conf/spark-env.sh.template ./conf/spark-env.sh
```

编辑 ./conf/spark-env.sh（即执行命令 vim ./conf/spark-env.sh），在文件的最后加上如下一行：

```
export SPARK_DIST_CLASSPATH=$(/usr/local/hadoop/bin/hadoop classpath)
```

保存编辑好的文件后，就可以运行 Spark 了。在 ./examples/src/main 目录下有一些 Spark 的示例程序，有 Scala、Java、Python、R 等语言的版本。可以尝试先运行一个示例程序 SparkPi（即计算圆周率 π 的近似值），执行如下命令：

```
cd /usr/local/spark
./bin/run-example SparkPi
```

执行时会输出非常多的运行信息，输出结果不容易找到，可以通过 grep 命令进行过滤（命令中的 2>&1 可以将所有的信息都输出到 stdout 中）：

```
./bin/run-example SparkPi 2>&1 | grep "Pi is roughly"
```

过滤后的运行结果为 π 近似值（保留 5 位小数）。

9.1.2 Scala

Spark 框架是用 Scala 开发的，并提供了 Scala 语言的一个子集。那么，什么是 Scala 呢？Scala 是一种类似 Java 的编程语言，它的设计初衷是创造一种更好地支持组件的语言。Scala 的编译器把源文件编译成 Java 的 class 文件，从而让 Scala 程序运行在 JVM（Java 虚拟机）上。Scala 兼容现有的 Java 程序，从 Scala 中可调用所有的 Java 类库。Scala 能够让我们花更少的时间、编写更少的代码来实现具有同等功能的 Java 程序。在 JVM 上，Scala 代码多了一个运行库 scala-library.jar。Scala 支持交互式运行，开发人员无需编译这个程序就能运行之。例如键入下列 Scala 代码，然后按 Enter 键：

```
scala> println("Hello, Scala!");
```

执行结果如下：

```
Hello, Scala!
```

Scala 和 Java 间的最大语法的区别在于“;”（程序语句的结束符）是可选的。其他都非常类似。下面我们来编写一个简单的 Scala 程序，功能是打印简单的一句话：“Hello, World!”。

```
object HelloWorld {
  def main(args: Array[String]) {
    println("Hello, world!") // prints Hello World
  }
}
```

其中的“def main（args: Array[String]）”是 Scala 程序的主函数 main()，这是每一个 Scala 程序的入口点。将上述程序代码保存为 HelloWorld.scala 文件，然后输入“scalac HelloWorld.scala”编译该程序代码。那么将在当前目录中生成几个类文件。其中一个名称为 HelloWorld.class，它是一个可以运行在 JVM 上的字节码。键入“scala HelloWorld”来运行这个程序，就可以在窗口上看到“Hello, World!”。

Spark 框架是用 Scala 语言编写的，在使用 Spark 时，采用与底层框架相同的编程语言有很多好处：

- 性能开销小。
- 能用上 Spark 最新的版本。
- 有助于理解 Spark 的原理。

感兴趣的读者可以参考《Scala 编程思想》，以深入学习 Scala 编程。

9.2 Spark Shell

以前的统计和机器学习依赖于数据抽样。从统计的角度来看，抽样如果足够随机，其实可以很精准的反应全集的结果，但事实上往往很难做到随机，所以通常做出来也会不准。现在大数据解决了这个问题，它不是通过优化的抽样随机来解决，而是通过全量数据来解决。要解决全量的数据就需要有强大的处理能力，Spark 首先具备强大的处理能力，其次 Spark Shell 带来了即席查询。做算法的工程师，以前经常是在小数据集上跑个单机，然后看效果不错，一到全量上，就可能和单机效果很不一样。有了 Spark 后就不一样了，尤其是有了 Spark shell。可以边写代码，边运行，边看结果。Spark 提供了很多的算法，最常用的是贝叶斯、word2vec、线性回归等。作为算法工程师，或者大数据分析师，一定要学会用 Spark Shell。

Spark Shell 提供了简单的方式来学习 Spark API，也提供了交互的方式来分析数据。Spark Shell 支持 Scala 和 Python，本书选择使用 Scala 来进行介绍。Scala 集成了面向对象和函数语言的特性，并运行于 JVM（Java 虚拟机）之上，兼容现有的 Java 程序。Scala 是 Spark 的主要编程语言，如果仅仅是写 Spark 应用，并非一定要用 Scala，用 Java 和 Python 都是可以的。使用 Scala 的优势是开发效率更高，代码更精简，并且可以通过 Spark Shell 进行交互式实时查询，方便问题的排查。执行如下命令可启动 Spark Shell：

```
./bin/spark-shell
```

启动成功后会有“scala >”的命令提示符，这表明已经成功启动了 Spark Shell。在 Spark shell 启动时，输出日志的最后有这么几条信息：

```
19/04/19 17:25:47 INFO repl.SparkILoop: Created spark context..
Spark context available as sc.
```

这些信息表明 SparkContext 已经初始化好了，可通过对应的 sc 变量直接进行访问。Spark 的主要抽象是分布式的数据集合 RDD，它可被分发到集群各个节点上，进行并行操作。一个 RDD 可以通过 Hadoop InputFormats 创建（如 HDFS），或者从其他 RDD 转化而来。下面我们从./README 文件新建一个 RDD，代码如下：

```
scala>val textFile = sc.textFile("file:///usr/local/spark/README.md")
```

上述的 sc 是 Spark 创建的 SparkContext，我们使用 SparkContext 对象加载本地文件 README.md 来创建 RDD。输出结果如下：

```
textFile: org.apache.spark.rdd.RDD[String] = MapPartitionsRDD[1] at textFile at
<console>:27
```

上述返回结果为一个 MapPartitionsRDD 文件。需要说明的是，加载 HDFS 文件和本地文件都是使用 textFile，区别在于前缀：hdfs://为 HDFS 文件，而 file://为本地文件。上述代码中通过“file://”前缀指定读取本地文件，直接返回 MapPartitionsRDD。Spark Shell 默认方式是读取 HDFS 中的文件。从 HDFS 读取的文件先转换为 HadoopRDD，然后隐式转换成 MapPartitionsRDD。

上面的例子使用 Spark 中的文本文件 README.md 创建一个 RDD textFile，文件中包含了若干文本行。将该文本文件读入 RDD textFile 时，其中的文本行将被分区，以便能够分发到集群中进行并行操作。我们可以想象，RDD 有多个分区，每个分区上有多行的文本内容。RDD 支持两种类型的操作：

- Actions：在数据集上运行计算后返回结果值。
- Transformations：转换，从现有 RDD 创建一个新的 RDD。

下面来演示 count() 和 first() 操作：

```
scala>textFile.count()     // RDD 中的 item 数量，对于文本文件而言，就是总行数
res0: Long = 95
scala>textFile.first()     // RDD 中的第一个 item，对于文本文件而言，就是第一行的内容
res1: String = # Apache Spark
```

上面这两个例子都是 action 的例子。接着演示 transformation，通过 filter transformation 来筛选出包含 Spark 的行，返回一个新的 RDD，代码如下：

```
scala>val linesWithSpark = textFile.filter(line => line.contains("Spark"))
scala>linesWithSpark.count()       // 统计行数
```

上面的 linesWithSpark RDD 有多个分区，每个分区上只有包含了 Spark 的若干文本行。输出结果为：

```
res4: Long = 17
```

上述结果表明一共有 17 行内容包含“Spark”，这与通过 Linux 命令 cat ./README.md | grep "Spark" -c 得到的结果一致，说明是正确的。action 和 transformation 可以用链式操作的方式结合使用，使代码更为简洁：

```
scala>textFile.filter(line => line.contains("Spark")).count()      // 统计包含
Spark 的行数
```

RDD 的 actions 和 transformations 可用在更复杂的计算中。例如，通过如下代码可以找到包含单词最多的那一行内容共有几个单词：

```
scala>textFile.map(line => line.split(" ").size).reduce((a, b) => if (a > b) a else b)
res5: Int = 14
```

上述代码将每一行文本内容使用 split 进行分词，并统计分词后的单词数。将每一行内容 map 为一个整数，这将创建一个新的 RDD，并在这个 RDD 中调用 reduce()函数（即执行 Reduce 操作），找到最大的数。map()、reduce()中的参数是 Scala 的函数字面量（Function Literal），并且可以使用 Scala/Java 的库。例如，通过调用 Math.max()函数（需要导入 Java 的 Math 库），可以使上述代码更容易理解：

```
scala>import java.lang.Math
scala>textFile.map(line => line.split(" ").size).reduce((a, b) => Math.max(a, b))
```

词频统计（WordCount）是 Hadoop MapReduce 的入门程序，借助 Spark 可以容易实现。首先结合 flatMap、map 和 reduceKey 来计算文件中每个单词的词频：

```
scala>val wordCounts = textFile.flatMap(line => line.split(" ")).map(word => (word, 1)).reduceByKey((a, b) => a + b)
```

输出结果为(string，int)类型的“键-值”对 ShuffledRDD。这是因为 reduceByKey 操作需要进行 Shuffle 操作，返回的是一个 Shuffle 形式的 ShuffleRDD：

```
wordCounts: org.apache.spark.rdd.RDD[(String, Int)] = ShuffledRDD[4] at reduceByKey at <console>:29
```

然后，调用 collect 聚合单词并计算结果：

```
scala>wordCounts.collect()
res7: Array[(String, Int)] = Array((package,1), (For,2), (Programs,1), (processing,1), (Because,1), (The,1)...)
```

Spark 支持将数据缓存在集群的内存缓存中，当数据需要反复访问时这个特征非常有用。调用 cache()，就可以将数据集进行缓存：

```
scala>textFilter.cache()
```

9.3 Spark 编程

无论 Windows 或 Linux 操作系统，都是基于 Eclipse 或 Idea 构建开发环境，通过 Java、Scala 或 Python 语言进行开发。根据开发语言的不同，我们需要预先准备好 JDK、Scala 或 Python 环境，然后在 Eclipse 中下载并安装 Scala 或 Python 插件。

下面通过一个简单的应用程序 SimpleApp 来演示如何通过 Spark API 编写一个独立应用程序。与使用 Spark Shell 自动初始化的 SparkContext 不同，独立应用程序需要自己初始化一个

SparkContext，将一个包含应用程序信息的 SparkConf 对象传递给 SparkContext 构造函数。对于独立应用程序，使用 Scala 编写的程序需要使用 sbt 进行编译打包，相应的，Java 程序使用 Maven 编译打包，而 Python 程序通过 spark-submit 直接提交。

在终端中执行如下命令，创建一个文件夹 sparkapp 作为应用程序根目录：

```
cd ~                                        # 进入用户主文件夹
mkdir ./sparkapp                            # 创建应用程序根目录
mkdir -p ./sparkapp/src/main/scala          # 创建所需的文件夹结构
```

9.3.1 编写 Spark API 程序

在 ./sparkapp/src/main/scala 下创建一个名为 SimpleApp.scala 的文件（执行编辑命令 vim ./sparkapp/src/main/ scala/SimpleApp.scala），添加代码如下：

```
/* SimpleApp.scala */
import org.apache.spark.SparkContext
import org.apache.spark.SparkContext._
import org.apache.spark.SparkConf

object SimpleApp {
  //使用关键字 def 声明函数，必须为函数指定参数类型
  def main(args: Array[String]) {
    val logFile = "file:///usr/local/spark/README.md" // 一个本地文件
    //创建 SparkConf 对象，该对象包含应用程序的信息
    val conf = new SparkConf().setAppName("Simple Application")
    //创建 SparkContext 对象，该对象可以访问 Spark 集群
    val sc = new SparkContext(conf)
    val logData = sc.textFile(logFile, 2).cache()
    //line=>line.contains(..)是匿名函数的定义，line 是参数
    val numAs = logData.filter(line => line.contains("a")).count()
    val numBs = logData.filter(line => line.contains("b")).count()
    println("Lines with a: %s, Lines with b: %s".format(numAs, numBs))
  }
}
```

上述程序计算 /usr/local/spark/README 文件中包含“a”的行数和包含“b”的行数。不同于 Spark Shell，独立应用程序需要通过“val sc = new SparkContext(conf)”初始化 SparkContext，SparkContext 的参数 SparkConf 包含了应用程序的信息。

9.3.2 使用 sbt 编译并打成 JAR 包

该程序依赖 Spark API，因此需要通过 sbt（或 mvn）进行编译打包。以 sbt 为例，创建一个包含应用程序代码的 JAR 包。在 ./sparkapp 中新建文件 simple.sbt（执行编辑命令 vim ./sparkapp/simple.sbt），声明该独立应用程序的信息以及与 Spark 的依赖关系，添加内容如下：

```
name := "Simple Project"
version := "1.0"
scalaVersion := "2.10.5"
```

```
libraryDependencies += "org.apache.spark" %% "spark-core" % "2.4.3"
```

文件 simple.sbt 需要指明 Spark 和 Scala 的版本。上述版本信息可以从 Spark Shell 获得。当我们启动 Spark Shell 的过程中，在输出到 Spark 的符号图形时，可以看到相关的版本信息。

Spark 中没有自带 sbt，需要手动安装 sbt，我们选择安装在/usr/local/sbt 中：

```
sudo mkdir /usr/local/sbt
sudo chown -R hadoop /usr/local/sbt      # 此处的 hadoop 为用户名
cd /usr/local/sbt
```

下载 sbt 后，复制至 /usr/local/sbt 中。接着在 /usr/local/sbt 中创建 sbt 脚本（执行命令 vim ./sbt），添加如下内容：

```
#!/bin/bash
SBT_OPTS="-Xms512M -Xmx1536M -Xss1M -XX:+CMSClassUnloadingEnabled
-XX:MaxPermSize=256M"
java $SBT_OPTS -jar 'dirname $0'/sbt-launch.jar "$@"
```

保存后，为 ./sbt 脚本增加可执行权限：

```
chmod u+x ./sbt
```

最后检验 sbt 是否可用：

```
./sbt sbt-version
```

只要能得到版本信息就说明 sbt 安装没问题了。接着，就可以通过如下代码将整个应用程序打包成 JAR：

```
/usr/local/sbt/sbt package
```

打包成功的话，会输出“Done Packaging”信息。生成的 JAR 包的位置为 ~/sparkapp/target/scala-2.10/simple-project_2.10-1.0.jar。

9.3.3　运行程序

一旦应用程序被打包成 JAR 文件，就可以通过 /bin/spark-submit 脚本启动应用程序。将生成的 JAR 包通过 spark-submit 提交到 Spark 中运行，命令如下：

```
/usr/local/spark/bin/spark-submit --class "SimpleApp"  \
~/sparkapp/target/scala-2.10/simple-project_2.10-1.0.jar
```

如果觉得输出的信息太多，可以通过如下命令过滤结果信息：

```
/usr/local/spark/bin/spark-submit --class "SimpleApp"  \
~/sparkapp/target/scala-2.10/simple-project_2.10-1.0.jar 2>&1 | grep "Lines
with a:"
```

最终得到的结果如下：

```
Lines with a: 58, Lines with b: 26
```

9.4 RDD

上面几节描述了 Spark 程序的基本步骤，让读者有了一个真实的体验。由于 Spark 一切都是基于 RDD 的，因此 RDD 就是 Spark 输入的数据。本节首先阐述 RDD 的由来，然后详细阐述 RDD 的创建和操作。

Spark 当初为何提出 RDD 的概念？相对于 Hadoop，RDD 给 Spark 带来哪些优势？我们知道，对于 Hadoop 中一个独立的计算，例如在一个迭代过程中，除文件系统（HDFS）外没有提供其他存储的概念。两个 MapReduce 作业之间数据共享只有一个办法，就是将其写到一个外部存储系统中，如分布式文件系统。然而，这会引起大量的开销，拉长应用的执行时间。所以，如果在计算过程中能共享数据，那将会降低集群的开销，同时还能减少任务的执行时间。而 Spark 中的 RDD 就是让用户可以直接控制数据的共享。RDD 具有可容错和并行数据结构的特征，可以指定把数据存储到硬盘还是内存以及控制数据的分区方法，并在数据集上进行丰富的操作。当一个 RDD 的某个分区丢失时，RDD 有足够的信息通过其他的 RDD 计算，可以重新计算该分区。因此，丢失的数据可以很快恢复，而不需要昂贵的复制代价。

Spark 和很多其他分布式计算系统的思想是：把一个超大的数据集，切分成 N 个小堆，找 M 个执行器（M < N），各自拿一块或多块数据操作，操作结果再收集在一起。这个拥有多个分块的数据集就叫 RDD。RDD 是一个分区的只读记录的集合。Spark 在集群中并行地执行任务，并行度由 Spark 中的 RDD 决定。RDD 中的数据被分区存储在集群中（碎片化的数据存储方式），正是由于数据的分区存储使得任务可以并行执行。分区数量越多，并行越高。RDD 具有几个特征：

- 分区（Partition）：一个 RDD 有多个分区组成，等于将 RDD 数据切分。分区数据是数据集的原子组成部分，能够进行并行计算。如图 9-4 所示，一个 RDD 有 3 个分区。

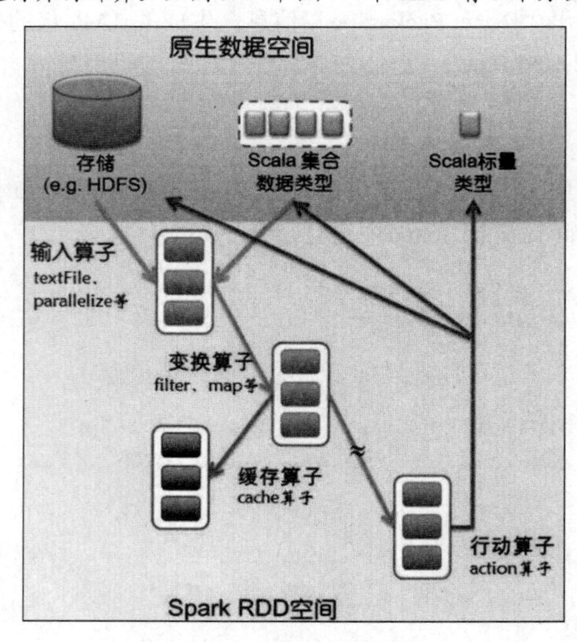

图 9-4　RDD 操作

- 算子（Compute）：用于说明在 RDD 上执行何种计算，图 9-4 描述了 RDD 的多种算子。我们可以简单地把算子等同于函数。
- 依赖（Dependency）：计算每个 RDD 对父 RDD 的依赖列表。下面分小节描述两种依赖关系。

9.4.1 RDD 算子和 RDD 依赖关系

算子是 RDD 中定义的函数，图 9-4 描述了 Spark 在运行过程中通过算子对 RDD 进行创建、转换（Transformation）和行动（Action）。RDD 转换和行动统称为 RDD 操作。我们按照数据的处理步骤描述各个算子：

（1）输入：在 Spark 程序运行中，数据从外部数据空间（如 textFile 读取 HDFS，parallelize 方法输入 Scala 集合或数据）输入 Spark，创建了 RDD，数据进入了 Spark RDD 空间。

（2）运行：在 Spark 输入数据形成 RDD 后便可以通过变换算子，如过滤器（Filter）等，对数据进行操作并将 RDD 转化为新的 RDD，通过 Action 算子，触发 Spark 提交作业。如果数据需要复用，可以通过 Cache 算子，将数据缓存到内存。

（3）输出：程序运行结束后数据会存储到分布式存储中（如 saveAsTextFile 输出到 HDFS），或 Scala 数据或集合中（collect 输出到 Scala 集合，count 返回 Scala int 型数据）。

需要注意的是，创建 RDD 并不会导致集群执行分布式计算。相反，RDD 只是定义了作为计算过程中间步骤的逻辑数据集，只有调用 RDD 上的 Action 算子时，分布式计算才会真正执行。读者可以形象地理解为，除了 Action 算子之外，前面的代码都只是在定义一个数据处理流的各个步骤（创建 RDD，转换 RDD 等等），只有碰到了 Action 算子，才提交给集群上执行这个流程。

如图 9-4 所示，大致可以分为三大类算子：

- Value 数据类型的 Transformation 算子，这种转换并不触发提交作业，针对处理的数据项是 Value 型的数据。
- Key-Value 数据类型的 Transformation 算子，这种转换并不触发提交作业，针对处理的数据项是 Key-Value 型的数据对。
- Action 算子，这类算子会触发 SparkContext 提交作业。

为了创建 RDD，可以从外部存储中读取数据，例如从 HDFS 或其他 Hadoop 支持的输入数据格式中读取。也可以通过读取文件、数组或 JSON 格式的数据来创建 RDD。对于应用来说，数据是本地化的，此时仅需要调用 parallelize 方法，便可以将 Spark 的特性作用于相应数据，并通过 Apache Spark 集群对数据进行并行化分析。例如：

```
val thingsRDD = sc.parallelize(List("spoon", "fork", "plate", "cup", "bottle"))
```

在运行 Spark 时，需要创建 SparkContext。使用 Spark Shell 交互式命令行时，SparkContext 会自动创建（就是上述命令中的 sc）。当调用 SparkContext 对象的 parallelize 方法后，会得到一个经过分区的 RDD，这些数据将被分发到集群的各个节点上。

Spark 的核心数据模型是 RDD，但 RDD 是个抽象类，具体由各子类实现，如 MappedRDD、ShuffledRDD 等子类。Spark 将常用的大数据操作都转化成为 RDD 的子类。图 9-5 显示了 RDD 的一个使用案例。通过 TextFile 从 HDFS 上创建 RDD，然后通过 flatmap、map 和 join 转换，最后通过 saveAsQuenceFile 操作存储在 HDFS 和 HBase 上。当用户对一个 RDD 执行 Action（如 count 或 save）操作时，会构建一个由若干阶段（Stage）组成的一个 DAG（有向无环图）以执行程序，如图 9-5 所示。

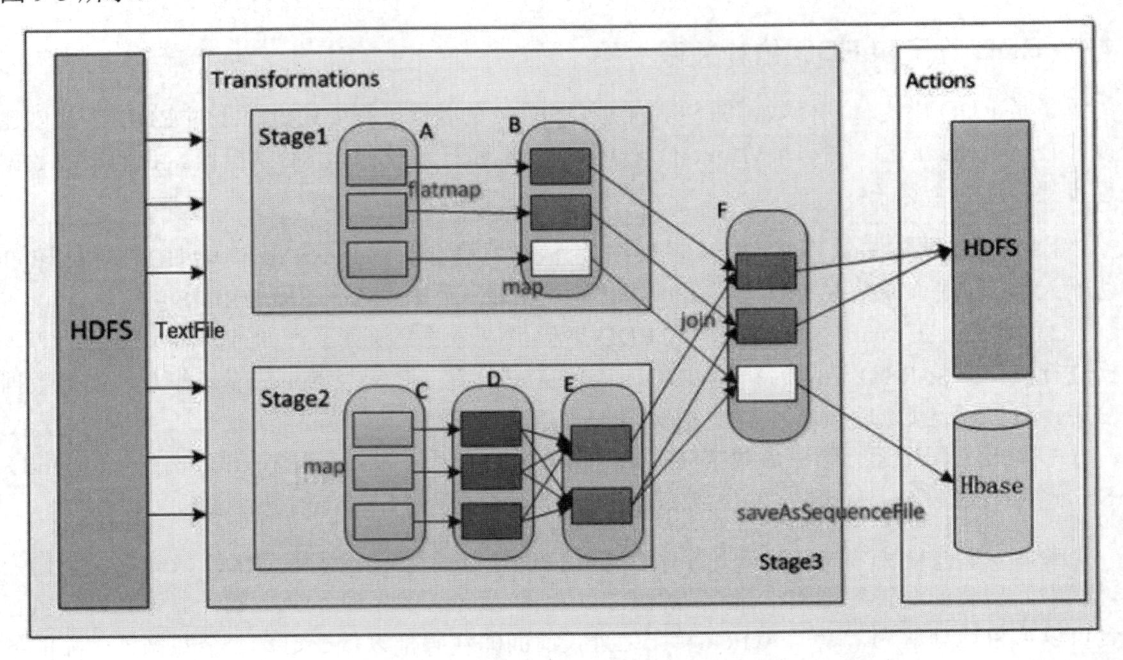

图 9-5 RDD 示例

Spark 中表示 RDD 之间的依赖关系主要分为两类：

- 窄依赖：父 RDD 的每个分区都至多被一个子 RDD 的分区使用。
- 宽依赖：子 RDD 的每个分区都依赖于所有父 RDD 的所有分区或多个分区，也就是说存在一个父 RDD 的一个分区对应一个子 RDD 的多个分区。

例如，map 操作是一种窄依赖，而 join 操作是一种宽依赖。宽依赖需要所有的父 RDD 数据可用，并且数据已经经过类 MapReduce 的操作 Shuffle 处理完毕。每个阶段都包含尽可能多的连续的窄依赖型转换。各个阶段之间的分界则是宽依赖所需的 Shuffle 操作。

在创建 RDD 之后，既可以进行数据转换，也可以对其进行 Action（行动）操作。这意味着使用 Transformation（转换）可以改变数据格式、进行数据查询或数据过滤操作等，使用 Action 操作，可以触发数据的改变、抽取数据、收集数据甚至进行计数。

9.4.2 RDD 转换操作

转换（Transformation）操作是指从已经存在的数据集上创建一个新的数据集，是数据集的逻辑操作，并没有真正计算。我们可以把转换操作理解为一种惰性操作，它只是定义了一个新的 RDD，而不是立即计算它。相反，Action（行动）操作则是立即计算，并把结果返回给程序，或者将结果写入到外部存储中。RDD 转换操作包含了下面两大类转换操作。

1. 基础转换操作

- map(func)：由数据集中的每条元素经过 func 函数转换后组成一个新的分布式数据集。
- filter(func)：过滤作用，选取数据集中让 func 函数返回值为 true 的元素组成一个新的数据集。
- flatMap(func)：类似于 map，但是每一个输入元素，会被映射为 0 到多个输出元素。因此，func 函数的返回值是一个 Seq，而不是单一元素。
- sample(withReplacement, frac, seed)：根据给定的随机种子 seed，随机抽样出数量为 frac 的数据（可以选择有无替代 replacement）。
- union(otherDataset)：返回一个新的数据集，由原数据集和参数联合而成。
- mapPartitions(func)：类似于 map，但单独运行在 RDD 分区。
- intersection(otherDataset)：返回一个数据集交集元素的新的 RDD。
- distinct([numTasks])：返回一个数据集去重之后的新的数据集。

2. “键-值”转换操作

下面的转换操作只能在“键-值”对形式的 RDD 上执行。最常见的就是 Shuffle 操作，通过键进行分组或聚合元素。例如，reduceByKey 操作对文件中每行出现的文字次数进行计算。

- groupByKey([numTasks])：当在一个由“键-值”对（K,V）组成的数据集上调用时，按照 K 进行分组，返回一个（K，Seq[V])对的数据集。注意：在默认情况下，输出的并行程度取决于父 RDD 的分区数，但是可以传入可选的 numTasks 参数来设置不同数目的并行任务。
- reduceByKey(func, [numTasks])：当在一个“键-值”对（K，V)的数据集上调用时，返回一个（K，V）对的数据集，Key 相同的值，都被使用指定的 reduce 函数聚合到一起。和 groupbykey 类似，任务的个数是可以通过第二个可选参数来配置的。
- join(otherDataset, [numTasks])：在类型为（K, V)和（K, W)类型的数据集上调用，返回一个（K,(V,W)) 类型的数据集，是每个 Key 中的所有元素都在一起的数据集。

9.4.3　RDD 行动（Action）操作

对数据集进行变换操作（如 map 和 filter）而得到一个或多个 RDD，然后调用这些 RDD 的行动（Action）类的操作。这类操作目的是返回一个值或是将数据导入到存储系统中。行动类的操作如 count（返回数据集的元素数），collect（返回元素本身的集合）和 save（输出数据集到存储系统）。

虽然 RDD 的转换操作是 RDD 的核心之一，通过转换操作实现不同的 RDD，但是转换操作不会触发作业的提交，仅仅是标记对 RDD 的操作，形成 DAG 图，只有遇到一个行动（Action）操作时才触发作业的执行。Spark 要等到 RDD 第一次调用一个 Action 算子（即行动操作）时才真正计算 RDD。行动（Action）操作包含了下面两类操作。

1. 常用行动（Action）操作

- reduce(func)：通过函数 func 聚集数据集中的所有元素。func 函数接受 2 个参数，返回一个值。这个函数必须是关联性的，确保可以被正确的并发执行。

- collect()：在Driver的程序中，以数组的形式，返回数据集的所有元素。这通常会在使用Filter或者其他操作后，返回一个足够小的数据子集再使用。直接将整个RDD集Collect返回，很可能会让Driver程序耗尽内存（OOM，Out Of Memory）。
- count()：返回数据集的元素个数。
- take(n)：返回一个数组，由数据集的前n个元素组成。
- first()：返回数据集的第一个元素（类似于take(1)）。
- foreach(func)：在数据集的每一个元素上，运行函数func。这通常用于更新一个累加器变量，或者和外部存储系统进行交互。

上面的行动操作可以实现大部分MapReduce流式计算的任务。

2. 存储行动（Action）操作

- saveAsTextFile(path)：将数据集的元素，以textfile的形式，保存到本地文件系统、HDFS或者任何其他Hadoop支持的文件系统。Spark将会调用每个元素的toString方法，并将它转换为文件中的一行文本。
- saveAsSequenceFile(path)：将数据集的元素，以sequencefile的格式，保存到本地系统、HDFS或者任何其他Hadoop支持的文件系统指定的目录下。RDD的元素必须由“键-值”对组成，并都实现了Hadoop的Writable接口，或隐式可以转换为Writable（Spark包括了基本类型的转换，例如int、double、string等）。

9.4.4 RDD控制操作

除了RDD转换（Transformation）操作和行动（Action）操作之外，RDD还有控制操作，例如：缓存操作（cache），释放内存操作（unpersist），checkpoint操作（直接将RDD持久化到磁盘上）。每次进行行动操作时，例如count操作，Spark将重新启动所有的转换操作，计算将运行到最后一个转换操作，然后count操作返回计算结果，这种运行方式速度会较慢。为了解决这个问题和提高程序运行的速度，可以将RDD的数据缓存到内存当中。当反复运行行动操作时，能够避免每次计算都从头开始，直接从缓存到内存中的RDD得到相应的结果。

如果想将RDD从缓存中清除，可以调用unpersist()方法。如果不通过手动删除的话，在内存空间紧张的情况下，Spark会采用最近最久未使用（LRU，Least Recently Used Logic）调度算法删除缓存在内存中最久的RDD。

9.4.5 RDD实例

下面总结一下Spark从开始到结果的运行过程：

（1）创建某种数据类型的RDD。
（2）对RDD中的数据进行转换操作，例如过滤操作。
（3）在需要重新使用的情况下，对转换后或过滤后的RDD进行缓存。
（4）在RDD上进行行动操作，例如提取数据、计数、把数据存储到HDFS等。

下面给出的是RDD的部分转换操作函数：

- filter()
- map()
- sample()
- union()
- groupbykey()
- sortbykey()
- combineByKey()
- subtractByKey()
- mapValues()
- Keys()
- Values()

下面给出的是 RDD 的部分行动（Action）操作：

- collect()
- count()
- first()
- countbykey()
- saveAsTextFile()
- reduce()
- take(n)
- countBykey()
- collectAsMap()
- lookup(key)

下面来看几个实例。假定 rdd 为{1，2，3，3}的数据集，rdd1 为{1，2，3}的数据集，rdd2 为{3，4，5}的数据集。表 9-1 所示是一些转换操作的例子。

表 9-1　一些转换操作的例子

函　数	例　子	结　果	说　明
map	rdd.map（x=>x+1）	{2，3，4，4}	对 RDD 中每个元素进行加 1 操作
flatMap	rdd.flatMap（x=>x.to（3））	{1，2，3，2，3，3，3}	遍历当前每个元素，然后生成从当前元素到 3 的集合
filter	rdd.filter（x=>x!=1）	{2，3，3}	过滤 RDD 中不等于 1 的元素
distinct	rdd.distinct（）	{1，2，3}	对 RDD 元素去重
union	rdd1.union（rdd2）	{1，2，3，3，4，5}	返回两个 RDD 的并集，不去重
intersection	rdd1.intersection（rdd2）	{3}	返回两个 RDD 的交集，去重

表 9-2 所示是一些行动（Action）操作的例子。

表 9-2 一些行动（Action）操作的例子

函　数	例　子	结　果	说　明
collect	rdd.collect（）	{1, 2, 3, 3}	将一个 RDD 转换成数组
count	rdd.count（）	4	返回 RDD 中的元素个数
take	rdd.take（2）	{1, 2}	返回从 0 到 num-1 下标的 RDD 元素，不排序
top	rdd.top（2）	{3, 3}	从 RDD 中，按照排序（默认为降序）返回前 num 个元素
reduce	rdd.reduce（(x，y) =>x+y）	9	根据映射函数 f=x+y，对 RDD 元素进行二元计算，返回计算结果
foreach	rdd.foreach（func）	{1, 2, 3, 3}	遍历 RDD 每个元素，并执行 func

下面我们来看一个完整的例子。假定数据存储在 HDFS 上，而数据格式以“;”作为每列数据的分隔符：

```
"age";"job";"marital";"education";"default";"balance";"housing";"loan"
30;"unemployed";"married";"primary";"no";1787;"no";"no"
33;"services";"married";"secondary";"no";4789;"yes";"yes"
…..
```

Scala 代码如下：

```
//1.定义了以一个 HDFS 文件（由数行文本组成）为基础的 RDD
val lines = sc.textFile("/data/spark/bank/bank.csv")
//2.因为首行是文件的标题，首先把首行去掉，返回新 RDD 是 withoutTitleLines
val withoutTitleLines = lines.filter(!_.contains("age"))
//3.将每行数据以;分隔开，返回名字是 lineOfData 的新 RDD
val lineOfData = withoutTitleLines.map(_.split(";"))
//4.获取大于 30 岁的数据，返回新 RDD 是 gtThirtyYearsData
val gtThirtyYearsData = lineOfData.filter(line => line(0).toInt > 30)
//至此，集群上还没有工作被执行。但是，用户现在已经可以在行动（Action）中使用 RDD。
//计算大于 30 岁的有多少人
gtThirtyYearsData.count()
```

最后的返回结果就是大于 30 岁的人的个数。

9.5 Spark SQL

Spark SQL 是 Spark 内嵌的模块，是 Spark 的一个处理结构化数据的组件。在 Spark 程序中可以使用 SQL 查询语句或 DataFrame API。DataFrame 和 SQL 提供了通用的方式来连接多种数据源，支持从 Hive 表、外部数据库、结构化数据 Parquet 文件、JSON 文件上来获得数据，并且可以在多种数据源之间执行 join 操作。

Spark SQL 的功能是通过 SQLContext 类来提供的，SQLContext 是一个入口类。要创建一个 SQLContext，首先需要一个 SparkContext，然后通过 SparkContext 实例化一个 SQLContext。在 Spark Shell 启动时，输出日志的最后有这么几条信息：

```
19/04/19 17:25:47 INFO repl.SparkILoop: Created spark context..
Spark context available as sc.
19/04/19 17:25:47 INFO repl.SparkILoop: Created sql context..
SQL context available as sqlContext.
```

这些信息表明 SparkContext 和 SQLContext 都已经初始化好了，可通过对应的 sc、sqlContext 变量直接进行访问。下述代码展示了如何创建一个 SQLContext 对象：

```
val sqlContext = new org.apache.spark.sql.SQLContext(sc)
```

DataFrame（数据框架）提供了可以作为分布式 SQL 查询引擎的程序化抽象。使用 SQLContext 可以从现有的 RDD 或数据源创建 DataFrame。下面的示例程序存放在安装目录的 examples/src/main /resources/ 目录下。打开 people.json 文件，这是 Spark 提供的 JSON 格式的数据源文件，里面是一个有“键-值”对（key:value）组成的 JSON 字符串，字符串之间用逗号隔开。下面是这个文件的一些内容：

```
{"name":"Michael"}
{"name":"Andy", "age":30}
{"name":"Justin", "age":19}
```

Spark Shell 启动后，就可以用 Spark SQL API 执行数据分析查询。下面使用 sqlContext.read 函数从 JSON 文件导入数据源，创建一个 DataFrame（下面代码中的 df）：

```
val df = sqlContext.read.json
("file:///usr/local/spark/examples/src/main/resources/people.json")
```

输出结果为：

```
df: org.apache.spark.sql.DataFrame = [age: bigint, name: string]
```

然后通过 DataFrame 的行动（Action）操作 show 来显示数据：

```
df.show()      // 输出数据源内容
```

输出结果为：

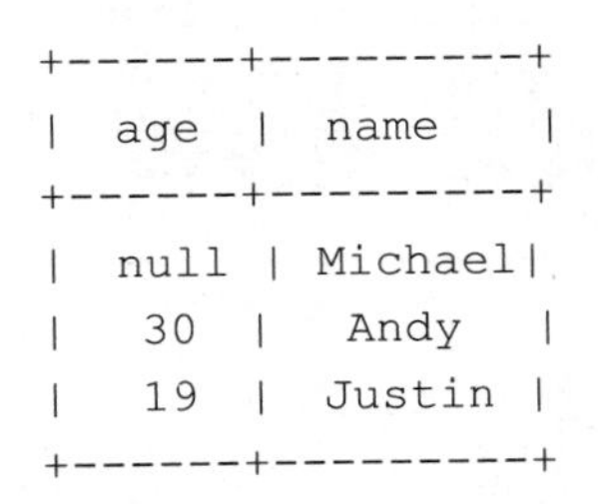

```
+------+---------+
|  age |  name   |
+------+---------+
| null | Michael|
|  30  |  Andy   |
|  19  | Justin |
+------+---------+
```

9.5.1 DataFrame

相对于 MapReduce API，Spark 的 RDD 抽象简化了开发，而 DataFrame 进一步抽象了数据集。如图 9-6 所示，DataFrame 类似于 RDBMS 的表，每列都有名称和类型。通过 DataFrame，可以对数据进行类似 SQL 的操作。DataFrame 将数据保存为行的集合，对应行中的各列都被命名，通过使用 DataFrame，可以非常方便地查询和过滤数据。

从体系结构上看，DataFrame 支持多种数据源。如图 9-7 所示，支持从 Hive 表、外部数据库、结构化数据 Parquet 文件、JSON 文件、HDFS、RDD 等上获得数据。数据一旦被读取，借助于 DataFrames 便可以很方便地进行数据过滤、列查询、计数、求平均值及将不同数据源的数据进行整合。

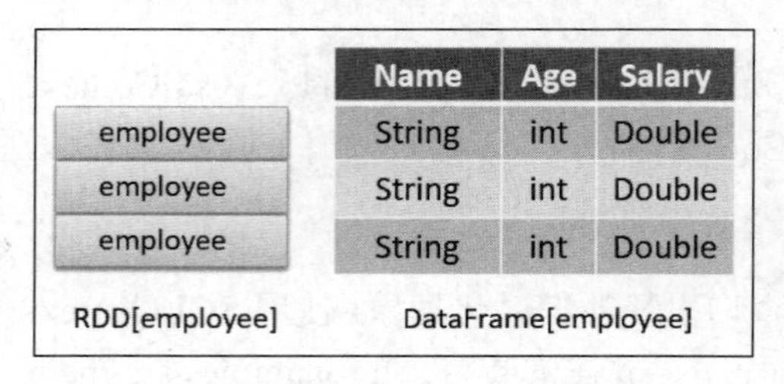

图 9-6　RDD 和 DataFrame 的比较

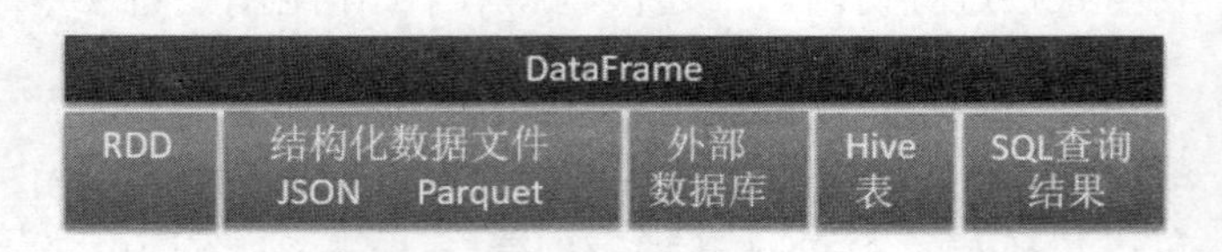

图 9-7　DataFrame 数据来源

如图 9-8 所示，使用 Spark SQL 主要分为三大步骤：

（1）利用 sqlContext 从外部数据源加载数据为 DataFrame。

（2）利用 DataFrame 上丰富的 API 进行查询、转换。

（3）将结果进行展现或存储为各种外部数据形式。

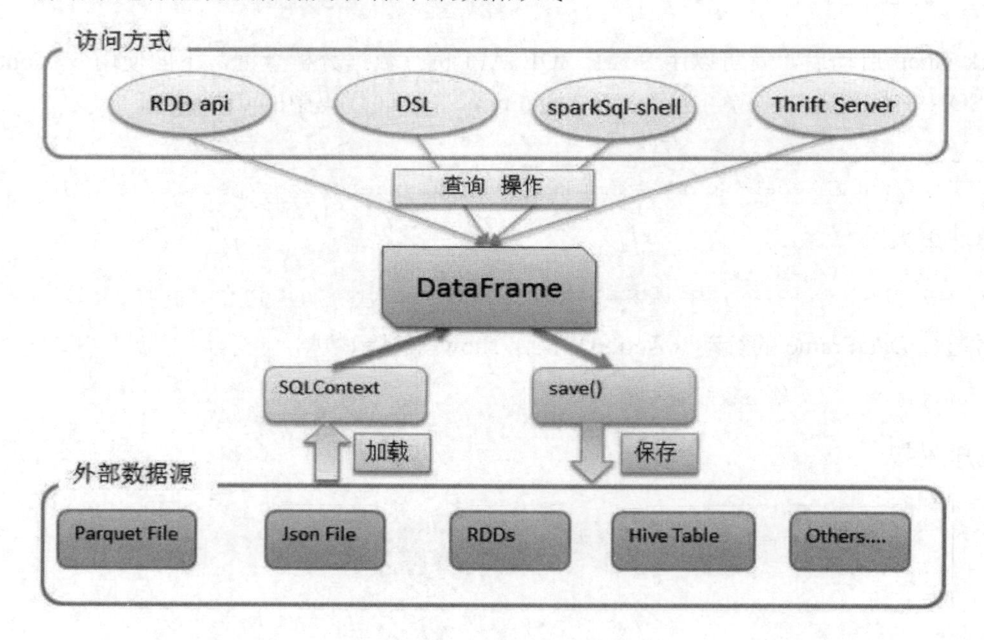

图 9-8　DataFrame

1. 加载数据

sqlContext 支持从各种各样的数据源中创建 DataFrame，内置支持的数据源有 parquetFile、JSON 文件、外部数据库、Hive 表、RDD 等：

```
# 从 Hive 中的 users 表构造 DataFrame
users = sqlContext.table("users")
# 加载 S3 上的 JSON 文件
logs = sqlContext.load("s3n://path/to/data.json", "json")
```

```
# 加载 HDFS 上的 Parquet 文件
clicks = sqlContext.load("hdfs://path/to/data.parquet", "parquet")
# 通过 JDBC 访问 MySQL
comments = sqlContext.jdbc("jdbc:mysql://localhost/comments", "user")
# 将普通 RDD 转变为 DataFrame
rdd = sparkContext.textFile("article.txt") \
                .flatMap(_.split(" ")) \
                .map((_, 1)) \
                .reduceByKey(_+_) \
wordCounts = sqlContext.createDataFrame(rdd, ["word", "count"])
# 将本地数据容器转变为 DataFrame
data = [("Alice", 21), ("Bob", 24)]
people = sqlContext.createDataFrame(data, ["name", "age"])
```

2. 使用 DataFrame

Spark DataFrame 提供了一整套用于操作数据的 DSL。这些 DSL 在语义上与 SQL 关系查询非常相近，这也是 Spark SQL 能够为 DataFrame 提供无缝支持的重要原因之一。下面来看看 DataFrame 处理结构化数据的一些基本操作：

```
df.select("name").show()    // 只显示 "name" 列; show()是以表格形式打印结果
 +----------+
 | name     |
 +-----------+
 |Michael   |
 |  Andy    |
 | Justin   |
 +-----------+

df.select(df("name"), df("age") + 1).show()   // 将 "age" 加 1
 +-----------+-----------+
 |  name      |(age + 1)  |
 +-----------+-----------+
 | Michael    |   null    |
 |  Andy      |    31     |
 |  Justin    |    20     |
 +-----------+-----------+

df.filter(df("age") > 21).show()     //过滤语句
 +-----+-------+
 |age  |name   |
 +-----+-------+
 | 30  |Andy   |
 +-----+-------+

df.groupBy("age").count().show()   // groupBy 操作
 +-----+--------+
 | age |count   |
```

```
+-----+--------+
|null |   1    |
|  19 |   1    |
|  30 |   1    |
+-----+--------+
```

当然，也可以直接使用 SQL 语句来进行操作：

```
df.registerTempTable("people")     //将 DataFrame 注册为临时表 people
//支持在临时表上执行 SQL 查询
val result = sqlContext.sql("SELECT name, age FROM people WHERE age >= 13 AND
age <= 19")
result.show()   // 输出结果
```

输出结果为：

```
+--------+-----+
| name   |age  |
+--------+-----+
|Justin  | 19  |
+--------+-----+
```

3. 保存结果

对数据的分析完成之后，可以将结果保存在多种形式的外部存储中：

```
//追加至 HDFS 上的 Parquet 文件
df.save(path="hdfs://path/to/data.parquet", source="parquet", mode="append")
//覆写 S3 上的 JSON 文件
df.save(path="s3n://path/to/data.json", source="json",mode="append")
//保存为 Hive 的内部表
df.saveAsTable(tableName="yang", source="parquet" mode="overwrite")
```

下面汇总了常见的功能：

```
val sqlContext = new org.apache.spark.sql.SQLContext(sc)
val df = sqlContext.read.json("../examples/src/main/resources/people.json")
//查看所有数据
df.show()
//查看表结构
df.printSchema()
//只看 name 列
df.select("name").show()
//对数据运算
df.select(df("name"), df("age") + 1).show()
//过滤数据
df.filter(df("age") > 21).show()
//分组统计
df.groupBy("age").count().show()
```

更多的功能可以查看完整的 DataFrame API，此外 DataFrame 也包含了丰富的 DataFrame Function，可用于字符串处理、日期计算、数学计算等。

9.5.2　RDD 转化为 DataFrame

Spark SQL 支持两种不同的方法将 RDD 转化为 DataFrame。下面代码是使用反射机制来推断 RDD 的模式。Spark SQL 的 Scala 接口支持自动转换一个包含 case 类的 RDD 为一个 DataFrame。case 类定义了表的 schema，使用反射读取 case 类的参数名为列名。RDD 可以隐式转换成一个 DataFrame，并注册成一个表，表可以用于后续的 SQL 查询语句。

下面来看一个例子。假定一个文本文件 customers.txt 中的内容如下：

```
100, John Smith, Austin, TX, 78727
200, Joe Johnson, Dallas, TX, 75201
300, Bob Jones, Houston, TX, 77028
400, Andy Davis, San Antonio, TX, 78227
500, James Williams, Austin, TX, 78727
…..
```

从文本文件中加载用户数据，并从数据集中创建一个 DataFrame 对象。然后运行 DataFrame 函数，执行特定的数据选择查询。下述的代码也是可以在 Spark Shell 终端执行的 Spark SQL 命令。

```
// 首先用已有的 Spark Context 对象创建 SQLContext 对象
val sqlContext = new org.apache.spark.sql.SQLContext(sc)
// 导入语句，可以隐式地将 RDD 转化成 DataFrame
import sqlContext.implicits._
// 创建一个表示客户的自定义类
case class Customer(customer_id: int, name: String, city: String, state: String,
zip_code: String)
// 用数据集文本文件创建一个 Customer 对象的 DataFrame。读取文件创建一个 MappedRDD,
// 并将数据写入 Customer 模式类，隐式转换为 DataFrame
val dfCustomers = sc.textFile("data/customers.txt").map(_.split(",")).map(p =>
Customer(p(0).trim.toInt, p(1), p(2), p(3), p(4))).toDF()
// 显示 DataFrame 的内容
dfCustomers.show()
// 打印 DF 模式
dfCustomers.printSchema()
// 选择客户名称列
dfCustomers.select("name").show()
// 选择客户名称和城市列
dfCustomers.select("name", "city").show()
// 根据 id 选择客户
dfCustomers.filter(dfCustomers("customer_id").equalTo(500)).show()
// 根据邮政编码统计客户数量
dfCustomers.groupBy("zip_code").count().show()
// 将 DataFrame 注册为一个表，供查询使用
dfCustomers.registerTempTable("customers")
//使用 SQL，SQL 查询结果是 DataFrame，可通过索引和字段名访问
```

```
    val result =sqlContext.sql("SELECT name,city FROM customers where
customer_id<400")
```

在上面的示例中，模式是通过反射而得来的。我们也可以通过编程的方式指定数据集的模式。这种方法在由于数据的结构以字符串的形式编码而无法提前定义定制类的情况下非常实用。下面的例子展示了如何使用数据类型类 StructType、StringType 和 StructField 指定模式。

```
    // 用编程的方式指定模式
    // 用已有的 Spark Context 对象创建 SQLContext 对象
    val sqlContext = new org.apache.spark.sql.SQLContext(sc)
    // 创建 RDD 对象
    val rddCustomers = sc.textFile("data/customers.txt")
    // 用字符串编码模式
    val schemaString = "customer_id name city state zip_code"
    // 导入 Spark SQL 数据类型和 Row
    import org.apache.spark.sql._
    import org.apache.spark.sql.types._;
    // 用模式字符串生成模式对象
    val schema = StructType(schemaString.split(" ").map(fieldName =>
StructField(fieldName, StringType, true)))
    // 将 RDD（rddCustomers）记录转化成 Row
    val rowRDD = rddCustomers.map(_.split(",")).map(p =>
Row(p(0).trim,p(1),p(2),p(3),p(4)))
    // 将模式应用于 RDD 对象。
    val dfCustomers = sqlContext.createDataFrame(rowRDD, schema)
    // 将 DataFrame 注册为表
    dfCustomers.registerTempTable("customers")
    // 用 sqlContext 对象提供的 sql 方法执行 SQL 语句。
    val custNames = sqlContext.sql("SELECT name FROM customers")
    // SQL 查询的返回结果为 DataFrame 对象，支持所有通用的 RDD 操作。
    // 可以按照顺序访问结果行的各个列。
    custNames.map(t => "Name: " + t(0)).collect().foreach(println)
    // 用 sqlContext 对象提供的 sql 方法执行 SQL 语句。
    val customersByCity = sqlContext.sql("SELECT name,zip_code FROM customers ORDER
BY zip_code")
    // SQL 查询的返回结果为 DataFrame 对象，支持所有通用的 RDD 操作。
    // 可以按照顺序访问结果行的各个列。
    customersByCity.map(t => t(0) + "," + t(1)).collect().foreach(println)
```

Spark SQL 的调优参数可以用来对性能进行调优。例如：

- spark.sql.inMemoryColumnarStorage.compressed：默认值为 true。当设置为 true 时，Spark SQL 将为基于数据统计信息为每列自动选择一个压缩算法。
- spark.sql.inMemoryColumnarStorage.batchSize：默认为 10000，控制列式缓存的批处理大小。大批量可以提高内存的利用率以及压缩率，但有 OOM 的风险。

9.5.3 JDBC 数据源

在 9.5.1 小节中阐述了从一个 JSON 数据源中加载数据为 DataFrame。Spark SQL 还支持 JDBC 数据源，JDBC 数据源可用于通过 JDBC API 读取关系型数据库中的数据。JDBC 数据源能够将结果作为 DataFrame 对象返回，并直接用 Spark SQL 处理或 join 其他数据源。

为了访问某一个关系数据库，需要将其驱动添加到 CLASSPATH，例如：

```
SPARK_CLASSPATH=postgresql-9.3-1102-jdbc41.jar bin/spark-shell
```

访问 JDBC 数据源需要提供以下参数：

- url：待连接的 JDBC URL。
- dbtable：被读的 JDBC 表。
- driver：JDBC 驱动程序的类名。
- partitionColumn、lowerBound、upperBound、numPartitions：指定了多个 Workers 并行读数据时如何读分区表。

Scala 的代码为：

```
val jdbcDF = sqlContext.load("jdbc", Map( "url" -> "jdbc:postgresql:dbserver",
  "dbtable" -> "schema.tablename"))
```

Java 的代码为：

```
Map<String, String> options = new HashMap<String, String>();
options.put("url", "jdbc:postgresql:dbserver");
options.put("dbtable", "schema.tablename");
DataFrame jdbcDF = sqlContext.load("jdbc", options);
```

9.5.4 Hive 数据源

Spark SQL 支持从 Hive 表中读写数据。Spark SQL 支持的功能有：

（1）查询语句：SELECT、GROUP BY、ORDER BY、CLUSTER BY、SORT BY。

（2）Hive 操作的运算：

① 关系运算：= 、==、<>、<、>、>=、<=等。

② 算术运算：+、-、*、/、%等。

③ 逻辑运算：AND、&&、OR、||等。

④ 数学函数：（sign、ln、cos 等）。

⑤ 字符串函数：instr、length、printf 等。

（3）用户自定义函数（UDF）。

（4）用户自定义聚合函数（UDAF）。

（5）用户定义的序列化格式（SerDes）。

（6）join 操作：JOIN、{LEFT|RIGHT|FULL}OUTER JOIN、LEFT SEMI JOIN、CROSS JOIN。

（7）unions 操作。

（8）子查询：SELECT col FROM（SELECT a + b AS col from t1）t2。

（9）抽样（Sampling）。

（10）解释（Explain）。

（11）分区表。

（12）Hive DDL 函数：CREATE TABLE、CREATE TABLE AS SELECT、ALTER TABLE。

（13）Hive 数据类型：TINYINT、SMALLINT、INT、BIGINT、BOOLEAN、FLOAT、DOUBLE、STRING、BINARY、TIMESTAMP、DATE、ARRAY、MAP、STRUCT。

Spark SQL 中的 HiveContext 通过基本的 SQLContext 提供了一系列的方法集，可以从 Hive 表中读取数据时使用。例如：

Scala 代码：

```
    // sc is an existing SparkContext.
    val sqlContext = new org.apache.spark.sql.hive.HiveContext(sc)
    sqlContext.sql("CREATE TABLE IF NOT EXISTS src (key INT, value STRING)")
    sqlContext.sql("LOAD DATA LOCAL INPATH 'examples/src/main/resources/kv1.txt'
INTO TABLE src")
```

Java 代码：

```
    // sc is an existing JavaSparkContext.
    HiveContext sqlContext = new org.apache.spark.sql.hive.HiveContext(sc);
    sqlContext.sql("CREATE TABLE IF NOT EXISTS src (key INT, value STRING)");
    sqlContext.sql("LOAD DATA LOCAL INPATH 'examples/src/main/resources/kv1.txt'
INTO TABLE src");
```

9.6 Spark Streaming

流计算除了使用 Storm 框架，使用 Spark Streaming 也是一个很好的选择。虽然 Storm 保证了实时性，但实现的复杂度大大提高。而 Spark Streaming 能够以准实时的方式容易地实现较为复杂的数据处理。基于 Spark Streaming，可以方便地构建可拓展、高容错的流计算应用程序。

Spark Streaming 是构建在 Spark 上处理 Stream 数据的框架。如图 9-9 所示，它并不会像 Storm 那样一次一个地处理数据流，而是在处理前按时间间隔预先将 Stream 数据切分为一段一段的批处理作业（时间片断为几秒），以类似批量处理的方式来处理这小部分数据。

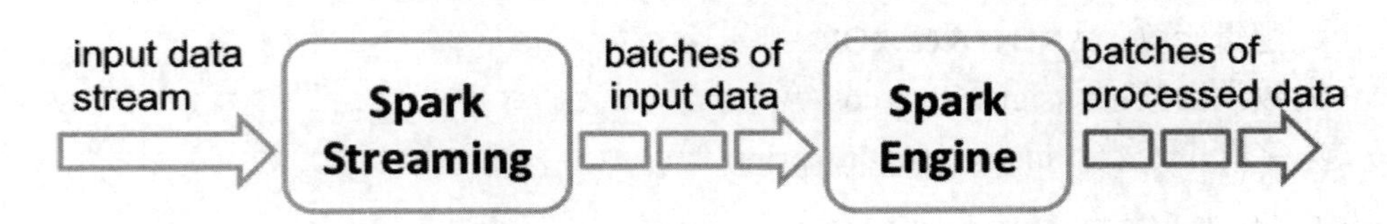

图 9-9 Spark Streaming 工作原理

Spark Streaming 在接受到实时数据后，给数据分批次，然后传给 Spark Engine 处理，最后生成该批次的结果。它支持的持续性数据流叫 DStream（Discretized Stream），直接支持 Kafka、Flume 的数据源。DStream 是一种连续的 RDD。

Spark Streaming 构建在 Spark 上，一方面是因为 Spark 的低延迟执行引擎（100+毫秒）可以用于实时计算，另一方面相比 Storm，Spark 的 RDD 数据集更容易做高效的容错处理。此外，小批量处理的方式使得它可以同时兼容批量和实时数据处理的逻辑和算法。方便了一些需要历史数据和实时数据联合分析的特定应用场合。Spark Streaming 使用 Spark API 进行流计算，在 Spark 上进行流处理与批处理的方式一样。因此，我们可以复用批处理的代码，使用 Spark Streaming 构建强大的交互式应用程序，而不仅仅是用于分析数据。

如图 9-10 所示，Spark Streaming 可以接受来自 Kafka、Flume 和 TCP Socket 等的数据源，使用简单的 API 函数例如 map、reduce、join 等操作，就可以直接使用内置的机器学习算法和图算法包来处理数据。经过处理的结果可以存储在文件系统（如 HDFS）、数据库（如 HBase）等存储系统上。

图 9-10　Spark Streaming 输入输出示意图

9.6.1　DStream 编程模型

下面这个例子帮助大家理解 DStream。这个例子是基于流的单词统计：本地服务器通过 TCP 接收文本数据，实时输出单词统计结果。运行该示例需要 Netcat（在网络上通过 TCP 或 UDP 读写数据），CentOS 6.x 系统中默认没有安装。我们选择 Netcat 0.6.1 版本，在终端中运行如下命令进行下载并安装：

```
wget http://downloads.sourceforge.net/project/netcat/netcat/0.6.1/
netcat-0.6.1-1.i386.rpm -O ~/netcat-0.6.1-1.i386.rpm
sudo rpm -iUv ~/netcat-0.6.1-1.i386.rpm  #安装
```

安装好 Netcat 之后，使用如下命令建立本地数据服务，监听 TCP 端口 9999：

```
#终端 1
nc -l -p 9999
```

启动后，该端口就被占用了，需要开启另一个终端，并运行示例程序，执行如下命令：

```
#终端 2
/usr/local/spark/bin/run-example streaming.NetworkWordCount localhost 9999
```

接着在终端 1 中输入文本，在终端 2 中就可以实时看到单词统计结果了。最后需要关掉终端 2，并按“Ctrl+C”组合键退出终端 1 的 Netcat。

对于上面的基于流的单词统计的例子，下面是其一部分代码：

```
//首先实例化一个 StreamingContext，批次间隔为 1 秒
val ssc = new StreamingContext(sparkConf, Seconds(1));
//调用 StreamingContext 的 socketTextStream，创建一个 DStream，连接到端口
```

```
    val lines = ssc.socketTextStream(serverIP, serverPort);
    // 对获得的DStream进行处理，将每一行数据执行Split操作，切分成单词
    val words = lines.flatMap(_.split(" "));
   // 将每个单词转换为（单词，1）的形式，形成MappedDStream。
    //下面的操作类似RDD的转换操作
    val pairs = words.map(word => (word, 1));
    //使用reduceByKey将相同单词的值计数出来，统计word的数量
    val wordCounts = pairs.reduceByKey(_ + _);
    // 输出结果，也可保存到外部系统上
    wordCounts.print();
    ssc.start();               // 开始
    ssc.awaitTermination();  // 计算完毕退出
```

再来看 StreamingContext 的 socketTextStream 代码：

```
    def socketTextStream(
            hostname: String,
            port: Int,
            storageLevel: StorageLevel = StorageLevel.MEMORY_AND_DISK_SER_2
          ): ReceiverInputDStream[String] = {
          socketStream[String](hostname, port, SocketReceiver.bytesToLines,
storageLevel)
          }
```

上述代码使用 SocketReceiver 的 bytesToLines 把输入流转换成可遍历的数据。继续看 socketStream，可知它通过 new 新建了一个 SocketInputDStream 对象。查看它的继承关系，可知 SocketInputDStream >> ReceiverInputDStream >> InputDStream >> DStream。因此，DStream 是高级抽象连续数据流，一个 DStream 可以看作是一个 RDD 的序列。

下面的程序代码完成了上述的功能：

```
    import org.apache.spark.SparkConf;
    import org.apache.spark.api.java.function.FlatMapFunction;
    import org.apache.spark.api.java.function.Function2;
    import org.apache.spark.api.java.function.PairFunction;
    import org.apache.spark.streaming.Durations;
    import org.apache.spark.streaming.api.java.JavaDStream;
    import org.apache.spark.streaming.api.java.JavaPairDStream;
    import org.apache.spark.streaming.api.java.JavaReceiverInputDStream;
    import org.apache.spark.streaming.api.java.JavaStreamingContext;
    import scala.Tuple2;

    import java.util.Arrays;

    public class SparkStreamingDemo {
       public static void main(String[] args) {
           SparkConf conf = new SparkConf().setMaster("local[2]").setAppName
("NetworkWordCount");
```

```
        JavaStreamingContext jssc = new JavaStreamingContext(conf,
Durations.seconds(10));
        JavaReceiverInputDStream<String> lines = jssc.socketTextStream
("localhost", 9999);

        // Split each line into words
        JavaDStream<String> words = lines.flatMap(
                new FlatMapFunction<String, String>() {
                    public Iterable<String> call(String x) {
                        return Arrays.asList(x.split(" "));
                    }
                });

        // Count each word in each batch
        JavaPairDStream<String, Integer> pairs = words.mapToPair(
                new PairFunction<String, String, Integer>() {
                    public Tuple2<String, Integer> call(String s) {
                        return new Tuple2<String, Integer>(s, 1);
                    }
                });
        JavaPairDStream<String, Integer> wordCounts = pairs.reduceByKey(
                new Function2<Integer, Integer, Integer>() {
                    public Integer call(Integer i1, Integer i2) {
                        return i1 + i2;
                    }
                });

        // Print the first ten elements of each RDD generated in this DStream to
the console
        wordCounts.print();

        jssc.start();               // Start the computation
        jssc.awaitTermination();    // Wait for the computation to terminate
    }
}
```

9.6.2 DStream 操作

类似 RDD，对于 DStream，我们可以进行多种操作：transformation（转换）、状态、output（输出）等。

常见的转换操作有：

- map(func)：对每一个元素执行 func 函数，返回一个新的 DStream。
- flatMap(func)：类似 map 函数，但是可以 map 到 0+个输出。
- filter(func)：过滤，返回一个新的 DStream。
- repartition(numPartitions)：通过增加分区，提高 DStream 的并行度。
- union(otherStream)：合并两个 DStream 的元素为一个新的 DStream。

- count()：统计 DStream 中每个 RDD 元素的个数。
- reduce(func)：对 DStream 中的每个 RDD 进行聚合操作（2 个输入参数，1 个输出参数）。
- countByValue()：针对类型统计，当一个 DStream 的元素的类型是 K 的时候，调用它会返回一个新的 DStream，包含<K, Long> “键-值”对，Long 是每个 K 出现的频率。
- reduceByKey(func, [numTasks])：对于一个(K, V)类型的 DStream，为每个 Key，执行 func 函数；默认时，local 是 2 个线程，cluster 是 8 个线程，也可以指定 numTasks。
- join(otherStream, [numTasks])：把(K, V)和(K, W)的 DStream 连接成一个(K, (V, W))的新 DStream。
- cogroup(otherStream, [numTasks])：把(K, V)和(K, W)的 DStream 连接成一个(K, Seq[V], Seq[W])的新 DStream。
- transform(func)：转换操作，把原来的 RDD 通过 func 转换成一个新的 RDD。

常见的状态操作有：

- updateStateByKey(func)：针对 Key 使用 func 来更新状态和值，返回一个新状态的 DStream，该状态可以为任何值。使用这个操作，我们是希望保存它状态的信息，然后持续地更新它，使用它有两个步骤：（1）定义状态，这个状态可以是任意的数据类型；（2）定义状态更新函数，从前一个状态更改新的状态。
- reduceByKeyAndWindow(func…)：窗口操作，具体见下面的解释。

对于窗口操作，先看个例子。例如前面的 word count 的例子，我们想要每隔 10 秒计算一下最近 30 秒的单词总数。那么可以使用以下语句：

```
    // Reduce last 30 seconds of data, every 10 seconds
    val windowedWordCounts = pairs.reduceByKeyAndWindow(_ + _, Seconds(30),
Seconds(10))
```

上面用到了 window（窗口）的两个参数：

- window length（窗口长度）：窗口的长度是 30 秒，最近 30 秒的数据。
- slice interval：计算的时间间隔。

窗口的作用之一是定期计算滑动时间窗口内的数据。如图 9-11 所示，这个图来自 Spark 官网，上面的部分是 DStream，下面的部分是滑动窗口计算后的 DStream。

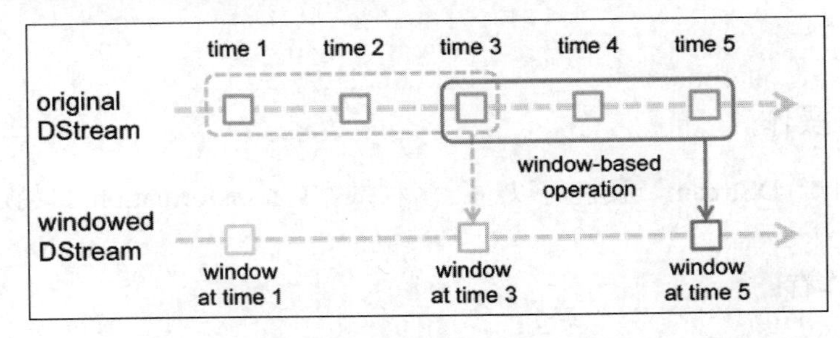

图 9-11　滑动窗口计算

常见的输出操作为：

- print()：打印到控制台。
- foreachRDD(func)：对 DStream 里面的每个 RDD 执行 func，保存到外部系统。

- saveAsObjectFiles(prefix,[suffix])：保存流的内容为 SequenceFile，文件名为"prefix-TIME_IN_MS[.suffix]"。
- saveAsTextFiles(prefix,[suffix])：保存流的内容为文本文件，文件名为"prefix-TIME_IN_MS[.suffix]"。
- saveAsHadoopFiles(prefix, [suffix])：保存流的内容为 Hadoop 文件，文件名为"prefix-TIME_IN_MS[.suffix]"。

Spark Streaming 提供了检查点的功能，实现了容错机制。我们知道，状态的操作是基于多个批次的数据的，它包括基于滑动窗口的操作和 updateStateByKey。因为状态的操作要依赖于上一个批次的数据，所以它要根据时间，不断累积元数据。为了清空数据，Spark Streaming 支持周期性的检查点，是通过把中间结果保存到 HDFS 上来实现的。因为检查操作会导致把中间结果保存到 HDFS 上的开销，所以设置这个时间间隔需要非常慎重。对于小批次的数据，例如 1 秒的，检查操作会大大降低吞吐量。但是检查的间隔太长，又会导致任务变大。通常来说，5~10 秒的检查间隔时间是比较合适的。

```
ssc.checkpoint(hdfsPath)  //设置检查点的保存位置
dstream.checkpoint(checkpointInterval)  //设置检查点的间隔
```

对于必须设置检查点的 DStream，例如通过 updateStateByKey 和 reduceByKeyAndWindow 创建的 DStream，默认设置是至少 10 秒。

9.6.3　性能考虑

对于调优，可以从两个方面考虑：

（1）利用集群资源，减少处理每个批次数据的时间。

（2）给每个批次的数据量设定一个合适的大小。

像一些分布式的数据处理操作，例如 reduceByKey 和 reduceByKeyAndWindow，默认为 8 个并发线程。我们可以提高数据处理的并行度。通过修改参数 spark.default.parallelism 来提高这个默认值。对于接收数据的任务，也可以提高其接收的并行度。

为了使流处理能在集群上稳定地运行，要使处理数据的速度跟上数据流入的速度。最好的方式是计算这个批量的大小，我们首先设置批次数据量的大小（Batch Size）为 5~10 秒和一个很低的数据输入速度。确定系统能跟上数据的输入速度时，我们可以根据经验设置批次的大小，通过查看日志获得总延迟（Total Delay）为多长时间。如果延迟时间（Delay）小于批处理时间（Batch），那么系统是稳定的，如果延迟时间一直增加，说明系统的处理速度跟不上数据的输入速度。

优化内存的使用是非常重要的。DStream 默认的持久化级别是 MEMORY_ONLY_SER，而不是 RDD 的 MEMORY_ONLY。Streaming 会将接收到的数据全部存储于可用的内存区域内，因此对于已经完成处理的数据应该及时清理，以确保 Streaming 有足够的内存。在默认情况下，所有 Spark Streaming 生成的持久化 RDD 都会通过 LRU 算法清除出内存。通过设置 spark.cleaner.ttl，Streaming 就能自动地定期清除旧的内容。但是设置这个参数要很谨慎。另一个方法是设置 spark.streaming.unpersist 为 true 来启用内存清理，减少 RDD 内存的使用，这样有利于提升 GC 的性能。推荐使用并行的“标记再清除”内存垃圾回收机制（Mark-and-Sweep GC）来减少 GC 的突然暂停情况，虽然这样会降低系统的吞吐量，但是这样有助于更稳定地进行批处理。

9.6.4 容错能力

如果全部输入数据是在 HDFS 上，因为 HDFS 是可靠的文件系统，所以不会有任何的数据失效。如果数据来源是网络，例如 Kafka 和 Flume，为了防止失效，默认是数据会保存到 2 个节点的内存中，但是有一种可能性是接受数据的节点“挂”了，那么数据可能会丢失，因为它还没来得及把数据复制到另外一个节点。

为了支持 7×24 不间断的处理，Spark 支持驱动节点失效后重新恢复计算。Spark Streaming 会周期性地把数据写到 HDFS 系统中，就是前面的检查点的那个目录。驱动节点失效之后，StreamingContext 是可以被恢复的。为了让一个 Spark Streaming 程序能够被恢复，它需要执行以下操作：

（1）第一次启动的时候，创建 StreamingContext，创建所有的流（Stream），然后调用 start() 方法。

（2）恢复时，必须通过检查点的数据重新创建 StreamingContext。

下面是一个设置检查点的例子：

```
def functionToCreateContext(): StreamingContext = {
    val ssc = new StreamingContext(...)   // new context
    val lines = ssc.socketTextStream(...)   // create DStreams
    ...
    ssc.checkpoint(checkpointDirectory)  // 设置检查点目录
    …
}
```

第10章 大数据分析

在现实世界中，一些公司正在用数千个特征和数十亿个交易来构建信用卡欺诈检测模型，另一些公司正在向数百万用户智能地推荐数百万产品。这些都是大数据分析的范畴。大数据分析就是来解决海量数据、异构数据等多种问题带来的数据分析难题。

大数据处理包含以下几个方面：数据采集、数据转换和清洗、数据存储、数据检索、数据分析等。根据数据处理的不同阶段，有不同的专业工具来对数据进行不同阶段的处理。在数据转换部分，有专业的ETL工具来帮助完成数据的清洗、提取、转换和加载。去掉无关的数据和不重要的数据，对数据进行相关分类。在数据存储和计算部分，有Hadoop等。在数据可视化部分，需要对数据的计算结果进行分析和展现。一般而言，在分类划分之后，就可以根据具体的分析需求选择模式分析的技术，如路径分析、兴趣关联规则、聚类等。通过模式分析，找到有用的信息。

大数据分析包括：

（1）数据挖掘算法

大数据分析的理论核心就是数据挖掘算法，各种数据挖掘的算法基于不同的数据类型和格式才能更加科学地呈现出数据本身的特点，也正是因为这些被全世界统计学家所公认的各种统计方法才能深入数据内部，挖掘出公认的价值。另外一个方面也是因为有这些数据挖掘的算法才能更快速地处理大数据，如果一个算法得花上好几年才能得出结论，那大数据的价值也就无从说起了。

（2）大数据预测性分析

大数据分析最终要应用的领域之一就是预测性分析，从大数据中挖掘出特点，通过科学的建立模型，之后便可以通过模型带入新的数据，从而预测未来的数据。

（3）可视化分析

大数据分析的使用者有大数据分析专家，同时还有普通用户，但是他们二者对于大数据分析最基本的要求就是可视化分析，因为可视化分析能够直观地呈现大数据特点，同时能够非常容易被读者所接受，就如同看图说话一样简单明了。

还有一点，大数据分析系统的体系架构正发生着根本性的变革。过去10年，大多由IT部门主导大数据分析项目，这些项目高度可控、中心化、IT化。现在，大量的商业用户迫切要求进行交互式分析，希望通过深度分析获取数据洞察力，而他们只有非常有限的 IT 或数据科学技能。一方面 IT 部门需要满足越来越多的数据发现（Data Discovery）的需求，另一方面他们又不想牺牲可控性。无论是 IT 部门主导的数据分析，还是业务部门主导的，大数据分析分为以下几步：

1. 确定分析目标

这些分析目标可能是由一些问题组成，例如一个企业的产品销路不好，那么你可能问："价格太高了？""竞争对手的产品有无独到之处？""竞争对手的产品的目标客户是谁？"，等等。大数据采集依赖于这些问题。例如，你可能需要采集客户的反馈信息，竞争对手的产品规格，等等。总之，我们首先要确定一个清晰的、可评估的目标。

2. 设置评估维度

在数据采集之前一定要确定评估参数。常见的评估参数有：时间维度、评估因子等。

3. 采集数据

原始数据来自不同的数据源。有一个容易让技术人员忽视的是数据采集的预算。例如，银行可能需要运营商的消费数据，从而从一个维度来评估信用卡申请人员的消费金额和信用信息。这样的数据往往需要外部采购来获得。

4. 数据清洗

垃圾数据必然影响分析的质量，所以，我们需要清洗数据。一般情况下，这需要一个自动化的业务流程来清洗。

5. 数据分析

有不同的数据分析技术，如探索性数据分析技术、描述统计法、数据可视化等。

大数据分析市场的一个问题是，有些企业尤其是中小企业还未建立起对数据的正确认识，不太了解数据的真正价值，也不知道如何通过数据来指导运营和业务，这需要一个中长期的培育。而另一方面，我们也看到除了大型机构和大型企业之外，一部分中小企业非常清晰地认识到数据分析的价值，具有非常强烈的建立有效的数据化运营体系的愿望，他们广泛地分布在电商、金融、O2O 等泛互联网行业，他们预测用户行为，并推荐相关产品，提供危险交易预警服务等。我们已经注意到，越来越多的企业构建适配的大数据分析平台，充分发掘数据价值，快速成长为所处行业的佼佼者。

10.1 数据科学

在大数据领域，我们可以把众多的大数据工具（如 Spark、Hadoop 等）比作厨房工具，而数据本身可以比作原材料。那么，只有工具和好的原材料未必能出来一个好菜，这其中缺少一个优秀的厨师。数据科学家就是大数据领域的厨师。数据科学就是利用大数据工具将原始数据变成对不懂数据科学的普通人有价值的东西。数据科学界有几个常识，供大家参考：

（1）成功的大数据分析中绝大部分工作是数据预处理（数据整合）。数据是在不同的系统上，本身还可能是混乱的，在让数据产生价值之前，必须对数据进行清洗、转换、融合、存储和管理。我们有时需要花大量的时间在特征提取和选择上。例如，在信用卡欺诈上，数据科学家需要从许多可能的特征中进行选择。在将这些特征转换成适用于机器学习算法的向量时，每个特征可能会有不同的问题。

（2）迭代与数据科学紧密相关。建模和分析经常要对一个数据集进行多次遍历。数据科学家本身的工作流程也涉及迭代，例如数据科学家往往很难在第一次就得到理想的结果。选择正确的特征，挑选合适的算法，运行恰当的测试，所有这些工作都需要反复试验。

（3）构建好的模型只是成功的一步，而不是全部。模型往往需要定期重建。

在大数据分析场景中，我们要区分试验环境和生产环境。对于试验环境，数据科学家进行探索性分析，他们用各种特征做试验，用辅助数据源来增强数据，他们试验各种算法，希望从中找到一两个有效算法。而对于生产环境，数据科学家进行操作式分析。他们把模型打包成服务，这些服务可以作为决策依据。他们跟踪模型随时间的表现，精心调整模型。值得指出的是，Spark在探索型分析系统和操作型分析系统之间搭起一座桥梁。

10.1.1 探索性数据分析

探索性数据分析（Exploratory Data Analysis，简称EDA）是指对已有的原始数据在尽量少的先验假定下进行探索，通过作图、制表、方程拟合、计算特征量等手段探索数据的结构和规律的一种数据分析方法。特别是当我们对这些数据中的信息没有足够的经验，不知道该用何种传统统计方法进行分析时，探索性数据分析就会非常有效。探索性数据分析在上世纪六十年代被提出，其方法由美国著名统计学家约翰·图基（John Tukey）命名。

EDA的出现主要是在对数据进行初步分析时，往往还无法进行常规的统计分析。这时候，如果分析者先对数据进行探索性分析，辨析数据的模式与特点，并把它们有序地发掘出来，就能够灵活地选择和调整合适的分析模型，并揭示数据相对于常见模型的种种偏离。在此基础上再采用以显著性检验和置信区间估计为主的统计分析技术，就可以科学地评估所观察到的模式或效应的具体情况。概括起来说，分析数据可以分为探索和验证两个阶段。探索阶段强调灵活探求线索和证据，发现数据中隐藏的有价值的信息，而验证阶段则着重评估这些证据，相对精确地研究一些具体情况。在验证阶段，常用的方法是传统的统计学方法，在探索阶段，主要的方法就是EDA，下面我们重点对EDA做进一步的说明。

EDA的特点有三个：

- 在分析思路上让数据说话。传统统计方法通常是先假定一个模型，例如数据服从某个分布（特别常见的是正态分布），然后使用适合此模型的方法进行拟合、分析及预测。但实际上，多数数据并不能保证满足假定的理论分布。因此，传统方法的统计结果常常并不令人满意，使用上受到很大的局限。EDA则可以从原始数据出发，深入探索数据的内在规律，而不是从某种假定出发，套用理论结论，拘泥于模型的假设。
- EDA分析方法灵活，而不是拘泥于传统的统计方法。传统的统计方法以概率论为基础，使用有严格理论依据的假设检验、置信区间等处理工具。EDA处理数据的方式则灵活多样，分析方法的选择完全从数据出发，灵活对待，灵活处理，什么方法可以达到探索和发现的目的就使用什么方法。这里特别强调的是EDA更看重的是方法的稳健性、耐抗性，而不刻意追求概率意义上的精确性。

- EDA 分析工具简单直观，更易于普及。传统的统计方法都比较抽象和深奥，一般人难于掌握，EDA 则更强调直观及数据可视化，更强调方法的多样性及灵活性，使分析者能一目了然地看出数据中隐含的有价值的信息，显示出其遵循的普遍规律及与众不同的突出特点，促进发现规律，得到启迪，满足分析者的多方面要求，这也是 EDA 对于数据分析的主要贡献。

10.1.2 描述统计

描述统计是来描绘（Describe）或总结（Summarize）所采集到的数据，通过图表形式对所收集的数据进行加工处理和显示，进而通过综合概括与分析得出反映客观现象的规律性数量特征。常用的工具有：平均数（Mean）、中位数（Median）、众数（Mode）、几何平均数（Geometric Mean）、全距（Range）、平均偏差（Average Deviation）、标准偏差（Standard Deviation）、相对偏差（Relative Deviation）、四分位差（Quartile Deviation）等。

10.1.3 数据可视化

有时，我们辛辛苦苦分析了一堆大数据，出来很多报表，但是客户没看懂！如果你正着手于从数据中洞察出有用信息，那需要用到“数据可视化”。俗话说，一图胜千言。良好的可视化有助于用户获取数据的多维度透视视图。

数据可视化是指将大型数据集中的数据以图形、图像形式表示，并利用数据分析和开发工具发现其中未知信息的处理过程。数据可视化工具基本以表格、图形等可视化元素为主，数据可进行过滤、钻取、数据联动、跳转、高亮等分析手段做动态分析。可视化工具可以提供多样的数据展现形式，多样的图形渲染形式，丰富的人机交互方式，支持商业逻辑的动态脚本引擎等等。

基于 Reporting（统计报表）去指导业务的需求虽然还存在，目前最显著的改变却是如何二者兼之，尤其是满足新的 Business-User-Driven（业务用户驱动）的需求。这些需求不再使用传统的、IT-Centric（以 IT 为中心）的企业级平台，转而采用去中心化的数据发现（Data Discovery）部署，如今这种部署在企业里随处可见。Gartner 估算，超过 1/2 的购买需求来自于 Data-Discovery-Driven（数据发现驱动）。这种去中心化模型让更多商业用户获取到了数据分析能力，同时也产生了对可控的数据发现方法的需求。这是一个持续了多年的转变。IT-centric BI（以 IT 为中心的商业智能）平台正越来越多地被 Business-User-Driven 和交互式分析项目替换。这个转变的目标，是让更大范围的用户和更多的场景能获取到数据分析能力。

随着企业通过可管控的数据发现方法建设 BI（Business Intelligence，商业智能）平台，很多商业用户以 Self-service（自服务）的模式去访问 IT 部门把控的数据源。当前的趋势是，更大范围地接入用户尤其是非传统 BI 用户，以扩展数据分析的应用尤其是通过深度分析产生洞察。很多数据分析整合来自内部和外部的多结构化数据。对 BI 厂商来说，整合线上和线下的、多结构化的、流式的数据，已经成为很重要的功能。还要支持社交和网络分析、情绪分析、机器学习。新的挑战和机会来自于将这些多源数据融合并管理起来，以产生商业价值。

本节将聚焦在一些通用的数据库可视化技术，帮助您能打造可视化层。下面是一些基本原则：

- 确保可视化层显示的数据都是从最后的汇总输出表中取得的数据。这么做可以避免直接读取整个原始数据。这不仅最大限度地减少数据传输，而且当用户在线查看报告时还有助于避免性能卡顿问题。

- 充分利用可视化工具的缓存。缓存可以对可视化层的整体性能有提升。
- 物化视图是可以提高性能的另一个重要的技术。
- 大部分可视化工具允许通过增加线程数来提高请求响应的速度。如果资源足够、访问量较大时，这是提高系统性能的好办法。
- 尽量提前将数据进行预处理，如果一些数据必须在运行时计算，则将运行时计算简化到最小。
- 可视化工具可以按照各种各样的展示方法对应不同的读取策略，这包括离线模式或者在线连接模式。每种服务模式都是针对不同场景设计的。

近年来，随着大数据时代的来临，数据可视化产品已经不再满足于使用传统的数据可视化工具来对数据仓库中的数据抽取、归纳并简单的展现。大数据可视化产品必须快速的收集、筛选、分析、归纳、展现决策者所需要的信息，并根据新增的数据进行实时更新。因此，在大数据时代，数据可视化工具必须具有以下特性：

- 实时性：数据可视化工具必须适应大数据时代数据量的爆炸式增长需求，必须快速地收集分析数据、并对数据信息进行实时更新。
- 简单操作：数据可视化工具满足快速开发、易于操作的特性，能满足互联网时代信息多变的特点。
- 更丰富的展现：数据可视化工具需具有更丰富的展现方式，能充分满足数据展现的多维度要求。

企业获取数据可视化功能主要通过编程和非编程两类工具实现。主流编程工具包括以下三种类型：从艺术的角度创作的数据可视化，比较典型的工具是 Processing.js，它是为艺术家提供的编程语言。从统计和数据处理的角度，R 语言是一款典型的工具，它本身既可以做数据分析，又可以做图形处理。介于两者之间的工具，既要兼顾数据处理，又要兼顾展现效果，D3.js 是一个不错的选择。像 D3.js 这种基于 JavaScript 的数据可视化工具更适合在互联网上互动地展示数据。D3.js 是数据驱动文件（Data-Driven Documents）的缩写，它通过使用 HTML/CSS 和 SVG 来渲染精彩的图表和分析图。D3 对网页标准的强调足以满足在所有主流浏览器上使用的可能性，它可以将视觉效果很棒的组件和数据驱动方法结合在一起。

非编程类工具除了微软公司的 Excel 之外，还有：

- FusionCharts：不仅有漂亮的图表，还能制作出生动的动画、巧妙的设计和丰富的交互性。它在 PC 端、Mac、iPad、iPhone 和 Android 平台都可兼容，具有很好的用户体验一致性，同时也适用于所有的网页和移动应用。FusionCharts 套件提供了超过 90 种图表和图示，例如漏斗图、热点地图、放缩线图和多轴图等。
- Dygraphs：这是一款快捷灵活的开源 JavaScript 图表库。它具有极强的交互性，例如缩放、平移和鼠标悬停等都是默认动作。Dygraphs 也是高度兼容的，所有的主流浏览器都可正常运行。还可以在手机和平板设备上使用双指缩放。
- Datawrapper：只需 4 步就可以创建出图表和地图。这款工具将数据可视化的时间从几小时减少到了几分钟。它的操作非常简单，只需上传数据，选择一个图表或地图，然后点击发布就可以了。Datawrapper 是为用户的需求定制化而存在的，版式和视觉效果都可以按照用户的样式规范进行调整。
- Leaflet：是为移动端交互地图所做的开源 JavaScript 库，其中包含了大部分在线地图开发人员都需要的特征。Leaflet 被设计为简单易用、性能优良的工具。归功于 HTML 5 和 CSS 3，它得以支持所有主流电脑和移动平台。它还有大量可供选择的插件能安装。

- Tableau Public：是一款操作简便的 App，它可以轻松帮你创建可视化作品。只需打开数据，用 Tableau 桌面版来进一步探索。然后，把可视化内容存储在用户的 Tableau Public 在线文件空间，最后，将它们放进网站或博客（Blog）系统即可。
- Google Charts：能为网站提供完美的数据可视化处理。从简单的折线图到复杂的分级树形图，它的图表库里提供了海量的模板可供选择。所有的图表样式都是使用数据库表类（DataTable class）来填充数据的，这意味着用户可以在挑选表现效果的时候轻松转换表格类型。
- Raw：是一款开放的 Web 应用程序（App），可以按需创作矢量图形可视化作品。它是使用 LGPL 许可的定制项目，允许随意下载并修改。但是 Raw 只是 Web 应用程序，用户所上传的数据只能用网页浏览器处理，因此没有实质性服务器端数据交互。用户可将可视化作品导出为矢量图形（SVG）格式或者 PNG 格式。
- iCharts：是基于云端的趋势预测视觉分析平台，它可以快速地将复杂的商业信息、大规模调查数据和动态数据研究的结果可视化。它非常的快速简便，但却可以根据实时数据创造出富有冲击力的视觉智能图像，并且可以带来全方位信息聚合和信息对比。
- HighCharts：通过 HighCharts，用户可以为网站项目制作交互式图表。它的用户非常广泛（全世界最大的 100 家公司里面有 61 家以及成千上万的开发人员都在使用）。HighCharts 是建立在 HTML 5 上的，在现代的浏览器（包括移动、平板设备）上运行，也支持过时的 IE 浏览器（IE6 之后的都可以）。它同时也是动态的，用户可以自由添加、移除、修改数据列（Series）和关键点（Point）。这款 App 支持多种类型的图表：折现图、样条曲线、面积图、曲线面积图、柱状图、条状图、饼状图和散点图，等等。
- InstantAtlas：可以创建交互式动态分配图报告，并结合统计数据和地图数据来优化数据可视化效果。
- Visual.ly：是一个综合图库和信息图表生成器。它的工具很简单，却可创造出不错的数据展示作品。
- Polymaps：是可同时使用位图和 SVG 矢量地图的 JavaScript 库。它为地图提供了多级缩放数据集，并且可支持矢量数据的多种视觉表现形式。
- Power BI：可将数据转换为漂亮的视觉对象，并在任何设备上与同事共享。它可在一个视图中直观浏览和分析本地数据和云端数据，协作并共享自定义仪表板和交互式报表。如图 10-1 所示是 Power BI 实例。

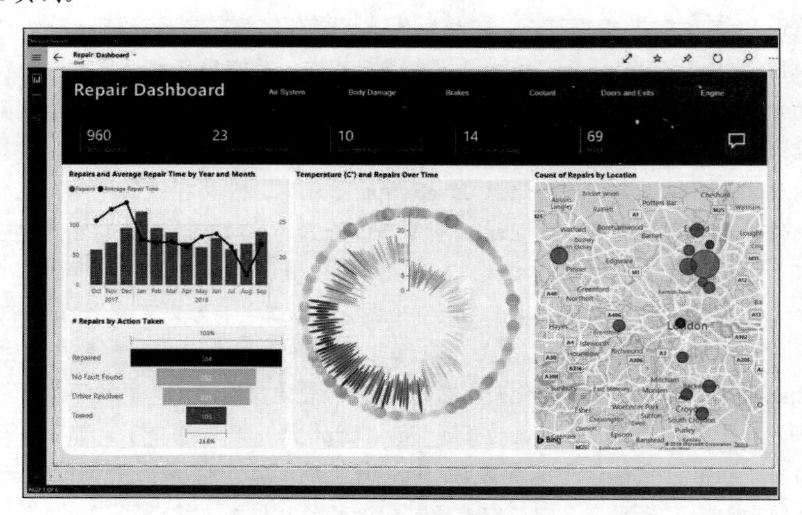

图 10-1 Power BI 实例

10.2 预测分析

预测分析就是挖掘采集来的海量数据，从中预测未来的行为模式和趋势。金融行业给每个客户的信用打分（Credit Score）就是预测分析的一个使用场景。除了金融行业，其他行业的预测产品也非常火热。

预测分析的一个最经典的例子就是英国科学家高尔顿在 19 世纪发现的趋均数回归（Regression to the Mean）。他按大小将豌豆种子分开种植，结果发现，虽然下一代的种子往往和父辈很相像，但总体来看，它们的平均大小更接近平均水平。一个异常的结果后将会紧跟着出现一个预期接近平均值的结果，这被称为“均值回归”。如果这种均值回归不存在的话，那么大的豌豆就会繁殖出更大的豌豆，小的豌豆就会繁殖出更小的豌豆，如此这样，这个世界就会只有侏儒和巨人。大自然会使每一代变得愈发畸形，最终达到我们无法想象的极端。

趋均数回归就是早期的预测模型，它意味着知道了一个值就大体知道了另一个值。如果知道一颗新豌豆的大小，根据这种关联关系，我们就能更准确地估计其后代的大小。经过一百多年统计学的发展，随着现代机器学习的出现，我们依旧把以“某些值”预测“另外某个值”的思想称为回归，即使它已经和“向均数回归”没有任何关系。“回归”是预测一个数值型数量，例如大小、收入等。而“分类”是预测标签（Label），即类别。例如判断某个邮件为垃圾邮件。回归和分类都是通过一个或更多值预测另一个（或更多）值。为了能够作出预测，两者都需要从一组输入和输出中学习预测规则。在学习过程中，需要告诉它们问题以及问题的答案，它们都属于监督式学习的范畴。

10.2.1 预测分析实例

预测分析是运用各种定性和定量的分析理论与方法，对事物未来发展的趋势和水平进行判断和推测的一种活动。预测分析包含了多种模型，其中最常用的模型是预测模型。我们来看一个实际的例子。随着互联网的发展，人们越来越习惯于在网上搜索电影信息。Google 公司发现，电影相关的搜索量与票房收入之间存在很强的关联。据此，Google 公布了电影票房预测模型，这个预测模型是大数据分析技术在电影行业的一个重要应用。该模型能够提前一个月预测电影上映首周的票房收入，准确度高达 94%。Google 票房预测模型的基础是将电影相关的搜索量与票房收入进行关联。Google 采用了如下三类指标：

- 电影预告片的搜索量
- 同系列电影前几部的票房表现
- 档期的季节性特征

其中每类指标又包含了多项类内指标。在获取到每部电影的这些指标后，Google 构建了一个线性回归模型（Linear Regression Model）来建立这些指标和票房收入的关系。图 10-2 展示了模型的效果，横轴是预告片搜索量，纵轴是首周票房收入，灰色圆点代表了实际的票房收入，红色方块代表了预测的票房收入。可以看到，预测结果与实际结果非常接近。

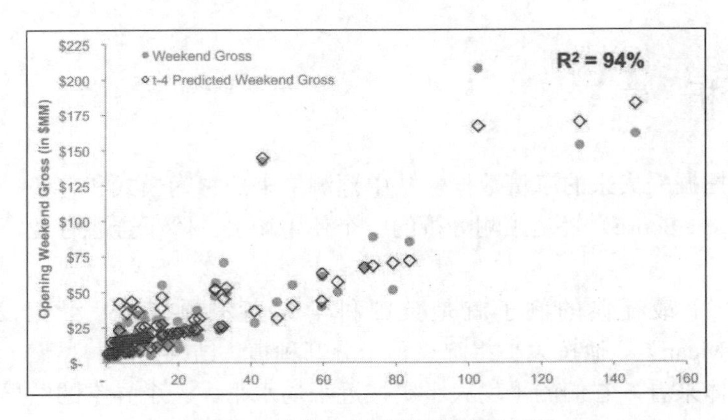

图 10-2　提前一个月预测票房的结果

Google 采用的是数据分析中最简单的模型之一：线性回归模型。首先，线性模型虽然简单，但已经达到了很高的准确度（94%）。简单且效果好，是我们在实际应用中一直追求的。其次，简单的模型易于被人们理解和分析。大数据分析技术的优势正是能够从大量数据中挖掘出人们可以理解的规律，从而加深对行业的理解。正是因为 Google 使用了线性预测模型，所以它很容易对各项指标的影响做出分析。例如 Google 的报告中给出了这样的分析结论："距离电影上映一周的时候，如果一部影片比同类影片多获得 25 万搜索量，那么该片的首周票房就很可能比同类影片高出 430 万美元"。对于电影的营销来说，掌握各项指标对票房收入的影响，可以优化营销策略，降低营销成本。Google 的报告中指出，用户一般会通过多达 13 个渠道来了解电影的信息。票房预测模型的出现无疑使得营销策略的制定更加有效。票房预测模型的公布，让业内人士再次见证了大数据的成功应用。近年来，大数据在电影行业的应用越来越引起关注，例如此前 Google 利用搜索数据预测了奥斯卡获奖者。

大数据分析的本质，在于通过数据，更精准地挖掘用户的需求。而谁能掌握用户的需求，谁就可以引领行业的发展。Google 的票房预测模型，本质上也是通过搜索量，挖掘出用户对电影的需求有多大，进而预测出票房收入。值得注意的是，Google 的模型基于的只是宏观的搜索量的统计，对用户需求的挖掘相对表面。如何从搜索数据中更深地挖掘用户的需求将是未来的趋势之一。

既然大数据分析的核心是挖掘用户需求，所以一大核心问题是：哪些用户的需求是可以从数据中挖掘到的？要知道，并不是任何需求都可以被挖掘到，或者说可以被精准地挖掘到。能够通过大数据分析挖掘到的需求，一般是符合行业经验的，应当是业内人士觉得可以被挖掘的（有时候，挖掘出的需求可能会超出行业经验，甚至产生颠覆性的影响）。Google 的预测模型的基本假设，是符合行业直觉的，即电影的搜索量越大，往往票房收入越大。模型能够提前一个月预测票房，也符合行业经验，正如 Google 的一项行业调研揭示的：大多数观众会在电影首映 4 周前去了解电影。数据分析技术，是把这种模糊的行业经验，变得更科学，变得更精准。而这一过程，很可能会深层次地改变电影行业。

10.2.2　回归（Regression）分析预测法

回归分析预测法是在分析某一个现象的自变量和因变量之间相关关系的基础上，建立变量之间的回归方程，并将回归方程作为预测模型，根据自变量在预测期的数量变化来预测因变量，因此，回归分析预测法是一种重要的预测方法，当我们在对某一个现象未来发展状况和水平进行预测时，如果能将影响预测对象的主要因素找到，并且能够取得其数量资料，就可以采用回归分析预测法进行预测。它是一种具体的、行之有效的、实用价值很高的常用市场预测方法。

回归分析预测法有多种类型。依据相关关系中自变量的个数不同分类，可分为一元回归分析预测法和多元回归分析预测法。在一元回归分析预测法中，自变量只有一个，而在多元回归分析预测法中，自变量有两个以上。依据自变量和因变量之间的相关关系不同，可分为线性回归预测和非线性回归预测。回归分析预测法的步骤是：

1. 根据预测目标，确定自变量和因变量

明确预测的具体目标，也就确定了因变量。如预测具体目标是下一年度的销售量，那么销售量 Y 就是因变量。通过市场调查和查阅资料，寻找与预测目标的相关影响因素，即自变量，并从中选出主要的影响因素。

2. 建立回归预测模型

依据自变量和因变量的历史统计资料进行计算，在此基础上建立回归分析方程，即回归分析预测模型。

3. 进行相关分析

回归分析是对具有因果关系的影响因素（自变量）和预测对象（因变量）所进行的数理统计分析处理。只有当变量与因变量确实存在某种关系时，建立的回归方程才有意义。因此，作为自变量的因素与作为因变量的预测对象是否有关，相关程度如何，以及判断这种相关程度的把握性多大，就成为进行回归分析必须要解决的问题。进行相关分析，一般要求出相关关系，以相关系数的大小来判断自变量和因变量相关的程度。

4. 检验回归预测模型，计算预测误差

回归预测模型是否可用于实际预测，取决于对回归预测模型的检验和对预测误差的计算。回归方程只有通过各种检验，且预测误差较小，才能将回归方程作为预测模型进行预测。

5. 计算并确定预测值

利用回归预测模型计算预测值，并对预测值进行综合分析，确定最后的预测值。

回归分析预测法是一类比较经典，也比较实用的预测方法。正是由于它经典，因此也就成熟，再加上比较容易理解，运用也就比较广泛。相比之下，其中的线性回归预测法和非线性回归预测法的运用更广些。在实际使用过程中，如果在选择具体的方法和模型时能对数据作较为详细的分析，预测结果也就会比较令人满意的。

10.3　机器学习

2016 年 3 月，Google 公司的 DeepMind 团队开发的 AlphaGo 系统击败了围棋冠军。DeepMind 后来发布了 AlphaGo Master，并在 2017 年 3 月击败了排名第一的柯洁。2017 年 10 月，DeepMind 发表在 Nature 的论文详细介绍了 AlphaGo 的另一个新版本—AlphaGo Zero，它以 100-0 击败了最

初的 AlphaGo 系统。这几年的人机围棋大战突显了机器学习和机器思考的威力。其实，如今的商业决策越来越依赖于预测数据。与数据预测相关的数据科学分支中有不少大家所熟知的方法：机器学习、预测分析和人工智能。在业界，机器学习和预测分析这两个术语有时被交替使用。对于机器学习而言，有很多与其相关的用例：

- 产品推荐
- 客户流失预测
- 欺诈监测和预防
- 信用和风险管理

10.3.1 机器学习的定义

在维基百科上对机器学习提出以下几种定义：

- 机器学习是一门人工智能的科学，该领域的主要研究对象是人工智能，特别是如何在经验学习中改善具体算法的性能。
- 机器学习是对能通过经验自动改进的计算机算法的研究。
- 机器学习是用数据或以往的经验，以此优化计算机程序的性能标准。

为了帮助大家理解什么是机器学习，让我们先来看一个简单的故事。假定我们有一个诊疗机器人，它负责看病，下面可能是机器和病人的一段“对话”：

机器人：您哪不舒服？
患者：发热。
机器人弹出两百多个诊断。

患者：最高 39 度多。
机器人删掉十几个诊断，还剩一百九十多个。

机器人：早上发热还是下午还是晚上？
患者：傍晚时候最明显，早上不怎么发热。
机器人又删掉十几个诊断，还剩一百七十多。

机器人：咳嗽吗？
患者：不咳。
机器人又删掉十几个诊断，还剩一百六十多。
……

症状描述完后，机器人共列举了 48 个诊断。

机器人：好的，现在请您进行血常规、尿常规、大便常规、肝功能、肾功能、血糖、血电解质、凝血功能、超敏 C 反应蛋白、降钙素原、免疫全套、抗核抗体、抗中性粒细胞胞浆抗体、血沉、感染四项、血培养、痰培养、尿培养、头部 CT、胸部 CT、上腹部 CT……等检查，鉴别诊断。
患者：啊!!!

显然，上面的诊疗机器人会给患者带来很多麻烦。这个机器人还需要更多地模拟医生的学习行为，获取新的知识，不断改善自身的性能。最著名的诊疗机器人当属 IBM 公司于 2007 年开始研发的沃森机器人，沃森运用大量的临床病例，可在短时间内分析可能的结果，并协助医生做出治疗建议，大大减少了医生疏忽的机会。沃森不仅可以即时让医师参考诊断与治疗方式，针对可能的疾病做深入的问诊，更可以有效减少医疗纠纷，缩小判断误差。

机器学习包含算法、模型和评估三个部分。机器学习是数据通过算法构建出模型并对模型进行评估，评估的性能如果达到要求就拿这个模型来测试其他的数据，如果达不到要求就要调整算法来重新建立模型，再次进行评估，如此循环往复，最终获得满意的经验来处理其他的数据。

10.3.2 机器学习分类

机器学习按照学习形式进行分类，可分为监督式学习、无监督式学习、半监督式学习和强化学习。我们先介绍几个术语。给定的数据集，可能包含以下几类字段：

- 特征（Feature）：该类别描述了数据的属性，例如年龄、教育、婚否、职业、收入、性别等都可能是某一个数据集的特征。这些特征可分为两大类：类别型特征（如性别）和数值型特征（如年龄）。
- 标签（Label）：该类别描述了一些已知结果，其中结果与给定的一组特征有关。例如风险类别就是标签。通过包含标签字段，我们使用算法找出一些特征与最终收入之间的关系。这个算法就是一个监督式学习算法。
- 标识（Identifier）：该类别描述了数据集中可以唯一标示数据的字段。

1. 监督式学习

为了进行预测，需要从历史数据中获取大量的输入和相应的、已知正确的数据输出。整个输入输出数据集称为训练数据集。监督式学习就是从给定的训练数据集中学习一个函数（模型），当新的数据到来时，可以根据这个函数（模型）预测结果。监督式学习的训练集要求包括输入和输出，也可以说是特征和目标。训练集中的目标是由人标注（标量）的。在监督式学习下，输入数据被称为“训练数据”，每组训练数据有一个明确的标识或结果，如在防垃圾邮件系统中“垃圾邮件”“非垃圾邮件”，在手写数字识别系统中的“1”“2”“3”等。

在建立预测模型时，监督式学习建立一个学习过程，将预测结果与“训练数据”的实际结果进行比较，不断调整预测模型，直到模型的预测结果达到一个预期的准确率。常见的监督式学习算法包括回归分析和统计分类。回归问题的目标为数值型特征，而分类问题的目标为类别型特征。二元分类是机器学习要解决的基本问题，将测试数据分成两个类，如垃圾邮件的判别、房贷是否允许等问题的判断。多元分类是二元分类的逻辑延伸。例如，在互联网的流分类的情况下，根据问题的分类，网页可以被归类为体育、新闻、技术等，依此类推。

监督式学习常常用于分类，因为目标往往是让计算机去学习我们已经创建好的分类系统。数字识别再一次成为分类学习的常见样本。一般来说，对于那些有用的分类系统和容易判断的分类系统，分类学习都适用。

监督式学习是训练神经网络和决策树的最常见技术。神经网络和决策树技术高度依赖于事先确定的分类系统给出的信息。对于神经网络来说，分类系统用于判断网络的错误，然后调整网络去适应它；对于决策树，分类系统用来判断哪些属性提供了最多的信息，如此一来可以用它解决分类系统的问题。

2. 无监督式学习

与监督式学习相比，无监督式学习的训练集没有预先标注好的分类标签。在无监督式学习中，数据并不被特别标识，学习模型是为了推断出数据的一些内在结构。常见的应用场景包括关联规则的学习以及聚类等。常见算法包括 Apriori 算法和 K-Means 算法。

非监督式学习看起来非常困难：目标是我们不告诉计算机怎么做，而是让它（计算机）自己去学习怎样做一些事情。非监督式学习一般有两种思路：第一种思路是在指导 Agent 时不为其指定明确的分类，而是在成功时采用某种形式的激励制度。需要注意的是，这类训练通常会置于决策问题的框架里，因为它的目标不是产生一个分类系统，而是做出最大回报的决定。这种思路很好地概括了现实世界，Agent 可以对那些正确的行为做出激励，并对其他的行为进行处罚。

因为无监督式学习假定没有事先分类的样本，这在一些情况下会非常强大，例如，我们的分类方法可能并非最佳选择。在这方面一个突出的例子是人机围棋大战，计算机程序通过非监督式学习自己一遍又一遍地玩这个围棋游戏，变得比最强的人类棋手还要出色。这些程序发现的一些原则甚至令围棋专家都感到惊讶，并且它们比那些使用预分类样本训练的围棋程序工作得更出色。

3. 半监督式学习

半监督式学习是介于监督式学习与无监督式学习之间一种机器学习方式，它主要考虑如何利用少量的标注样本和大量的未标注样本进行训练和分类的问题。半监督式学习对于减少标注代价，提高学习机器性能具有非常重大的实际意义。主要算法有：基于概率的算法；在现有监督算法基础上进行修改的方法；直接依赖于聚类假设的方法等等。在半监督式学习方式下，输入数据部分被标识，部分没有被标识，这种学习模型可以用来进行预测，但是模型首先需要学习数据的内在结构，以便合理地组织数据来进行预测。应用场景包括分类和回归，算法包括一些对常用监督式学习算法的延伸，这些算法首先试图对未标识数据进行建模，在此基础上再对标识的数据进行预测，如图论推理算法（Graph Inference）或者拉普拉斯支持向量机（Laplacian SVM）等。半监督式学习分类算法提出的时间比较短，还有许多方面没有更深入的研究。

4. 强化学习

强化学习通过观察来学习动作的完成，每个动作都会对环境有所影响，学习对象根据观察到的周围环境的反馈来做出判断。在这种学习模式下，输入数据作为对模型的反馈，不像监督式学习模型那样，输入数据仅仅是作为一个检查模型对错的方式，在强化学习下，输入数据直接反馈到模型，模型必须对此立刻做出调整。常见的应用场景包括动态系统以及机器人控制等。常见算法包括 Q-Learning 以及时间差学习（Temporal Difference Learning）。

在企业数据应用的场景下，人们最常用的可能就是监督式学习和非监督式学习的模型。在图像识别等领域，由于存在大量的非标识的数据和少量的可标识数据，目前半监督式学习是一个很热的话题。而强化学习更多地应用在机器人控制及其他需要进行系统控制的领域。

10.3.3 机器学习算法

简单来说，有两类机器学习算法，分别是监督式学习和无监督式学习。这两种算法的区别是训练模型和构建模型的方法的不同。对于监督式学习来说，其训练集包括特征和目标。对于无监督式学习来说，其构建模型不需要给定目标值，而是使用算法在数据中寻找目标。机器学习的基本假设是：过去发生的事情在将来也会以类似的方式发生，许多机器学习算法尝试提取那些数据特征集中隐藏的概念，然后使用这些概念来预测未来相似的事件。

机器学习算法是由普通的算法演化而来。通过自动地从提供的数据中学习，它会让你的程序变得更“聪明”。我们以机器学习中的经典故事“挑芒果”来解释机器学习技术。假定你从市场上的芒果里随机的抽取一定的样品（训练数据），制作一张表格，上面记着每个芒果的物理属性，例如颜色、大小、形状、产地、卖家等等（这些称之为特征）。还记录下这个芒果甜不甜，是否多汁，是否成熟（输出变量）。你将这些数据提供给一个机器学习算法（分类算法/回归算法），然后它就会学习出一个关于芒果的物理属性和它的质量之间关系的模型。下次你再去超市，只要测测那些芒果的特性（测试数据），然后将它输入一个机器学习算法。算法将根据之前计算出的模型来预测芒果是甜的、熟的、并且还是多汁的。该算法内部使用的规则其实就是类似决策树。

机器学习的一个优势是你可以让你的模型随着时间越变越好（增强学习），当它读进更多的训练数据，它就会更加准确，并且在做了错误的预测之后自我修正。这就是所谓的机器学习。

目前机器学习被广泛应用于信用卡欺诈、医疗大数据分析、语音识别、人脸识别等领域。在这些领域，输入数据和输出结果的关系比较复杂，因此，需要给机器提供一些测试数据，让机器自己学习到输入数据和输出结果之前的关联关系（模型）。根据算法的功能和形式的类似性，我们可以把算法分类，例如说基于树的算法，基于神经网络的算法等等。当然，机器学习的范围非常庞大，有些算法很难明确归类到某一类。而对于有些分类来说，同一分类的算法可以针对不同类型的问题，下面用一些相对比较容易理解的方式来分类一些主要的机器学习算法：

（1）构造条件概率：回归分析和统计分类

- 人工神经网络
- 决策树
- 高斯过程回归
- 线性判别分析
- 最近邻居法
- 支持向量机

（2）通过再生模型构造概率密度函数

- 最大期望算法
- 概率图模型：包括贝叶斯网和马可夫（Markov）随机场
- 生成拓扑映射（Generative Topographic Mapping）

（3）近似推断技术

- 马尔可夫链蒙特卡罗方法
- 变分法

机器学习首先被用在人工智能领域，用于提升机器的自我学习能力。最近几年机器学习才被用于大数据分析领域。大数据分析（数据挖掘）受到很多学科领域的影响，其中机器学习、统计学无疑影响最大，它们提供了数据分析技术。统计学界提供的很多技术通常都要在机器学习界进一步研究，变成有效的机器学习算法之后才能再进入数据挖掘领域，而机器学习则是数据挖掘的支撑技术。同时，数据挖掘还有自身独特的内容，例如关联分析。

10.3.4 机器学习框架

开源的机器学习平台能够让开发者将复杂的数据传输给已有的框架中进行分析和处理，缩短了开发时间，提升了训练效果。现有的框架可以是某种编程环境中的程序包，或者一款成熟的机器学习商业软件。

1. Sci-Kit learn

Sci-Kit learn 是一个针对机器学习的强大 Python 库，主要用于构建模型。使用诸如 Numpy、SciPy 和 Matplotlib 等其他库构建，对于统计建模技术（如分类、回归、集群等）非常有效。Sci-Kit learn 的特性包括监督式学习算法、非监督式学习算法和交叉验证。它的官网是：http://scikit-learn.org/。它的优点是可以使用许多 Shell 算法，提供高效的数据挖掘，它的缺点是它不是最好的模型构建库，对 GPU 的使用并不高效。

Python 中有完备的机器学习库 sklearn，它整合了现有的众多传统的机器学习模型，这些模型的算法已经在程序包中编写好，用户无需知道算法的原理，也无需懂得模型的含义，甚至无需会编程，即可调用程序包、执行并得到我们需要的结果。整个过程不过只是几行代码，就像把大象放到冰箱一样，只需三步。下面我们以 Python 为例，来看看它如何解决机器学习经典案例——泰坦尼克（Titanic）沉船生存预测的。

Pclass	Age	SibSp	Parch	Fare	male	Q	S	NoAge
3	22	1	0	7.25	1	0	1	0
1	38	1	0	71.2833	0	0	0	0
3	26	0	0	7.925	0	0	1	0
1	35	1	0	53.1	0	0	1	0
3	35	0	0	8.05	1	0	1	0
3	0	0	0	8.4583	1	1	0	1
1	54	0	0	51.8625	1	0	1	0
3	2	3	1	21.075	1	0	1	0
3	27	0	2	11.1333	0	0	1	0
2	14	1	0	30.0708	0	0	0	0
3	4	1	1	16.7	0	0	1	0
1	58	0	0	26.55	0	0	1	0
3	20	0	0	8.05	1	0	1	0

- 特征集 X

Survived
1
1
1
0
0
0
0

（续）

Survived
1
1
1
1
0
0

- **标签数据 Y**

```
from sklearn.ensemble import RandomForestClassifier
```

好比从图书馆中获得需要的工具材料。

第一步：读取程序包

这里我们读取的是随机森林（Random Forest）模型：

```
model = RandomForestClassifier(n_estimators=12)
```

建立了一个模型，名为 model，这个 model 要用随机森林模型。

第二步：声明模型

告诉电脑我们要用的模型是什么，要用哪种方法解决问题：

```
model = model.fit(X, Y)
```

经过这一步，model 记住了数据，并获得了预测能力。

第三步：训练模型

给声明了种类的模型“喂”数据，让模型自主学习数据。这里 X，Y 分别为数据的特征和标签：

```
Y_hat = model.predict(X')
```

让 model 对未知标签数据进行预测。

第四步：模型预测

让训练好的模型去“完成任务”，即预测新数据的标签。

Predict
1
1
1
0
0
0
0
1
1
1

（续）

Predict
1
0
0

- 预测数据 Y'

对于不熟悉模型的人，只需记住这几行代码，也可完整地使用并运行这个模型。代码当中并没有多少需要理解的部分或者需要预先掌握的知识，基本都是 sklearn 的预设格式。实际上，sklearn 可以用于绝大多数传统机器学习模型，并且只需在这几行代码上稍作改动即可。

2. Spark MLlib

Apache 的 Spark MLlib 是一个具有高度拓展性的机器学习库。它在 Java、Scala、Python 甚至 R 语言中都非常有用，因为它使用 Python 和 R 中类似 Numpy 这样的库，能够进行高效的交互。MLlib 可以很容易地插入到 Hadoop 工作流程中，它提供了机器学习算法，如分类、回归、聚类等。这个强大的库在处理大规模的数据时，速度非常快。它的官网是：https://spark.apache.org/mllib/。

Spark MLlib 的优点是，对于大规模数据处理来说，非常快，可用于多种语言。它的缺点是，陡峭的学习曲线，仅 Hadoop 支持即插即用。我们将在 10.4.5 节中给出一个 MLlib 的代码范例。

3. TensorFlow

Google 公司的 TensorFlow 是一个可用于构建机器学习模型的平台，它是一种基于图的通用计算框架。以下是用 tf.estimator 实现的线性分类程序（伪代码）：

```
import tensorflow as tf

# 设置一个线性分类器
classifier = tf.estimator.LinearClassifier(feature_columns)
# 使用样本数据训练模型
classifier.train(input_fn=train_input_fn, steps=2000)
# 训练后，就可以用于预测了
predictions = classifier.predict(input_fn=predict_input_fn)
```

10.4 算法

“如何分辨出垃圾邮件”“如何判断一笔交易是否属于欺诈”“如何判断一个细胞是否属于肿瘤细胞”等等，这些问题都属于数据挖掘（Data Mining）的范畴，都很专业，都不太好回答。本节从数据挖掘的角度来深入了解算法，并通过现实中触手可及的、活生生的案例，去诠释它的真实存在。一般来说，数据挖掘的算法主要包含四种类型，即分类、预测、聚类、关联。前两种属于有监督式学习，后两种属于无监督式学习，属于描述性的模式识别和发现。监督式学习，即存在目标变量，需要探索特征变量和目标变量之间的关系，在目标变量的监督下学习和优化算法。例如，信用评分模型就是典型的监督式学习，目标变量为“是否违约”。算法的目的在于研究特征变量（人口统计、资产属性等）和目标变量之间的关系。

无监督式学习是指不存在目标变量，基于数据本身去识别变量之间内在的模式和特征。例如关联分析，通过数据发现项目A和项目B之间的关联性。例如聚类分析，通过距离，将所有样本划分为几个稳定可区分的群体。这些都是在没有目标变量监督下的模式识别和分析。

10.4.1 分类算法

分类算法和预测算法的最大区别在于，前者的目标变量是分类离散型（例如，是否逾期、是否肿瘤细胞、是否垃圾邮件等），后者的目标变量是连续型。一般而言，具体的分类算法包括：逻辑回归、决策树、KNN、贝叶斯判别、SVM、随机森林、神经网络等。我们通过两个案例来深入了解分类算法。一个是垃圾邮件的分类和判断，另外一个是肿瘤细胞的判断和分辨。

1. 垃圾邮件的判别

邮箱系统如何分辨一封电子邮件（E-Mail）是否属于垃圾邮件？这应该属于文本挖掘的范畴，通常会采用朴素贝叶斯的方法进行判别。它的主要原理是：根据邮件正文中的单词是否经常出现在垃圾邮件中来进行判断。例如，如果一份邮件的正文中包含“报销”“发票”“促销”等词汇时，该邮件被判定为垃圾邮件的概率将会比较大。

一般来说，判断邮件是否属于垃圾邮件，应该包含以下几个步骤：

（1）把邮件正文拆解成单词组合，假设某篇邮件包含100个单词。

（2）根据贝叶斯条件概率，计算一封已经出现了这100个单词的邮件，属于垃圾邮件的概率和正常邮件的概率。如果结果表明，属于垃圾邮件的概率大于正常邮件的概率，那么该邮件就会被划为垃圾邮件。

2. 医学上的肿瘤判断

如何判断细胞是否属于肿瘤细胞呢？肿瘤细胞和普通细胞有差别，但是这需要非常有经验的医生，通过病理切片才能判断。如果通过机器学习的方式，使得系统自动识别出肿瘤细胞。此时的看病效率，将会得到飞速的提升。并且，通过主观（医生）+客观（模型）的方式识别肿瘤细胞，结果交叉验证，结论可能更加靠谱。那么，如何操作呢？通过分类模型识别。简言之，包含两个步骤：

（1）通过一系列指标刻画细胞特征，例如细胞的半径、质地、周长、面积、光滑度、对称性、凹凸性等等，构成细胞特征的数据。

（2）在细胞特征列表的基础上，通过搭建分类模型进行肿瘤细胞的判断。

分类算法包含二元分类、多元分类等多种算法。分类算法属于监督式学习，使用标签已知的样本建立一个分类函数或分类模型，应用分类模型，能把数据库中的标签未知的数据进行归类。分类在数据挖掘中是一项重要的任务，目前在商业上应用最多，常见的典型应用场景有流失预测、精确营销、客户获取、个性偏好等。

10.4.2 预测算法

预测类算法，其目标变量一般是连续型变量。常见的算法，包括线性回归、回归树、神经网络、SVM等。本节主要介绍两个案例。即通过化学特性判断和预测红酒的品质。另外一个是通过搜索引擎来预测和判断股价的波动和趋势。

1. 红酒品质的判断

如何评鉴红酒？有经验的人会说，红酒最重要的是口感。而口感的好坏，受很多因素的影响，例如年份、产地、气候、酿造的工艺等等。但是，统计学家并没有时间去品尝各种各样的红酒，他们觉得通过一些化学属性特征就能够很好地判断红酒的品质了。现在很多酿酒企业其实也都这么干了，通过监测红酒中化学成分的含量，从而控制红酒的品质和口感。那么，如何判断和评鉴红酒的品质呢？

（1）首先收集很多红酒样本，整理检测他们的化学特性，例如酸性、含糖量、氯化物含量、硫含量、酒精度、PH 值、密度，等等。

（2）然后通过分类回归树模型进行预测和判断红酒的品质和等级。

2. 搜索引擎的搜索量和股价波动

Google 公司发现，互联网关键词的搜索量（例如流感）会比疾控中心提前 1 到 2 周预测出某地区流感的爆发。同样，现在也有些学者发现了这样一种现象，即公司在互联网中搜索量的变化，会显著影响公司股价的波动和趋势，即所谓的投资者注意力理论。该理论认为，公司在搜索引擎中的搜索量，代表了该股票被投资者关注的程度。因此，当一只股票的搜索频数增加时，说明投资者对该股票的关注度提升，从而使得该股票更容易被个人投资者购买，进一步地导致股票价格上升，带来正向的股票收益。这是已经得到无数论文验证了的。

10.4.3 聚类算法

聚类算法属于非监督式学习，它是研究分类问题的一种统计分析方法。它通常被用于探索性的分析，是根据“物以类聚”的原理，将本身没有类别的样本聚集成不同的组，这样的一组数据对象的集合叫作簇，并且对每一个这样的簇进行描述的过程。它的目的是使得属于同一簇的样本之间应该彼此相似，而不同簇的样本应该足够不相似，常见的典型应用场景有客户细分、客户研究、市场细分、价值评估。广泛使用的聚类算法有 K-Means 聚类算法。

聚类的目的就是实现对样本的细分，使得同组内的样本特征较为相似，不同组的样本特征差异较大。常见的聚类算法包括 K-Means、系谱聚类、密度聚类等。对客户的细分，可以采用聚类分析。这能够有效地划分出客户群体，使得群体内部成员具有相似性，但是群体之间存在差异性。其目的在于识别不同的客户群体，然后针对不同的客户群体，精准地进行产品设计和推送，从而节约营销成本，提高营销效率。

例如，针对商业银行中的零售客户进行细分，基于零售客户的特征变量（人口特征、资产特征、负债特征、结算特征），计算客户之间的距离。然后，按照距离的远近，把相似的客户聚集为一类，从而有效地细分客户。将全体客户划分为诸如，理财偏好者、基金偏好者、活期偏好者、国债偏好者、风险均衡者、渠道偏好者等。

K-Means（K 均值聚类）是应用最广泛的聚类算法，它试图在数据集中找出 k 个簇群，这里 k 值由数据科学家指定。Spark MLlib 提供了 K-Means 的实现类，例如：

```
import org.apache.spark.mllib.clustering._
......
val kmeans = new KMeans()
```

```
kmeans.setK(k)
val model = kmeans.run(data)
model.clusterCenters.foreach(println)
```

上面这个代码首先建立了 K-Means 模型，然后输出每个簇的质心。

10.4.4　关联分析

关联分析的目的在于找出项目（Item）之间内在的联系。常常是指购物篮分析，即消费者常常会同时购买哪些产品（例如游泳裤、防晒霜），从而有助于商家的捆绑销售。

啤酒尿布是一个经典的关联分析的故事。故事是这样的，沃尔玛公司发现一个非常有趣的现象，即把尿布与啤酒这两种风马牛不相及的商品摆在一起，能够大幅增加两者的销量。原因在于，美国的妇女通常在家照顾孩子，所以她们常常会嘱咐丈夫在下班回家的路上为孩子买尿布，而丈夫在买尿布的同时又会顺手购买自己爱喝的啤酒。沃尔玛从数据中发现了这种关联性，因此将这两种商品并置，从而大大提高了关联销售。啤酒尿布主要讲的是产品之间的关联性，如果大量的数据表明，消费者购买 A 商品的同时，也会顺带着购买 B 产品。那么 A 和 B 之间存在关联性。在超市中，常常会看到两个商品的捆绑销售，很有可能就是关联分析的结果。

啤酒与尿布的故事很好地解释了数据挖掘中的关联规则挖掘的原理。我们也以这个故事来解释关联规则挖掘的基本概念。下面表 10-1 中的每一行代表一次购买清单（注意你购买十盒牛奶也只计一次，即只记录某个商品的出现与否）。数据记录的所有项的集合称为总项集，上表中的总项集 S={牛奶，面包，尿布，啤酒，鸡蛋，可乐}。

表 10-1　五次购买清单

时间（TID）	商品（Item）
T1	{牛奶，面包}
T2	{面包，尿布，啤酒，鸡蛋}
T3	{牛奶，尿布，啤酒，可乐}
T4	{面包，牛奶，尿布，啤酒}
T5	{面包，牛奶，尿布，可乐}

1. 关联规则、自信度、自持度的定义

关联规则就是有关联的规则，形式是这样定义的：两个不相交的非空集合 X、Y，如果有 X→Y，就说 X→Y 是一条关联规则。举个例子，在上面的表中，我们发现购买啤酒就一定会购买尿布，{啤酒}→{尿布}就是一条关联规则。关联规则的强度用支持度（Support）和自信度（Confidence）来描述。

- 支持度的定义：support(X→Y) = |X 交 Y|/N=集合 X 与集合 Y 中的项在一条记录中同时出现的次数/数据记录的个数。例如 Support({啤酒}→{尿布}) = 啤酒和尿布同时出现的次数/数据记录数 = 3/5=60%。
- 自信度的定义：confidence(X→Y) = |X 交 Y|/|X| = 集合 X 与集合 Y 中的项在一条记录中同时出现的次数/集合 X 出现的个数。例如 Confidence({啤酒}→{尿布}) = 啤酒和尿布同时出现的次数/啤酒出现的次数=3/3=100%；confidence({尿布}→{啤酒}) = 啤酒和尿布同时出现的次数/尿布出现的次数 = 3/4 = 75%。

这里定义的支持度和自信度都是相对的支持度和自信度，不是绝对支持度，绝对支持度 abs_support = 数据记录数 N*support。支持度和自信度越高，说明规则越强，关联规则挖掘就是挖掘出满足一定强度的规则。

2. 关联规则挖掘的定义与步骤

关联规则挖掘的定义：给定一个交易数据集T，找出其中所有支持度 support ≥ min_support、自信度 confidence ≥ min_confidence 的关联规则。

有一个简单的方法可以找出所需要的规则，那就是穷举项集的所有组合，并测试每个组合是否满足条件，一个元素个数为n的项集的组合个数为2n-1（除去空集），所需要的时间复杂度明显为O(2N)。对于普通的超市，其商品的项集数在1万以上，用指数级的时间复杂度的算法不能在可接受的时间内解决问题。快速挖出满足条件的数据项集的关联规则才是关联挖掘需要解决的主要问题。仔细想一下，我们会发现对于{啤酒→尿布}，{尿布→啤酒}这两个规则的支持度实际上只需要计算{尿布，啤酒}的支持度，即它们交集的支持度。于是我们把关联规则的挖掘分两步进行：

（1）生成频繁项集：这一阶段找出所有满足最小支持度的项集，找出的这些项集称为频繁项集。

（2）生成规则：在上一步产生的频繁项集的基础上生成满足最小自信度的规则，产生的规则称为强规则。

关联规则挖掘所花费的时间主要是在生成频繁项集上，因为找出的频繁项集往往不会很多，利用频繁项集生成规则也就不会花太多的时间，而生成频繁项集需要测试很多的备选项集，如果不加优化，所需的时间是 $O(2^N)$。

3. Apriori 定律

为了减少频繁项集的生成时间，应该尽早地消除一些完全不可能是频繁项集的集合，Apriori 的两条定律就是用于此用途的：

- Apriori 定律1：如果一个集合是频繁项集，则它的所有子集都是频繁项集。举例来说，假设一个集合{A,B}是频繁项集，即A、B同时出现在一条记录的次数大于等于最小支持度 min_support，则它的子集{A},{B}出现次数必定大于等于 min_support，即它的子集都是频繁项集。
- Apriori 定律2：如果一个集合不是频繁项集，则它的所有超集都不是频繁项集。举例来说，假设集合{A}不是频繁项集，即A出现的次数小于 min_support，则它的任何超集如{A,B}出现的次数必定小于 min_support，因此其超集必定也不是频繁项集。

利用这两条定律，我们抛掉很多的候选项集，Apriori 算法就是利用这两个定理来实现快速挖掘频繁项集的。

4. Apriori 算法

Apriori 算法是一个先验法，其实就是二级频繁项集是在一级频繁项集的基础上产生的，三级频繁项集是在二级频繁项集的基础上产生的，以此类推。Apriori 算法属于候选消除算法，是一个生成候选集、消除不满足条件的候选集、并不断循环直到不再产生候选集的过程。

5. FpGrowth 算法

Apriori 算法利用频繁集的两个特性，过滤了很多无关的集合，效率提高不少，但是我们发现

Apriori 算法是一个候选消除算法，每一次消除都需要扫描一次所有数据记录，造成整个算法在面临大数据集时显得无能为力。FpGrowth 算法的效率就要比 Apriori 算法的效率高很多。FpGrowth 算法通过构造一个树结构来压缩数据记录，使得挖掘频繁项集只需要扫描两次数据记录，而且该算法不需要生成候选集合，所以效率会比较高。

10.4.5 决策树

本节将对机器学习领域中经典的分类和回归算法——随机森林（Random Forest）进行介绍。随机森林算法是机器学习、计算机视觉等领域内应用极为广泛的一个算法，它不仅可以用来做分类，也可用来做回归即预测，随机森林算法由多个决策树构成，相比于单个决策树算法，它分类、预测效果更好，不容易出现过度拟合的情况。

随机森林算法基于决策树。决策树是数据挖掘与机器学习领域中一种非常重要的分类器，算法通过训练数据来构建一棵用于分类的树，从而对未知数据进行高效分类。举个相亲的例子来说明什么是决策树、如何构建一个决策树及如何利用决策树进行分类。某相亲网站通过调查相亲历史数据发现，女孩在实际相亲时的表现如表 10-2 所示。

表 10-2 女孩在实际相亲时的表现

序　号	城市拥有房产	婚姻历史（离过婚、单身）	年收入（单位：万元）	见面（是、否）
1	是	单身	12	是
2	否	单身	15	是
3	是	离过婚	10	是
4	否	单身	18	是
5	是	离过婚	25	是
6	是	单身	50	是
7	否	离过婚	35	是
8	是	离过婚	40	是
9	否	单身	60	是
10	否	离过婚	17	否

通过上表的历史数据可以构建如图 10-3 所示的决策树。

如果网站新注册了一个用户，他在城市无房产、年收入小于 35 万元且离过婚，则可以预测女孩不会跟他见面。通过上面这个简单的例子可以看出，决策树对于现实生活具有很强的指导意义。通过该例子，我们也可以总结出决策树的构建步骤：

（1）将所有记录看作是一个节点。

（2）遍历每个变量的每种分割方式，找到最好的分割点。

（3）利用分割点将记录分割成两个子节点 C1 和 C2。

（4）对子节点 C1 和 C2 重复执行步骤（2）和（3），直到满足特定条件为止。

在构建决策树的过程中，最重要的是如何找到最好的分割点，那怎样的分割点才算是最好的呢？如果一个分割点能够将整个记录准确地分为两类，那该分割点就可以认为是最好的，此时被分成的两类是相对来说是最“纯”的。例如前面的例子中“在城市拥有房产”可以将所有记录分两类，所有为“是”的都可以划为一类，而为“否”的则都被划为另外一类。所有按“是”划分后的类是最“纯”的，因为所有在城市拥有房产的单身男士，不管他是否离过婚、年收入多少都会见面；而所有按“否”划分后的类，又被分为两类，其中有见面的，也有不见面的，因此它不是很纯的，但就整体分类为“否”而言，它又是最纯的。在上述例子中，可以看到决策树既可以处理连续型变量也可以处理名称型变量。连续型变量如年收入，它可以用“≥”“>”“<”或“≤”作为分割条件；而名称型变量如城市是否拥有房产，值是有限的集合，即为“是”“否”两种，它采用“=”作为分割条件。

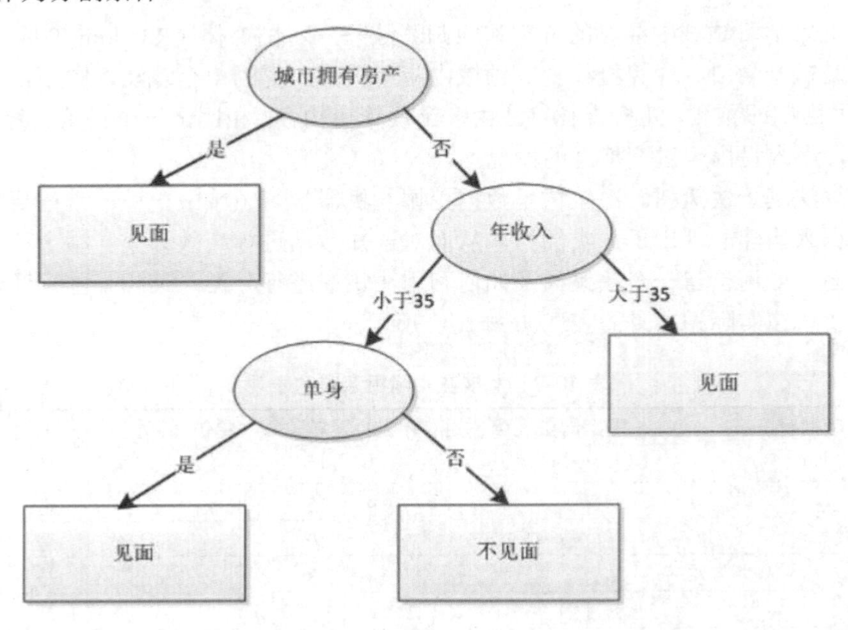

图 10-3　决策树

在前文提到，寻找最好的分割点是通过量化分割后类的纯度来确定的，目前有三种纯度计算方式，分别是 基尼不纯度（Gini Impurity）、熵（Entropy）及错误率。关于这些计算方式的更多内容，读者可参考算法的专业书籍。

决策树算法负责为每层生成可能的决策规则。对于数值型特征，决策采用特征“≥”值的形式。对于类别型特征，决策采用特征在（值 1，值 2，…）中的形式。因此，要尝试的决策规则集合实际是可以嵌入决策规则中的一系列值。

决策树的构建是一个递归的过程，理想情况下所有的记录都能被精确分类，即生成决策树叶节点都有确定的类型，但现实中这种条件往往很难满足，这使得决策树在构建时可能很难停止。即使构建完成，也常常会使得最终的节点数过多，从而导致过度拟合（Overfitting），因此在实际应用中需要设定停止条件，当达到停止条件时，直接停止决策树的构建。但这仍然不能完全解决过度拟合问题，过度拟合的典型表现是决策树对训练数据错误率很低，而对测试数据其错误率却非常高。过度拟合常见原因有：（1）训练数据中存在噪声；（2）数据不具有代表性。过度拟合的典型表现是决策树的节点过多，因此实际中常常需要对构建好的决策树进行枝叶裁剪（Prune Tree），但它不能解决根本问题，随机森林算法的出现能够较好地解决过度拟合问题。

随机森林算法由多个决策树构成的森林，算法分类结果由这些决策树投票得到，决策树在生成的过程中，分别在行方向和列方向上添加随机过程，行方向上构建决策树时采用放回抽样

（Bootstraping）得到训练数据，列方向上采用无放回随机抽样得到特征子集，并据此得到其最优切分点，这便是随机森林算法的基本原理。随机森林是一个组合模型，内部仍然是基于决策树，同单一的决策树分类不同的是，随机森林通过多个决策树投票结果进行分类，算法不容易出现过度拟合问题。

我们再来看一个案例来说明随机森林的具体应用。一般银行在贷款之前都需要对客户的还款能力进行评估，但如果客户数据量比较庞大，信贷审核人员的压力会非常大，此时常常会希望通过计算机来进行辅助决策。随机森林算法可以在该场景下使用，例如可以将原有的历史数据输入到随机森林算法中进行数据训练，利用训练后得到的模型对新的客户数据进行分类，这样便可以过滤掉大量的无还款能力的客户，如此便能极大地减少信贷审核人员的工作量。数据如表 10-3 所示。

表 10-3　客户的还款能力评估数据

记　录　号	是否拥有房产（是/否）	婚姻情况（单身、已婚、离婚）	年收入（单位：万元）	是否具备还款能力（是、否）
10001	否	已婚	10	是
10002	否	单身	8	是
10003	是	单身	13	是
……	……	……	……	……
11000	是	单身	8	否

将表中所有数据转换后，保存为样本数据（sample_data.txt），该数据用于训练随机森林。我们将测试数据保存为 input.txt。使用 Spark MLlib 的代码如下：

```
object RandomForstExample {
   def main(args: Array[String]) {
      val sparkConf = new SparkConf().setAppName("RandomForestExample").
                      setMaster("spark://sparkmaster:7077")
      val sc = new SparkContext(sparkConf)
      val data: RDD[LabeledPoint] = MLUtils.loadLibSVMFile(sc,
                                    "/data/sample_data.txt")
      val numClasses = 2
      val featureSubsetStrategy = "auto"
      val numTrees = 3
      val model: RandomForestModel =RandomForest.trainClassifier(data,
                 Strategy.defaultStrategy("classification"),numTrees,
                 featureSubsetStrategy,new java.util.Random().nextInt())
      val input: RDD[LabeledPoint] = MLUtils.loadLibSVMFile(sc,
                                     "/data/input.txt")
      val predictResult = input.map {
         point => val prediction = model.predict(point.features)
               (point.label, prediction)
      }
      //打印输出结果，在 spark-shell 上执行以查看结果
      predictResult.collect()
      //将结果保存到 HDFS
      //predictResult.saveAsTextFile("/data/predictResult")
```

```
        sc.stop()
    }
}
```

上述代码既可以打包后利用 spark-summit 提交到服务器上执行，也可以在 spark-shell 上执行以查看结果。

10.4.6 异常值分析算法

前面的四种算法类型（分类、预测、聚类、关联）是比较传统和常见的。还有其他一些比较有趣的算法分类和应用场景，例如协同过滤、异常值分析、社会网络、文本分析等。

基于异常值分析算法的一个案例就是支付中的交易欺诈侦测。当我们刷信用卡支付时，系统会实时判断这笔刷卡行为是否属于盗刷。通过判断刷卡的时间、地点、商户名称、金额、频率等要素进行判断。这里面基本的原理就是寻找异常值。如果您的刷卡被判定为异常，这笔交易可能会被终止。

异常值的判断，应该是基于一个欺诈规则库的。可能包含两类规则，即事件类规则和模型类规则：

- 事件类规则：例如刷卡的时间是否异常（凌晨刷卡）、刷卡的地点是否异常（非经常所在地刷卡）、刷卡的商户是否异常（被列入黑名单的套现商户）、刷卡金额是否异常（是否偏离正常均值的三倍标准差）、刷卡频次是否异常（高频密集刷卡）。
- 模型类规则：通过算法判定交易是否属于欺诈。一般通过支付数据、卖家数据、结算数据，构建模型进行分类问题的判断。

异常检测就是找出不寻常的情况。如果已经知道“异常”代表什么含义，我们就能通过监督式学习检测出数据集中的异常。在一些应用中，我们要能够找出以前从未见过的新型异常，如新欺诈方式。这些应用要用到非监督式学习技术，通过学习，它们知道什么是正常输入，因此能够找出与历史数据有差异的新数据。这些新数据不一定是欺诈，它们只是不同寻常，因此值得我们做进一步调查。

10.4.7 协同过滤（推荐引擎）算法

协同过滤算法常被应用于推荐系统，这些技术旨在补充“用户-商品”关联矩阵中所缺失的部分，例如 ALS 推荐引擎算法。基于协同过滤的案例之一就是电商“猜你喜欢”推荐引擎。电商中的“猜你喜欢”，应该是大家最为熟悉的。在京东商城或者亚马逊购物，总会有“猜你喜欢”“根据您的浏览历史记录精心为您推荐”“购买此商品的顾客同时也购买了**商品”“浏览了该商品的顾客最终购买了**商品”，这些都是推荐引擎运算的结果。一般来说，电商的“猜你喜欢”（即推荐引擎）都是在协同过滤算法（Collaborative Filter）的基础上，搭建了一套符合自身特点的规则库。该算法会同时考虑其他顾客的选择和行为，在此基础上搭建产品相似性矩阵和用户相似性矩阵。基于此，找出最相似的顾客或最关联的产品，从而完成产品的推荐。我们再举一个例子。假定我们有一个数据集，它记录了用户和歌唱家（歌曲）之间的播放信息，其中包括播放的次数，但是数据集中没有包含用户和歌唱家的更多信息。那么，根据两个用户播放过许多相同歌曲来判断他们可能都喜欢某首歌，这叫作协同过滤。ALS 就是一个推荐引擎算法。Spark MLlib 实现了 ALS 算法。

10.5 大数据分析总体架构

大数据分析是从海量的原始数据抽取出有价值的信息，是将大数据转换成信息的过程。主要对所输入的各种形式的海量数据进行加工分析，其过程包含对数据的收集、存储、加工、分类、归并、计算、排序、转换、检索和可视化的全过程。大数据分析离不开数据质量和数据管理，高质量的数据和有效的数据管理，才能保证分析结果的真实和具有价值。另外，非结构化数据的多元化给大数据分析带来新的挑战，我们需要一套工具系统去综合管理结构化和非结构化数据。

大数据平台包含了大数据的收集整理、组织、存储、维护、检索、传送等操作服务，是大数据分析的基础平台，而且是所有大数据分析过程中必有的共同平台。大数据分析因业务的不同而不同，有时需要根据业务的需要来编写应用程序加以解决。

大数据平台比较复杂，由于可利用的数据呈爆炸性增长，且数据的种类繁杂，所以，我们不仅要使用数据，而且要有效地管理数据。这就需要一个通用的、使用方便且高效的平台管理软件，把数据有效地管理起来。数据分析与数据管理是相联系的，数据管理技术的优劣将对数据分析的效率产生直接影响。

无论是企业还是政府，他们的信息化存在基础设施和系统建设分散，应用“烟囱”和数据“孤岛”林立，所以，大数据建设需要加强顶层设计和统筹协调，完善标准体系，统一基础设施建设，推动信息资源整合互联和数据开放共享，促进业务协同，推进大数据创新应用，保障数据安全。大数据分析需要以大数据平台为核心，统筹整合内外数据资源，边整合边应用（见图10-4）。

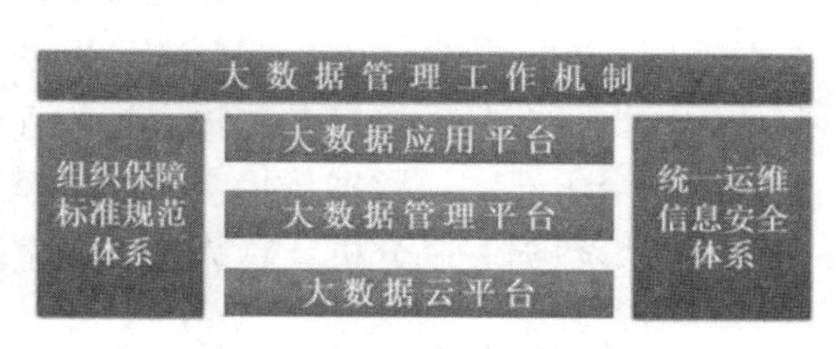

图10-4 大数据建设框架

如图10-4所示，大数据总体架构为“一个机制、两套体系、三个平台”。一个机制即大数据管理工作机制，两套体系即组织保障和标准规范体系、统一运维和信息安全体系，三个平台即大数据云平台、大数据管理平台和大数据应用平台。具体来说：

- 一个机制：大数据管理工作机制包括数据共享开放、业务协同等工作机制，以及大数据科学决策、精准监管和公共服务等创新应用机制，促进大数据形成和应用。大数据管理工作机制健全了大数据标准规范体系，保障了数据准确性、一致性和真实性，强化了安全防护，保障了信息安全。
- 两套体系：组织保障和标准规范体系为大数据建设提供组织机构、人才资金及标准规范等体制保障；统一运维和信息安全体系为大数据系统提供稳定运行与安全可靠等技术保障。
- 三个平台：大数据平台分为基础设施层、数据资源层和业务应用层。其中，云平台是集约化建设的IT基础设施层，实施网络资源、计算资源、存储资源、安全资源的集约建设、集中管理、整体运维，为大数据处理和应用提供统一基础支撑服务；大数据平台是数据资源层，为大数据应用提供统一数据采集、处理等支撑服务；大数据应用平台是业务应用层，为大数据在各领域的分析应用提供综合服务。

10.5.1 大数据平台和大数据分析的关系

大数据分析需要大数据平台，这是因为：

1. 信息孤岛期待数据整合

烟囱式的系统建设导致政府和企业建设了多个相互独立的系统，这些系统之间由于是不同厂商开发，而且分属不同时间段开发，相互之间没有统一的数据交互标准，导致许多数据没有统一规划，无法有效交互，导致同一数据分散管理，含义不同。大数据平台可以帮助政府和企业建设系统交互标准，实现数据的统一存储和管理。

大数据的核心是利用技术，把“数据”这个资源充分利用起来，让其发挥其应有的作用，为企业的发展、政府的服务提供价值。要想实现上述大数据的价值，首先要做的就是如何规划和整合所有业务系统的数据。大数据平台自然而然成为了基础和核心。

2. 渐进式的大数据分析系统建设需要大数据平台

没有人能够在初期就完全规划好所有大数据分析应用系统的建设，这就注定了应用系统建设是一个渐进式的过程，每新建一个应用系统无可避免的需要从已有系统中获取数据才能实现有效集成。而传统方式是每个新系统的上线都需要所有系统的开发商为其定制化开发接口，大大提高了系统开发复杂度、提高了项目费用、延后了项目工期。有了大数据平台后，当新系统上线时不再需要已有系统提供数据接口，而是在数据平台上通过参数的设置简单地实现从已有系统上实时获取数据。

3. 更大深度地挖掘数据的价值需要大数据平台

大数据平台为政府和企业建设集中统一的大数据平台，从各个业务系统中实时获取数据进行加工处理，发现数据中蕴含的巨大价值。

大数据平台是数据资源传输交换和存储管理的平台，为大数据分析应用提供统一的数据层。大数据平台主要实现数据传输交换、管理监控、共享开放等基本功能，支撑分布式计算、流式数据处理、大数据关联分析、趋势分析、空间分析，支撑大数据应用产品的研发。

10.5.2 大数据平台的核心功能

大数据平台主要包含了以下三大核心功能：

1. 推进数据资源全面整合共享

提升数据资源获取能力。加强数据资源规划，明确数据资源采集目标，建立数据采集目录，避免重复采集，逐步实现“一次采集，多次应用”。利用物联网、移动互联网等新技术，拓宽数据获取渠道，创新数据采集方式。

加强数据资源整合。破除数据孤岛，建立信息资源目录体系，实现系统内数据资源整合集中和动态更新，建设各类基础数据库。通过政府数据统一共享交换平台接入人口基础信息库、法人单位资源库、自然资源和空间地理基础库等其他国家基础数据资源。拓展吸纳外部合作单位和互联网关联数据，形成信息资源中心，实现数据互联互通。

推动数据资源共享服务。明确各部门数据共享的范围边界和使用方式，厘清各部门数据管理及共享的义务和权力，制定数据资源共享管理办法，编制数据资源共享目录。提供灵活多样的数据检索服务，形成向平台直接获取为主、部门间数据交换获取为辅的数据共享机制，提高数据共享的管理和服务水平。

推进数据开放。建立数据开放目录，推动政府向社会开放部分数据，提高数据开放的规范性和权威性。

2. 增强数据管理水平

按照行业数据标准规范体系，建立平台级数据和业务标准模型，保障数据准确性、一致性、真实性和权威性。建立统一的访问机制，合理规范业务数据的使用方式与范围。

建立集中统一的信息安全管理平台，明确数据采集、传输、存储、使用、开放等各环节的信息安全范围边界、责任主体和使用权限。落实信息安全等级保护等国家信息安全制度。增强数据资源和应用系统等的安全保障能力。

实施数据管理制度，明确各部门数据的有效期和时效性，加强数据版本化管理，增强数据加密能力，提供数据多维归类功能，强化原始数据的不可更改性，提供数据行为审计。

提供数据处理流程引擎，为各类数据的处理提供可配置的标准处理流程。

3. 支撑创新大数据分析

为数据资源开发与应用提供统一的访问服务，创新大数据分析与应用，支撑精细化分析和实时可视化表达，增强趋势分析和预警能力，为决策和管理提供数据支持，提高管理决策预见性、针对性和时效性。

提供自动多维归类功能，加强各类数据的关联分析，包括与外部数据资源（如合作单位数据、互联网数据、购买数据）融合利用和信息服务，提高业务处理能力。利用跨部门的数据资源，支撑定量化、可视化评估实施成效。

快速搜集和处理涉及业务风险、突发事件、社会舆论等海量数据，综合利用各部门的数据，开展大数据统计分析，构建大数据分析模型，建设大数据应用，提升决策等能力。

10.5.3 DMP

DMP，全名为“Data-Management Platform”，即“数据管理平台”，是利用大数据技术从海量杂乱的数据中抽取出有价值信息的重要基础设施。DMP 是专门针对广告投放的数据管理平台，几乎所有的大型广告公司都将它用于与 DSP（Demand-Side Platform）配合来优化广告投放效果。

随着数据时代的到来，DMP 开始从早期广告服务平台逐步演变成为企业客户营销的核心引擎。DMP 更多被定义为能统一抽取公司各业务离散的数据，并进行科学分析来支撑决策的技术性平台。DMP 能够整合集成各类基础业务数据，如客户数据、会员数据、ERP 数据、DEM 数据、用户在网页和 APP 上的访问数据等，并利用模型算法来帮助行业客户从海量数据中挖掘到有价值的商业信息，给予产品推广和营销工作支持。DMP 的这种数据采集、分析处理、应用反馈的回路也是周而复始，而且有机会使系统变得越来越敏锐和智慧。

DMP 一定要在使用中才能产生价值，那么除了 RTB 广告，DMP 主要有以下两种变现途径：

（1）数据报告变现，这种模式不涉及到个体用户的隐私，因此相对比较成熟，例如通过对于人流量的分析可以广泛地用于交通流量预测、旅游流量预测、商家选址等等，可以为政府、商家提供相关的咨询服务。

（2）数据服务变现，通过数据运算将企业的第一方数据和数据管理平台内的数据融合，不断地挖掘其中的价值，深度洞察用户和寻找潜在客户，将企业沉睡数据的价值发挥最大化。数据洞察和基于数据的分析服务，已经成为 DMP 越来越重要的应用方向，而且成为评判 DMP 优劣的最直观应用。

除了企业的第一方数据外，DMP 还要包括企业外部的数据来源（如社交媒体）等非结构化数据内容，掌控用户在企业之外的数据存在状态，识别哪些数据可以用于后续处理分析。

与上节的大数据平台的功能要求相比，DMP 还不能算是大数据平台，而只是为企业营销服务的数据管理软件。而大数据平台是给企业和政府提供了一个只关心数据的数据层。通过大数据平台，帮助企业整合他所有的数据，并在一个平台上展现和汇聚所有数据。从前在 IT 系统上不存在数据层，一个企业的信息中心或 CIO 想要看自己的企业的所有数据，基本没有地方看（银行业通过数据仓库来看，有 T+1 的延时）。企业的统一数据平台给企业带来了很多好处。好处之一就是未来的所有新应用就可以真正基于一个平台来开发了。虽然 Hadoop 本身提供了大数据平台的基础软件，但是我们要避免把 Hadoop 用成是“一个”系统软件，而忽视了统一数据平台的重要性。以应用为导向的思路，很容易让客户采用 Hadoop+应用的架构，对于一套套应用系统，形成了多个 Hadoop+应用的烟囱式系统，就像当年一个企业部署不同 Oracle 一样。

10.5.4 CDP

CDP（Customer Data Platform，客户数据平台）是一个目前非常流行的大数据分析应用。我们以 CDP 为例来看一个实际的大数据分析系统。

高价值数据体现在两个方面，一个是数据的连续性，同一用户在不同站点上的行为数据能够被识别并连接在一起；另一个是多种终端的数据的连续性，目前主要还是 PC 端和手机端。CDP 首先就实现了这两个功能，完成了数据的统一关联，对目标对象（例如客户或企业）进行了多维度的画像。对于第一个数据，如果数据量够大，那么数据维度也够丰富。CDP 对外即可提供画像（Profile）服务。国内有一些拥有庞大数据的机构目前还是更多地是把自身的数据进入 CDP 系统，采用统一化的方式将各方数据吸纳整合，再进行数据处理和融合，做标准化、结构化的细分。这样加工后再推向营销和分析环境中的数据才能更完整，系统性也更强，同时也不再是原始数据的形态。

CDP 的算法和模型都是建立在所拥有的数据之上，数据基础越是丰富、建模能力越强、对行业理解越深入，就越能准确捕捉用户在互联网上的行为，建立更完善的标签分类体系，为用户更好的画像，建立适应行业需要的业务应用模型，大数据应用才能扎实地展开。

10.6 微服务

在理想的状态下，我们应该把大数据分析功能做成一个个微服务，所以，本节我们以 Consul 为例来阐述微服务。Consul 包含多个组件，从而为基础设施提供服务发现和服务配置的工具。

Consul 是 Google 公司开源的一个使用 Go 语言开发的服务发现和配置管理系统，它内置了服务注册与发现框架、分布一致性协议实现、健康状态检查、“键-值”（Key-Value）存储、多数据中心方案，不再需要依赖其他工具（例如 ZooKeeper 等）。Consul 的应用场景如图 10-5 所示。

Consul 部署简单，只有一个可运行的二进制的包。每个节点都需要运行代理（Agent），它有两种运行模式：Server 和 Client。官方建议每个数据中心需要 3 或 5 个 Server 节点以保证数据安全，同时保证 Server-Leader 的选举能够正确地进行。在 Consul 上，有以下一些配置。

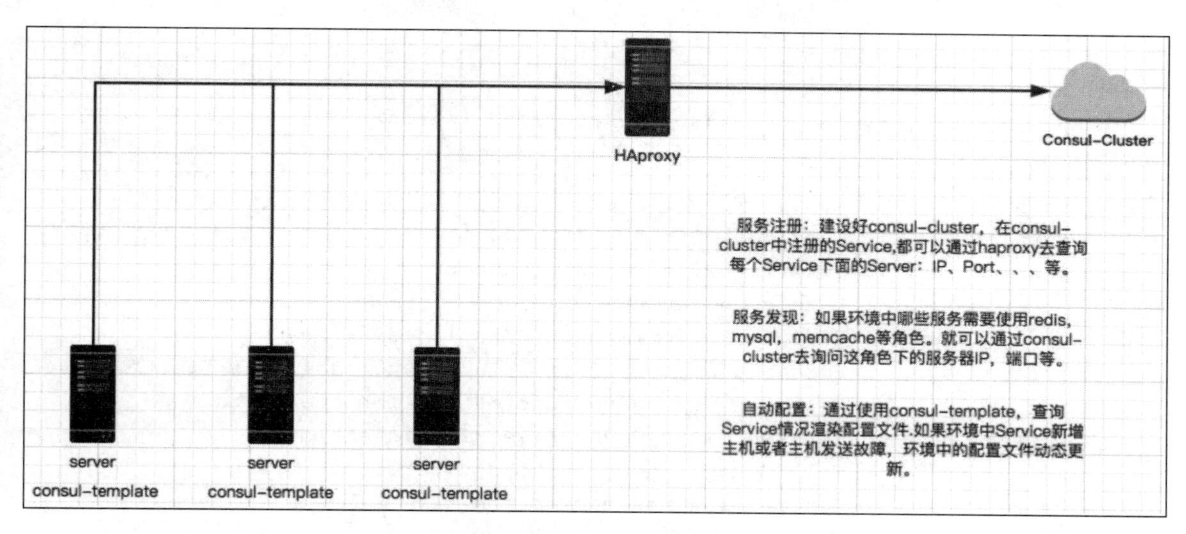

图 10-5　Consul 应用场景

- Client：表示 Consul 的 Client 模式，就是客户端模式。是 Consul 节点的一种模式，在这种模式下，所有注册到当前节点的服务都会被转发到 Server，本身并不会持久化这些信息。
- Server：表示 Consul 的 Server 模式，表明这个 Consul 是个 Server，在这种模式下，功能和 Client 都一样，唯一不同的是，它会把所有的信息持久化到本地，这样遇到故障时，信息是可以被保留的。
- Server-Leader：它是 Server 的老大，它和其他 Server 不一样的一点是，它需要负责同步注册的信息给其他的 Server，同时也要负责各个节点的健康监测。
- raft：Server 节点之间的数据一致性保证，一致性协议使用的是 raft，而 ZooKeeper 用的是 paxos，etcd 采用的也是 raft。
- 服务发现协议：Consul 采用 HTTP 和 DNS 协议，etcd 只支持 HTTP。
- 服务注册：Consul 支持两种方式实现服务注册，一种是通过 Consul 的服务注册 http API，由服务自己调用 API 实现注册；另一种方式是通过 JSON 的配置文件实现注册，将需要注册的服务以 JSON 格式的配置文件给出。Consul 官方建议使用第二种方式。具体可见 10.6 节。
- 服务发现：Consul 支持两种方式实现服务发现，一种是通过 http API 来查询有哪些服务，另外一种是通过 Consul 代理自带的 DNS(8600 端口)，域名是以 NAME.service.consul 的形式给出，NAME 即为定义的服务配置文件中的服务名称。DNS 方式可以通过 check 的方式检查服务。具体可见 10.6.3 节。
- 服务间的通信协议：Consul 使用 gossip 协议管理成员关系、广播消息到整个集群，它有两个 gossip pool（LAN pool 和 WAN pool），LAN pool 是用于同一个数据中心进行内部通信的，WAN pool 是用于多个数据中心通信的，LAN pool 有多个，WAN pool 只有一个。

Consul 的搭建比较简单。如图 10-6 所示，首先去官网下载合适的 Consul 包：https://www.consul.io/downloads.html。

下载并解压缩后只有一个可执行的文件 Consul，将 Consul 添加到系统的环境变量中。输入 Consul 命令，若出现下面的内容，则表明安装成功：

图 10-6　下载安装包

```
#cp -a consul  /usr/bin
#consul
Usage: consul [--version] [--help] <command> [<args>]

Available commands are:
    agent          Runs a Consul agent
    catalog        Interact with the catalog
    connect        Interact with Consul Connect
    event          Fire a new event
    exec           Executes a command on Consul nodes
    force-leave    Forces a member of the cluster to enter the "left" state
    info           Provides debugging information for operators.
    intention      Interact with Connect service intentions
    join           Tell Consul agent to join cluster
    keygen         Generates a new encryption key
    keyring        Manages gossip layer encryption keys
    kv             Interact with the key-value store
    leave          Gracefully leaves the Consul cluster and shuts down
    lock           Execute a command holding a lock
    maint          Controls node or service maintenance mode
    members        Lists the members of a Consul cluster
    monitor        Stream logs from a Consul agent
    operator       Provides cluster-level tools for Consul operators
    reload         Triggers the agent to reload configuration files
    rtt            Estimates network round trip time between nodes
    snapshot       Saves, restores and inspects snapshots of Consul server state
    validate       Validate config files/directories
    version        Prints the Consul version
    watch          Watch for changes in Consul
```

10.6.1 启动和停止 Consul

Consul 必须启动代理（Agent）才能使用，有三种启动模式：Server、Client 和 UI。UI 是网页管理界面的模式。Server 用于持久化服务信息，我们建议在一个集群中有 3 到 5 个 Server 节点。其他的代理（Agent）为 Client 模式，只用于与 Server 交互。下面启动 cn1、cn2 和 cn3 三个节点：

```
    #consul agent  -bootstrap-expect 3 -server  -data-dir /data/consul0 -node=cn1
-bind=192.168.1.202   -config-dir /etc/consul.d -enable-script-checks=true
-datacenter=dc1
    #consul agent  -server  -data-dir /data/consul0 -node=cn2 -bind=192.168.1.201
-config-dir /etc/consul.d -enable-script-checks=true  -datacenter=dc1  -join
192.168.1.202
    #consul agent  -server  -data-dir /data/consul0 -node=cn3 -bind=192.168.1.200
-config-dir /etc/consul.d -enable-script-checks=true  -datacenter=dc1  -join
192.168.1.202
```

参数解释如下：

- -bootstrap-expect：集群期望的节点数，只有节点数量达到这个值才会选举 Leader。

- -server：运行在 Server 模式。
- -data-dir：指定数据目录，其他的节点对于这个目录必须有读的权限，这个目录用于存放代理（Agent）的状态。
- -node：指定节点的名称。
- -bind：为该节点绑定一个地址。
- -config-dir：指定配置文件，里面所有以.json 结尾的文件都会被加载。
- -enable-script-checks=true：设置检查服务为可用。
- -datacenter：数据中心名称。
- -join：加入到已有的集群中。
- -client：Consul 服务侦听地址，这个地址提供 HTTP、DNS、RPC 等服务，默认是 127.0.0.1，所以不对外提供服务，如果要对外提供服务，则改成 0.0.0.0。

Client 节点可以有多个，自己根据服务指定即可。启动 Client 的例子如下：

```
#consul agent  -data-dir /data/consul0 -node=cn4 -bind=192.168.1.199 -config
-dir /etc/consul.d -enable-script-checks=true  -datacenter=dc1  -join 192.168.1.202
```

在集群创建完成后，我们就可以使用一些常用的命令检查集群的状态，查看 Consul 集群的成员。例如：

```
#consul  info
#consul members
Node Address Status Type Build Protocol DC Segment
cn1 192.168.1.202:8301 alive server 1.0.2 2 dc1 <all>
cn2 192.168.1.201:8301 alive server 1.0.2 2 dc1 <all>
cn3 192.168.1.200:8301 alive client 1.0.2 2 dc1 <default>
......
```

除了在启动的时候使用-join 加入一个集群之外，还可以使用下面的方式加入一个新的节点。这种方式在重启后不会自动加入集群:

```
#consul  join  192.168.1.202
```

使用 Ctrl+C 组合键关闭代理（Agent）。中断代理之后，可以看到它离开了集群并关闭。在退出中，Consul 提醒其他集群成员这个节点离开了。当一个成员离开，它的服务和检测也会从目录中移除。当一个成员失效了，它的健康状况被简单地标记为危险，但是不会从目录中移除。Consul 会自动尝试对失效的节点进行重连，以看它是否恢复过来。离开的节点则不会再继续联系。

10.6.2　服务注册

Consul 官方推荐采用的方式是使用配置文件来注册服务。首先创建一个用于存放服务的配置文件的目录（例如 #mkdir /etc/consul.d/）。如上节所示，在启动服务的时候会使用“-config-dir”参数来指定。然后，我们编写服务定义的配置文件。假设我们有一个名叫 web 的服务运行在 80 端口。这个服务定义的配置过程如下：

```
echo '{"service": {"name": "web", "tags": ["rails"], "port":
80}}' >/etc/consul.d/web.json
```

在上述配置中，还给它设置了一个标签（rails）。重新启动代理，就会看到：

```
[INFO] agent: Synced service 'web'
```

这个表明代理从配置文件中载入了服务定义，并且成功注册到了服务目录。

Consul 同时提供了一个功能齐全的 Web 界面，开箱即用。在界面上可以查看所有的节点，可以进行健康检查和查看它们的当前状态。在我们的例子中，访问 Web 界面的链接是 http://192.168.1.198:8500。上面的服务在 Web 界面上如图 10-7 所示。

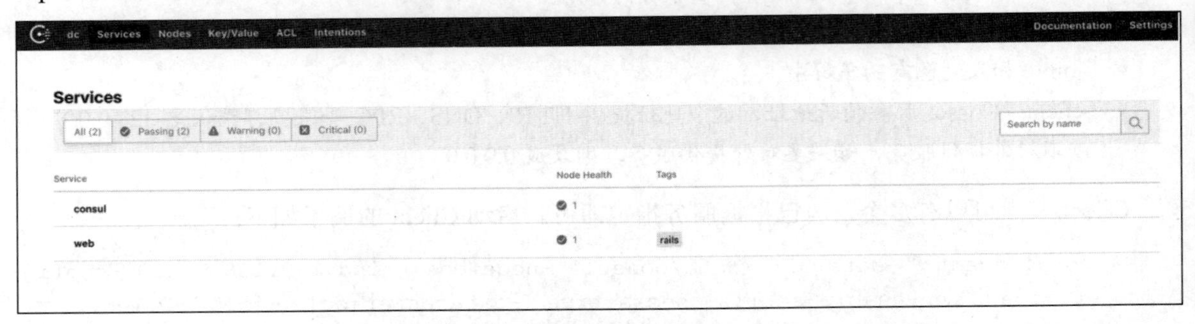

图 10-7 Consul 服务定义

如果想注册多个服务，应该在 Consul 配置目录创建多个服务定义文件。也可以使用 HTTP API 来注册服务。另外，如果没有启动 80 端口的服务，那么启动 Consul 时会报错。方法之一是可以自己编写一个 Go 程序：

```
#cat  web.go

package main
import (
    "io"
    "log"
    "net/http"
    "strconv"
    "fmt"
)
var iCnt  int = 0;

func helloHandler(w http.ResponseWriter, r*http.request)  {
    iCnt++;
    str :="Hello world ! friend("+ strconv.Itoa(iCnt)+")"
    io.WriteString(w,str)
    fmt.Println(str)
}

func main(){
    ht :=http.HanderFunc(helloHandler)
    if ht != nil {
       http.Handle("/hello",ht)
    }
```

```
    err := http.ListenAndServe(":80",nil)
    if err != nil{
        log.Fatal("ListenAndserve:",err.Error())
    }
}
#go  build -o  web  web.go
#./web
```

10.6.3 查询服务

一旦代理启动并且服务同步了，那么就可以通过 DNS 或者 HTTP 的 API 来查询服务。我们首先使用 DNS API 来查询。在 DNS API 中，服务的 DNS 名字是 NAME.service.consul。虽然这是可配置的，但默认的所有 DNS 名字会都在 Consul 命名空间下。对于我们上面注册的 Web 服务，它的域名是 web.service.consul，例子如下：

```
# dig @127.0.0.1 -p 8600 web.service.consul SRV
; <<>> DiG 9.8.2rc1-RedHat-9.8.2-0.17.rc1.el6 <<>> @127.0.0.1 -p 8600
web.service.consul SRV
; (1 server found)
;; global options: +cmd
;; Got answer:
;; ->>HEADER<<- opcode: QUERY, status: NOERROR, id: 13331
;; flags: qr aa rd; QUERY: 1, ANSWER: 1, AUTHORITY: 0, ADDITIONAL: 1
;; WARNING: recursion requested but not available
;; QUESTION SECTION:
;web.service.consul.         IN     SRV
;; ANSWER SECTION:
web.service.consul.     0     IN     SRV     1 1 80 cn1.node.dc1.consul.
;; ADDITIONAL SECTION:
cn1.node.dc1.consul.    0     IN     A       192.168.1.202
;; Query time: 0 msec
;; SERVER: 127.0.0.1#8600(127.0.0.1)
;; WHEN: Tue Mar 28 16:10:56 2017
;; MSG SIZE  rcvd: 84
```

这时我们可以看到 Web 服务已经注册到集群里面了，也获知了 Web 这个服务运行的位置和端口。除了 DNS API 之外，HTTP API 也可以用来进行服务查询:

```
curl -s 127.0.0.1:8500/v1/catalog/service/web | python -m json.tool
```

10.6.4 服务状态检查

我们可以使用 check 来做服务的健康检查。check 必须是 script 或者 TTL 类型的。如果是 script 类型，则必须提供 script 和 interval 变量；如果是 TTL 类型，则必须提供 ttl 变量。script 是 Consul 主动去检查服务的健康状况，ttl 是服务主动向 Consul 报告自己的状况。脚本如下：

```
script check:
{
```

```
  "check":{
     "id": mutil-memory,
     "name": "memory utilization",
     "tags": ["system"],
     "script": "/etc/init.d/check_memory.py",
     "interval": "10s",
     "timeout": "1s"
  }
}

http check:
{
  "check": {
      "id": "api",
      "name": "HTTP API  500",
      "http": "http://loclhost:500/health",
       "interval": "10s",
       "timeout": "1s"
  }
}

tcp  check:
{
  "check": {
     "id": "ssh",
     "name": "ssh TCP 26622",
     "tcp": "localhost:26622",
     "interval": "10s",
     "timeout": "1s"
  }
}

ttl  check:
{
   "check": {
      "id": "web-app",
      "name": "Web APP status",
      "notes": "Web APP does a curl  internally every 10 seconds",
      "ttl": "30s"
  }
}
```

第 11 章

大数据环境自动化部署：Docker 和 Kubernetes

我们大家都有过这样的经历，照着一堆步骤来手工部署大数据环境时很容易出现错误，例如常见的拼写错误等。在将开发环境中的相同配置应用到 QA 环境时，测试的每个阶段可能有多个 QA 环境，如功能测试、性能测试等。有时，因为资源配置错误而影响整个测试计划。最重要的是，生产环境不能出现配置错误。为了复制完全相同的配置，我们需要记录每一步的配置说明，通过创建一些脚本自动化执行。这些自动化脚本将资源的配置自动化，这同手工操作来说，提高了系统的稳定性和一致性，提高了工作的效率。业界有一个新概念，叫“基础设施即代码”，就是将基础设施定义为代码，用于创建可重复使用、可维护、可扩展以及可测试的基础设施。通过 1 个或多个模板，我们就可以像软件一样反复构建相同的复杂大数据环境，这对于云计算环境尤其适合。

Docker 是一个开源的应用容器引擎，它可以让开发者打包他们的应用以及依赖包到一个轻量级、可移植的容器中，然后发布到任何的 Linux 机器上。容器是完全使用沙箱机制，相互之间不会有任何接口（类似 iPhone 上的应用程序），另外，容器的性能开销极低。

Docker 的思想来自于集装箱。在一艘大船上，可以通过集装箱把货物规整地摆放起来。各种各样的货物被集装箱标准化了，集装箱和集装箱之间不会互相影响。我们不需要专门运送服装的船和专门运送木材的船了。只要这些货物在集装箱里封装好，就可以用一艘大船把它们都运走。Docker 就是类似这个理念。不同的应用程序可能会有不同的应用环境，例如.net 开发的网站和 PHP 开发的网站的底层系统软件就不一样，如果把这些软件都安装在一个服务器上就会很麻烦，有时会造成一些冲突。例如 IIS 和 Apache HTTP Server 访问端口冲突。这个时候就要隔离.net 开发的网站和 PHP 开发的网站。常规来讲，我们可以在服务器上创建不同的虚拟机，并在不同的虚拟机上放置不同的应用，但是虚拟机开销比较高。Docker 可以实现虚拟机隔离应用环境的功能，并且开销比虚拟机小。

11.1 什么是Docker?

软件开发和部署的麻烦事之一就是环境配置。例如开发人员和测试人员的计算机环境可能不相同，开发的软件到了测试人员的机器上可能不能运行。为了让开发的软件能在那些测试机器跑起来，必须保证两件事：操作系统的设置；各种库和组件的安装。只有它们都正确，软件才能运行。举例来说，安装一个 Python 应用，计算机必须有 Python 引擎，还必须有各种依赖库，可能还要配置环境变量。如果某些旧模块与当前环境不兼容，那就麻烦了。开发者常常会说：“在我的机器上没问题（It works on my machine）”。环境配置如此麻烦，换一台机器，就要重来一次，费时费力。很多人想到，能不能从根本上解决问题，软件可以自带环境安装？也就是说，安装的时候，把原始环境一模一样地复制过来。这就是 Docker 的由来。

Docker 是世界领先的软件容器平台。开发人员利用 Docker 可以消除上述的“在我的机器上没问题”的麻烦。运维人员利用 Docker 可以在隔离容器中并行运行和管理应用。企业利用 Docker 可以构建敏捷的软件交付管道，以更快的速度、更高的安全性和可靠性为 Linux 和 Windows Server 应用发布新功能。

Docker 镜像并不会因为环境的变化而不能运行，也不会在不同的计算机上有不同的运行结果。可以给测试人员提交含有应用的 Docker 镜像，这在很大程度上减轻了开发人员和测试人员互相检查机器环境设置带来的时间成本。大多数的云主机提供商已经全面支持 Docker。对于开发人员来说，可以很方便地切换云服务提供商，当然也可以很方便地将自己本地的开发环境移动到云主机上，不需要本地上配置一次运行环境、在云主机上还配置一次运行环境。全面部署 Docker 作为标准运行环境可以极大地减轻应用上线时的工作量。

11.1.1 虚拟机

虚拟机（Virtual Machine）就是可以在一种操作系统里面运行另一种操作系统，例如在 Windows 系统里面运行 Linux 系统。应用程序对此毫无感知，因为虚拟机看上去跟真实系统一模一样，而对于底层系统来说，虚拟机就是一个普通文件，不需要了就删掉，对其他部分毫无影响。虽然用户可以通过虚拟机设置软件的运行环境，但是，虚拟机有以下一些缺点：

（1）资源占用多

虚拟机会独占一部分内存和硬盘空间。它运行的时候，其他程序就不能使用这些资源了。哪怕虚拟机里面的应用程序，真正使用的内存只有 1MB，虚拟机依然需要几百 MB 的内存才能运行。

（2）冗余步骤多

虚拟机是完整的操作系统，一些系统级别的操作步骤，往往无法跳过，例如用户登录。

（3）启动慢

启动操作系统需要多久，启动虚拟机就需要多久。可能要等几分钟，应用程序才能真正运行。

11.1.2 Linux 容器

由于虚拟机存在这些缺点，Linux 发展出了另一种虚拟化技术：Linux 容器（Linux Containers，缩写为 LXC）。Linux 容器不是模拟一个完整的操作系统，而是对进程进行隔离。或者说，在正常进程的外面套了一个保护层。对于容器里面的进程来说，它接触到的各种资源都是虚拟的，从而实现与底层系统的隔离。由于容器是进程级别的，相比虚拟机有很多优势：

（1）启动快

容器里面的应用，直接就是底层系统的一个进程，而不是虚拟机内部的进程，所以启动容器相当于启动本机的一个进程，而不是启动一个操作系统，速度就快很多。

（2）资源占用少

容器只占用需要的资源，不占用那些没有用到的资源。虚拟机由于是完整的操作系统，不可避免要占用所有资源。另外，多个容器可以共享资源，虚拟机都是独享资源。

（3）体积小

容器只要包含用到的组件即可，而虚拟机是整个操作系统的打包，所以容器文件比虚拟机文件要小很多。

总之，容器有点像轻量级的虚拟机，能够提供虚拟化的环境，但是成本开销小得多。

11.1.3 Docker 的由来

Docker 属于 Linux 容器的一种封装，提供简单易用的容器使用接口。它是目前最流行的 Linux 容器解决方案。Docker 将应用程序与该程序的依赖打包在一个文件里面。运行这个文件，就会生成一个虚拟容器。程序在这个虚拟容器里运行，就好像在真实的物理机上运行一样。有了 Docker，就不用担心环境问题。Docker 的接口相当简单，用户可以方便地创建和使用容器，把自己的应用放入容器。容器还可以进行版本管理、复制、分享、修改，就像管理普通的代码一样。

Docker 最初是 dotCloud 公司创始人 Solomon Hykes 在法国期间发起的一个公司内部项目，并于 2013 年 3 月以 Apache 2.0 授权协议开源，主要项目代码在 GitHub 上进行维护。Docker 项目后来还加入了 Linux 基金会，并成立推动开放容器联盟（OCI）。由于 Docker 项目的火爆，在 2013 年底，dotCloud 公司决定改名为 Docker。Docker 最初是在 Ubuntu 12.04 上开发实现的。Red Hat 则从 RHEL 6.5 开始对 Docker 进行支持。Google 也在其 PaaS 产品中广泛应用 Docker。

11.1.4 Docker 的用途

容器除了运行其中应用外，基本不消耗额外的系统资源，使得应用的性能很高，同时系统的开销尽量小。传统虚拟机方式运行 10 个不同的应用就要起 10 个虚拟机，而 Docker 只需要启动 10 个隔离的应用即可。具体说来，Docker 在以下几个方面具有较大的优势：

1. 更快速的交付和部署

对开发和运维（DevOps）人员来说，最希望的就是一次创建或配置，可以在任意地方正常运行。开发者可以使用一个标准的镜像来构建一套开发容器，开发完成之后，运维人员可以直接使用这个容器来部署代码。Docker 可以快速创建容器，快速迭代应用程序，并让整个过程全程可见，使团队中的其他成员更容易理解应用程序是如何创建和工作的。Docker 容器很轻很快！容器的启动时间是秒级的，大量地节约了开发、测试、部署的时间。

2. 更高效的虚拟化

Docker 容器的运行不需要额外的 Hypervisor（虚拟机管理器）支持，它是内核级的虚拟化，因此可以实现更高的性能和效率。

3. 更轻松的迁移和扩展

Docker 容器几乎可以在任意的平台上运行，包括物理机、虚拟机、公有云、私有云、个人电脑、服务器等。这种兼容性可以让用户把一个应用程序从一个平台直接迁移到另外一个。因为 Docker 容器可以随开随关，很适合动态扩容和缩容。

4. 更简单的管理

使用 Docker，只需要小小的修改，就可以替代以往大量的更新工作。所有的修改都以增量的方式被分发和更新，从而实现高效的自动化管理。

11.1.5 Docker 和虚拟机的区别

如图 11-1 所示，虚拟机（VM）是一个运行在宿主机之上的完整的操作系统，虚拟机运行自身操作系统会占用较多的 CPU、内存、硬盘资源。Docker 不同于虚拟机，只包含应用程序以及依赖库，运行在宿主机的操作系统之上，并处于一个隔离的环境中，这使得 Docker 更加轻量高效，启动容器只需几秒钟。由于 Docker 轻量、资源占用少，使得 Docker 可以轻易地应用到构建标准化的应用中。但 Docker 目前还不够完善，例如隔离效果不如虚拟机。

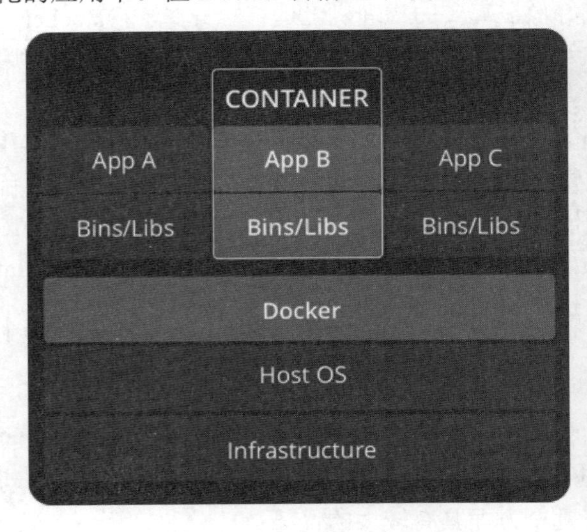

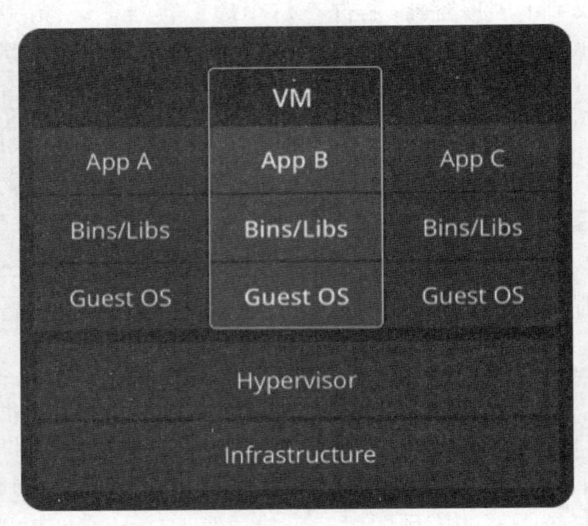

图 11-1　Docker 和虚拟机

Docker 在容器的基础上，进行了进一步的封装，从文件系统、网络到进程隔离等等，极大地简化了容器的创建和维护。使得 Docker 技术比虚拟机技术更为轻便、快捷。作为一种新兴的虚拟化方式，Docker 跟传统的虚拟化方式相比具有众多的优势。Docker 对系统资源的利用率很高，一台主机上可以同时运行数千个 Docker 容器。

11.2　镜像文件

Docker 把应用程序及其依赖库、配置文件、运行环境、环境变量等打包在镜像（Image）文件中。这个文件包含了运行这个应用所需要的全部组件。只有通过这个文件，才能生成 Docker 容器。镜像文件可以看作是容器的模板。拿对象和类来做比喻，镜像文件是类，而容器是对象。Docker 根据镜像文件生成容器的实例。同一个镜像文件，可以生成多个同时运行的容器实例。使用"docker ps"命令可以显示目前机器上正运行着的容器。

镜像文件是通用的二进制文件。把一台机器的镜像文件复制到另一台机器，照样可以使用。一般来说，为了节省时间，我们应该尽量使用别人制作好的镜像文件，而不是自己制作。即使是要自己定制，也应该基于别人的镜像进行加工，而不是从零开始制作。在实际开发中，一个镜像文件往往通过继承另一个镜像文件，加上一些个性化设置而生成。举例来说，我们可以在 Ubuntu 的镜像文件的基础上，往里面加入 Apache 服务器，形成自己的镜像文件。

Docker Hub Registry 是 Docker 的官方镜像仓库，除了托管着 Docker 官方的镜像文件之外，和 GitHub 一样，我们可以上传自己的镜像文件，也可以在上面搜寻其他有用的镜像，非常方便。例如，对于 Oracle-XE-11g 镜像文件，所有的一切都是现成的，完全不需要自己去下载 Oracle XE 11g 来安装。这样为我们节约了大量的时间成本。在大部分情况下，我们需要的镜像文件在 Docker Hub 上都已经有人构建了。

11.3　Docker 安装

Docker 是一个开源的商业产品，有两个版本：社区版（Community Edition，缩写为 CE）和企业版（Enterprise Edition，缩写为 EE）。企业版包含了一些收费服务，个人开发者一般用不到。安装完成后，运行下面的命令，验证是否安装成功。

```
$ docker --version
Docker version 17.12.0-ce, build c97c6d6
$ docker info
Containers: 0
 Running: 0
 Paused: 0
 Stopped: 0
Images: 0
Server Version: 17.12.0-ce
Storage Driver: overlay2
...
```

Docker 需要用户具有 sudo 权限（即超级用户的权限）。docker container run 命令或 docker run 命令会从镜像文件生成一个容器实例并运行。注意，docker container run 命令具有自动抓取镜像文件的功能。如果发现本地没有指定的镜像文件，就会从仓库自动抓取。如果运行成功，就会在屏幕上看到下面的输出：

```
$ docker run hello-world

Unable to find image 'hello-world:latest' locally
latest: Pulling from library/hello-world
ca4f61b1923c: Pull complete
Digest:
sha256:ca0eeb6fb05351dfc8759c20733c91def84cb8007aa89a5bf606bc8b315b9fc7
Status: Downloaded newer image for hello-world:latest

Hello from Docker!
This message shows that your installation appears to be working correctly.
...
```

执行“docker image ls”就可以在本机上查看这个镜像文件了。镜像文件生成的容器实例本身也是一个文件，称为容器文件。也就是说，一旦容器生成，就会同时存在两个文件：镜像文件和容器文件。关闭容器并不会删除容器文件，只是容器停止运行而已。例如：

```
# 列出本机正在运行的容器
$ docker container ls
# 列出本机所有容器，包括终止运行的容器
$ docker container ls -all
CONTAINER ID  IMAGE        COMMAND   CREATED         STATUS
54f4984ed6a8  hello-world  "/hello"  20 seconds ago  Exited (0) 19 seconds ago
```

11.4 Dockerfile 文件

在前面章节中，我们阐述了使用镜像文件可以生成容器。接下来的问题就是，如何生成镜像文件？在实际开发中，镜像文件往往是通过继承另一个镜像文件，再加上自己的软件，就制成了自己的镜像文件。这个过程就需要用到 Dockerfile 文件，它是一个文本文件，用来配置镜像文件，Docker 根据该文件生成二进制的镜像文件。

11.4.1 什么是 Dockerfile

下面通过一个实例来演示如何编写 Dockerfile 文件。首先，切换到一个新目录下，新建一个名为 Dockerfile 的文件，写入下面的内容：

```
# Use an official Python runtime as a parent image
FROM python:2.7-slim

# Set the working directory to /app
WORKDIR /app

# Copy the current directory contents into the container at /app
COPY . /app

# Install any needed packages specified in requirements.txt
```

```
RUN pip install --trusted-host pypi.python.org -r requirements.txt

# Make port 80 available to the world outside this container
EXPOSE 80

# Define environment variable
ENV NAME World

# Run app.py when the container launches
CMD ["python", "app.py"]
```

上面代码的含义如下：

- FROM python:2.7-slim：该镜像文件继承官方的 Python 运行环境。
- COPY . /app：将当前目录下的所有文件都复制到镜像文件的/app 目录中。
- WORKDIR /app：指定接下来的工作路径为/app。
- RUN pip install：在/app 目录下，运行 pip install 命令安装依赖。注意，安装后，所有的依赖都将打包进入镜像文件。
- EXPOSE 80：将容器 80 端口暴露出来，允许外部连接这个端口。
- CMD：表示容器启动后自动执行后面的应用。

上述文件引用了 requirements.txt 和 app.py。在 Dockerfile 的同一个目录下分别创建这两个文件。requirements.txt 为 Python 安装 Flask 和 Redis 库，内容如下：

```
Flask
Redis
```

app.py 打印环境变量 NAME 和 socket.gethostname()的返回值，内容如下：

```
from flask import Flask
from redis import Redis, RedisError
import os
import socket

# Connect to Redis
redis = Redis(host="redis", db=0, socket_connect_timeout=2, socket_timeout=2)

app = Flask(__name__)

@app.route("/")
def hello():
    try:
        visits = redis.incr("counter")
    except RedisError:
        visits = "<i>cannot connect to Redis, counter disabled</i>"

    html = "<h3>Hello {name}!</h3>" \
           "<b>Hostname:</b> {hostname}<br/>" \
           "<b>Visits:</b> {visits}"
    return html.format(name=os.getenv("NAME", "world"), hostname=
socket.gethostname(), visits=visits)
```

```
if __name__ == "__main__":
    app.run(host='0.0.0.0', port=80)
```

11.4.2 使用 Dockerfile

下面可以创建镜像文件了。首先确认已经在新目录下：

```
$ ls
Dockerfile     app.py          requirements.txt
```

然后，创建镜像文件：

```
docker build -t friendlyhello .
```

上面代码中，-t 参数用来指定镜像文件的名字。验证镜像文件：

```
$ docker image ls
REPOSITORY        TAG              IMAGE ID
friendlyhello     latest           326387cea398
```

下面就可以运行这个应用了：

```
docker run -p 4000:80 friendlyhello
```

上述命令会从镜像文件生成容器。“-p”参数是将容器的 80 端口映射到本机的 4000 端口。在浏览器上输入 http://localhost:4000，就会看到输出结果。在本机的另一个终端窗口，查出容器的 ID：

```
$ docker container ls
CONTAINER ID       IMAGE             COMMAND            CREATED
1fa4ab2cf395       friendlyhello     "python app.py"    28 seconds ago
```

可以使用下述命令停止指定的容器运行：

```
docker container stop 1fa4ab2cf395
```

11.4.3 发布镜像文件

容器运行成功后，就确认了镜像文件的有效性。这时，就可以考虑把镜像文件上载到网上的注册表，然后就可以部署到测试环境或生产环境了。首先，我们去 hub.docker.com 注册一个账户。然后，用下面的命令登录：

```
$ docker login
```

接着，使用“docker tag image username/repository:tag”命令为本地的镜像标注用户名和标识信息。例如：

```
docker tag friendlyhello sam/get-started:part2
```

使用“docker image ls”命令就可以看到刚刚 tag 的镜像文件了：

```
$ docker image ls
REPOSITORY          TAG          IMAGE ID        CREATED           SIZE
friendlyhello       latest       d9e555c53008    3 minutes ago     195MB
sam/get-started     part2        d9e555c53008    3 minutes ago     195MB
python              2.7-slim     1c7128a655f6    5 days ago        183MB
```

使用“docker push username/repository:tag”命令就可以发布镜像文件了。发布成功以后，登录 hub.docker.com，我们就可以看到已经发布的镜像文件。从现在开始，就可以使用“docker run -p 4000:80 username/repository:tag”在任何机器上运行这个应用了：

```
$ docker run -p 4000:80 sam/get-started:part2
Unable to find image 'sam/get-started:part2' locally
part2: Pulling from sam/get-started
10a267c67f42: Already exists
f68a39a6a5e4: Already exists
9beaffc0cf19: Already exists
3c1fe835fb6b: Already exists
4c9f1fa8fcb8: Already exists
ee7d8f576a14: Already exists
fbccdcced46e: Already exists
Digest: sha256:0601c866aab2adcc6498200efd0f754037e909e5fd42069adeff72d1e24
39068
Status: Downloaded newer image for sam/get-started:part2
 * Running on http://0.0.0.0:80/ (Press CTRL+C to quit)
```

如果本机上没有这个镜像文件，Docker 将从仓库把这个镜像文件抓取到本地。

11.4.4　仓库（Repository）

仓库（Repository）是集中存放镜像文件的地方。镜像（Image）文件构建完成后，可以很容易地在当前宿主上运行，但是，如果需要在其他服务器上使用这个镜像文件，就需要一个集中存储、分发镜像文件的服务，Docker Registry 就是这样的服务。一个 Docker Registry 中可以包含多个仓库（Repository），每个仓库可以包含多个标签（Tag），每个标签对应一个镜像文件。所以说镜像仓库是 Docker 用来集中存放镜像文件的地方，类似于我们之前常用的代码仓库。通常，一个仓库会包含同一个软件不同版本的镜像文件，而标签就常用于对应该软件的各个版本。我们可以通过<仓库名>:<标签>的格式来指定是哪个软件的哪个版本的镜像文件。如果不给出标签，将以 latest（最新的）作为默认标签。

在这里要说明一下 Docker Registry 公开服务和私有 Docker Registry 的概念。Docker Registry 公开服务是开放给用户使用、允许用户管理镜像文件的 Registry 服务。一般这类公开服务允许用户免费上传、下载公开的镜像文件，并可能提供收费服务供用户管理私有镜像文件。最常使用的 Registry 公开服务是官方的 Docker Hub，这也是默认的 Registry，并拥有大量的高质量的官方镜像文件，网址为：hub.docker.com。在国内访问 Docker Hub 可能会比较慢，国内也有一些云服务商提供类似于 Docker Hub 的公开服务。例如阿里云镜像库等。

除了使用公开服务外，用户还可以在本地搭建私有 Docker Registry。Docker 官方提供了 Docker Registry 镜像文件，可以直接作为私有 Registry 服务来使用。开源的 Docker Registry 镜像文件只提供了 Docker Registry API 的服务端实现，足以支持 Docker 命令，不影响使用，但不包含图形界面，以及镜像文件的维护、用户管理、访问控制等高级功能。

11.5 Service（服务）

在一个分布式应用程序中，应用程序的不同部分被称为“服务”。例如，一个视频共享网站（优酷或者 YouTube），它可能包含很多服务：一个用于将视频数据存储在数据库中的服务，一个在用户上传后在后台进行视频转码的服务，一个用于前端页面的服务，等等。

服务实际上只是生产系统中的容器。每个服务只运行一个镜像，但它配置了镜像的运行方式：应该使用哪个端口，运行多少个该容器的副本以满足性能要求等。伸缩一个服务（Scaling a service）就是更改运行该软件的容器实例的数量，从而为进程中的服务分配更多的计算资源。总之，我们通过服务来伸缩（Scale）应用并启动负载均衡。

11.5.1 yml 文件

定义、运行和伸缩 Docker 平台的服务很简单，只需写一个 docker-compose.yml 文件。它是 YAML 格式，定义了生产系统中的 Docker 容器的行为（配置）。docker-compose.yml 文件内容如下：

```
version: "3"
services:
  web:
    # replace username/repo:tag with your name and image details
    image: username/repo:tag
    deploy:
      replicas: 5
      resources:
        limits:
          cpus: "0.1"
          memory: 50M
      restart_policy:
        condition: on-failure
    ports:
      - "4000:80"
    networks:
      - webnet
networks:
  webnet:
```

docker-compose.yml 文件可放在任何位置。把创建的镜像文件上传到了 Registry，并且用这个镜像信息替换上面文件中的 username/repo:tag。这个 docker-compose.yml 文件会让 Docker 执行下面的操作：

- 从 Registry 下载镜文件。
- 这个名为 web 的服务运行 5 个镜像实例，限制每个实例最多使用 10%的 CPU 和 50MB 内存。
- 如果一个容器挂掉，则立刻重启所有的容器。
- 将宿主机的 4000 端口映射到 web 的 80 端口。

- 指示 web 服务的所有容器通过名为 webnet 的负载均衡网络共享 80 端口。
- 用默认设置（load-balanced overlay network）来定义 webnet 网络。

11.5.2 部署服务

执行以下命令来部署服务：

```
docker swarm init
docker stack deploy -c docker-compose.yml getstartedlab
```

在第二个命令中，需要为应用程序指定名字，这里是 getstartedlab。这个服务正在一个主机上运行 5 个容器实例。执行“docker service ls”命令可获取服务的 ID。服务中运行的每一个容器叫作一个任务（Task）。每个任务都有一个唯一的、数值递增的 ID，这和 docker-compose.yml 文件中定义的副本个数相关。执行“docker service ps getstartedlab_web”命令可获取服务中的 Task。

在浏览器中打开 URL 并刷新几次，容器的 ID 都会变化，证明负载均衡工作了。对于每个请求，这 5 个任务中的一个会被选中（通过 round-robin 方式）用来响应。容器的 ID 可以通过命令“docker container ls”获取。

11.5.3 伸缩（Scale）应用

可以通过改变 docker-compose.yml 文件的 replicas 的值来伸缩应用。保存后需要重新执行 docker stack deploy 命令：

```
docker stack deploy -c docker-compose.yml getstartedlab1
```

Docker 执行一个实时更新，我们不需要先停下 stack 或停止任何容器。再次执行 docker container ls –q 可查看重新配置了的实例。如果增大了 replicas，会有更多运行的任务，因为启动了更多的容器。

通过 docker stack rm 命令可关闭应用：

```
docker stack rm getstartedlab
```

关闭 swarm：

```
docker swarm leave --force
```

11.6 Swarm

在上一节中，通过服务让一个应用在一台机器上扩展到 5 个容器上运行。在本节，我们在集群（Cluster）中部署这个应用，让它在多个机器上同时运行。通过将多台机器连接到称为 Swarm 的 Dockerized 集群，这使得多容器、多机器的应用成为可能。

11.6.1 什么是 Swarm 集群

一个 Swarm 就是一组运行 Docker 的机器，这些机器加入了一个集群。Swarm 中的机器可以是物理机或虚拟机。在加入 Swarm 后，机器称为节点（Node）。在这之后，我们仍然可以使用之前的 Docker 命令，不过现在这些命令是通过 Swarm 管理器在集群上执行的。Swarm 管理器可以使用多种策略来运行容器。例如 emptiest node 是让容器填充到使用率最低的机器，而 Global 策略是确保每台机器只获取指定容器的一个实例。在 Compose 文件中设置 Swarm 管理器的策略。

Swarm 管理器是一个 Swarm 中唯一可以运行用户命令或者授权其他机器作为 Worker 加入 Swarm 集群的机器。在前面章节中，我们在本地机器上以单主机（Single-Host）模式使用 Docker。Docker 也可以切换到 Swarm 模式，这就是开启集群的方式。启用 Swarm 模式就会立即使当前的机器成为集群管理器。从此，Docker 将在你管理的集群上运行命令，而不仅仅是在当前机器上。

11.6.2 设置 Swarm

Swarm 由多个物理机或虚拟机节点组成。我们运行 docker swarm init 命令开启 Swarm 模式，这让当前机器成为 Swarm 管理器，然后在其他机器上运行 docker swarm join 命令使它们加入 Swarm 成为 Worker。下面我们以 Linux 环境为例来讲解设置过程。

使用 docker-machine 命令创建 2 台虚拟机，使用 VirtualBox driver（可以预先安装 Oracle VirtualBox 获得）：

```
docker-machine create --driver virtualbox myvm1
docker-machine create --driver virtualbox myvm2
```

在创建了两个名为 myvm1 和 myvm2 的虚拟机之后，使用下面命令列出虚拟机并获取虚拟机的 IP 地址：

```
$ docker-machine ls
NAME    ACTIVE   DRIVER       STATE     URL                         SWARM   DOCKER        ERRORS
myvm1   -        virtualbox   Running   tcp://192.168.99.100:2376           v17.06.2-ce
myvm2   -        virtualbox   Running   tcp://192.168.99.101:2376           v17.06.2-ce
```

下面初始化 Swarm 并添加节点。第一个机器会成为管理器，可以执行管理命令并授权其他 Worker 加入 Swarm。第二个机器会成为 Worker。我们可以使用 docker-machine ssh 命令向虚拟机发送命令。通过 docker swarm init 命令可以指示 myvm1 成为 Swarm 管理器：

```
$ docker-machine ssh myvm1 "docker swarm init --advertise-addr <myvm1 ip>"
Swarm initialized: current node <node ID> is now a manager.
To add a worker to this swarm, run the following command:

  docker swarm join \
  --token <token> \
  <myvm ip>:<port>

To add a manager to this swarm, run 'docker swarm join-token manager' and follow
the instructions.
```

在上面的 docker swarm init 命令的输出结果中，它包含了添加 Worker 节点的命令（docker swarm join）。通过 docker-machine ssh 命令在 myvm2 机器上执行这条命令，将 myvm2 加入 Swarm：

```
$ docker-machine ssh myvm2 "docker swarm join \
--token <token> \
<ip>:2377"

This node joined a swarm as a worker.
```

在 Swarm 管理器上运行 docker node ls 就可查看这个 Swarm 中的节点：

```
$ docker-machine ssh myvm1 "docker node ls"
ID                              HOSTNAME  STATUS   AVAILABILITY     MANAGER
STATUS
brtu9urxwfd5j0zrmkubhpkbd       myvm2     Ready      Active
rihwohkh3ph38fhillhhb84sk *     myvm1     Ready      Active          Leader
```

顺便说一下，在每个节点上运行 docker swarm leave 可退出 Swarm。

11.6.3　在 Swarm 集群上部署应用

现在可以在 Swarm 上部署应用了，部署步骤类似 11.5 节中所述的操作。记住，只有 Swarm 管理器可以执行 Docker 命令，Worker 只提供能力。到目前为止，我们都是通过 docker-machine ssh 在虚拟机上执行 Docker 命令。另一种方式是运行 docker-machine env <machine>来获取并运行一个命令，该命令将当前 shell 配置为与虚拟机上的 Docker 守护程序进行通信。此方法允许使用本地 docker-compose.yml 文件来远程部署应用程序。

下面执行 docker-machine env myvm1 命令来配置 Shell 与 Swarm 管理器 myvm1 进行通信。不同的操作系统，配置 Shell 的命令不同。我们假定为 Linux 操作系统。运行 docker-machine env myvm1 来获取命令，用来配置 Shell 和 myvm1 交流：

```
$ docker-machine env myvm1
export DOCKER_TLS_VERIFY="1"
export DOCKER_HOST="tcp://192.168.99.100:2376"
export DOCKER_CERT_PATH="/Users/sam/.docker/machine/machines/myvm1"
export DOCKER_MACHINE_NAME="myvm1"
# Run this command to configure your shell:
# eval $(docker-machine env myvm1)
```

运行给定的命令来配置 Shell 和 myvm1 交流：

```
eval $(docker-machine env myvm1)
```

运行 docker-machine ls 来验证 myvm1 是激活的（active）机器（通过星号*指示）：

```
$ docker-machine ls
NAME    ACTIVE   DRIVER       STATE     URL                         SWARM    DOCKER       ERRORS
myvm1   *        virtualbox   Running   tcp://192.168.99.100:2376            v17.06.2-ce
myvm2   -        virtualbox   Running   tcp://192.168.99.101:2376            v17.06.2-ce
```

现在 myvm1 是 Swarm 管理器，我们可以在 myvm1 上执行 docker stack deploy 命令部署应用。这个命令需要几秒钟才能完成，并且部署需要一段时间才可用。

```
docker stack deploy -c docker-compose.yml getstartedlab
```

通过 docker service ps <service_name>命令来验证所有服务部署完毕。这样，应用就部署到了 Swarm 集群上。运行下述命令来验证服务（和相关容器）已经在 myvm1 和 myvm2 上分配好了：

```
$ docker stack ps getstartedlab
ID             NAME                  IMAGE                      NODE    DESIRED STATE
jq2g3qp8nzwx   getstartedlab_web.1   sam/get-started:part2      myvm1   Running
```

```
88wgshobzoxl  getstartedlab_web.2  sam/get-started:part2  myvm2  Running
vbb1qbkb0o2z  getstartedlab_web.3  sam/get-started:part2  myvm2  Running
ghii74p9budx  getstartedlab_web.4  sam/get-started:part2  myvm1  Running
0prmarhavs87  getstartedlab_web.5  sam/get-started:part2  myvm2  Running
```

下面就可以通过 myvm1 或 myvm2 的 IP 地址来访问应用了。应用在这些机器之间共享并且负载均衡。运行 docker-machine ls 命令来获取虚拟机的 IP 地址，然后在浏览器上访问并且刷新（或使用 curl）。这里有 5 个可能的 ID 随机循环，证明负载均衡生效了。两个 IP 地址都工作的原因是 Swarm 中的节点参与入口路由网格（Ingress Routing Mesh）。

11.7 Stack

上一节阐述了如何设置并运行 Docker 的 Swarm 集群、在集群中部署应用以及容器在多台机器上运行。在本节，我们将阐述分布式应用层次结构的最顶层：Stack。Stack 是一组相互关联（Interrelated）的服务，它们可以共享依赖关系，并且可以进行协调和伸缩。单个 Stack 能够定义和协调整个应用程序的功能。通过 Stack，使得多个服务相互关联，并在多台机器上运行。

下面我们将添加一个可视化器服务。docker-compose.yml 文件（用具体的用户名和镜像信息替换 username/repo:tag）如下：

```
version: "3"
services:
  web:
    # replace username/repo:tag with your name and image details
    image: username/repo:tag
    deploy:
      replicas: 5
      restart_policy:
        condition: on-failure
      resources:
        limits:
          cpus: "0.1"
          memory: 50M
    ports:
      - "80:80"
    networks:
      - webnet
  visualizer:
    image: dockersamples/visualizer:stable
    ports:
      - "8080:8080"
    volumes:
      - "/var/run/docker.sock:/var/run/docker.sock"
    deploy:
      placement:
        constraints: [node.role == manager]
    networks:
```

```
      - webnet
networks:
  webnet:
```

我们添加了一个名为 visualizer 的服务，它和 web 平级。在文件中，volumes 关键字让 visualizer 访问 Docker 的宿主机 socket 文件，而 placement 关键字确保这项服务只能运行在一个 Swarm 管理上，而不是 Worker 上。在 Swarm 管理器上再次运行 docker stack deploy，所有需要更新的服务都会被更新：

```
$ docker stack deploy -c docker-compose.yml getstartedlab
Updating service getstartedlab_web (id: angi1bf5e4to03qu9f93trnxm)
Creating service getstartedlab_visualizer (id: l9mnwkeq2jiononb5ihz9u7a4)
```

在 Compose 文件中，visualizer 运行在 8080 端口。运行 docker-machine ls 命令获取一个节点的 IP 地址。连接到任何一个 IP 地址和 8080 端口，可以看到 visualizer 正在运行。正如配置的那样，visualizer 只在 Swarm 管理器上运行，web 的 5 个实例在整个 Swarm 集群中分布。可以通过运行 docker stack ps <stack>来确认此可视化。

visualizer 是一个独立的服务，可以在 stack 中的包含它的任何应用程序中运行，它不依赖于其他任何东西。下面创建一个服务：提供访问者计数器的 Redis 服务。把 Redis 服务添加到 docker-compose.yml 文件中（用具体的用户名和镜像信息替换文件中的 username/repo:tag）：

```
version: "3"
services:
  web:
    # replace username/repo:tag with your name and image details
    image: username/repo:tag
    deploy:
      replicas: 5
      restart_policy:
        condition: on-failure
      resources:
        limits:
          cpus: "0.1"
          memory: 50M
    ports:
      - "80:80"
    networks:
      - webnet
  visualizer:
    image: dockersamples/visualizer:stable
    ports:
      - "8080:8080"
    volumes:
      - "/var/run/docker.sock:/var/run/docker.sock"
    deploy:
      placement:
        constraints: [node.role == manager]
```

```
      networks:
        - webnet
    redis:
      image: redis
      ports:
        - "6379:6379"
      volumes:
        - "/home/docker/data:/data"
      deploy:
        placement:
          constraints: [node.role == manager]
      command: redis-server --appendonly yes
      networks:
        - webnet
  networks:
    webnet:
```

Redis 在 Docker library 中有一个官方镜像，并且已被授予 redis（注意此处 r 是小写）这个简短的镜像名称，所以在这里没有用 username/repo 符号。Redis 的端口号 6379 已经由 Redis 预先配置为通过容器开放给主机，并且在 Compose 文件中，我们将它通过主机开放出来。对于 Redis，它总是在管理器上运行，所以总是使用相同的文件系统。在管理器上创建./data 目录：

```
docker-machine ssh myvm1 "mkdir ./data"
```

再次运行 docker stack deploy 命令：

```
$ docker stack deploy -c docker-compose.yml getstartedlab
```

运行 docker service ls 命令验证服务正常运行：

```
$ docker service ls

ID            NAME                      MODE        REPLICAS   IMAGE        PORTS
x7uij6xb4foj  getstartedlab_redis       replicated  1/1 redis:latest
:6379->6379/tcp
n5rvhm52ykq7  getstartedlab_visualizer  replicated  1/1
dockersamples/visualizer:stable   *:8080->8080/tcp
mifd433bti1d  getstartedlab_web   replicated  5/5   sam/getstarted:latest
*:80->80/tcp
```

检查任何一个节点中的网页，例如 http://192.168.99.101，查看 Redis 存储的访客计数器的结果是否生效。同时，检查另一个节点上的 8080 端口的 visualizer，注意与 web 和 visualizer 服务一同运行的 Redis 服务。

11.8 Kubernetes

Kubernetes（k8s）是自动化容器操作的开源平台。如果你曾经用过 Docker 容器技术部署容器，那么可以将 Docker 看成 Kubernetes 内部使用的低级别组件。Kubernetes 不仅仅支持 Docker，还支持 Rocket，这是另一种容器技术。我们使用 Kubernetes 可以：

- 自动化容器的部署和复制。
- 随时扩展或收缩容器规模。
- 将容器组织成组，并且提供容器间的负载均衡。
- 方便地升级应用程序容器的新版本。
- 提供容器弹性，如果容器失效就替换它，等等。

11.8.1　集群

集群是一组节点，这些节点可以是物理服务器或者虚拟机，在这上面安装了 Kubernetes 平台。图 11-2 展示一个示例集群（注意该图为了强调核心概念有所简化）。这是一个典型的 Kubernetes 架构图。

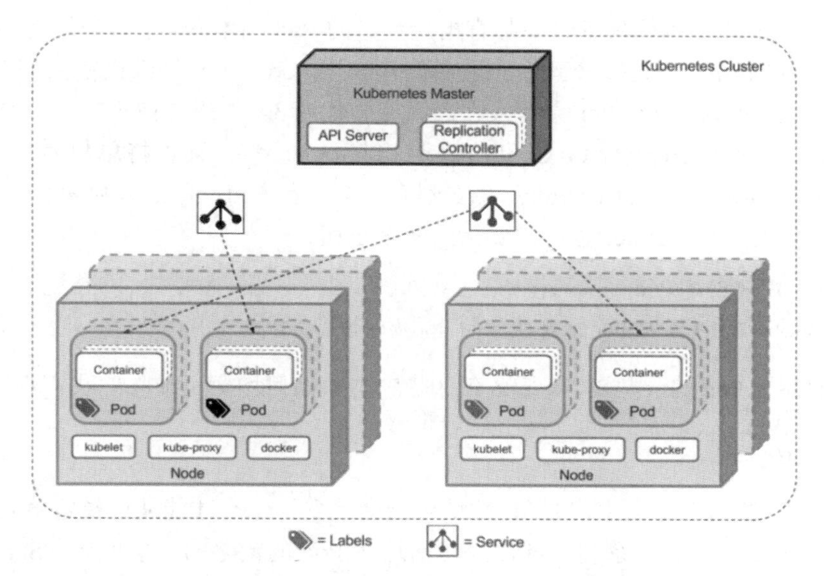

图 11-2　Kubernetes 架构图

从图 11-2 可以看到如下组件：Pod、Container（容器）、Label（标签）、Replication Controller（复制控制器）、Service（服务）、Node（节点）和 Kubernetes Master（Kubernetes 主节点）。

11.8.2　Pod

Pod 是在节点上，它包含一组容器。同一个 Pod 里的容器共享同一个网络命名空间，可以使用 localhost 互相通信。Pod 是短暂的，不是持续性实体。

如图 11-2 所示，一些 Pod 有 Label。一个 Label 是附着到 Pod 的一个“键/值”对，用来传递用户定义的属性。假如创建了一个“tier”和“app”标签，可以通过 Label(tier=frontend, app=myapp)来标记前端 Pod 容器，通过 Label(tier=backend, app=myapp)来标记后台 Pod。

11.8.3　Node（节点）

节点是物理或者虚拟机器，作为 Kubernetes Worker，通常称为 Minion。每个节点都运行如下的 Kubernetes 关键组件：

- Kubelet：是主节点代理。
- Kube-proxy：服务使用它将链接路由到Pod，详见后续章节的内容。
- Docker或Rocket：Kubernetes使用的容器技术来创建容器。

11.8.4 Kubernetes Master

集群拥有一个Kubernetes Master（图11-2中上面的方框）。Kubernetes Master拥有一系列组件，例如Kubernetes API Server。API Server提供可以用来和集群交互的REST端点。Master节点包括用来创建和复制Pod的Replication Controller。

11.8.5 Replication Controller

Replication Controller确保任意时间都有指定数量的Pod副本在运行。如果为某个Pod创建了Replication Controller并且指定3个副本，它会创建3个Pod，并且持续监控它们。如果某个Pod不响应，那么Replication Controller会替换它，保持总数为3。如果之前不响应的Pod恢复了，现在就有4个Pod了，那么Replication Controller会将其中一个终止而保持总数为3。如果在运行中将副本总数改为5，Replication Controller会立刻启动2个新Pod，保证总数为5。

当创建Replication Controller时，需要指定两个东西：

- Pod模板：用来创建Pod副本的模板。
- Label：Replication Controller需要监控的Pod的标签。

现在已经创建了Pod的一些副本，那么在这些副本上如何均衡负载呢？我们需要的是Service。

11.8.6 Service

如果Pods是短暂的，那么重启时IP地址可能会改变，怎么才能从前端容器正确可靠地指向后台容器呢？Service是定义一系列Pod以及访问这些Pod的策略的一层抽象。Service通过Label找到Pod组。因为Service是抽象的，所以在图表里通常看不到它们的存在，这也就让这一概念更难以理解。现在，假定有2个后台Pod，并且定义后台Service的名称为backend-service（后端服务），Lable选择器为(tier=backend, app=myapp)。backend-service的Service会完成如下两件重要的事情：

- 为Service创建一个本地集群的DNS入口，因此前端Pod只需要DNS查找主机名为“backend-service”，就能够解析出前端应用程序可用的IP地址。
- 既然前端已经得到了后台服务的IP地址，那么它应该访问2个后台Pod的哪一个呢？Service在这2个后台Pod之间提供透明的负载均衡，它将请求分发给其中的任意一个。通过每个Node上运行的代理（Kube-proxy）完成，实现了透明的负载均衡。

第 12 章 大数据开发管理

同传统的软件开发相比，大数据软件系统的开发和管理工具云化，并且趋于采用开源软件开发的工具。

12.1 CI/CD（持续集成/持续发布）

CI 是持续集成（Continuous Integration）的简称。CD 是持续发布（Continuous Deployment）的简称。持续集成是一种软件开发实践，即团队开发成员经常集成他们的工作，通常每个成员每周至少集成一次，每次集成都通过自动化的构建（包括编译、发布、自动化测试）来验证，从而尽早地发现集成错误。持续部署是通过自动化的构建、测试和部署循环来快速交付高质量的产品。如图 12-1 所示，CICD 依据资产库（源码，类库等）的变更自动完成编译、构建、测试、部署和反馈。

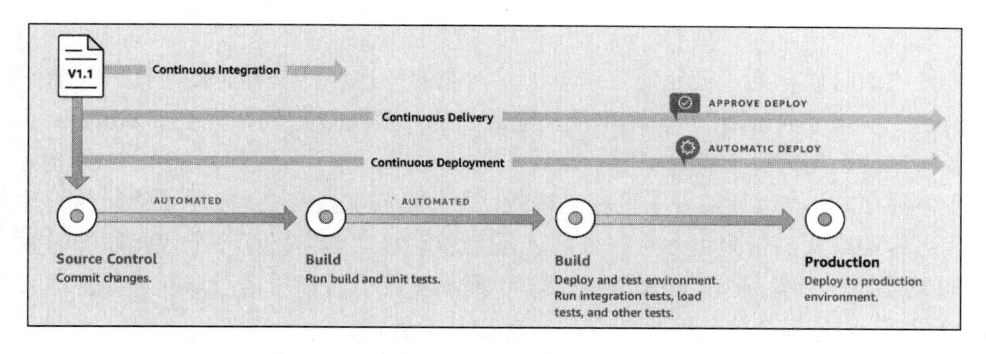

图 12-1　CICD 全过程

12.1.1 CI

CI 做到下面几个功能：

- 自动构建（Build）：要求无人值守，它自动发现版本库的变更。每一次都把之前的环境删除干净，让每一次构建都是一个新的构建。

- 反馈机制：在出现问题时，能及时地把问题反馈给正确的人（提交者、测试者、管理者）。
- 回滚：在出现问题后，拥有回滚到可交付的能力。
- 完善的集成功能：代码的测试和审查都应该做到完善。如果单纯的利用 CI 做持续的编译，那就是大材小用了。

CI 的关键是要注意养成持续集成的习惯，软件的开发流程以及代码的编写，都应该注意 CI 的风格。例如编写具有单元测试的代码，命名符合代码审查的规范（如 Google 公司的代码规范为 https://github.com/HPI-Information-Systems/Metanome/wiki/Installing-the-google-styleguide-settings-in-intellij-and-eclipse）等。

笔者所在的公司使用的是 cicleCI 工具（见图 12-2）来完成 CI。开发人员将代码提交到对应的 GitHub 分支中，归并到 master，从而触发 CI，进入 CI 环节：将代码集成进标准的镜像文件中（mvn 构建），并进行测试。集成及测试成功，则将集成后的镜像文件上传至 S3。集成或测试失败，则结束本次 CI，并将原因通过邮件发送给开发者与运维管理员。

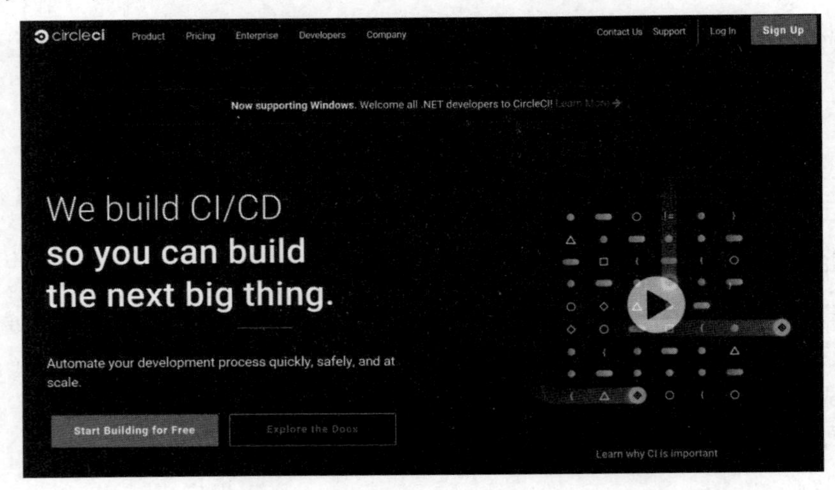

图 12-2　cicleCI

在持续集成的时候，为了避免每次过多出现问题的构建，开发者在提交代码之前，最好在本地独立地构建一次（mvn install）。在本地构建通过后，就可以把代码提交到 GitHub 了。

在笔者所在的公司，每个组件都有一个对应的代码库，每个代码库对应一个 CI 构建。这时候每个组件变得独立，修改运行部署不再相互依赖，大大降低了耦合度，方便了代码的管理和维护。另外，多代码库还给我们带来另一个好处，就是共享问题，当你只有一个代码库的时候，如果想要共享，那必然所有代码都必须共享，拆分多个代码库，就可以根据自己情况选择性地共享代码。对于 Git 代码库，划分多个代码库更加合理，更加易于管理。

12.1.2　CD

在进入 CD 环节后，笔者所在的公司通过 chef、debian package 和 AWS codeDeploy 将 CI 集成成功的镜像部署到所有虚拟机中，并进行测试。如测试通过则完成本次部署，如测试失败则将判定该项目是否为第一次部署的。如该项目不是第一次部署的，则回滚到上一版本的容器，并将原因通过邮件发送给运维管理人员。

在部署新的主版本时，我们有时采用 A/B 模式。即在一个新的集群上部署新版本，然后把所有访问切换到新集群上，等旧集群上的作业完成后，就把旧集群删除。

12.2　代码管理工具 GitHub

笔者所在的公司使用 GitHub 存储和管理源代码。在 GitHub 出现以前，开源项目开源容易，但让广大开发人员参与进来比较困难，因为要参与，就要提交代码，而给每个想提交代码的开发人员都开一个账号那是不现实的，因此，开发人员也仅限于报个 Bug，即使能改掉 Bug，也只能把 diff 文件用邮件发过去（作者通过手工方式合并代码），这样很不方便。GitHub 是一个面向开源及私有软件项目的托管平台，它解决了这个问题。在 GitHub 上，利用 Git 极其强大的克隆（Clone）和分支（Branch）功能，广大开发人员真正可以参与各种开源项目了。因为只支持 Git 作为唯一的版本库格式进行托管，故名 GitHub。

GitHub 于 2008 年 4 月正式上线，托管软件数量是非常之多，其中不乏知名的开源项目，如 jQuery、Python 等。开源项目可以免费托管，用户在 GitHub 上可以十分轻易地找到海量的开源代码。GitHub 项目本身也在 GitHub 上进行托管，只不过在一个私有的、公共视图不可见的库中。作为开源代码库以及版本控制系统，GitHub 拥有超过 900 万开发者。随着越来越多的应用程序转移到了云上，GitHub 已经成为了管理软件开发以及发现已有代码的首选方法。2018 年 6 月 4 日，微软以 75 亿美元收购代码 GitHub。

12.2.1　仓库（Repository）

一个仓库通常用来管理一个项目。仓库能存储文件夹、文件（代码）、图片、视频、电子数据表以及数据集合等内容。如图 12-3 所示的是 Apache 在 GitHub 的主页（https://github.com/apache），它下面有 1737 个仓库，Kafka、Hive 等都是其中的一个仓库。登录 GitHub 后，可在页面右上角单击“+”按钮，然后选择“New repository”选项即可创建新的仓库。

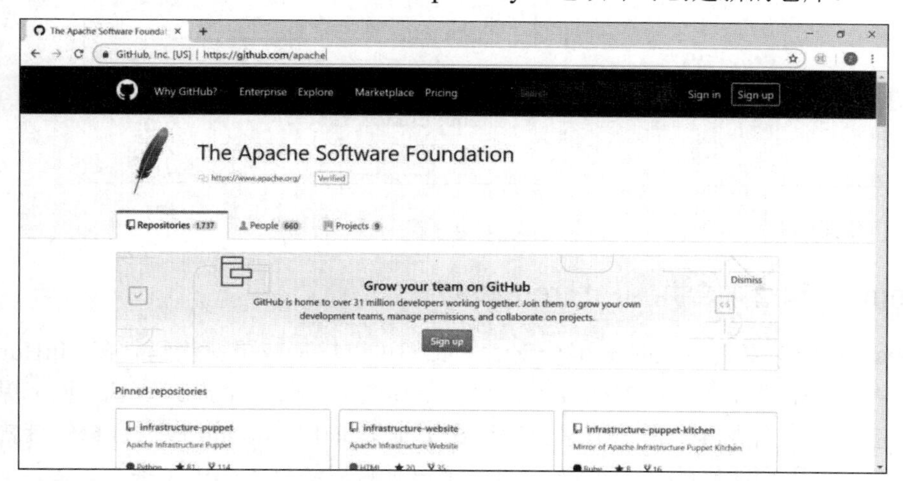

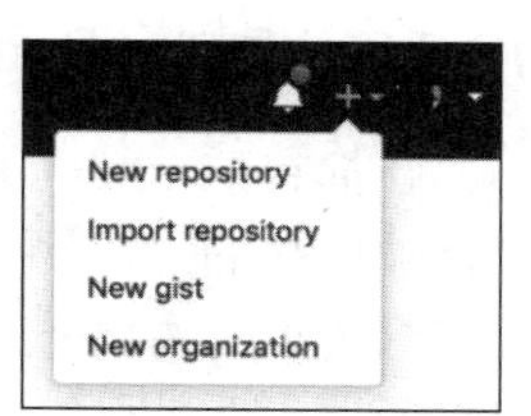

图 12-3　GitHub 和创建新仓库

12.2.2 分支（Branch）

GitHub 可以托管各种 Git 库，GitHub 的优势在于从一个项目进行分支的简易性。作为一个分布式的版本控制系统，每一份复制出的库都可以独立使用，任何两个库之间的不一致之处都可以进行合并。

操作分支（Branching）正是我们在同一时刻能对不同版本进行工作的基础。如图 12-4 所示，默认情况下我们的仓库将会拥有一个名为“master”的分支，该分支也通常是项目的主分支。当我们从“master”分支创建一个新的分支时，实际上执行了一次复制操作。以后，当我们在操作其他分支时，有人修改了“master”分支，就可以通过拉取（Pull）来获得那些更新。分支功能就为 GitHub 仓库提供了这样保存不同版本文件的能力。

在 GitHub 中，几乎所有的开发者、设计者都使用分支来修复 Bug 和实现新功能，而不是直接在 master 分支（master 分支往往是生产环境）上进行这些修改。当完成了一个修改后，他们才将那些特性分支合并到 master 分支。

有 2 种方法来创建分支，一种方法是使用 git 命令（见 12.1.5 节），另外一种方法就是在如图 12-5 所示的页面上，在新分支名输入框中输入一个分支名称，例如 test。然后单击“Create branch”按钮或者按下键盘上的回车键即可创建新分支。

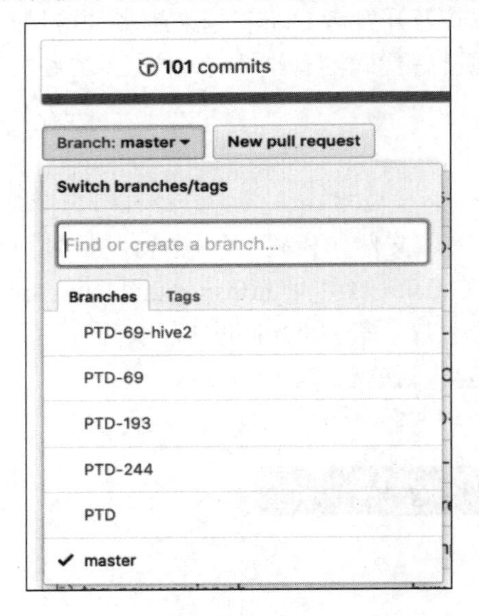

图 12-4 分支

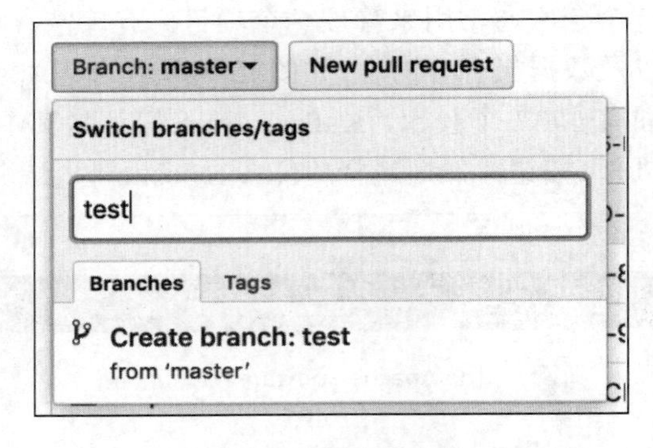

图 12-5 创建新分支

12.2.3 提交（Commit）和请求合并（Pull request）

在拥有了一个从 master 分支复制而来的 test 分支后，我们可以增加或更新代码。在 GitHub 上，被保存下的修改被称为一个“提交“（Commit）。每一个提交会附带一个提交信息，这个提交信息会说明本次修改包含了什么内容。提交信息会出现在历史记录中，这样其他项目合作者就可以通过查看提交信息来理解我们的修改。图 12-4 上显示了该项目已经有了 101 个提交。

提交后，我们就可以开启一次请求合并（Pull request）。请求合并（Pull request）是 GitHub 上协作的核心功能。当我们开启了一个请求合并，就相当于向某人发起提交请求，以期对方在检查我们的修改后将其合并到 master 分支中。请求合并会展示两个分支中的不同之处。如图 12-6 所示，任何修改、添加以及删除都会被标记绿色和红色。

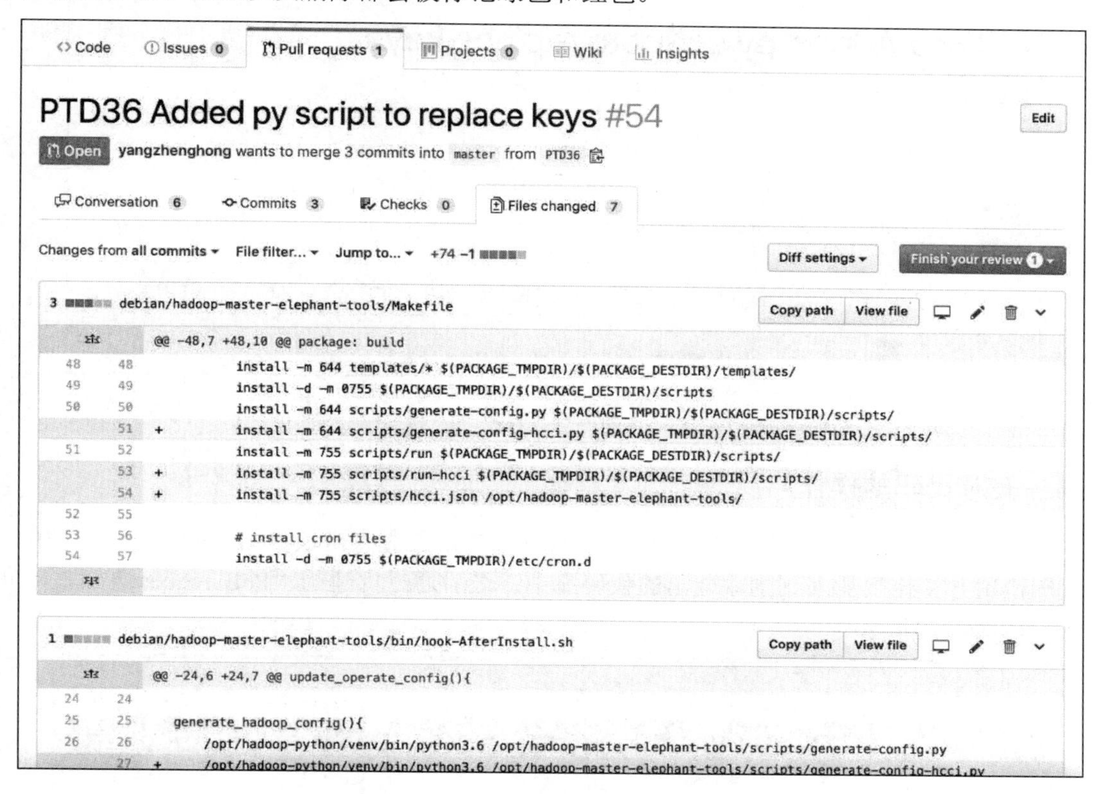

图 12-6　标识的更改信息

一旦我们完成了一个提交（Commit），就能创建一个请求合并，有多种方法来创建这个请求合并。一种方法是如图 12-7 所示，在“Pull request”页面上单击“New pull request”按钮，然后从新页面上选中我们要操作的分支，仔细核对新的修改，最后单击“Create pull request”按钮来创建请求合并。这会开启一个会话（Conversation）讨论，如图 12-8 所示。在会话中使用 GitHub 的@系统，就可以向特定的人或团队询问修改反馈。在所有的人都评审了最新的修改后，我们就可以把修改合并到 master 分支中。我们将在 12.1.5 节中详细说明这些步骤。

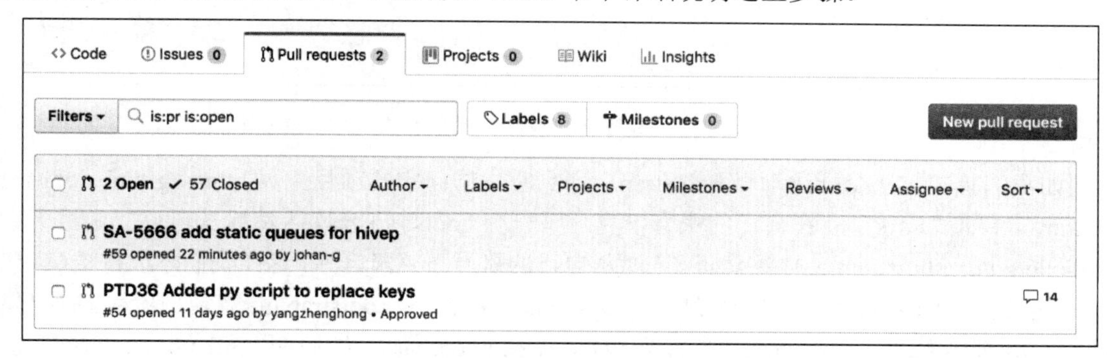

图 12-7　新建请求合并

图 12-8　会话

12.2.4　开源代码的操作

如图 12-9 所示，为一个开源项目贡献代码非常简单：首先点击项目站点的“Fork”按钮，然后将代码检出并将修改加入到刚才分出的代码库中，最后通过内建的“Pull request”机制向项目负责人申请代码合并。

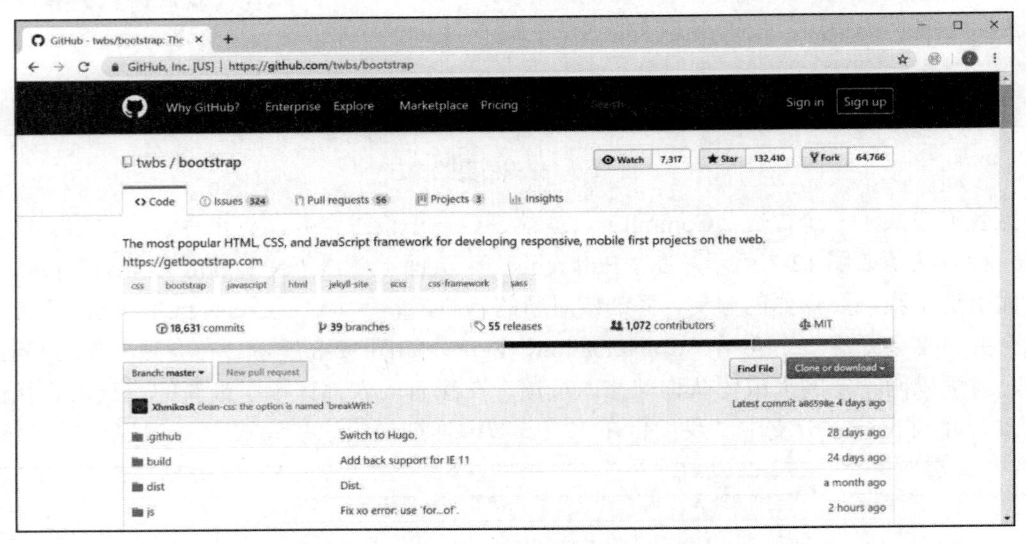

图 12-9　开源代码

假如我们想参与一个开源项目 bootstrap，那么首先访问它的项目主页 https://github.com/twbs/bootstrap，单击“Fork”就在自己的账号下克隆了一个 bootstrap 仓库，然后从自己的账号下克隆（git clone git@github.com:...）。注意，一定要从自己的账号下克隆仓库，这样我们才能推送（Push）修改。如果从 bootstrap 的作者的仓库地址 git@github.com:twbs/bootstrap.git 克隆，因为没有权限，我们将不能推送修改。Bootstrap 的官方仓库 twbs/bootstrap，我们在 GitHub 上克隆的仓库 my/bootstrap 以及我们自己克隆到本地电脑的仓库，它们的关系如图 12-10 所示。

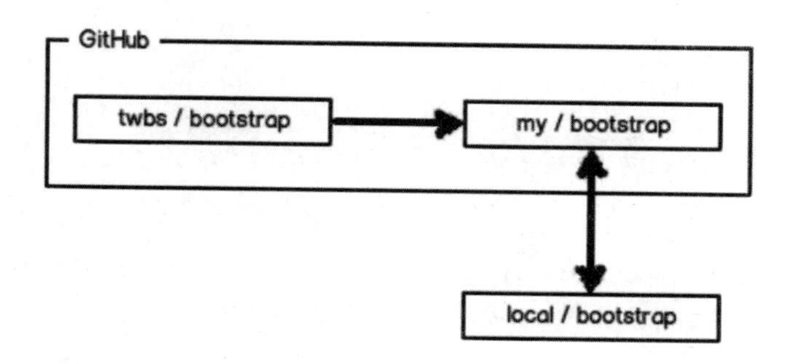

图 12-10　仓库之间关系

如果我们想修复 bootstrap 的一个 Bug，或者新增一个功能，立刻就可以开始干活，干完后，往自己的仓库推送。如果希望 bootstrap 的官方库能接受我们的修改，就可以在 GitHub 上发起一个 Pull request。当然，对方是否接受我们的 Pull request 就不一定了。

对于企业级开发而言，一般只有本地和服务器（GitHub）两层。企业私有库的代码管理更加简单，各个开发人员只需克隆代码到本地库，如图 12-11 所示。

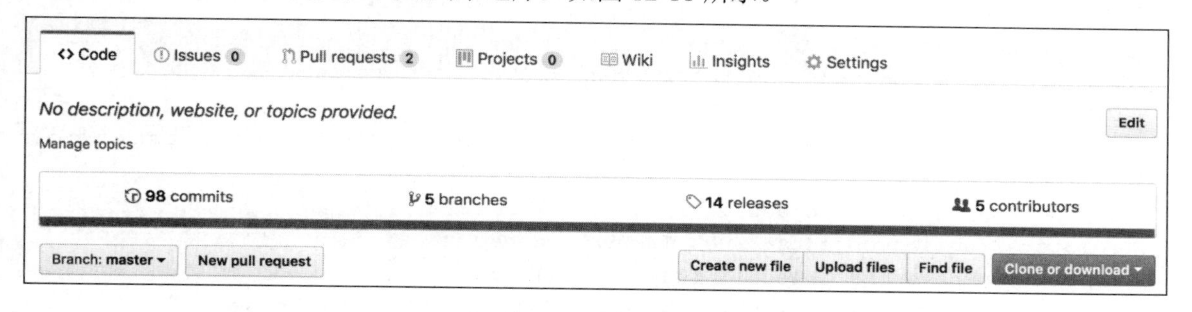

图 12-11　克隆代码

Git 本地库包含代码库还有历史库，在本地的环境开发就可以记录历史。每一次 Commit 是提交到本机，这个不需要联网。所谓的版本管理，就是要方便我们知道每一个版本，例如回到之前的某个版本（这是其一），而且回退到某个之前的版本，也是从本机拿的数据，这些都不需要联网。而 SVN 的每一次提交都需要联网，这就需要网络的等待。Git 只有在推送（Push）、拉取（Pull）的时候需要联网，而我们平时更多的操作应是提交。SVN 的历史库存不在本地，每次对比与提交代码都必须连接到中央仓库才能进行。

12.2.5　GitHub 使用实例

Git 是分布式版本控制系统。如果你正在使用 Mac 做开发，则可以通过 homebrew 安装 Git。安装完成后，还需要最后一步设置，在命令行输入：

```
$ git config --global user.name "Your Name"
$ git config --global user.email email@example.com
```

例如，下面是笔者的一些设置：

```
ip-10-10-0-57:chef-repo sam$ git config --global user.name "sam.yang"
ip-10-10-0-57:chef-repo sam$ git config --list
credential.helper=osxkeychain
```

```
user.name=sam.yang
core.repositoryformatversion=0
……
ip-10-10-0-57:chef-repo sam$ more ~/.gitconfig
[user]
        name = sam.yang
ip-10-10-0-57:chef-repo sam$ git config --global user.email "sam.yang@***.com"
ip-10-10-0-57:chef-repo sam$ more ~/.gitconfig
[user]
        name = sam.yang
        email = sam.yang@***.com
```

注意 git config 命令的--global 参数是表示当前这台机器上所有的 Git 仓库都会使用这个配置，当然也可以对某个仓库指定不同的用户名和 E-Mail 地址。安装后，就可以把代码克隆到本地，拉一个新的分支，开发一些新代码，最后推送到 GitHub，并用 Pull request 来合并代码。步骤如下：

步骤 01 先克隆到本地（假定 xyz-tools 是代码的名字，***是公司的名字）。

```
$ cd work
$ git clone git@github.com:***/xyz-tools.git
Cloning into 'xyz-tools'...
Warning: Permanently added 'github.com,192.30.255.112' (RSA) to the list of known
hosts.
remote: Enumerating objects: 92, done.
remote: Counting objects: 100% (92/92), done.
remote: Compressing objects: 100% (36/36), done.
remote: Total 513 (delta 65), reused 70 (delta 50), pack-reused 421
Receiving objects: 100% (513/513), 134.79 KiB | 3.00 MiB/s, done.
Resolving deltas: 100% (208/208), done.
$ cd xyz-tools
$ ls
Gemfile              conf
Gemfile.lock              hadoop_cluster_operation
README.md            pom.xml
bin          settings.xml
Checkstyle.xml            src
```

步骤 02 拉一个新的分支（Branch）。

```
$ git checkout -b PTD36
Switched to a new branch 'PTD36'
$ git status
On branch PTD36
Your branch is up to date with 'origin/PTD36'.
```

注 意

PTD36 是 Branch 的名字，建议使用 JIRA 上的 ticket 的名字，例如 PTD36。

步骤 03 编写代码。

步骤04 把新的内容添加到本地库，推送给 GitHub。

```
$ git add .
$ git commit -m "made a lot of changes"
[PTD36 2d6b1f8] made a lot of changes
 Committer: Sam Yang <***>
Your name and email address were configured automatically based
on your username and hostname. Please check that they are accurate.
You can suppress this message by setting them explicitly. Run the
following command and follow the instructions in your editor to edit
your configuration file:

    git config --global --edit

After doing this, you may fix the identity used for this commit with:

    git commit --amend --reset-author

 11 files changed, 338 insertions(+), 300 deletions(-)
 create mode 100644 hcci.properties
 delete mode 100644 target/.gitignore
 delete mode 100644 target/test-classes/.gitignore
$ git push
Warning: Permanently added 'github.com,192.30.255.113' (RSA) to the list of known
hosts.
Counting objects: 25, done.
Delta compression using up to 8 threads.
Compressing objects: 100% (17/17), done.
Writing objects: 100% (25/25), 2.63 MiB | 945.00 KiB/s, done.
Total 25 (delta 10), reused 0 (delta 0)
remote: Resolving deltas: 100% (10/10), completed with 10 local objects.
remote: warning: GH001: Large files detected. You may want to try Git Large File
Storage - https://git-lfs.github.com.
remote: warning: See http://git.io/iEPt8g for more information.
remote: warning: File target/xyz-tools-1.0-SNAPSHOT.jar is 61.13 MB; this is
larger than GitHub's recommended maximum file size of 50.00 MB
To github.com:***/xyz-tools.git
   b7be0c7..2d6b1f8  PTD36 -> PTD36
```

注意

在-m 后面加上本次代码的一些说明信息。

步骤05 创建一个 Pull request。

打开 GitHub (https://github.com/treasure-data/elephant-tools)，然后单击“Compare & pull request”按钮（见图 12-12）。

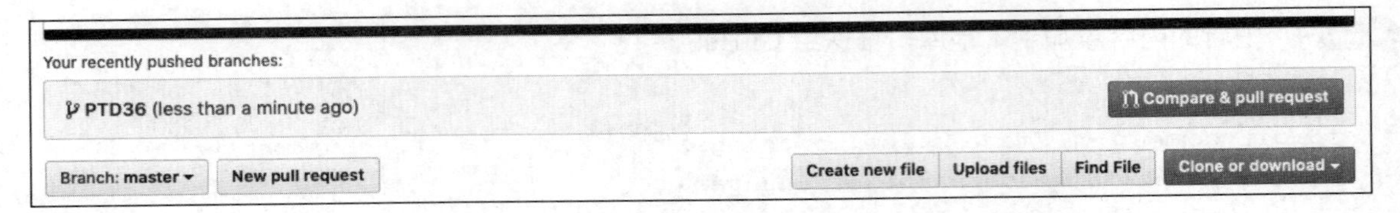

图 12-12　Pull request

系统打开如图 12-13 所示的界面。在右边指定 Reviewers，在左边输入一些信息，让开发小组内其他人评审新加的代码。

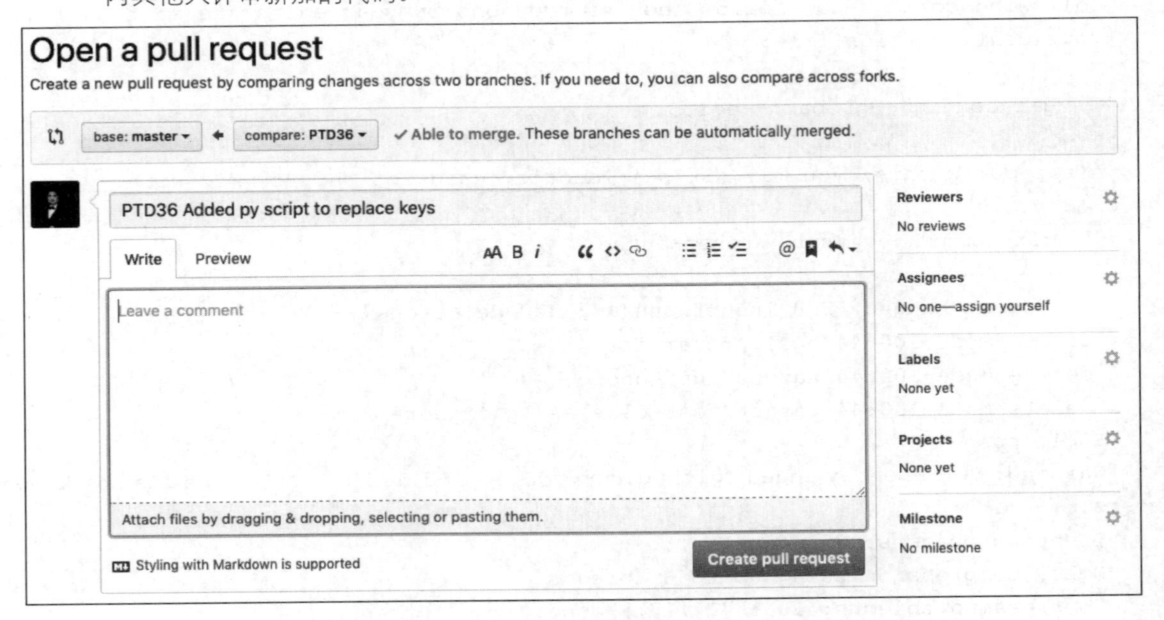

图 12-13　发出 Pull request 请求

在创建 Pull request 后，就会出现如图 12-14 所示的界面。

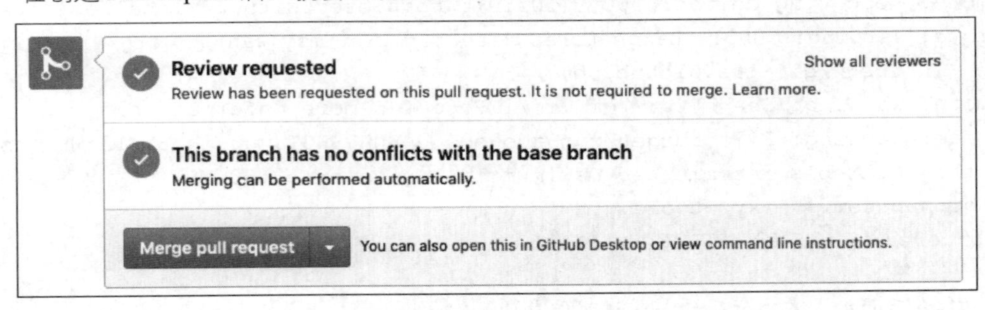

图 12-14　评审中

我们的同事或开源项目的负责人（Reviewer，即评审者）登录 GitHub，看到类似如图 12-15 所示的界面进行检查和复审。在这个界面上，可以看到多少代码被修改了，被修改如何的等。他们或许对这些代码提出自己的修改意见。

在评审结束后，单击“Merge pull request”按钮，并在如图 12-16 所示的界面上单击“Confirm merge”来确认合并（Merge），就将 PTD36 分支合并到 master 分支了。

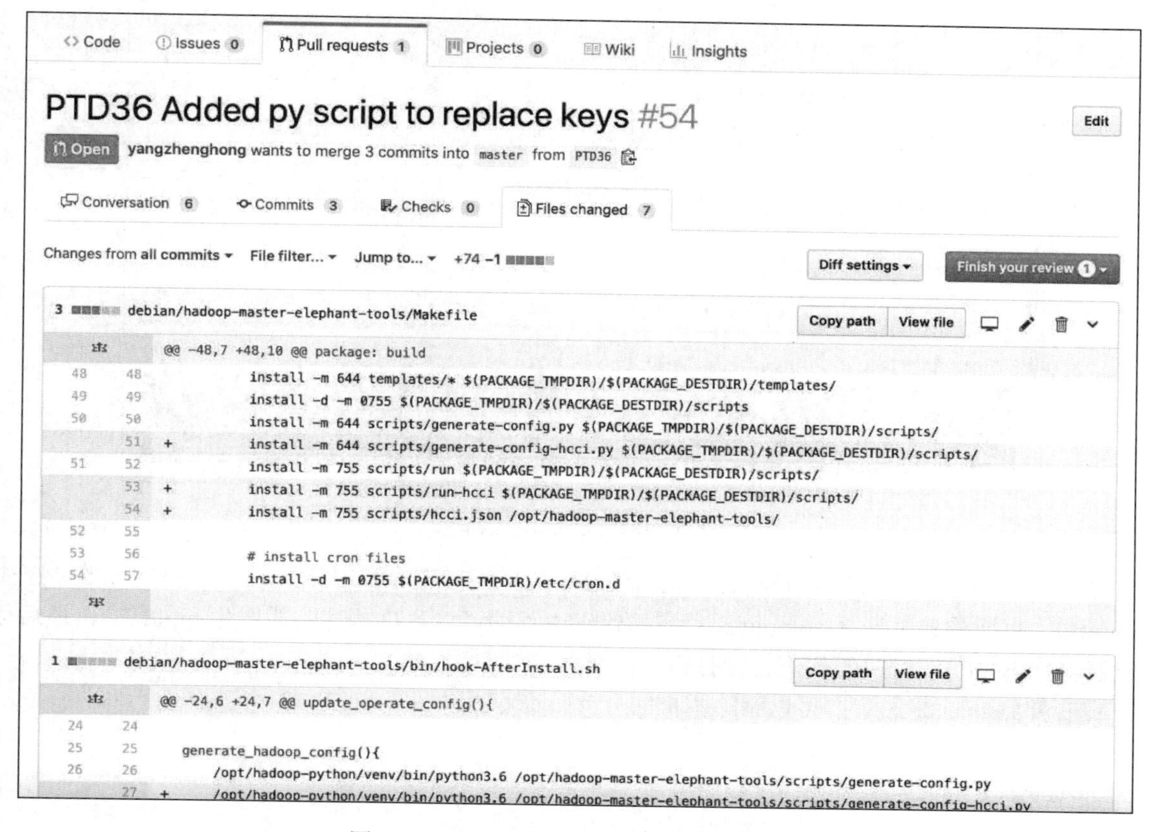

图 12-15　本次提交的代码（含修改的部分）

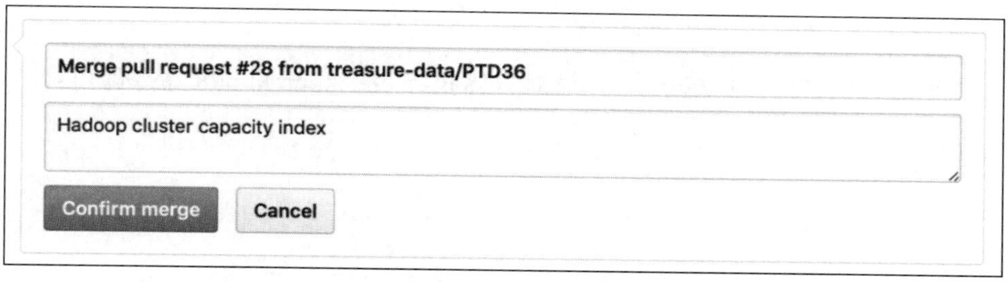

Merge pull request #28 from treasure-data/PTD36

Hadoop cluster capacity index

Confirm merge　Cancel

图 12-16　确定合并

之后，可以单击“Delete branch”按钮来删除这个分支，如图 12-17 所示。

Pull request successfully merged and closed

You're all set—the PTD36 branch can be safely deleted.　Delete branch

图 12-17　删除分支

另外，笔者所在的公司是通过 circleCI 来构架（Build）上面代码的 JAR 包。在 circleCI 的界面上，会看到 JAR 包制作完成，然后复制到 aws s3，如图 12-18 所示。

为了测试新的 JAR 包，我们首先手工删除旧的 JAR 包，然后运行 chef 来将 s3 上面的 JAR 包复制到相应的节点上，从而完成部署。

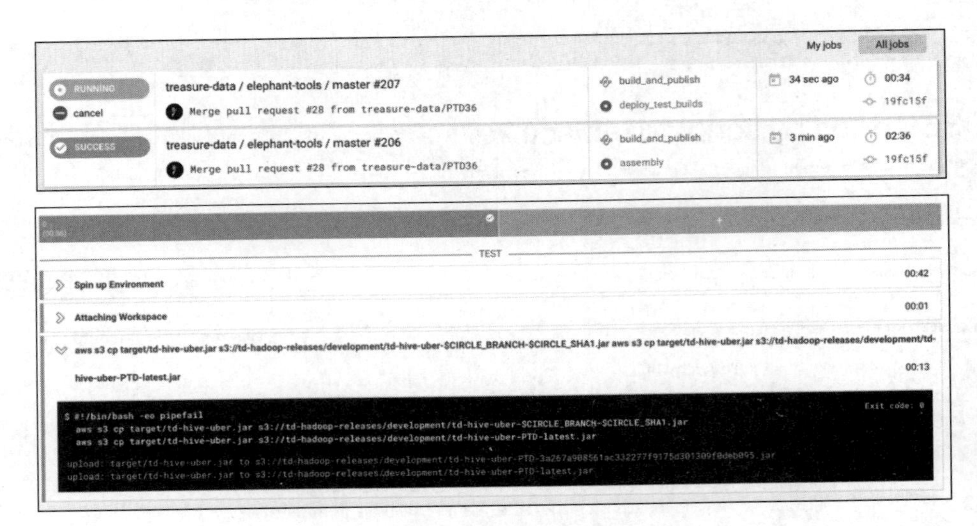

图 12-18　cicleCI 完成构建

总之，开发人员的开发代码经评审后提交到 master 代码库，对于代码库的每次更改会产生 commitId，每次构建时选择 commitId 对应的代码进行编译，每次构建完成产生 build ID，最后可以选择某个 build ID 对应的代码进行打包和部署。

在合并到 master 之后，可以删除本机的分支，命令是“git branch –D 分支名”：

```
$ git checkout master
Switched to branch 'master'
Your branch is up to date with 'origin/master'.
$ git branch -D PTD36
Deleted branch PTD36 (was cdfdddb).
```

如果只想得到 GitHub 上的最新代码，这时只需执行 checkout 和 pull 命令即可：

```
$ git checkout master
Switched to branch 'master'
Your branch is up to date with 'origin/master'.
$ git pull
Warning: Permanently added 'github.com,192.30.255.113' (RSA) to the list of known
hosts.
remote: Enumerating objects: 1198, done.
remote: Counting objects: 100% (1198/1198), done.
remote: Compressing objects: 100% (79/79), done.
remote: Total 2878 (delta 1147), reused 1147 (delta 1119), pack-reused 1680
......
```

Git 实现了版本管理。每次在 GitHub 的 Pull request 界面上单击 Merge 按钮时，就是从一个 branch A（分支 A，例如 PTD36）合并到另外一个 branch B（分支 B，例如 master）。这个时候会检测有没有冲突， 如果有冲突的话是没法合并的，需要解决了冲突再合并。也就是说，就是你改我的，我改你的。你先合并成功了，我后去合并就失败了，那么我得先解决掉冲突再重新合并。

最后要讲一下.gitignore。如果不想把一些文件推送（Push）到 GitHub 上，则可以在这个文件中设置，例如不上传到 target 目录：

```
$ ls -a
.  .factorypath       .settings       bin pom.xml
.. .git   Gemfile checkstyle.xml  settings.xml .circleci .gitignore
Gemfile.lock conf   src  .classpath     .project        README.md
hadoop_cluster_operation   target

$ more .gitignore
target/
dependency-reduced-pom.xml
__pycache__/
.idea
tmp
build/*
*/build/*
**/generated/**
**/generated-test/**
*.iml
*.project
*.settings
*.metadata
*.classpath
*.factorypath
build/
.DS_Store
```

对已经上传到 GitHub 上的代码，可以使用“git rm”命令来删除：

```
$ git rm -r target
rm 'target/checkstyle-cachefile'
rm 'target/checkstyle-checker.xml'
rm 'target/checkstyle-result.xml'
……
$ git status
On branch PTD36
Your branch is ahead of 'origin/PTD36' by 1 commit.
  (use "git push" to publish your local commits)

Changes to be committed:
  (use "git reset HEAD <file>..." to unstage)

    modified:   .gitignore
    deleted:    target/checkstyle-cachefile
    deleted:    target/checkstyle-checker.xml
    deleted:    target/checkstyle-result.xml
……

TD-0518:elephant-tools sam$ git commit -m "clean target and others"
[PTD36 7b074d6] clean target and others
```

```
......

TD-0518:elephant-tools sam$ git push
Warning: Permanently added 'github.com,192.30.255.112' (RSA) to the list of known
hosts.
Counting objects: 26, done.
Delta compression using up to 8 threads.
......
```

12.3 项目管理 JIRA

JIRA 是 Atlassian 公司（www.atlassian.com）出品的一款管理软件，它是集项目计划、任务分配、需求管理、Bug 跟踪于一体的商业软件。无论是需求，还是 Bug 或是任务（如给新员工设置各类账号），都可以由它来管理。JIRA 功能全面，界面友好，配置灵活，权限管理以及可扩展性方面都十分出色。由于 Atlassian 公司对很多开源项目免费提供 Bug 跟踪服务，因此在开源领域，其认知度比其他的产品要高得多，而且易用性也好一些。大型互联网公司，如 LinkedIn、Facebook、eBay 等，内部都在使用 JIRA。

JIRA 提供了专门的 Scrum 视图和 Kanban 视图，所以适合敏捷开发团队使用。在真正使用 JIRA 管理敏捷开发之前，我们首先必须了解敏捷开发的基本概念。

12.3.1 敏捷（Agile）开发和 Scrum 模式

在软件工业界，敏捷开发不仅被许多中小公司所青睐，在全球 100 强的企业中，敏捷开发也已大行其道，受到许多资深项目管理者和开发人员的推崇。敏捷不是指某一种具体的方法论、过程或框架，而是一组价值观和原则。符合敏捷价值观和原则的开发方法很多，如 Scrum，水晶开发（Crystal Clear）等。所有这些方法都具有以下的共同特征：

- 迭代开发。即整个开发过程被分为几个迭代周期，每个迭代周期是一个定长或不定长的时间块，持续的时间较短，通常为 1 到 4 周。
- 增量交付。产品是在每个迭代周期结束时被逐步交付使用，而不是在整个开发过程结束的时候一次性交付使用。每次交付的都是可以被部署到用户应用环境中被用户使用的、能给用户带来即时效益和价值的产品。
- 用户反馈推动产品开发。敏捷开发方法主张用户能够全程参与到整个开发过程中。这使需求变化和用户反馈能被动态管理并及时集成到产品中。同时，团队对于用户的需求也能及时提供反馈意见。
- 持续集成。新的功能或需求变化总是尽可能频繁地被整合到产品中。一些项目是在每个迭代周期结束的时候集成，有些项目则每天都在这么做。

Scrum 是敏捷开发的一种实现机制。Scrum 采用迭代、增量的方法来优化可预见性并控制风险。在这个框架中，整个开发过程由若干个短的迭代周期组成，一个短的迭代周期称为一个冲刺（Sprint），如图 12-19 所示。当前 Sprint 需要完成的任务会展现在特别设计的面板上，清晰地展示每个任务的负责人、当前状态、实现过程中的问题和变更等信息。项目团队能清晰地把握每个任务的开发进度和遇到的问题，并以此分析，控制项目的进度、成本和风险。

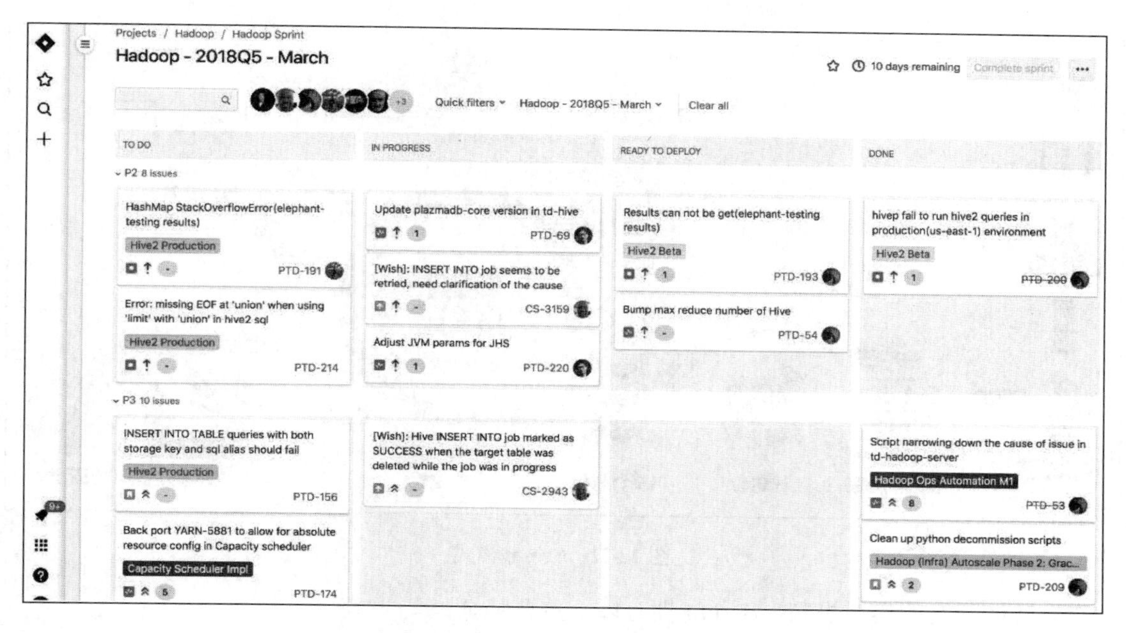

图 12-19　JIRA 中的 Sprint

在 Scrum 中，使用 Backlog 来管理所有产品需求和开发任务，如图 12-20 所示。产品 backlog 是一个按照商业价值(或实现优先级)排序的事项列表。在规划 Sprint 时，Scrum 团队从产品 Backlog 中挑选最高优先级的需求，在 Sprint 计划会议上经过讨论、分析和估算，并分配给具体的成员去实现。

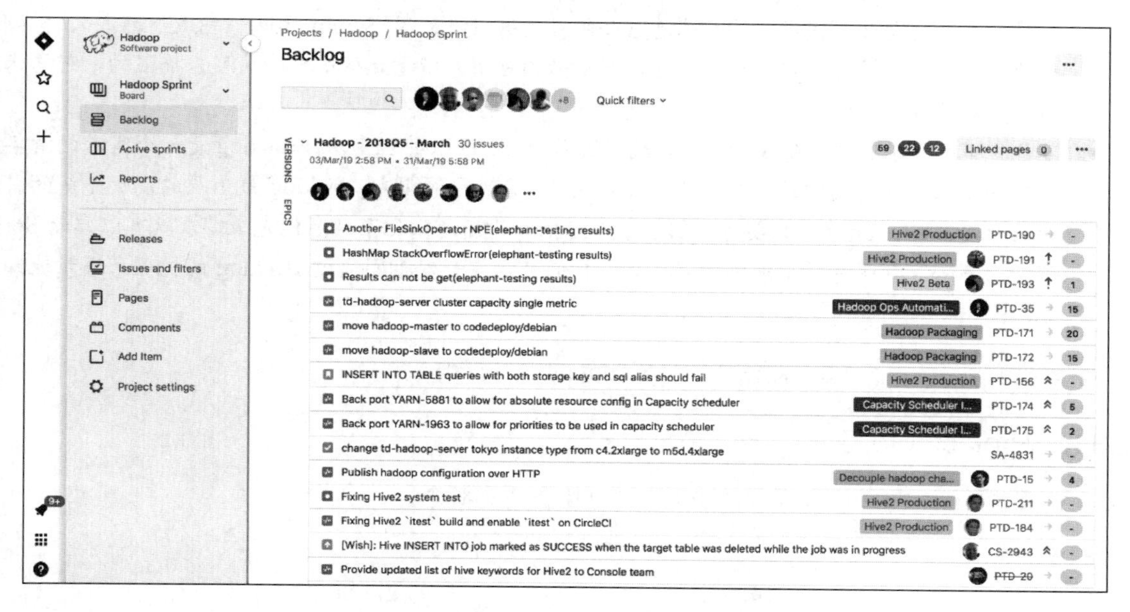

图 12-20　JIRA 中的 Backlog

如图 12-21 所示，Scrum 以站立会议（Standup Meeting）作为项目规划、过程控制和资源分配的内部交流协商机制（笔者所在的公司没实施这个，而是使用 slack 的站立会议功能）。在每个迭代结束时，Scrum 团队将递交可交付的产品增量。

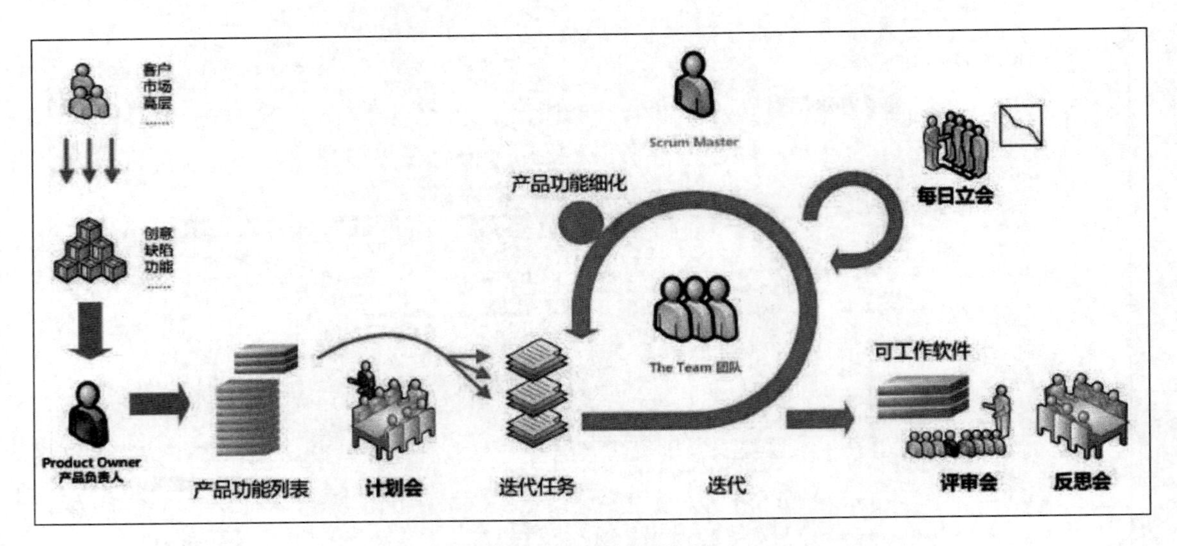

图 12-21　Scrum 模式

作为敏捷开发的实现机制，Scrum 拥有以下重要特征：

- 迭代开发。在 Scrum 的开发模式下，我们将开发周期分成多个 1~4 周的迭代，每个迭代都交付一些增量的可交付的功能。迭代的长度是固定的，如果我们选择了 1 周的迭代，那么保持它的长度不要发生变化，在整个产品开发周期内每个迭代都是 1 周的长度。这里需要强调的是在每个迭代必须产出可交付的增量功能，而不是第一个迭代做需求、第二个迭代做设计、第三个迭代做代码。
- 增量交付。增量是一个 Sprint 及以前所有 Sprint 中完成的所有事项列表条目的总和。在 Sprint 的结尾，新的增量必须完成，这意味着它必须可用并且达到了 Scrum 团队“完成”的定义的标准。无论产品负责人是否决定真正发布它，增量必须可用。增量是从用户的角度来描述的，它意味着从用户的角度可工作。
- 高优先级的需求驱动。在 Scrum 中，我们使用 Backlog 来管理需求，Backlog 是一个需求的清单，其中的需求是渐进明细的、经过优先级排序的。Scrum 团队从 Backlog 最上层的高优先级的需求开始开发。在 Scrum 中，只要有足够 1~2 个 Sprint 开发的细化了的高优先级需求就可以启动 Sprint 了，而不必等到所有的需求都细化之后。我们可以在开发期间通过 Backlog 的梳理来逐步地细化需求。

下面我们以 JIRA 为例，来阐述基于 Scrum 的项目管理。

12.3.2　Project（项目）

在使用 JIRA 之前，首先要弄清 JIRA 中的几个基本概念：

- Project（项目）
- Issue（问题）
- Field（字段）

Project 就是一个项目。开发一个 App 是一个项目，开发一个大数据系统也是一个项目。可以说，在项目管理范畴内可以看作项目的，都是 JIRA 中的项目。Project 是 Issue 的容器。如图 12-22 所示，在创建项目时，JIRA 会要求你指定 KEY，这个 KEY 加上数字，就是 Issue 的唯一 ID 了。

例如新建一个项目，KEY 设置为 PTD，那么项目下的第一条 Issue 就是“PTD-1”，第二条 Issue 是“PTD-2”，以此类推。

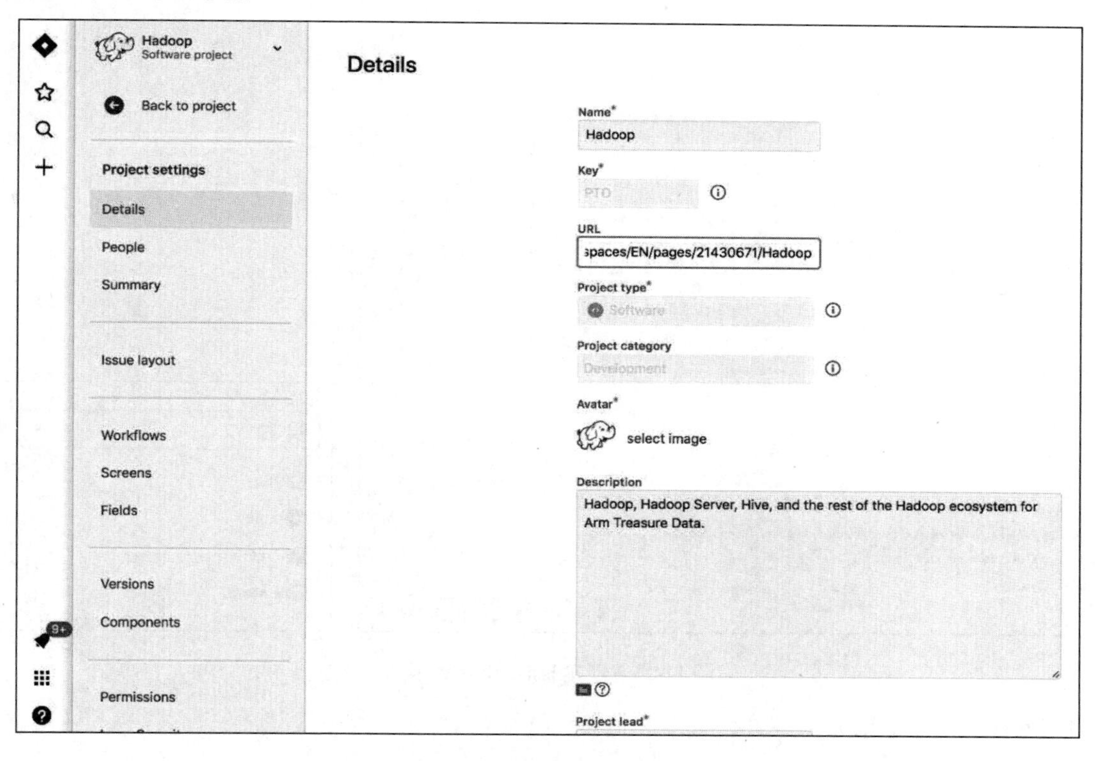

图 12-22　Project（项目）

12.3.3　Issue（问题）

Issue 则是 JIRA 核心中的核心。开发任务、测试发现的 Bug 等都统称为 Issue。它分为以下几种类型：

- Story（故事，即敏捷开发中的“用户故事”）
- Epic（史诗）
- Kaizen（提升）
- Bug（缺陷）
- Task（任务）

对于敏捷开发团队来说，“用户可以编辑并修改个人资料”，可以建一个 Story；对职能部门来说，“给新员工设置账号”可以建一个 Task；Epic 中文叫“史诗”，就是“包含很多故事的大故事”。例如“用户可以在 App 上收听音乐”，就是一个很大的故事，还需要细分为更多小故事才可以进行开发。

如图 12-23 所示，一个 Issue 会有多个属性：名称、详细描述、提交人、提交时间、优先级、状态等。而所谓的 Story，也是 Type 属性为 Story 的 Issue 而已，把 Type 属性改成 Epic，那这个 Story 就变成 Epic 了。

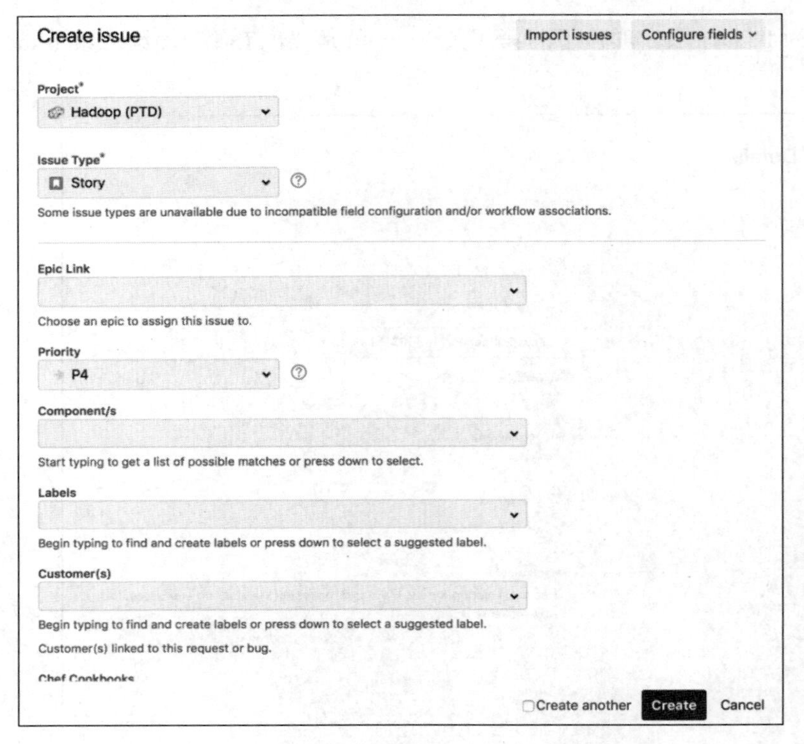

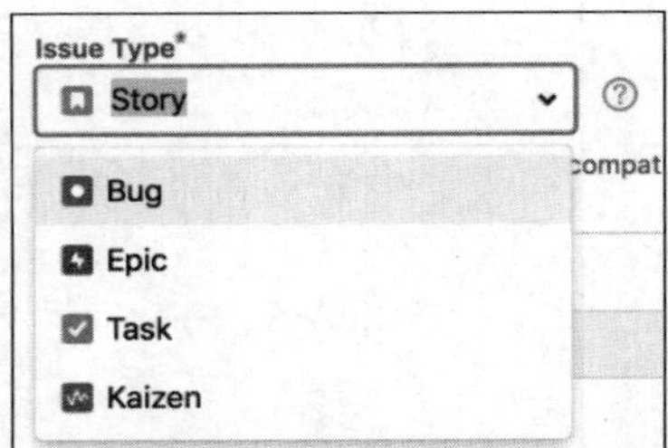

图 12-23　创建 Issue 和 Issue 类型

1. Story（用户故事）

用户故事是从用户的角度来描述用户渴望得到的功能。一个好的用户故事包括三个要素：

（1）角色：谁要使用这个功能。
（2）活动：需要完成什么样的功能。
（3）商业价值：为什么需要这个功能，这个功能带来什么样的价值。

用户故事以故事点（Story Point）作为其相对大小的衡量单位。故事点一般是指相对于某个标准故事而言，当前故事所需付出的努力。由于故事点往往由相对比较法估算得出，因此其大小只有比较意义没有绝对意义，也并不对应具体工时。对于新增的用户需求，并非对已有用户故事的细化或者完善，则是新的用户故事。尽量杜绝在一次冲刺中间插入新特性，应当把它作为用户故事规划到 Backlog 里，再根据其优先级安排到以后的 Sprint 中。

2. Epic（史诗）

在 Scrum 项目中，Epic 是指从用户需求中识别出来的在一定程度上相互独立、而内部则相对联系的需求集合，例如系统管理模块、用户认证模块等。也就是说，一篇史诗是由一系列用户故事组成的故事集。通常用 Epic 大致描述系统模块的功能概要或需求范围，但不应描述细节。如图 12-24 所示是一个关于 Hive 2 的史诗例子，下面包含了多个 Issue。

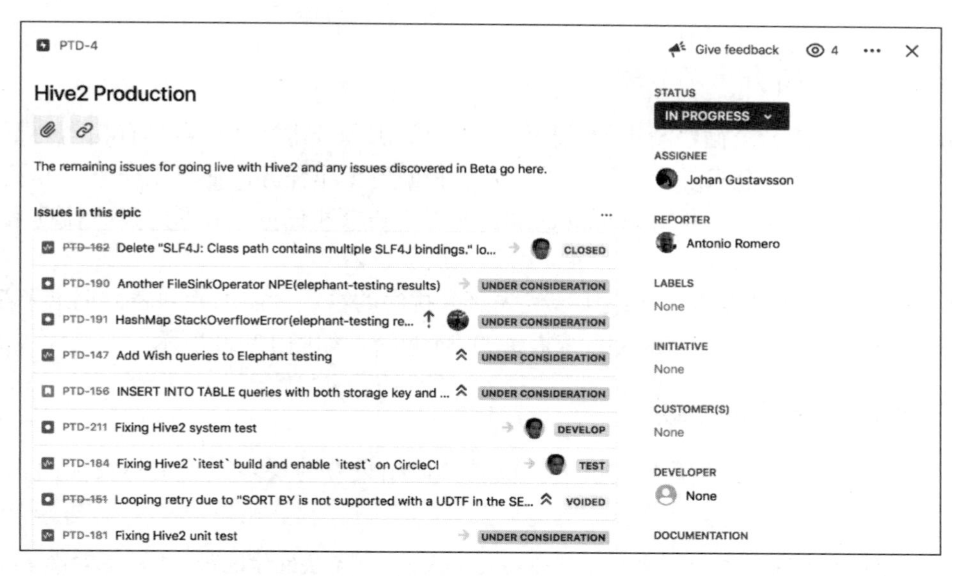

图 12-24　一个 Epic 实例

3. Task（任务）

Task 是明确定义了输入输出、技术指标和其他具体要求的任务说明。对于 Story 中体现的任务，一般直接从 Story 中开出多个 Task。如果 Story 足够小，则不必再开出 Task，可直接将 Story 作为任务交给具体人员去完成。

4. Kaizen（改进）

是指改善性的微小需求变更，是对已完成的用户故事的细微优化调整。这些调整一般不涉及具体功能的变更，而是基于用户体验的细节优化，不足以形成新的用户故事。

5. Bug（缺陷）

测试人员在项目测试过程中发现的任何缺陷，都需要在 JIRA 系统中报告 Bug，详细说明缺陷细节，确定其优先级和负责人。

12.3.4　Sprint（冲刺）

整个开发过程是由一个个短的迭代周期组成的，每个周期称为一次冲刺（Sprint）。如图 12-18 所示，它是一个 1~4 周的、有明确任务列表（即明确计划和产出）的迭代周期，由 Sprint 计划会议、每日站会、开发任务、Sprint 评审会议和 Sprint 回顾会议构成，并产出可交付的产品增量。也就是说，每个 Sprint 结束即可向需求方提交一次版本更新。

Scrum 采用迭代增量的方式，这是因为我们对产品和需求的理解是渐进式的，Sprint 长度越长，我们需要预测的越多，复杂度会升高、风险也会增加，所以 Sprint 的长度最多不超过 4 周。越来越多的团队使用 2 周的 Sprint，很多市场变化快、竞争激烈的领域，例如互联网和移动互联网产品开发团队也会使用 1 周的迭代。

每次冲刺必须在到期时（或之前）结束。关闭冲刺时，已完成的任务需要评审以确定是否真的完成，未完成的任务则须退回到待办事项列表中。

12.3.5 Backlog（待办事项列表）

Scrum 软件开发是一个循序渐进的过程，而用户需求和技术实现通常具有相当的不确定性。项目团队通常需要反复对需求进行识别分析，分解和创建工作任务，估算工作量，并及时响应需求和技术的不确定性。Scrum 利用 Backlog 来管理用户需求和任务，并通过及时梳理来响应需求变更。

Backlog 是一个按照商业价值（或实现优先级）排序的事项（需求）列表，记录了经过识别、分解和估算的用户需求和任务。JIRA 系统提供的 Backlog，如图 12-20 所示。

12.3.6 Priority（事项优先级）

事项优先级就是基于用户需求、技术实现或其他相关方的要求所确定的实现的先后顺序，包括：

- P1：一般指 Blocker，在 Bug 中指阻碍开发或测试工作，无法继续运行，需要立即修复并且部署。这是最优先需要实现的。
- P2：一般指 Critical（重要）。在 Bug 中指崩溃、数据丢失、严重的内存泄漏的问题。
- P3：一般指 Major（主要）。在 Bug 中指主要功能的丧失。
- P4：一般指 Minor（次要）。在 Bug 中指次要功能的丧失。
- P5/P6：一般指 Trivial（不重要）的问题。

12.3.7 状态和流程

每个项目下可以设置如图 12-25 所示的工作流程（Workflow）。在项目菜单下，单击如图 12-19 所示的“Project Settings”，然后单击如图 12-22 所示的“Workflows”选项，就可以看到该项目的工作流程。每个项目可以有自己的工作流程。Workflow 就是用来定义 Issue 的状态。Workflow 由两部分组成：

- Status（状态），例如 Closed（关闭）。
- Transition（转换动作），如图 12-25 中的箭头。

从一种状态切换到另外一种状态必须借助 Transition。当有了 Workflow 之后还不够。一个 Project 内会有不同类型的 Issue，这时候就需要指定哪种 Issue Type 采用哪种 Workflow，于是就产生了 Workflow Scheme。例如下面就是一个 Workflow Scheme：

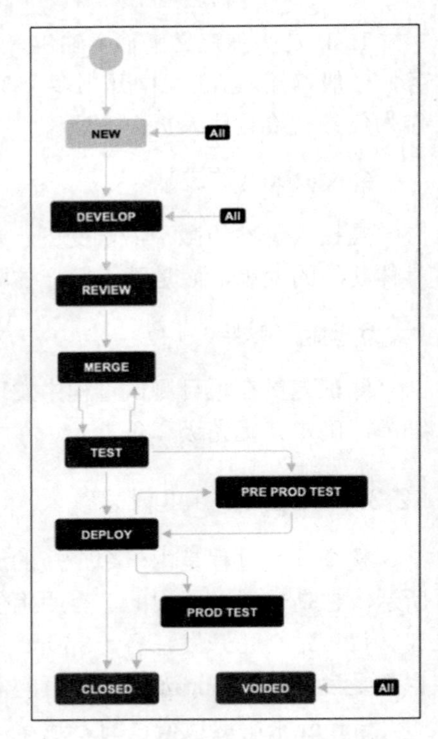

图 12-25 开发的各个阶段

- - Story: To Do - In Progress - In Review - Done（Workflow 1）
- - Task: To Do - In Progress - Done （Workflow 2）

如图 12-26 所示，每个 Issue 都有一个状态（Status），用来表明问题所处的阶段。对于一个软件相关的问题，开始于 Develop（开发）状态，然后让同事 Review（评审），再 Merge（合并）

到软件包中，再经过 Test（测试），而后 Deploy（部署）到生产系统，最后被 Closed（关闭），如图 12-27 所示。

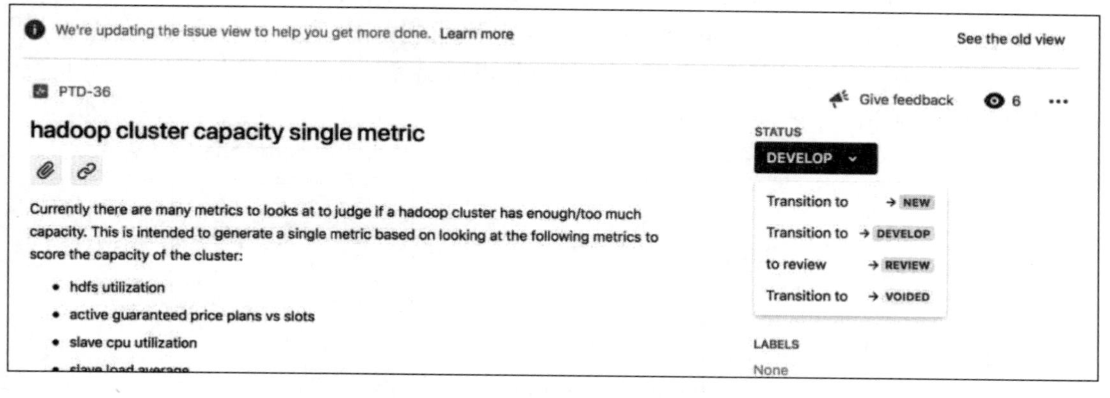

图 12-26　开发状态变更

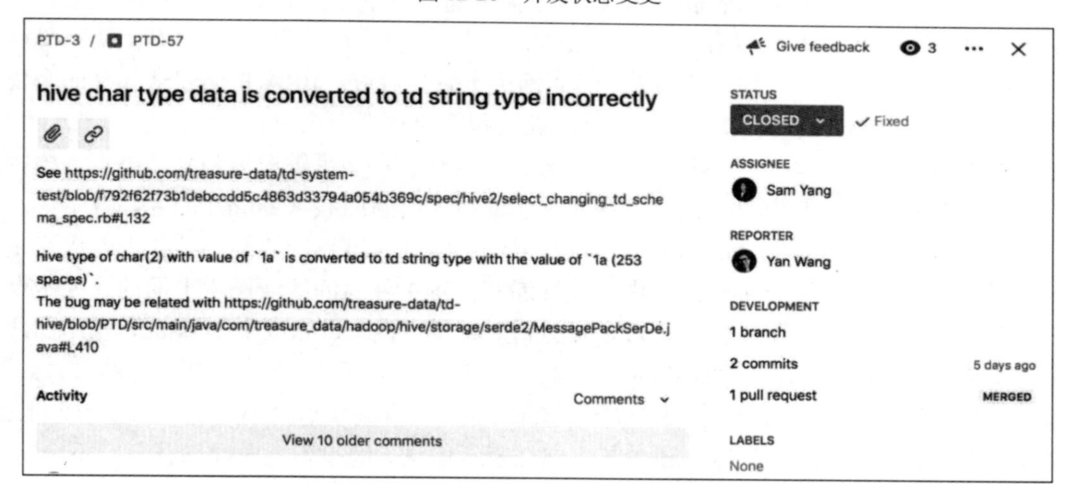

图 12-27　关闭的 Issue

注意　整个 JIRA 中的 Status 都是共用的。如果在编辑某个 Workflow 时修改了一个已有 Status 的名称，其他 Workflow 中同样的 Status 也会被修改。

12.3.8　JIRA 常用报表

JIRA 是一款优秀的敏捷开发任务管理系统和 Bug 管理系统。如图 12-28 所示，单击“Reports”，即可找到 JIRA 所提供的大量的报表，这些报表对软件研发团队是大有裨益的。我们选取其中的 2 个报表来阐述。

1. 燃尽图（Burndown Chart）

如图 12-29 所示，在 JIRA 中使用敏捷组件（Agile）中特有的燃尽图（Burndown Chart）。燃尽图是敏捷开发框架中，在冲刺（Sprint）执行时需要用到的报表，观察任务的实际燃尽曲线与参照线的差异可以掌握当前进行中的冲刺目标的进展情况。另外，在冲刺回顾的时候，分析已完成冲刺目标的燃尽图对下一期的冲刺规划有参考意义。

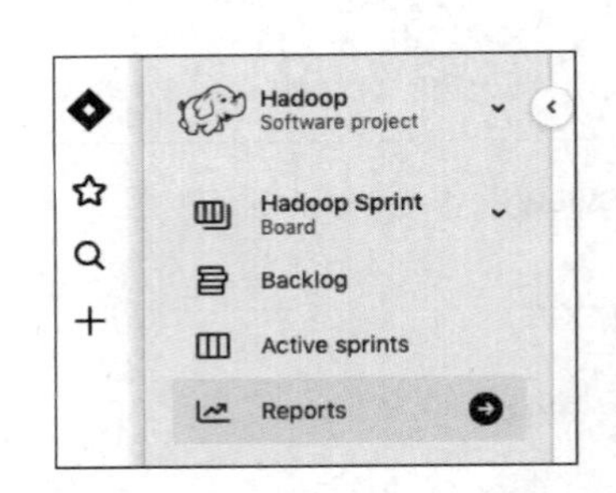

图 12-28　启动 JIRA 报表

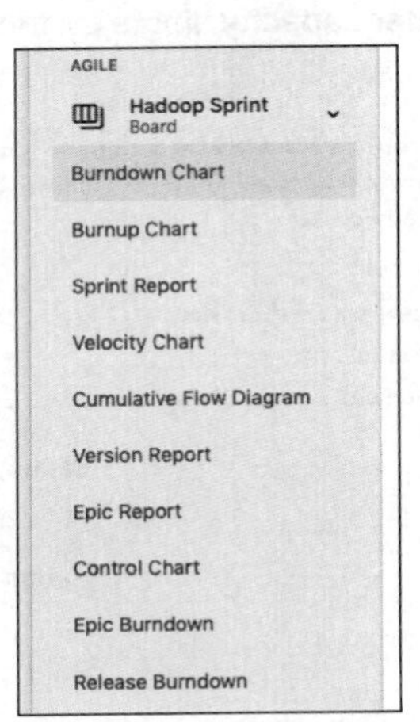

图 12-29　报表类型

我们知道，故事点（Story Point）是 Issue 工作量的衡量单位，需要考虑 Issue 的复杂性和实际大小等因素。由于故事点往往由相对比较法估算得出，因此故事点的大小只有比较意义而没有绝对意义，也并不对应工时，与“理想天”、“理想小时”对应。JIRA 里面默认选择的是使用故事点来估算工作量大小，在每个 Issue 中都可以设定和修改故事点大小。

下面说明 JIRA Agile 里面燃尽图的构造。如图 12-30 所示，纵轴表示剩余故事点，横轴表示时间，时间以天为单位。图中灰色的线（图中下面的线）是参照线（Guideline），忽略休息天的情况下，参照线是一条纵轴上全部剩余故事点与横轴上时间跨度点的连线，其代表的含义是，在理想情况下，剩余故事点随着时间的推进，线性递减。图中红色的线（图中上面的线）是燃尽曲线，它代表在冲刺目标进行期中的每一天对应的剩余故事点数。每完成一个 Issue，燃尽曲线都会做对应的调整。图中最左上端的“Hadoop -2018Q5 – March”表示燃尽图所关联的冲刺目标，图中的燃尽图就是基于冲刺目标 Hadoop -2018Q5 - March 的。当有故事点大小的 Issue 已完成（Done）时，曲线下降该故事点数值的幅度。图中灰色立柱表示休息天跨度，此时团队休息，不会有 Issue 被完成，因此参照线中为平坦的直线。但是实际情况下，休息天的燃尽曲线可能因为加班开发或者新故事的提出而产生变化。在冲刺目标进行中，新增了带有故事点数的 Issue 导致燃尽曲线上升。冲刺目标在敏捷开发框架中代表了某种承诺，并不鼓励在冲刺进行中加入新的 Issue。

那么，我们如何使用燃尽曲线判断冲刺目标进展情况呢？如果燃尽曲线一直处在参照线上方，则该冲刺目标有逾期的风险。此时应该重新估计冲刺目标容量以及 Issue 优先级，将一部分 Issue 移出当前冲刺目标。如果燃尽曲线一直处在参照线的下方，则说明对该冲刺目标各 Issue 的故事点估算过高，可以将下一期冲刺目标中的 Issue 提前到当前冲刺目标，并在下一期冲刺目标估算时避免高估。此时为了保持开发团队的周期节奏，不建议提前结束该冲刺目标。如果燃尽曲线，在贴近参照线上下浮动，说明冲刺目标正在有序进展，无须做出调整。

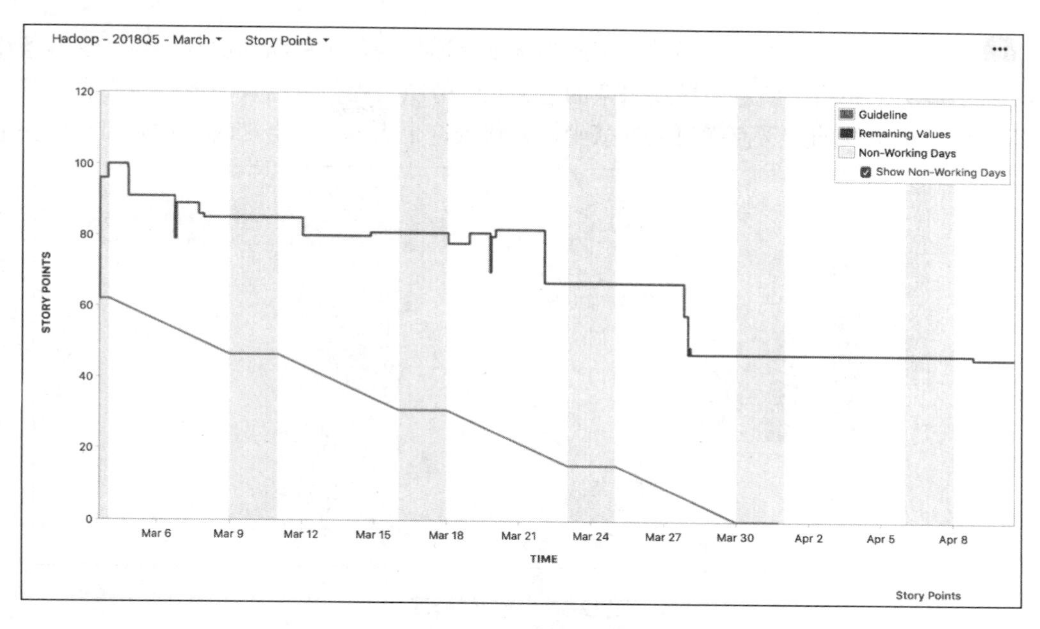

图 12-30 燃尽图实例

2. 交付燃尽图（Release Burndown）

一个冲刺目标（Sprint）相当于一个短期的迭代计划，时间跨度大概在两三周。将一个产品分成好多冲刺目标的意义在于，每个短期的迭代目标都是明确的，而且每次要看的任务少了很多。然而，在很多时候，只有跨度是两三周的短期目标还是不够的，一些软件开发项目还需要个中期目标，时间跨度大概在两三个月甚至更长，在中期目标达成后，产品是稳定可交付的。这个时候，就需要“版本”这个概念了。如图 12-31 所示，单击“Releases”就可以创建新版本（Version）。

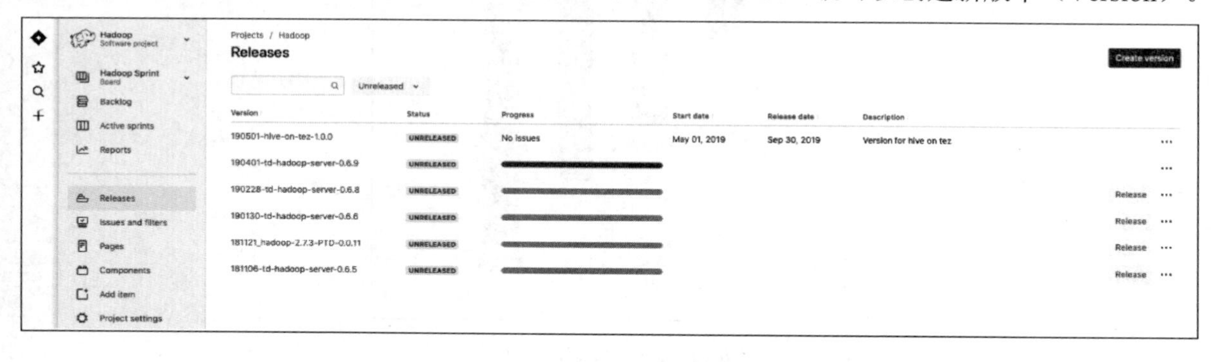

图 12-31 版本设置

交付燃尽图就是跟版本相关的。如果说，会用 Sprint 燃尽图以后就能掌握当前冲刺目标的完成趋势的话，那么，交付燃尽图就是用来看某一未发布版本的完成趋势——估计需要多少个冲刺目标才能将版本交付。

如图 12-32 所示是一个交付燃尽图。浅绿色的柱状代表（最上面部分），这个目标完成了的任务点数，所以前面加了个减号；浅蓝色的柱状代表（当中部分），在这个目标开启之前就存在的任务点数，在这个目标结束时还剩下多少；深蓝色的柱状代表（最下面部分），在这个目标开启后到下个目标开启前这段时间，版本中增加了多少任务点数，所以用加号。图上有两条预测线，上面那条是连接浅蓝色柱状的顶部中点，下面那条则是连接深蓝色柱状的底部中点，这两条线都是用最小二乘法计算的拟合直线。两条线斜率的意义是，每个目标任务点数完成的速率和任务点数新增的速率。两条预测线的交叉点（对应的横坐标）代表这个版本预计会在哪个冲刺目标内完成。

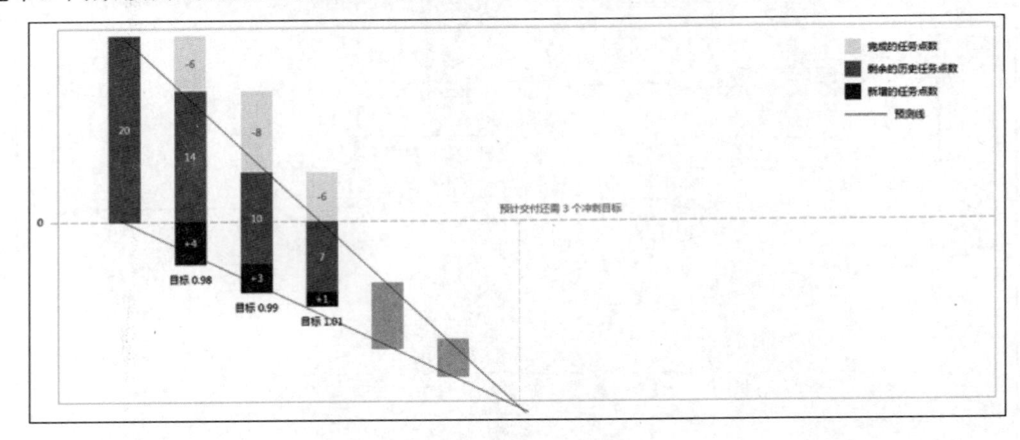

图 12-32　交付燃尽图

使用交付燃尽图可以帮助我们在版本存在不能按时交付甚至永远无法交付的风险时，及时提醒。如图 12-33 所示，两条预测线在纵坐标轴的右侧没有交点，代表这个版本恐怕无法交付。

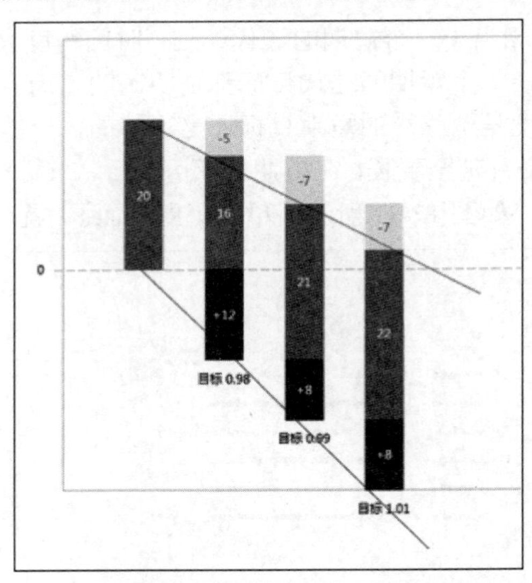

图 12-33　无法交付的版本

当出现一个版本可能无法交付的时候，可以选择的策略是增加开发的速率，或者是减少一些当前版本的任务点数，放到下一个版本中去。

12.3.9　JIRA 的主要功能总结

JIRA 的主要功能如下：

- 问题追踪和管理：用它管理项目，跟踪任务、Bug、需求，通过 JIRA 的邮件通知功能进行协作通知，在实际工作中使工作效率提高很多。

- 问题跟进情况的分析报告：可以随时了解问题和项目的进展情况。
- 项目类别管理功能：可以将相关的项目分组管理。
- 组件/模块负责人功能：可以将项目的不同组件/模块指派相应的负责人，来处理所负责的组件的 Issues。
- 无限制的工作流：可以创建多个工作流为不同的项目使用。

12.4 项目构建工具 Maven

如果你正在 Eclipse 上开发两个 Java 项目 A 和 B，其中 A 项目中的一些功能依赖于 B 项目中的某些类，那么怎么办呢？一个简单的方法是，我们可以将 B 项目打成 JAR 包，然后在 A 项目的 Library 下导入 B 的 JAR 文件，这样，A 项目就可以调用 B 项目中的某些类了。这样做有些潜在问题：如果在开发过程中，发现 B 中的 Bug，则必须将 B 项目修改好，并重新将 B 打包并对 A 项目进行重编译操作。在完成 A 项目的开发后，为了保证 A 的正常运行，就需要依赖 B（就像在使用某个 JAR 包时必须依赖另外一个 JAR 一样）。有两种解决方案，第一种是选择将 B 打包入 A 中，第二种是将 B 也发布出去，等有人需要用 A 时，告诉开发者，想要用 A 就必须导入 B 的 JAR 包。这个也很麻烦，我们常遇到的，找各种 JAR 包，非常麻烦。例如，我们开发一个基于 JSON Web 项目，用到了 org.json 的 JAR 包和 OKHttp3 框架，那么我们就必须将 OKHttp3 框架所用的依赖的 JAR 包和 org.json 包找出来并手动导入。上面这两个问题的描述，其实都属于项目与项目之间依赖的问题。A 项目使用 OKHttp3 框架的所有 JAR，就说 A 项目依赖 OKHttp3。人为手动地去解决，很烦琐，也不方便，所以使用 Maven 来帮我们管理。Maven 就是解决这些问题的工具。

12.4.1 pom.xml

Maven 是一个可以通过一小段描述信息（项目对象模型（POM））来管理项目的构建、报告和文档的项目管理工具软件。Maven 的核心功能便是叙述项目间的依赖关系。它是通过读取 pom.xml 文件中的配置信息来获取 JAR 包，而不用手动去添加 JAR 包。那么，怎么通过 pom.xml 的配置信息就可以获取到 JAR 包呢？我们先看一下如图 12-34 所示的例子，这是通过 pom.xml 获取 JUnit 的 JAR 包。

```
17  <dependencies>    //所要依赖的jar统一放在这个下面，一般说是依赖的构件，其实就是jar
18    <dependency>         //依赖的jar，这里编写的是junit这个jar
19    //通过groupId、artifactId、version三个属性来定位一个jar包。
20      <groupId>junit</groupId>         //groupId:一般为包名，也就是域名的反写，
21      <artifactId>junit</artifactId>      //artifactId:项目名
22      <version>3.8.1</version>  //所需要jar的版本
23      <scope>test</scope>         //这个暂时不讲，后面讲解，意思是该jar包只在测试的时候用。
24    </dependency>
25
26    <dependency>
27        //其他所要依赖的jar就在dependency下编写，而dependency又统一放在dependencies下，不难理解
28    </dependency>
29
30    <dependency>
31        //其他所要依赖的jar就在dependency下编写，而dependency又统一放在dependencies下，不难理解
32    </dependency>
33
34    ....
35
36  </dependencies>
```

图 12-34 Maven 实例

为什么通过 groupId、artifactId、version 三个属性就能定位一个 JAR 包？假如上面的 pom.xml 文件属于 A 项目，那么 A 项目肯定是一个 Maven 项目，通过上面这三个属性能够找到 JUnit 对应版本的 JAR 包，那么 JUnit 项目肯定也是一个 Maven 项目，JUnit 的 Maven 项目中的 pom.xml 文件就会有三个标识符。

我们再看另一个例子。在笔者的机器上有 json-simple-1.1.1.jar，它在/Users/sam/.m2/repository/com/googlecode/json-simple/json-simple/1.1.1 下面。其中“com/googlecode/json-simple”是 groupid 名，公司域名的反写。“json-simple”是项目名，就是 artifactid。“1.1.1”是版本号（version）。Maven 项目就能通过这三个属性来定位 JAR 包了。所以，在每个创建的 Maven 项目时都会要求写上这三个属性值。

如果需要使用 pom.xml 来获取 JAR 包，那么首先该项目就必须为 Maven 项目，简单来说，Maven 项目就是在 Java 项目和 Web 项目的上面包了一层 Maven，本质上 Java 项目还是 Java 项目，Web 项目还是 Web 项目，但是包了 Maven 之后，就可以使用 Maven 提供的一些功能了（即通过 pom.xml 添加 JAR 包）。下面我们来了解如何创建 Maven 项目，Maven 项目的结构是怎样的，与普通 Java 和 Web 项目的区别在哪里，pom.xml 配置文件从何而来，如何配置 pom.xml 获取到对应的 JAR 包等。

12.4.2 安装 Maven

从 http://maven.apache.org/download.cgi 下载所需要的版本，解压缩 Maven 到某一指定目录。例如：

```
    $ mvn -v
    Apache Maven 3.6.0 (97c98ec64a1fdfee7767ce5ffb20918da4f719f3;
2018-10-25T03:41:47+09:00)
    Maven home: /usr/local/Cellar/maven/3.6.0/libexec
    Java version: 1.8.0_192, vendor: Oracle Corporation, runtime:
/Library/Java/JavaVirtualMachines/jdk1.8.0_192.jdk/Contents/Home/jre
    Default locale: en_US, platform encoding: UTF-8
    OS name: "mac os x", version: "10.13.6", arch: "x86_64", family: "mac"
```

12.4.3 Maven 仓库

通过 pom.xml 中的配置，就能够获取到想要的 JAR 包。那么，这些 JAR 是在哪里呢？也就是从哪里可以获取到这些 JAR 包？答案就是仓库。仓库分为：本地仓库、第三方仓库（私服）、中央仓库。

1. 本地仓库

Maven 会将工程中依赖的构件（JAR 包）从远程下载到本机一个目录下管理，每台计算机默认的仓库在$user.home/.m2/repository 下，如图 12-35 所示。

例如，笔者的苹果电脑上是在 /Users/sam/.m2/repository 下。一般我们会从网上下载一个拥有相对完整的所有 JAR 包的结合，都丢到本地仓库中，然后每次编写项目时，就直接从本地仓库里“拿”就行了。

```
TD-0518:repository sam$ pwd
/Users/sam/.m2/repository
TD-0518:repository sam$ ls
ant                          classworlds                  commons-dbcp          dk            jp           software
ant-contrib                  co                           commons-digester      dom4j         junit        sslext
antlr                        com                          commons-el            hsqldb        ldapsdk      stax
aopalliance                  commons-beanutils            commons-httpclient    io            log4j        tomcat
asm                          commons-chain                commons-io            is            logkit       ua_parser
avalon-framework             commons-cli                  commons-lang          it            net          xerces
backport-util-concurrent     commons-codec                commons-logging       javax         org          xml-apis
biz                          commons-collections          commons-net           javolution    oro          xmlenc
bouncycastle                 commons-configuration        commons-pool          jline         postgresql   xpp3
ch                           commons-daemon               commons-validator     joda-time     regexp
```

图 12-35　Maven 本地仓库

2. 第三方仓库

又称为内部中心仓库，也称为私服，一般是由公司自己设立的，只为本公司内部共享使用。它既可以作为公司内部构件协作和存档，也可作为公用类库镜像缓存，减少在外部访问和下载的频率。使用私服是为了减少对中央仓库的访问，私服可以使用的是局域网，中央仓库必须使用外网。一般公司都会创建这种第三方仓库，保证项目开发时，项目所需用的 JAR 都从该仓库中“拿”，每个人的版本就都一样。

注意

连接私服，需要单独配置。如果没有配置私服，默认不使用。

3. 中央仓库

Maven 内置了远程公用仓库：http://repo1.maven.org/maven2。这个公共仓库是由 Maven 自己维护，里面有大量的常用类库，并包含了世界上大部分流行的开源项目构件。目前是以 Java 为主。如果工程依赖的 JAR 包在本地仓库中没有，则默认从中央仓库下载。获取 JAR 包的过程就是优先从本地库上获取，如果本地库上没有，则从私服上获取（如配置了私服的话）；如果没有，则从中央仓库上获取。获取后，都会下载到本地库。

12.4.4　Maven Java 项目结构

如图 12-36 所示，pom.xml 是核心配置，src/main/java 是 Java 源码目录，src/test/java 是测试源码目录，src/test/resource 是测试配置目录。图中有一个 target 目录，这是因为将该 Java 项目进行了编译，src/main/java 下的源代码就会编译成.class 文件放入 target 目录中，target 就是输出目录。打开 project 里的 pom.xml 文件，在这 xml 文件中添加 Maven 所依赖的 JAR 的名称，也就是添加<dependency></dependency>节点，这就添加了所依赖的 JAR。

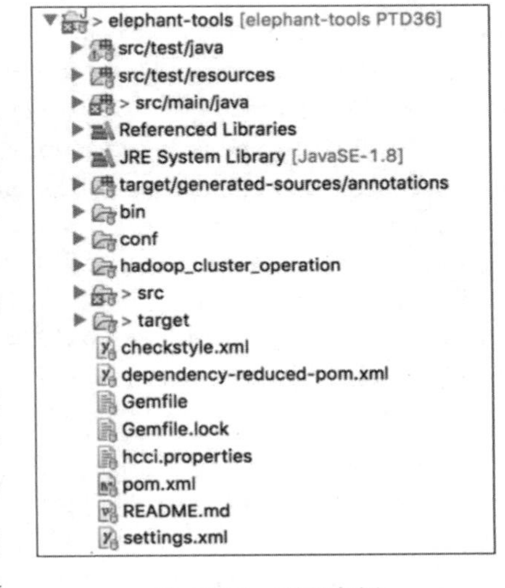

图 12-36　项目实例

在终端上，执行“mvn eclipse:clean”命令清除 Eclipse 设置信息，从 Eclipse 工程转化为 Maven 原生项目了。然后执行“mvn eclipse:eclipse”命令开始编译 Maven 的 Project。然后在 Myeclipse 中，从 Project 下面选择 Clean 开始编译。执行完这几步，如果没发生异常，则会在 project 里生成一个 target 文件夹，这个文件夹中的内容，就是 Maven 打包发布的东西。

12.4.5 命令列表

Maven 的常用命令有：

- mvn archetype:generate：创建 Maven 项目。
- mvn compile：编译 src/main/java 目录下的源代码，生成 class（target 目录下）。
- mvn deploy：发布项目，将包复制到仓库，以让其他开发人员共享使用。
- mvn test-compile：编译测试源代码。
- mvn test：运行应用程序中的单元测试（src/test/java 目录编译）。
- mvn site：生成项目相关信息的网站。
- mvn clean：清除项目目录中的生成结果（删除 target 目录，也就是将 class 文件等删除）。
- mvn package：根据项目生成 JAR（Web 项目是 war 包），打包后放在 target 目录下。
- mvn install：在本地 Repository 中安装 JAR，以让其他项目依赖。
- mvn eclipse:eclipse：生成 Eclipse 项目文件。
- mvn jetty：启动 Jetty 服务。
- mvn tomcat：启动 Tomcat 服务。
- mvn clean package -Dmaven.test.skip=true：清除以前的包后重新打包，跳过测试类。

下面是实际运行 mvn 命令的例子：

```
$ mvn clean install -T=4 -DskipTests=true
[INFO] Scanning for projects...
......
[INFO] Building elephant-tools 1.0-SNAPSHOT
[INFO] --------------------------------[ jar ]---------------------------------
[INFO]
[INFO] --- maven-clean-plugin:2.5:clean (default-clean) @ elephant-tools ---
[INFO] Deleting /Users/sam/work/elephant-tools/target
......
[INFO] Changes detected - recompiling the module!
[INFO] Compiling 9 source files to /Users/sam/work/elephant-tools/target/classes
[WARNING] /Users/sam/work/elephant-tools/src/main/java/com/treasuredata/
elephant_tools/hadoop/index/HadoopMetrics.java: /Users/sam/work/elephant-tools/
src/main/java/com/treasuredata/elephant_tools/hadoop/index/HadoopMetrics.java
uses unchecked or unsafe operations.
[WARNING] /Users/sam/work/elephant-tools/src/main/java/com/treasuredata/
elephant_tools/hadoop/index/HadoopMetrics.java: Recompile with -Xlint:unchecked for
details.
[INFO]
......
[INFO] Tests are skipped.
[INFO]
[INFO] --- maven-jar-plugin:2.4:jar (default-jar) @ elephant-tools ---
[INFO] Building jar: /Users/sam/work/elephant-tools/target/elephant-tools-1.0-
SNAPSHOT.jar
```

```
[INFO]
......
[INFO] BUILD SUCCESS
[INFO] ------------------------------------------------------------------------
[INFO] Total time:  10.455 s (Wall Clock)
[INFO] Finished at: 2019-01-23T13:26:26-08:00
[INFO] ------------------------------------------------------------------------

$ mvn eclipse:eclipse
[INFO] Scanning for projects...
Downloading from central: https://repo.maven.apache.org/maven2/org/
springframework/build/aws-maven/5.0.0.RELEASE/aws-maven-5.0.0.RELEASE.pom
Downloaded from central: https://repo.maven.apache.org/maven2/org/
springframework/build/aws-maven/5.0.0.RELEASE/aws-maven-5.0.0.RELEASE.pom (4.5 kB
at 15 kB/s)
Downloading from central: https://repo.maven.apache.org/maven2/ch/qos/logback/
logback-classic/1.1.1/logback-classic-1.1.1.pom
......
Downloaded from central: https://repo.maven.apache.org/maven2/org/apache/
maven/plugins/maven-surefire-plugin/3.0.0-M1/maven-surefire-plugin-3.0.0-M1.jar
(40 kB at 1.2 MB/s)
[INFO]
[INFO] ---------------< com.***.hadoop:xyz-tools >---------------
[INFO] Building xyz-tools 1.0-SNAPSHOT
[INFO] --------------------------------[ jar ]---------------------------------
[INFO]
[INFO] >>> maven-eclipse-plugin:2.10:eclipse (default-cli) > generate-resources
@ xyz-tools >>>
......
Downloaded from central: https://repo.maven.apache.org/maven2/org/apache/
commons/commons-compress/1.8.1/commons-compress-1.8.1.jar (366 kB at 2.7 MB/s)
[INFO] Using Eclipse Workspace: null
[INFO] Adding default classpath container:
org.eclipse.jdt.launching.JRE_CONTAINER/org.eclipse.jdt.internal.debug.ui.launch
er.StandardVMType/JavaSE-1.8
[INFO] artifact joda-time:joda-time: checking for updates from ***
[INFO] artifact joda-time:joda-time: checking for updates from ***-snapshots
[WARNING] repository metadata for: 'artifact joda-time:joda-time' could not be
retrieved from repository: ***-snapshots due to an error: Authorization failed: Not
authorized
[INFO] artifact joda-time:joda-time: checking for updates from central
[INFO] Wrote settings to /Users/sam/work/xyz-tools/.settings/
org.eclipse.jdt.core.prefs
[INFO] Wrote Eclipse project for "xyz-tools" to /Users/sam/work/xyz-tools.
[INFO]
[INFO] ------------------------------------------------------------------------
[INFO] BUILD SUCCESS
```

```
[INFO] ------------------------------------------------------------------------
[INFO] Total time:  24.858 s
[INFO] Finished at: 2019-01-10T21:18:21-08:00
[INFO] ------------------------------------------------------------------------

$ mvn install
[INFO] Scanning for projects...
......
[INFO] Building elephant-tools 1.0-SNAPSHOT
[INFO] --------------------------------[ jar ]---------------------------------
......
Downloading from central:
https://repo.maven.apache.org/maven2/org/apache/maven/surefire/surefire-junit4/3
.0.0-M1/surefire-junit4-3.0.0-M1.jar
Downloaded from central:
https://repo.maven.apache.org/maven2/org/apache/maven/surefire/surefire-junit4/3
.0.0-M1/surefire-junit4-3.0.0-M1.jar (17 kB at 16 kB/s)
......
[INFO] -------------------------------------------------------
[INFO]  T E S T S
[INFO] -------------------------------------------------------
[INFO] Running com.treasuredata.elephant_tools.hadoop.history.
TestMetricsReporter
......
[INFO] Results:
[INFO]
[INFO] Tests run: 2, Failures: 0, Errors: 0, Skipped: 0
[INFO]
[INFO]
[INFO] --- maven-jar-plugin:2.4:jar (default-jar) @ elephant-tools ---
[INFO] Building jar: /Users/sam/work/elephant-tools/target/elephant-tools-
1.0-SNAPSHOT.jar
[INFO]
......
[INFO] Installing /Users/sam/work/elephant-tools/target/elephant-tools-1.0-
SNAPSHOT.jar to /Users/sam/.m2/repository/com/treasuredata/hadoop/elephant-tools/
1.0-SNAPSHOT/elephant-tools-1.0-SNAPSHOT.jar
[INFO] Installing /Users/sam/work/elephant-tools/dependency-reduced-pom.xml to
/Users/sam/.m2/repository/com/treasuredata/hadoop/elephant-tools/1.0-SNAPSHOT/el
ephant-tools-1.0-SNAPSHOT.pom
[INFO] ------------------------------------------------------------------------
[INFO] BUILD SUCCESS
[INFO] ------------------------------------------------------------------------
[INFO] Total time:  23.800 s
[INFO] Finished at: 2019-02-06T14:16:23+09:00
[INFO] ------------------------------------------------------------------------
```

12.5 大数据软件测试

在敏捷软件测试中，将测试的类型分为四种：验证测试、单元测试、探索性测试、非功能性测试。这些测试除了验证是否实现了正确的功能，还测试响应时间、可扩展性、性能、安全性等各个方面。大部分的验证测试以及探索性测试都习惯于手工测试，它们是面向业务的测试。单元测试和非功能性测试是面向技术的测试，大部分都可以形成自动化测试。本节我们着重说的是自动化测试。

自动化测试毕竟不同于手工用例，我们从四个方面定义了自动化测试的设计原则与方法：

- 易管理性：统一规划、统一版本控制的规范要求。
- 易实现性：采用分层设计，测试基础服务层、测试能力支撑层、测试组件层、测试用例层，支持多种技术的测试能力，测试组件复用，用例专注业务逻辑。
- 易维护性：组件与用例分离、区分变化与不变、测试用例原则上不互相依赖、测试数据容易维护。
- 易定位性：测试用例独立、低复杂度、要求断言信息的准确性。

关于大数据软件测试的内容非常多，本章只是简单介绍 JUnit 和 Allure。

12.5.1 JUnit

JUnit 是一个 Java 语言的单元测试框架。大多数 Java 的开发环境（例如 Eclipse）都已经集成了 JUnit 作为单元测试的工具。JUnit 测试是程序员测试，即所谓白盒测试，因为程序员知道被测试的软件如何（How）完成功能和完成什么样（What）的功能。JUnit 是一套框架，继承 TestCase 类，我们就可以用 JUnit 进行自动测试了。使用 JUnit 可以对类里面的某一个方法进行单独测试。注意方法上面的注解“@Test”是必须要有的。例如，下面是测试一个 Add 方法：

```
import org.junit.Test;
public class Test****{
@Test
   public void testAdd() {
…
}
```

在 Eclipse 上单击 ![] 就能运行测试代码。你可以看到在左上角出现一个 JUnit，里面如果有个小绿条，则说明测试成功；如果为红色条，则说明有错误。如图 12-37 所示。

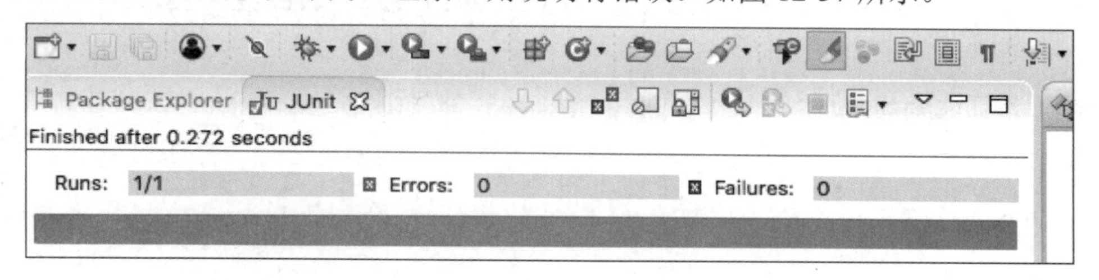

图 12-37 JUnit 测试

12.5.2 Allure

Allure 框架是一种灵活的轻量级多语言测试报告工具，它不仅能够以简洁的 Web 报告形式显示已测试的内容（见图 12-38），而且允许参与开发过程的每个人从测试的日常执行中提取最大限度的有用信息。

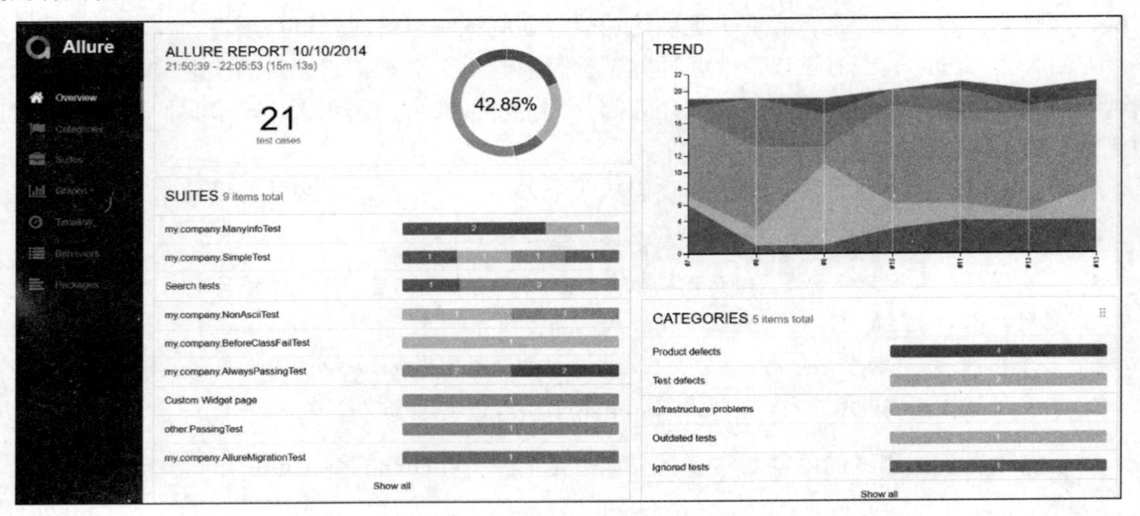

图 12-38　Allure 测试报告

下面以测试 REST API 用例来讲解 Allure 的安装和使用。首先在 Mac 机器上安装以下组件：

```
python >= 3.7.1
pytest >= 4.4.1
allure-pytest >=2.6.2
allure-python-commons >= 2.6.2
allure-python-commons-test >= 2.6.2
```

安装步骤如下：

步骤 01　安装 homebrew：

```
$ /usr/bin/ruby -e "$(curl -fsSL https://raw.githubusercontent.com/Homebrew/install/master/install)"
```

步骤 02　在 path 中添加 sbin：

```
$ echo "export PATH=/usr/local/sbin:$PATH" >> ~/.bash_profile
$ source ~/.bash_profile
```

步骤 03　验证或安装 Python3：

```
$ brew install python3
```

步骤 04　验证 Python 包：

```
$ brew search python
```

步骤05 安装 Python 测试程序、Allure 支持以及我们要测试的 API（td-client）：

```
$ python3 -m pip install pytest allure-pytest td-client
```

步骤06 安装 Allure 测试报告工具：

```
$ brew install allure
```

步骤07 安装 Python 编辑器 PyCharm，打开 PyCharm，选择一个存在的项目。进入该项目的根目录（cd ~/workspace/td-qa/api-automation/audit-log-api-automation）

步骤08 在 allure-report 文件夹中删除之前的报告数据：

```
$ allure generate --clean
```

步骤09 执行测试代码：

```
$ pytest --alluredir allure-report
```

步骤10 测试结束后，查看测试报告：

```
$ allure serve allure-report
```

附录 1

数据量的单位级别

计算机存储最小的基本单位是 Bit（称为比特或位），按顺序给出所有单位：Bit、Byte、KB、MB、GB、TB、PB、EB、ZB、YB、BB、NB、DB。它们按照进率 1024（2 的十次方）来计算：

```
8 Bit = 1 Byte
1 KB = 1,024 Bytes
1 MB = 1,024 KB = 1,048,576 Bytes
1 GB = 1,024 MB = 1,048,576 KB
1 TB = 1,024 GB = 1,048,576 MB
1 PB = 1,024 TB = 1,048,576 GB
1 EB = 1,024 PB = 1,048,576 TB
1 ZB = 1,024 EB = 1,048,576 PB
1 YB = 1,024 ZB = 1,048,576 EB
1 BB = 1,024 YB = 1,048,576 ZB
1 NB = 1,024 BB = 1,048,576 YB
1 DB = 1,024 NB = 1,048,576 BB
```

附录 2

AWS EC2 创建步骤

首先进入 EC2 的管理控制台，单击“Launch Instance（启动实例）”，总共 7 步，步骤如下：

步骤 01 选择 AMI，注意左边有个“Free tier eligible（符合条件的免费套餐）”。例如，选择“Ubuntu Server 18.04 LTS (HVM), SSD Volume Type”，也可以在这里选择“AWS Marketplace”里的免费 AMI。

步骤 02 实例类型默认就是 t2.micro，下面有“符合条件的免费套餐”字样，继续下一步配置实例详细信息。

步骤 03 在实例详细信息页面，使用默认设置即可。

步骤 04 接着添加存储，默认 8GB，最大可选到 30GB。只要不超过 30 就可免费。卷类型（Volume Type）选“通用型(SSD)”。

步骤 05 为这个 EC2 实例添加一些标签。

步骤 06 配置安全组。这里要注意一下，应该创建一个新安全组，然后把常用的规则都添加进来，如 HTTP、SSH、HTTPS 等。

步骤 07 最后审核所有配置，如图附 2-1 所示，单击“Launch（启动）”即完成 EC2 实例的创建。

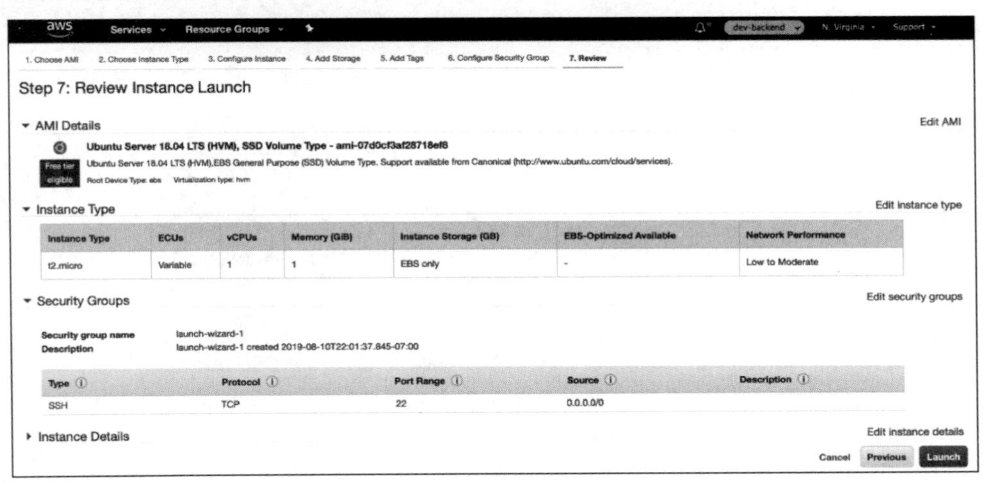

图附 2-1　创建 EC2 实例

启动后，就可以在实例的描述（Description）中找到 IP 地址，然后可以通过 ssh 命令登录到那台机器了。

如果通过 Auto Scaling Groups 创建了一个集群，有时需要批量 ssh 操作大批量机器。pssh 是一款开源的软件，使用 Python 实现，它是一个可以在多台服务器上执行命令的工具，例如同时支持复制文件。使用 pssh 的前提是：必须在本机与其他服务器上配置好密钥认证访问（即 ssh 信任关系）。

附录 3

分布式监控系统 Ganglia

系统部署上线之后，我们无法保证系统 7×24 小时都正常运行，即使是在运行着，我们也无法保证作业（Job）不堆积、是否及时处理 Kafka 中的数据。因此我们需要实时地监控系统，包括监控 Flume、Kafka 集群、Spark Streaming 程序。其中的一个监控系统就是 Ganglia，一旦检测到异常，系统会自己先重试是否可以自己恢复，如果不行，就会给我们发送报警邮件，甚至是拨打电话。

Ganglia 是 UC Berkeley 发起的一个开源集群监视项目，是一个跨平台、可扩展的、高性能计算系统下的分布式监控系统。它设计用于监测数以千计的节点。Ganglia 的核心包含下面三个组件：

- gmond（数据监测节点）：这个部件安装在要监测的节点上，用于收集节点的运行情况，并将这些统计信息发送到 gmetad 上。
- gmetad（数据收集节点）：该部件用于收集 gmond 发送的数据。
- 一个 Web 前端：用于将 gmetad 整理生成的 xml 数据以网页形式呈现给用户。

gmetad 可以部署在集群内任一台节点上或者通过网络连接到集群的独立主机，它通过单播路由的方式与 gmond 通信，收集区域内节点的状态信息，并以 XML 数据的形式，保存在数据库中。而后由 RRDTool 工具处理数据，生成相应的的图形显示，并以 Web 方式直观的提供给客户端。

Ganglia 主要是用来监控系统性能，如 CPU、内存、硬盘利用率、I/O 负载、网络流量情况等，通过曲线很容易看到每个节点的工作状态，对合理调整分配系统资源，提高系统整体性能起到重要作用。gmond 带来的系统负载非常少，这使得它成为在集群中各台计算机上运行的一段代码，而不会影响用户性能。

Ganglia 可以用于监控 Hadoop 项目，例如 Ganglia 可监控 HBase 相关进程的 Requests 和 Compactions Queue 等。

附录 4

auth-ssh 脚本

```
#!/bin/bash
#Title: auth-ssh.sh
#Description: no keys to ssh connected each other
#system: linux
#Author:ZY
#Data:2019-08-05
#version 1.1

passwd =123456

if [ `rpm -qa | grep expect | wc -l` -eq 0 ]
then
   yum install expect -y
fi

for ip in `cat /etc/hosts | sed 1,2d | awk '{if(NF>0) print $1}'`
do
expect <<!
spawn ssh $ip rm -f /root/.ssh/*
  expect {
          "(yes/no)" { send "yes\r"; exp_continue }
          "password:" { send "$passwd\r"; exp_continue }
       }
!
done

for ip in `cat /etc/hosts | sed 1,2d | awk '{if(NF>0) print $1}'`
do
expect <<!
spawn ssh $ip ssh-keygen -t rsa >/dev/null
  expect {
          "(yes/no)" { send "yes\r"; exp_continue }
```

```
        "password:" { send "$passwd\r"; exp_continue }
        "(/root/.ssh/id_rsa):" { send "\r"; exp_continue }
        "(empty for no passphrase):" { send "\r"; exp_continue }
        "again:" { send "\r" }
    }
spawn scp $ip:~/.ssh/id_rsa.pub /root/
  expect {
          "(yes/no)"  { send "yes\r"; exp_continue }
          "password:" { send "$passwd\r"; exp_continue }
        }
!
cat /root/id_rsa.pub >> ~/.ssh/authorized_keys
rm -f /root/id_rsa.pub
done

for ip in `cat /etc/hosts | sed 1,2d | awk '{if(NF>0) print $1}'`
do
expect <<!
spawn scp /root/.ssh/authorized_keys $ip:~/.ssh/authorized_keys
  expect {
          "(yes/no)"  { send "yes\r"; exp_continue }
          "password:" { send "$passwd\r"; exp_continue }
        }
!
done
```